普通高等教育教材

材料体系建模方法

张雄　陈庆　主编

CAILIAO TIXI
JIANMO FANGFA

化学工业出版社
·北京·

内容简介

《材料体系建模方法》主要内容包括数理统计建模方法、人工神经网络建模方法、模糊分析方法、灰色系统分析与建模方法和其他材料体系建模方法。通过典型材料体系案例详细介绍建模知识点和建模技巧，便于读者学习和理解。尤其是重点介绍工程材料体系数据挖掘与建模分析方法技巧，旨在启发读者如何克服工程材料复杂体系建模的难点。

本书吸纳了近年来在材料领域经过应用实践验证适用于复杂材料体系的各类建模方法，可作为高等院校材料相关专业本科生和研究生的教科书，也可作为从事材料科学与工程实践应用的工程师的工具书和参考书。

图书在版编目（CIP）数据

材料体系建模方法 / 张雄，陈庆主编. —北京：化学工业出版社，2024.2
普通高等教育教材
ISBN 978-7-122-44414-1

Ⅰ. ①材… Ⅱ. ①张… ②陈… Ⅲ. ①工程材料-系统建模-高等学校-教材 Ⅳ. ①TB3

中国国家版本馆 CIP 数据核字（2023）第 214581 号

责任编辑：窦　臻　林　媛　　　装帧设计：王晓宇
责任校对：李雨晴

出版发行：化学工业出版社
（北京市东城区青年湖南街 13 号　邮政编码 100011）
印　　刷：北京云浩印刷有限责任公司
装　　订：三河市振勇印装有限公司
787mm×1092mm　1/16　印张 18½　字数 444 千字
2024 年 3 月北京第 1 版第 1 次印刷

购书咨询：010-64518888　　　售后服务：010-64518899
网　　址：http://www.cip.com.cn
凡购买本书，如有缺损质量问题，本社销售中心负责调换。

定　　价：58.00 元

前言
PREFACE

当今社会科学技术发展日新月异，依托计算机技术发展的智能科技、数据挖掘技术等突飞猛进。各行各业普遍利用大数据分析、数据挖掘技术等，建立各类分析模型和决策模型提升行业科技水平和管理水平，数据化、智能化将是社会发展的趋势。溯源当今科技发展成果的知识基础之一则是现代建模方法。现代建模方法是基于现代计算机技术和现代大数据两大基础而发展起来的现代科学技术。而传统的建模方法是依托数学方法而建立的，在其精准度和快捷性方面有其局限性。现代计算机快速的运算能力使建模方法更快捷、更精准，现代大数据让建模方法有更翔实的数据依托。

为了适应科学技术发展的需要和培养高质量高层次科技人才，建模方法课程已经在大学教育中逐步开展，作为高校教学改革和培养高层次科技人才的重要课程。同济大学在本科生和研究生教学中开设建模方法课程已有 30 多年的历史，经过几代人多年的教学和实践，这门课程的教学内容、教学模式和教材已逐步成熟。在校期间，许多学生通过建模方法的学习解决实际问题的综合能力得到了显著的提高，能活学活用地将所学习的建模方法知识应用于科研数据处理和毕业论文撰写中，获得专业指导老师的好评。学生毕业参加社会工作后，不少人也能用建模方法分析大数据，建立预测和决策模型解决实际问题，并取得了可喜的成就。历届毕业生普遍反馈建模方法是他们在实际工作中非常有用的知识和技能。通过多年的教学实践和经验积累，我们编写了《材料体系建模方法》这本教材，与社会同行分享。本书内容主要聚焦材料体系模拟与建模方法。材料体系尤其是土木工程材料体系，其材料矿物组成多元和化学成分复杂，而且组成和成分波动范围比较大，其加工和制造工程工艺也比较复杂。因此材料体系的模拟分析和有效建模一直存在瓶颈。针对材料体系的特点和分析建模的难点，本书借鉴和总结了材料科技人员长期的科研工作实践经验，同时兼顾教学效果，遴选了能有效且快捷应用于材料体系建模的数学方法。具体内容包括：数理统计建模方法、人工神经网络建模方法、模糊分析方法、灰色系统分析与建模方法、蒙特卡罗建模方法、分子动力学方法等以及这些方法在材料体系建模中的综合应用。

参加本书编写的人员有同济大学材料体系建模方法的授课团队教师张雄、陈庆、姜伟、余安明，同时感谢王春霖、朱国鑫、孙宇星、胡智博等博士研究生在前期资料整理中的付出。全书由陈庆教授修改，由张雄教授补充、定稿。

本书承蒙同行专家的支持和厚爱，提出了许多宝贵的修改意见，使编者受益匪浅。限于编者水平，书中不足之处恳请读者给予批评指正。

编者

2023 年 5 月

前言

目录

CONTENTS

0 绪论

随着计算机学技术的迅猛发展，数学方法的应用以空前的广度和深度，逐步渗透到各个领域。利用数学知识研究和解决实际问题，首先要建立合适的数学模型，所以数学建模是科学研究和技术开发的基础，乃是解决实际问题的关键步骤之一。

数学建模的应用越来越受到人们的重视，以下几方面可以展现数学建模的广泛应用和重要意义。

（1）数学建模为工程技术领域提供了有效快捷的技术手段

以声学、光学、热学、力学、电学等这些物理学科为基础的诸如机械、电机、土木、水利等工程技术领域中，由于新技术、新工艺的不断涌现，提出了许多需要用数学方法解决的新问题。数学建模的普遍性和重要性已是共识，这些领域在建模应用方面已有成功的案例和基本模型。高速、大型计算机的飞速发展，使得过去即使有了数学模型也无法求解的课题迎刃而解。建立在数学模型和计算机模拟基础上的 CAD 技术以其快速经济方面的优势，大量替代了传统工程设计中的现场实验、物理模拟等手段。

（2）数学建模在高新技术领域已是技术基础工具

发展通信、航天、微电子、自动化等高新技术本身，或将高新技术用于传统工业去创造新工艺、开发新产品，建模和模拟都是基础手段，数学建模、数字计算和计算机绘图等相结合形成的计算机软件已经被固化于产品中，在许多高新技术领域起着核心作用，被认为是高新技术的特征之一。数学建模不仅是一种方法，而是许多技术的基础，而且嵌入了技术核心。

（3）数学建模应用未来发展前景不可限量

数学建模的应用发展导致一些交叉学科应运而生，如计量经济学、人口控制学、数学生态学、数学地质学等。当用数学方法研究这些领域中的定量关系时，数学建模就成为首要的关键步骤。在这些领域里建立不同类型、不同方法、不同深浅程度模型的余地相当大，为数学建模提供了广阔的新天地。展望未来，数学建模必然渗透到更多的学科和领域。

0.1 数学模型与数学建模概述

模型是客观实体有关属性的模拟仿造，也可以是对实体的某种属性抽象。例如：一张电路图并不需要用实体来模拟它，可以用抽象的符号文字和数字来反映该电路图的结构特征。

数学模型作为模型的一类，也是一种模拟，是以数学符号、数学表达式、程序、图形等为工具，对现实问题或实际课题的本质属性的抽象而又简洁的刻画。它或能解释某些客观现象，或能预测未来的发展规律，或能为控制某个现象的发展提供某种意义下的最优策略或较好的策略等等。

数学模型一般是实际事物的一种简化，它常常是以某种意义上接近实际事物的抽象形式存在的，但它和真实的事物有着本质的区别。要描述一个实际现象，可以有很多种形式，比如：录音、录像、比喻等等。为了使描述更加科学性、逻辑性、客观性和可重复性，人们采取一种普遍认为比较严格的语言来描述各种现象，这种语言就是数学。使用数学语言描述的事物就称为数学模型，有时我们需要做一些实验，但这些实验往往用抽象出来的数学模型作为实际物体的代替而进行相应实验。实验本身也是实际操作的一种理论替代。

从实际课题中抽象提炼出数学模型的过程，被称为数学建模。数学模型的建立需要人们对现实问题有比较深入细致的观察和分析，又需要人们能灵活巧妙地利用各种数学知识。数学建模是应用数学语言和方法，通过抽象简化后，建立能近似刻画并解决实际问题的一种强有力的数学手段，数学建模就是用数学语言描述实际现象的过程，这里的实际现象既包括具体的自然现象，比如自由落体现象，也包含抽象的现象，比如顾客对某种商品所取的价值取向，这里的描述不但包括外在形态、内在机制的描述，也包括预测实验和解释实际现象的内容。

数学建模是联系数学与实际问题的桥梁，是数学在各个领域广泛应用的媒介，是数学科学技术转化的主要途径。数学建模在科学技术发展中的重要作用，越来越受到数学界和工程界的普遍重视，它已成为现代科技工作者必备的重要技能之一。模型建立与建模目的关系密切。数学建模一般原则：在能达到预期的目的前提下，所用的数学方法越简单越大众化越好。

0.1.1 数学模型分类

（1）按认知程度分类

根据人们对实际问题了解的深入程度不同，数学模型可以分为白箱模型、灰箱模型和黑箱模型。

客观世界是物质的世界，也是信息的世界。其中有很多种系统，有的系统是客观实体，如工程系统、物理系统等，它们的共同特征是有明确的“内”和“外”的关系，可以比较清楚地明确输入输出、成因结果的关系，因此可以方便地分析输入输出的影响，理清成因结果的关系，这样的系统称为白色系统，其相应的模型为白箱模型。但有的系统信息不全，不能明确输入输出的关系，这样的系统称为黑色系统，其相应的模型为黑箱模型。但世界的复杂性和人类认识的运动性决定了还有一种介于两种系统之间的系统，即既有大量的明确的信息，又有许多未知信息，这样的系统称为灰色系统，相应的模型为灰箱模型。灰色系统在自然界中占大多数。

假如我们把建立数学模型研究实际问题比喻成一个箱子。通过输入数据信息，建立数学模型，来获取我们原先并不清楚的结果。

如果问题的机理比较清楚，内在关系较为简单，这样的模型就被称为白箱模型。

如果问题的机理极为繁杂，人们对它的了解极其肤浅，几乎无法加以精确的定量分析，这样的模型就被称为黑箱模型。

而介于两者之间的模型，则被称为灰箱模型。

这种分类方法是较为模糊的，也是相对的。随着科学技术的不断进步，今天的黑箱模型明天也许会成为灰箱模型，而今天的灰箱模型不久也可能成为白箱模型。

（2）按模型中变量特征分类

模型根据其函数特点又可分为连续型模型、离散型模型、确定性模型和随机模型等。根据建模中所用到的数学方法分类，又可分为初等模型、微分方程模型、差分方程模型、优化模型等等。

对人类活动影响较大的实际问题的数学模型，常常也可以按照研究主体内容分类，比如：人口模型、生态模型、交通流模型、经济模型等等。

0.1.2 建模方法

应用数学去解决各类实际问题时，建立数学模型是十分关键的一步，同时也是十分困难的一步。数学建模是一门艺术，要获取这个艺术的真谛和内涵，极富挑战性。建模模式千差万别，无法归纳出普遍的准则与技巧。建立一个数学模型和求解一道数学题目有极大差别，没有唯一的答案，会有不同的建模方法。模型优劣的唯一标准是实践检验。

模型具有可转移性：一个抽象的数学模型，可用来解决不同领域的不同实际问题。

模型具有不唯一性：一个实际问题可利用多种建模方法，多种建模工具，建立完全不同的数学模型。

数学建模中经常需要创新思维或发散性思维。这里的发散性思维是相对于一条道走到黑的收敛性思维方式而言，并非贬义。所谓的发散性思维是指针对同一问题，沿着不同的方向去思考，不同角度不同侧面地对所有的信息或条件加以重新组合，横向拓展思维，纵向深入探索研究，逆向反复比较，从而找出多种合乎条件的可能答案结论或假说的思维过程和方法，这就是我们通常说的“条条大路通罗马”。

数学建模有以下几种方法：

① 机理分析法。根据对现实对象特性的认识及因果关系找出反映内部机理的规律。建立的模型才有明确的物理或现实意义。

② 测试分析法。将研究对象视为一个内部机理无法直接寻求的黑箱系统。采用系统辨识方法。建立输出和输入之间的关系，测量系统的输入输出数字，对其应用统计分析进行数据拟合。

③ 计算机模拟。借助于计算机的快速运算，对实际研究对象的属性或变量进行模拟。可视为对研究对象进行实验或观察。

计算机模拟的发展有三个方向：第一个方向是传统意义上数值分析中的应用。由于计算机运算的高速度及计算的高精度，是人们远远无法相比的，于是依靠计算机，人类才有可能实现宇宙航行和月球着陆；第二个方向是网络化。由于在信息检索、文件处理等方面需要进行大批量的数据处理，计算机有巨大的存储容量，还能够迅速、准确、方便地进行数据的存取，并能够充分发挥分散在各地的软、硬件及数据资源的作用，实现协同操作，提高可靠性；第三个方向是人工智能，即用机器模拟人的智能，使计算机能部分或大部分地代替人脑力劳动。

0.1.3 建模步骤

建立数学模型的过程可分为以下五个步骤：

（1）调研与资料收集

建立数学模型的过程是把错综复杂的实际问题简化抽象为合理的数学结构过程，要通过调查收集数据资料，观察和研究实际对象固有特征和内在规律，抓住问题的主要矛盾，建立起反映实际问题的数量关系，然后用数学理论和方法去分析和解决问题，这就需要深厚扎实的数学基础，敏锐的洞察力和想象力，对实际问题的浓厚兴趣和广博的知识面。

了解问题的实际背景，明确建模目的，搜集掌握必要的数据资料。如果对实际问题没有较为深入的了解，就无从下手建模，而对实际问题的了解，有时还需要对实际问题做一番深入细致的调研，收集掌握第一手资料。

此外在真正开始自己的研究之前，还应当尽可能先了解一下前人或别人的工作，使自己的工作真正成为别人研究工作的继续，而不是别人工作的重复，这就需要具有很强的查阅文献资料能力，可以把某些已知的研究结果作为假设，即站在前人的肩膀上去探索新的奥秘。应当尽量引用已有的知识以避免做重复性的工作。

在调查研究阶段需要用到观察能力、分析能力和数学处理能力等。假设时又需要用到想象力和归纳简化能力，实际问题是十分复杂的，既存在着必然的因果关系，也存在着某些偶然的因果关系，这就需要我们能从错综复杂的现象中找出主要因素，略去次要因素，确定变量的取舍并找出变量间的内在联系。

（2）主要因素关联性假设

在明确建模目的掌握必要资料的基础上，通过对资料的分析计算，找出其主要作用的因素，分析主要因素间的关联性，据此提出其关联性假设。

提出关联性假设需要应用想象力。想象力是人类特有的一种思维能力，是人类在原有知识基础上将新的形象与记忆中的形象相互比较重新组合加工处理创造出新形象的能力。爱因斯坦曾说过，想象力比知识更重要，因为知识是有限的，而想象力推动着进步，是知识进化的源泉。关联性假设也需要有创新思维或发散性思维。

本步骤作为建模的关键所在，因为其后的所有结果都是建立在关联性假设基础上，也就是说科学研究揭示的并非绝对真理，其实它揭示的只是假如这些关联性假设是正确的，那么我们可以推导出一些什么样的结果。

关联分析可以看出假设条件提出不仅和研究的客观实体有关，还和准备利用哪些知识，准备建立什么样的模型，以及准备研究深入程度有关系，在提出假设后，建模的框架已经基本搭好了。

（3）建立数学模型

在所做关联性假设的基础上，利用适当的数学工具去刻画主要因素变量之间的关系，建立相应的数学结构，即建立数学模型。

采用什么结构数学工具建模，要看实际问题的特征，并无固定的模式，几乎数学的所有分支在建模中都能被利用到，而对同一个实际问题也可用不同的数学方法建立起不同的数学模型，一般地说，在能够达到预期目的的前提下，所用的数学工具越简单越好。

（4）模型求解

为了获得有价值的可靠模型，建模者还应当对模型进行求解，根据模型的不同特点求解，可能包括解方程、图形逻辑推理、定理证明等，还应当借助计算机来求出数值解。

（5）模型验证

正如前面所讲，用建立数学模型的方法来研究实际问题得到的只是假设，给出的假设正确就会给出正确的结果，那么假设正确与否或者是否基本可靠呢?建模者还应当反过来用求解得到的结果来检验它。模型的检验也应当是建模的重要步骤之一。

建立数学模型的目的是认识世界、改造世界，建模的结果应当是能解释已知现象和预测未来结果对象的最优决策或控制方案。

只有在证明建模结果是经得起实践检验的，以后建模才能认为大功告成，完成自己预定的研究任务。如果检验结果与事实不符，只要不是在求解中存在推导或计算的错误，那就应当检查分析在关联性假设中是否有不合理或不够精确之处，发现后修改并重新进行建模，直到结果满意为止。

0.2 材料体系建模方法概述

材料体系尤其是土木工程材料体系，其材料矿物组成多元和化学成分复杂，而且组成和成分波动范围比较大，其加工和制造工程工艺也比较复杂。因此材料体系的模拟分析和有效建模一直存在瓶颈。针对材料体系的特点和分析建模的难点，我们借鉴和总结了材料科技人员长期的科研工作实践经验，同时兼顾考虑教学和学习效果，经过多次修订，遴选了能有效且快捷应用于材料体系建模的数学方法内容。具体内容包括：灰色系统理论建模方法、灰色关联分析方法、人工神经网络系统建模方法、模糊聚类与识别方法、模糊数学建模方法等。

0.2.1 模糊数学建模方法

在材料研究领域中，存在着许多模糊的事物和现象，例如材料的聚类及等级的区分，材料显微结构的细观及微观层次的概念等等均是相对的模糊的。又如：材料组成结构与性能的关系，是多因素错综复杂地交织在一起，难以作出精确的描述，因此也属于模糊问题，实践证明用模糊的方法处理材料研究中模糊问题是行之有效的研究途径。

模糊学是一门年轻的学科。1965 年美国加利福尼亚大学教授，系统科学家查德（L.A.Zadeh）发表了著名论文《模糊集合》，标志着模糊学的诞生。他在研究人类思维判断过程的建模中，提出了用模糊集作为定量化的手段。但是在最初的 10 年中，除了极少数的专家外，模糊理论并未吸引世人的注意。

查德教授是著名的工程控制和系统论专家，长期以来在检测、决策、控制以及有关的一系列重要问题的研究中，应用传统数学方法解决这类问题的成功和失败,使他看到传统数学方法的局限性，他指出：“在人类知识领域里，非模糊概念起主要作用的唯一部门只是古典数学，一方面，使数学具有其他学科所无法与之比拟的一种美、力量和广泛性，另一方面，却也限制了它在模糊性起显著作用的领域里的作用，特别是人文系统，这里人类的判断、感觉和情绪起重要作用。”“如果深入研究人类的认识过程，我们将发现人类运用模糊概念是一个巨大财富而不是负担，这一点是理解人类智能和机器智能之间深奥区别的关键”。

一个新生事物的成长不是一帆风顺的，模糊数学也是如此，在它刚刚出现的时候，几乎没有得到人们的理解和重视，而持怀疑和反对态度的人却不少。直到 1974 年查德去巴黎参加国际数学会议时，还有人公开说：“模糊数学是数学的倒退”。但是就在同一年，英国工程师马丹尼却把模糊数学成功地应用到工业控制上。此后模糊集合的概念才逐渐被人们所认识。有关这方面的研究迅速发展，每年召开的国际性学术会议次数不断增加，学术论文的数量成倍增长，模糊数学的应用成果也日益增多并扩大到很多领域。模糊数学虽然只有短短 50 多年的历史，但它打入了经典数学无力顾及的模糊领域，大大扩展了应用范围，增强了生命力。利用隶属函数可以建立反映模糊现象的数学模型，目前已研制成功的 FSDTS 系统语言，就有可能将模糊语言编制程序输入计算机，使人工智能向前迈进了可喜的一步。对于过去不能应用数学的一些学科，应用模糊数学也取得了明显的效果。例如计算机诊病应用了模糊数学，治疗效率有的竟达 97%。现在模糊数学研究或应用的领域有：语言、自动机、系统工程、信息检索、自动控制、图像识别、故障诊断、逻辑、决策、人工智能以至生物、医学、社会、心理、拓扑、网络等领域，它的发展和应用之广泛超过了许多应用数学分支。

我国于 1976 年出现第一篇介绍模糊集合论的文章，此后举办过不少次有关这方面的讲座和学术讨论会，我国学者在模糊拓扑方面的研究工作在国际上处于领先地位，在气象预报、中医诊断、农业规划、环境检测等方面，模糊数学的应用也取得了较好的成果，而且这方面的科技队伍不断壮大，对模糊数学的理论研究及开拓应用领域，必将起到更大的推动作用。

模糊数学还处在幼年时期，不很完善，也还存在一些缺点，以致现在还有一些学者对模糊数学持保留甚至否定的态度，他们对模糊数学的指摘，主要论点如下：

① 确定隶属函数的方法。用得最多的仍然是主观判定或统计方法，这些方法都有局限性且根据不够充分。

② 至今还没有建立完善的公理系统。模糊数学中很多内容是从经典数学移植过来的，没有经过证明，因此不够严谨。

我们知道，从牛顿到希尔伯特，经过 200 多年才产生一套数学分析的公理系统。模糊数学仅有 50 多年的历史，不够成熟和完整是可以理解的，这就需要人们更深入地进行系统的理论研究。但是，模糊数学在实践中经受了考验，实践证明它是最有生命力的学科之一，它具有广阔的应用前景，它的出现必将导致数学的一次更为深刻的变革。

模糊学是一门描述和处理模糊性问题的理论和方法的学科，它以现实世界广泛存在的模糊性为研究对象，以模糊集合论为基本工具，力图在理论上把握事物的模糊性，在实践上有效地处理模糊性问题，建立所需要的概念体系和方法论框架。

从一开始，查德就把模糊学的创立与解决现代科学技术的实际问题等紧紧联系起来，从实践中吸取思想营养，开发动力源泉。正因为这样，模糊学尽管起步很晚，但很快得到广泛响应，吸引了众多领域的专家学者从事这方面的理论和应用研究，使模糊学迅速成长为当前十分活跃的学科领域之一。

目前模糊学方法主要应用于一些实际问题。在以下几种情况下，人们采用模糊方法：

① 对于典型的模糊性问题，只有用模糊学方法能够进行适当的定量分析处理。例如，有人告诉你“天下大雨了”，很少有人把“大”和降雨多少厘米的某一量值绝对等同起来。

② 有些复杂问题尚未找到精确方法时，模糊学作为一种权宜方法而被使用。例如，地震学界常用地震烈度来刻画地震破坏的程度。而地震烈度是个公认的模糊尺度，它用“人们惊慌失措”“房屋严重破坏”等等作为衡量尺度。

③ 有些复杂问题虽然有精确的处理方法，但代价过高，用模糊方法虽然效果差些，但代价低，总体看更适宜。

④ 某些紧急情况下，如医生处理急性患者，必须先用模糊方法作出大略分析处理，待条件许可后再进一步作精确的测量、分析和处理。

人们在生存活动中，经常接触各种模糊事物，接受模糊信息，随时要对模糊事物进行识别，作出决策，在漫长的历史进程中，人类思维能力的提高，不但表现在形成和发展了精确思维能力，而且表现在发展了模糊思维的能力，发展了处理模糊性问题的模糊方法。人类的生存发展文明的不断进步，证明人类有适应模糊环境的能力，证明模糊方法是一种行之有效的方法。用精确方法处理复杂模糊事物的无效性，迫使人们回过头来重新认识这种模糊方法。

计算机不能像人脑一样思维、推理和判断，只有当给定准确的信息之后，计算机才能够做出对和错的判断，而人脑即使在只有部分，甚至不完全正确的情况下，也能够进行判断。计算机要模拟人的思维和判断过程，就必须将人的语言中所具有的多义、不确定信息定量地表示出来。模糊集的概念就由此而来。它的应用有以下 5 方面：

① 将人的经验、常识等用适合计算机的形式表现出来；

② 建立人的感觉、语言表达方式和行动过程的模型；

③ 模拟人的思维、推理和判断过程；

④ 将信息转换成被人容易理解的形式；

⑤ 压缩信息。

模糊理论是 L.A. Zadeh 教授提出模糊（Fuzzy）学或集合论后发展起来的模糊推理理论和模糊聚类方法。用它可以解决专家系统中因二值逻辑产生的知识表达过于粗略的问题。并用 Fuzzy 推理规则产生了非精确性推理方法，Fuzzy 技术是近年来迅速发展的新技术，部分解决了专家系统中存在的一些问题，并已用于生产实际。1980 年，丹麦的 F.L. Smith 公司成功地将模糊控制应用到水泥窑的自动控制中，为模糊理论的实际应用开辟了崭新的前景。日本日立研制了地铁自动操作的模糊控制系统，松下电器推出了全自动的模糊洗衣机、电饭锅等，三洋开发了高质量的彩色复印机的颜色再现控制技术等。模糊理论在欧美国家也得到了一定的发展，其应用越来越受到人们的肯定。

0.2.2 人工神经网络系统建模方法

人工神经网络是人类 20 世纪在人工智能方面取得的最辉煌的研究成果，它已在机器人和自动控制、经济、军事、医疗、化学等领域得以应用并已取得了许多成果。近年来材料科技人员借鉴相关领域科技创新成果，引进人工神经网络系统建模方法，探索应用于在材料体系分析模拟与建模，取得长足的进展。

人工神经网络的研究始于 20 世纪中叶。1943 年，美国生理学家麦卡洛克（W. McCulloch）和数理逻辑学家皮兹（W.Pitts）融合了生物物理学和数学，提出了第一个神经计算模型（MP 模型），从此开始了将数理科学和认知科学相结合，探索人脑奥秘的过程。1957 年，Rosenblatt 提出感知器模型，这是第一个真正的人工神经网络，第一次把神经网络的研究付诸工程实践。40～50 年代，是人工神经网络研究的一个高潮期，之后的 70～80 年代，人工神经网络的研究陷入了一个低潮；但随着 1982 年美国加州理工学院生物物理学家霍普菲尔德（J.J.Hopfield）在神经网络建模及应用方面的开创性成果——Hopfied 模型的建立，人工神经网络的研究进入了第二个高潮期。这项突破性的进展引起了广大学者对神经网络潜在能力的高度重视，从而使神经网络研究步入了兴盛期。对人工神经网络的理论模型、学习算法、开发工具等方面进行了广泛、深入的探索，其应用已渗透到许多领域。在机器学习、专家系统、智能控制、模式识别、计算机视觉、自适应滤波、信息处理、非线性系统辨识以及非线性系统组合优化等领域已经取得显著的成就，说明模仿生物神经计算功能的人工神经网络具有通常的数字计算机难以比拟的优势，如自组织性、自适应性、联想能力、模糊推理能力和自学习能力等，人工神经网络获得了众多研究人员和工程人员的青睐。

（1）人工神经网络的定义

人工神经网络是指模拟人脑神经系统的结构和功能，运用大量的处理部件，由人工方式构造的网络系统，是最近发展起来的一门交叉学科。

人工神经网络采用物理可实现的系统来模仿人脑神经细胞的结构和功能。由很多处理单元（神经元）有机地连接起来，进行并行工作，它的处理单元十分简单，其工作则是“集体”进行的，它的信息传播、存储方式与神经网络相似。它没有运算器、内存、控制器这些现代计算机的基本单元，而是相同的简单处理器的组合。它的信息是存储在处理单元之间的连接上的。因而，它是与现代计算机完全不同的系统。神经网络理论突破了传统的、线性处理的数字电子计算机的局限，是一个非线性动力学系统，并以分布式存储和并行协同处理为特色，虽然单个神经元的结构和功能极其简单有限，但是大量的神经元构成的网络系统所实现的行为却是极其丰富多彩的。

（2）人工神经网络的特点

相比专家系统和模糊理论，人工神经网络更接近于人的大脑的识别及思维能力。尽管目前它只是与人类的大脑低级近似，但它的很多特点和人类的智能特点类似。正是由于这些特点，使得神经网络不同于一般计算机和人工智能。总的来说，人工神经网络具有以下 4 个特点。

① 固有的并行结构和并行处理。人工神经网络在结构上与目前的计算机根本不同。它是由很多小的处理单元相互连接而成的。每个单元功能简单，但大量的处理单元集体的、并行的活动得到预期的识别、计算结果，并具有较快的速度。

② 知识的分布存储。在神经网络中，知识不是存储在特定的存储单元里，而是分布在整个系统中，要存储多个知识就需要很多连接。在计算机中，只要给定一个地址就可得到一个或一组数据。在神经网络中要获得存储的知识则采用“联想”的办法，这类似人类和动物的联想记忆。当一个神经网络输入一个激励时，它要在已经存储的知识中寻找与该输入匹配最好的存储知识为其解。

联想记忆有两个主要特点：一是具有存储大量复杂图形的能力（像语言的样本，可视图像，机器人的活动，时空图形的状态，社会的情况等），二是可以很快地将新的输入图形归并分类为已存储图形的某一类。虽然一般计算机善于高速串行计算，但它却不善于那种图形识别。

③ 容错性。人工神经网络和人类大脑类似，具有很强的容错性，即具有局部或部分的神经元损坏后，不影响全局的活动。它可以从不完善的数据和图形进行学习并做出决定。由于知识存在整个系统中，而不是在一个存储单元里，一定比例的结点不参与运算，对整个系统的性能不会产生重大影响。所以，在神经网络里承受硬件损坏的能力比一般计算机强得多。一般计算机中，这种容错能力是很差的，如果去掉其中任一部件，都会导致机器的瘫痪。

④ 自适应性。人工神经网络可以通过学习具备适应外部环境的能力。通过多次训练，

网络就可识别数字图形。在训练网络时，有时只给它大量的输入图形，没有指定要求的输出，网络就自行按输入图形的特征对它们进行分类，就像小孩通过大量观察可以分辨出哪是狗、哪是猫一样。网络通过训练自行调节连接加权，从而对输入图形分类的特性，称为自组织特性。它所用的训练方法，称为无导师的训练。人工神经网络的自适应性是重要的特点，包括四个方面：学习性、自组织能力、推理能力和可训练性。

由于人工神经网络模型采用自适应算法，更能够适应环境，总结规律；有较强的容错能力，可以对不完善的数据和图形进行学习并作出决定；具有自学习、自组织功能及归纳能力。以上特点使得人工神经网络能够对不确定的、非结构化的信息以及图像进行识别、处理。混凝土工程中的大量信息就具有这种性质，因而人工神经网络是非常适合在混凝土工程中应用的。

（3）人工神经网络系统在材料领域的应用

人工神经网络系统方法的研究始于20世纪40年代，近年来，在各个行业、各种研究领域中都获得了发展，也开始应用于土木工程材料领域，并已获得显著的成果。

土木工程材料体系具有组成多元、性能波动大、复杂的特点，基本上处于经验科学领域范畴。而神经网络对非线性函数具有任意逼近和自学习能力，对于那些已具有大量经验基础的土木工程材料体系尤其合适。许多学者的研究成果和经验也证实了人工神经网络系统应用于复杂材料体系的优势和适应性。同济大学张雄教授基于混凝土公司的大数据，应用人工神经网络系统建立了混凝土配合比优化设计模型，可替代技术人员实时智能调控混凝土配合比设计；中国台湾中华大学土木工程系的叶怡成教授等人证明了用神经网络构筑混凝土抗压强度模型，预测强度值的可能性；唐明述院士等将BP网络模型用于高强粉煤灰混凝土的强度预测，表明神经网络方法具有较高的预测精度。

总之，神经网络应用于土木工程材料的性能预测和配方优化设计方面具有以下优势：

① 通过训练网络，可学习隐藏在输入（配方与工艺条件）与输出（性能）之间的关系，建立起输入与输出之间的非线性关系，适用于最优配方的搜索；

② 容错能力强，可区分研究过程中的规律与噪声；

③ 数据利用效率高，可采用补充试验的结果对网络进一步训练，以获得更好的学习效果；

④ 神经网络采用矩阵运算，增加配方因子、试验项目或试验次数，无需进行大的结构改变，因而适用于处理多输入、多输出（即多因子、多性能）的问题。

人工神经网络系统与计算机专家系统的优势分析：材料科技人员探索过运用计算机专家系统辅助进行材料体系设计，以摆脱这种实验先行的研究方法，用较少的实验获得较为理想的材料。材料体系模拟与设计是研发新材料重要的技术途径。它是通过理论的计算预测新材料的组分、结构与性能，或通过理论设计来“定做”具有特定性能的新材料。材料体系模拟与设计的目的在于改变传统的研制新材料的方法。利用传统的“试错法”研究新材料是先试制出一批材料，再分析其成分和结构，测试其性能，从中找出一种运用的材料和生产工艺。其效率很低，且带有一定的盲目性。但是计算机专家系统的知识获取困难，知识获取存在“瓶颈”问题；处理复杂问题的时间过长；容错能力差，计算机采用局部存储方式，不同的数据和知识存储互不相关，只有通过人编写的程序才能沟通，程序中微小的错误都会引起严重的后果，系统表现出极大的脆弱性；基础理论还不完善，专家系统的本质特征是基于规则的逻辑推理思维，然而迄今的逻辑理论仍然很不完善，现有逻辑理论的表达能力和处理能力有很大的局限性；知识的“窄台阶效应”问题；知识存储容量与运行速度的矛盾问题等。

将神经网络与专家系统结合起来，形成的神经专家系统是一种新型智能系统。采用神经网络构造知识库进行知识处理，实现了人工智能两个分支的结合和优势互补，解决问题的方式更接近于人类智能，其功能要比单一的专家系统或单一的神经网络系统更强大。这种系统借助计算机模拟，对知识和信息的处理、对混凝土性质的模拟，可以大大减少试验室的试配工作。将神经网络专家系统应用于混凝土配合比优化设计和质量控制，不仅可以节约材料、提高生产率，而且有助于混凝土质量的改进和提高，因而具有现实的经济意义和广阔的应用前景。

目前，人工神经网络在材料科学领域，特别是在土木工程材料科学领域的应用还处于起步阶段，今后还应该在深度和广度方面进一步拓展，最终实现材料设计的智能化，从而开辟材料科学技术研究的新方法。

当然，神经网络也存在不足之处，就这种隐含形式的知识表示而言，将使人们无法从神经网络中选出某些神经元去认同一个目标，并且在向用户提供推理的证据和结论的解释方面，受到局限甚至完全不能工作。

0.2.3 灰色系统建模方法

灰色系统理论是我国著名学者邓聚龙教授于 1982 年首先提出来的。灰色系统理论是属于具有方法论意义的横断学科中的一种。随着现代科学技术从高度分化逐渐向高度综合的方向发展，横断学科能更为深刻、更具本质性地揭示事物之间的内在联系。像 20 世纪 40 年代末期诞生的系统论、信息论、控制论，产生于 60 年代末、70 年代初的耗散结构理论、协同学、突变论、分形论以及 70 年代中后期相继出现的超循环理论、动力系统理论等都是具有横向性、交叉性的新兴学科。而灰色系统理论则是横断学科群中升起的又一颗光彩夺目的新星。

（1）灰色系统基本概念

社会、经济、农业、工业、生态、生物等许多系统，是根据研究对象所属的领域和范围命名的，而灰色系统却依据颜色命名。在控制论中，人们常用颜色的深浅形容信息的明确程度，如艾什比（Ashby）将内部信息未知的对象称为黑箱（black box）。这种称谓已为人们普遍接受；再如在政治生活中，人民群众希望了解决策及其形成过程的有关信息，就提出要增加“透明度”。我们用“黑”表示信息未知，用“白”表示信息完全明确，用“灰”表示部分信息明确、部分信息不明确。相应地，信息完全明确的系统称为白色系统，信息未知的系统称为黑色系统，部分信息明确、部分信息不明确的系统称为灰色系统。

请注意“系统”与“箱”这两个概念的区别。通常地，“箱”侧重于对象外部特征而不重视其内部信息的开发利用，往往通过输入输出关系或因果关系研究对象的功能和特征。“系统”则通过对象、要素、环境三者之间的有机联系和变化规律研究其结构和功能。

灰色系统理论的研究对象是“部分信息已知、部分信息未知”的“小样本”“贫信息”不确定性系统，它通过对“部分”已知信息的生成、开发实现对现实世界的确切描述和认识。

在人们的社会、经济活动或科研活动中，会经常遇到信息不完全的情况。如在农业生产中，即使是播种面积、种子、化肥、灌溉等信息完全明确，但由于劳动者技术水平、自然环境、气候条件、市场行情等信息不明确，仍难以准确地预计出产量、产值；再如生物防治系统，虽然害虫与其天敌之间的关系十分明确，却往往因人们对害虫与饵料、天敌与饵料、某一天敌与其它天敌、某一害虫与其它害虫之间的关联信息了解不够，使得生物防治难以收到预期效果；价格体系的调整或改革，常常因缺乏民众心理承受力的信息，以及某些商品价格变动对其它商品价格影响的确切信息而举步维艰；在证券市场上，即使最高明的系统分析人员亦难以稳操胜券，因为你不能掌握金融政策、利率政策、企业改革、政治风云和国际市场变化及某些板块价格波动对其它板块影响的确切信息；一般的社会经济系统，由于其没有明确的“内”“外”关系，系统本身与系统环境、系统内部与系统外部的边界若明若暗，难以分析输入（投入）对输出（产出）的影响。而同一个经济变量，有的研究者把它视为内生变量，另一些研究者却把它视为外生变量，这是因为缺乏系统结构、系统模型及系统功能信息所致。

综上所述，可以把系统信息不完全的情况分为以下四种：

① 元素（参数）信息不完全；

② 结构信息不完全；

③ 边界信息不完全；

④ 运行行为信息不完全。

“信息不完全”是“灰”的基本含义。含义加以引申见表 0.1。

表 0.1 “灰”概念引申

概念	黑	灰	白
从信息上看	未知	不完全	完全
从表象上看	暗	若明若暗	明朗
在过程上	新	新旧交替	旧
在性质上	混沌	多种成分	纯
在方法上	否定	扬弃	肯定
在态度上	放纵	宽容	严厉
从结果看	无解	非唯一解	唯一解

灰色系统理论是一种研究少数据、贫信息不确定性问题的新方法。灰色系统理论以“部分信息已知，部分信息未知”的“小样本”“贫信息”不确定性系统为研究对象，主要通过对“部分”已知信息的生成、开发，提取有价值的信息，实现对系统运行行为、演化规律的正确描述和有效监控；灰色系统模型对实验观测数据没有什么特殊的要求和限制，因此应用领域十分宽广。

（2）灰色系统理论内涵

灰色理论发展至今主要研究的内容包括系统分析、信息处理、灰色建模、灰色预测、灰色决策和灰色控制等。灰色理论与均匀设计作为新兴边缘学科——合成化学计量学的有效方法和技术，已在科学研究和现代化学过程优化中得到应用。将灰色理论应用到材料的设计与研究之中，利用交叉学科的优势，发展材料科学，达到优化设计实验的目的。

① 灰色关联分析　灰色关联分析是灰色系统理论的基础，是一种系统分析方法。灰色关联分析是对系统变化发展态势的定量描述和比较的方法。主要依据空间理论的数学基础，按照规范性、偶对称性、整体性和接近性的灰色关联四公理原则，确定参考序列和若干个比较数列之间的关联系数和关联度。灰关联分析的目的就是寻求系统中各因素间的主要关系，找出影响目标值的重要因素，从而掌握事物的主要特征，促进和引导系统迅速而有效地发展。

灰色系统关联分析实质上是关联系数的分析。先是求各个方案与由最佳指标组成的理想方案的关联系数，由关联系数得到关联度，再按关联度的大小进行排序、分析，得出结论。这种方法优于经典的精确数学方法，经过把意图、观点和要求概念化、模型化，从而使所研究的灰色系统从结构、模型、关系上逐渐由黑变白，使不明确的因素逐渐明确。该方法突破了传统精确数学绝不容许模棱两可的约束，具有原理简单、易于掌握、计算简便、排序明确、对数据分布类型及变量之间的相关类型无特殊要求等特点，故具有极大的实际应用价值。特别是在计算机科学与技术的支撑下，那些与数学毫不相关或关系不大的学科（如生物学、心理学、语言学、社会科学等）都有可能用定量化和数学化加以描述和处理，从而使该方法的适用范围大大扩展。

灰色关联分析，从其思想方法上来看，属于几何处理的范畴，其实质是对反映各因素变化特性的数据序列所进行的几何比较。用于度量因素之间关联程度的关联度，就是通过对因素之间的关联曲线的比较而得到的。灰色关联分析具有如下的基本特征：

a．总体性。关联度虽是描述离散函数之间的远近程度的量度，但它强调的是若干个离散函数对一个离散函数远近的相对程度，也就是说，因素之间关联度数值大小并不重要，重要的是比较各子序列对同一母序列的影响大小，即排出关联序。灰色关联的总体性突破了一般系统分析中常用的因素两两对比的框架，而是将各因素统一置于系统之中进行比较与分析，具有更广泛的实用价值。

b．非对称性。在客观世界中，因素之间存在着错综复杂的关系，在同一系统中，对于甲因素来说，乙因素与其关系最紧密，但对乙因素来说，并不一定就是与甲因素关系最紧密。甲对乙的关联度，并不等于乙对甲的关联度。非对称性较客观地反映了系统中因素之间真实的灰关系，就这一点来说，灰关联分析较数理统计分析前进了一步。

c．非唯一性。关联度与母序列、子序列、原始数据处理方法、数据多少、分辨系数等因素有关。

d．有序性。灰关联分析的主要研究对象，是离散形式的系统状态变量，即时间序列。与相关分析不同，这种离散函数中的各个数据不能两两交换，更不能任意颠倒时序，否则就会改变原序列的性质。

② 灰色模型　灰色模型按照五步建模思想构建，通过灰色生成或序列算子的作用弱化随机性，挖掘潜在的规律，经过差分方程与微分方程之间的互换实现了利用离散的数据序列建立连续的动态微分方程的新飞跃。

灰色组合模型包括灰色经济计量学模型（GE）、灰色生产函数模型（GGD）、灰色马尔科夫模型（GM）、灰色时序组合模型等。

③ 灰色预测与决策　灰色预测是基于 GM 模型作出的定量预测，按照其功能和特征可分成数列预测、区间预测、灾变预测、季节灾变预测、波形预测和系统预测等几种类型。

灰色决策包括灰靶决策、灰色关联决策、灰色统计、聚类决策、灰色局势决策和灰色层次决策等。

④ 灰色规划　灰色规划包括灰色线性规划、灰色非线性规划、灰色整数规划和灰色动态规划等。

⑤ 灰色控制　灰色控制的主要内容包括本征性灰色系统的控制问题和以灰色系统方法为主构成的控制，如灰色关联控制和 GM（1,1）预测控制等。

灰色系统理论应用范围已拓展到工业、农业、地质、石油、地震、气象、水利、环境、生态、医学、体育、军事、法学、金融等众多领域，在材料科学研究方面近十几年也得到了一定的应用，它成功地解决了生产、生活和科学研究中的大量实际问题。

0.2.4 传统数理统计与不确定性数学方法的比较

概率统计、模糊数学和灰色系统理论是三种最常用的不确定性系统的研究方法。研究对象都具有某种不确定性，这是三者的共同点。正是研究对象在不确定性上的区别，才派生出了这三种各具特色的不确定性学科，三者各具特色。

① 概率统计　概率统计研究的是“随机不确定”现象，着重于考察“随机不确定”现象的历史统计规律，考察具有多种可能发生的结果之“随机不确定”现象中每一种结果的发生的可能性大小。其出发点是大样本，并要求对象服从某种典型分布。

② 模糊数学　模糊数学着重研究“认知不确定”问题，其研究对象具有“内涵明确，外延不明确”的特点。比如说“年轻人”就是一个模糊概念。因为每个人都十分清楚年轻人的内涵。但要让你划定一个确切的范围，在这个范围之内的是年轻人，范围之外的都不是年轻人，则很难办到，因为年轻人这个概念外延不明确。模糊数学主要是凭经验借助于隶属函数进行处理。

③ 灰色系统　灰色系统着重研究概率统计、模糊数学所不能解决的“小样本、贫信息不确定”问题，并依据信息覆盖，通过序列生成寻求现实规律。其特点是“少数据建模”，与模糊数学不同的是，灰色系统理论着重研究“外延明确、内涵不明确”的现象。比如说将水泥胶砂流动度比控制在一定的范围之内就是一个灰概念，因为如果水泥胶砂流动度比太大的话，则水泥砂浆容易分层离析，并有泌水现象，导致水分流失，给施工带来困难；相反地，如果水泥胶砂流动度比太小的话，则不利于水泥砂浆的停放、施工和泵送等，所以说水泥胶砂流动度比的外延是非常明确的，但如果进一步要问到底是哪个具体值，则不清楚。

综上所述，可以把这三者之间的区别归纳如表 0.2。

表 0.2　三种不确定性方法的比较

项目	灰色系统	概率统计	模糊数学
研究对象	贫信息不确定	随机不确定	认知不确定
基础集合	灰色朦胧集	康托集	模糊集
方法依据	信息覆盖	映射	映射
途径手段	灰序列算子	概率统计	截集
数据要求	任意分布	典型分布	隶属度可知
侧重	内涵	内涵	外延
目标	现实规律	历史统计规律	认知表达
特色	小样本	大样本	凭经验

从上面的比较，可以发现，概率统计的分析存在下述不足之处：

① 要求有大量数据，数据量少就难以找出统计规律；

② 要求样本服从某个典型的概率分布，要求各因素数据与系统特征数据之间呈线性关系且各因素之间彼此无关，这种要求往往难以满足；

③ 计算量大。

图 0.1 是两种矿渣微粉的粒度分布图。理论上讲，矿渣微粉颗粒群应满足标准正态分布。但是用标准正态分布函数拟合的相关性系数只有 0.3～0.4，因此采用经过修正的正态分布函数，其拟合后的相关性系数也不超过 0.8。可见用概率统计方法往往不能满足试验要求。而模糊数学主要是凭经验借助于隶属函数进行处理，这对于许多年轻的实验工作者来说比较困难。

相比之下，灰色系统是一种好学易用的不确定性方法。

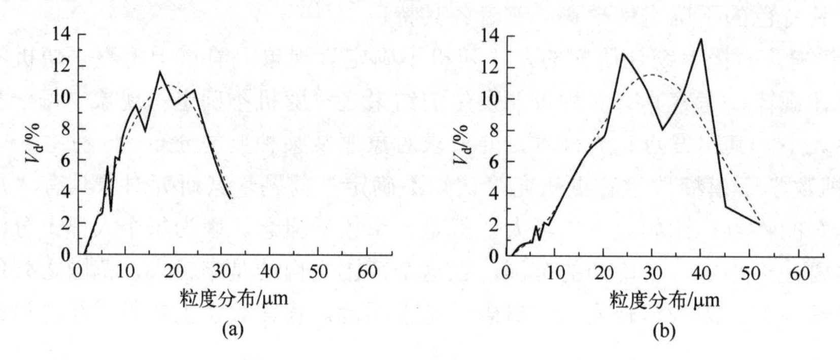

图 0.1　两种矿渣微粉粒度分布图

1 数理统计建模方法

基础数理统计的建模方法是指基于概率论与数理统计方法建立模型，通过求得各变量之间的函数关系，来推断大量随机事件的规律性。预测、信息提取、随机结构的描述等功能可以通过数理统计模型实现，并将模型应用于材料体系的分析研究中。本章将介绍基础数理统计方法，并提供数理统计在材料体系建模中的具体应用案例供读者参考。

1.1 数理统计方法

1.1.1 数理统计基本概念

数理统计是一种广泛应用于对研究对象客观规律性的各种估计和判断，根据试验或观察得到的数据，以概率论为基础，研究随机现象的一种数学分支。数理统计的主要内容包括对所得数据和资料的收集、整理、分析和研究，从而推断出研究对象的性质和特点。本章将围绕常用的几个统计量和抽样分布，从总体、随机样本、统计量等基本概念切入。

1.1.1.1 总体与样本

把所研究对象的全体称为总体，总体中每个元素称为个体。总体中所包含个体的个数称为总体的容量，容量为有限的总体称为有限总体，容量为无限的总体称为无限总体。

例如，某工厂里的男性是一个总体，其中的每一个男性是一个个体。在实际问题中所研究的是总体中个体的某一个数量指标。对工厂里的男性这一总体来说，我们只研究男性的体重这个数量指标。

又如，对某工厂某年新入职的男性员工进行人数统计，总体的容量就是男性的人数，所以是有限总体。当有限总体所含个体的数量很大时，可以认为它近似是一个无限总体。

再如，考察某种型号手机在全国范围内的使用寿命，总体的容量就是该型号手机的个数，由于该型号手机的个数很多，可以近似地认为是无限总体。

当我们研究个体的某一个数量指标，它对总体中的不同个体拥有不同的值，也就是说，它具有不确定性。我们从总体中随机选取一个个体，观察它的数量指标的值，这即是一个随机试验。随机试验中被观察的量为数量指标 X，它是一个随机变量，其取值随试验的结果而定。我们对总体的研究，就是对随机变量 X 的研究。X 的分布函数和数字特征，分别称为总体的分布函数和数字特征。因此，一个总体对应于一个随机变量 X。之后的教材将不再区分总体与相应的随机变量，统称为总体 X。

例如，当检测一条食品生产线生产的产品质量是优质品还是劣质品，用 1 表示该食品是优质品，用 0 表示该食品是劣质品。设出现优质品的概率为 p，那么总体是由一些具有数量指标为 1 和一些具有数量指标为 0 的个体所组成。这个总体对应于一个参数为 p 的 0-1 分布，我们就将其称为 0-1 分布的总体。

想要清楚了解一个总体的性质，简单来看，对每个个体一一进行观察是最理想的办法，但在实际的问题中往往是不现实的。例如，要研究一批金属材料质量，由于金属材料的一些检测方式属于破坏性试验，一旦我们获得了每个金属材料的质量数据，就代表试验的这批材料已经全部报废了。所以，我们只能从某一批次中随机地抽取一部分进行检测，并记录其结果，再根据这些数据来推断这批金属材料的质量情况。

在数理统计中，一般都是通过从总体中抽取部分个体，并根据部分个体的数据来对总体进行推断，其中被抽取的这些个体叫做总体的一个样本。

从总体中抽取一个个体的概念就是对总体 X 进行一次观察并记录其结果。我们在相同的条件下对总体 X 进行 n 次重复且独立的观察，将得到 n 次观察结果，将其按试验的次序记为 $X_1,X_2,\ldots,X_n$。由于 $X_1,X_2,\ldots,X_n$ 是对随机变量 X 的观察结果，并且都是在相同的条件下独立进行各次观察的，因此有理由认为 $X_1,X_2,\ldots,X_n$ 是相互独立且与 X 具有相同分布的随机变量。

设 X 是具有分布函数 F 的随机变量，若 $X_1,X_2,\ldots,X_n$ 是具有相同分布函数 F 的、相互独立的随机变量，则称 $X_1,X_2,\ldots,X_n$ 为从总体 X 得到的容量为 n 的简单随机样本，简称样本（sample），它们的观察值 $x_1,x_2,\ldots,x_n$ 称为样本值，又称为 X 的 n 个观察值。

其中值得注意的是，由于数理统计的样本是通过从总体中抽取一部分个体组成的，并根据得到的样本数据来对总体进行推断，决定了数理统计的方法是“归纳性”的，而不是概率论的“演绎性”。

由上述定义可知，简单随机样本有以下两个重要性质。

若 $X_1,X_2,\ldots,X_n$ 为总体 X 的一个样本，则

① $X_1,X_2,\ldots,X_n$ 是相互独立的；

② $X_1,X_2,\ldots,X_n$ 与总体 X 具有相同的分布。

即它们的分布函数都是 F，所以 $(X_1,X_2,\ldots,X_n)$ 的分布函数为

$$F^*(x_1,x_2,\ldots,x_n)=\prod_{i=1}^{n}F(x_i) \tag{1.1}$$

设 X 具有概率密度函数 f，则 $(X_1,X_2,\ldots,X_n)$ 的概率密度函数为

$$f^*(x_1,x_2,\ldots,x_n)=\prod_{i=1}^{n}f(x_i) \tag{1.2}$$

1.1.1.2 统计量与样本矩

一般来说，统计推断的依据是样本，但在实际的问题中，往往是针对不同的问题构造出适当的样本的函数，利用构造出的函数来进行统计推断，而不是直接使用样本本身。

定义：设来自总体 X 的一个样本为 $X_1,X_2,\ldots,X_n$，$X_1,X_2,\ldots,X_n$ 的函数是 $g(X_1,X_2,\ldots,X_n)$，若 g 不含未知参数，则称 $g(X_1,X_2,\ldots,X_n)$ 是一个统计量。设：$x_1,x_2,\ldots,x_n$ 为 $X_1,X_2,\ldots,X_n$ 的样本观察值，

则 $g(x_1,x_2,\ldots,x_n)$是统计量 $g(X_1,X_2,\ldots,X_n)$的观察值。

设 $X_1,X_2,\ldots,X_n$ 是来自总体 X 的一个样本，$x_1,x_2,\ldots,x_n$ 为样本观察值。

下面给出几个常用统计量的定义：

样本均值

$$\bar{X}=\frac{1}{n}\sum_{i=1}^{n}X_i \tag{1.3}$$

样本方差

$$S^2=\frac{1}{n-1}\sum_{i=1}^{n}(X_i-\bar{X})^2=\frac{1}{n-1}\left(\sum_{i=1}^{n}X_i^2-n\bar{X}^2\right) \tag{1.4}$$

样本标准差

$$S=\sqrt{S^2}=\sqrt{\frac{1}{n-1}\sum_{i=1}^{n}(X_i-\bar{X})^2} \tag{1.5}$$

样本 k 阶原点矩

$$A^k=\frac{1}{n}\sum_{i=1}^{n}X_i^k,k=1,2,\ldots \tag{1.6}$$

样本 k 阶中心矩

$$B^k=\frac{1}{n}\sum_{i=1}^{n}(X_i-\bar{X})^k,k=1,2,\ldots \tag{1.7}$$

它们的观察值分别为

$$\bar{x}=\frac{1}{n}\sum_{i=1}^{n}x_i \tag{1.8}$$

$$s^2=\frac{1}{n-1}\sum_{i=1}^{n}(x_i-\bar{x})^2 \tag{1.9}$$

$$s=\sqrt{s^2}=\sqrt{\frac{1}{n-1}\sum_{i=1}^{n}(x_i-\bar{x})^2} \tag{1.10}$$

$$a^k=\frac{1}{n}\sum_{i=1}^{n}x_i^k,k=1,2,\ldots \tag{1.11}$$

$$b^k=\frac{1}{n}\sum_{i=1}^{n}(x_i-\bar{x})^k,k=1,2,\ldots \tag{1.12}$$

这些观察值仍分别称为样本均值、样本方差、样本标准差、样本 k 阶原点矩、样本 k 阶中心矩。

若总体 X 的 k 阶矩存在，记为 $E(X^k)=\mu_k$，则当 $n\to+\infty$时，$A_k\xrightarrow{P}\mu_k,k=1,2,\ldots$。这是因为 $X_1,X_2,\ldots,X_n$ 相互独立且与总体 X 同分布，所以 X_1^k，$X_2^k,\ldots$，X_n^k 相互独立且与 X_k 同分布。$E(X_1^k)=\ldots=E(X_n^k)=\mu_k$。

1.1.1.3 三个重要分布与抽样定理

统计量的分布称为抽样分布。接下来介绍 3 个来自正态分布的常用统计量的分布。

（1）χ^2 分布

设 $X_1,X_2,\ldots,X_n$ 是来自总体 $N(0,1)$的样本，则称统计量

$$\chi^2 = X_1^2 + X_2^2 + \ldots + X_n^2 \tag{1.13}$$

服从的 χ^2 分布，其自由度为 n，记为 $\chi^2 \sim \chi^2(n)$。

此处，χ^2 分布的自由度是指独立的随机变量的个数。

自由度为 n 的 χ^2 分布的概率密度为

$$f(x)=\begin{cases}\dfrac{1}{2^{\frac{n}{2}}\Gamma\left(\dfrac{n}{2}\right)}x^{\frac{n}{2}-1}\mathrm{e}^{-\frac{x}{2}}, & x>0\\ 0, & x\leqslant 0\end{cases} \tag{1.14}$$

式中，$f(x)=\begin{cases}\dfrac{1}{2^{\frac{n}{2}}\Gamma\left(\dfrac{n}{2}\right)}x^{\frac{n}{2}-1}\mathrm{e}^{-\frac{x}{2}}, & x>0\\ 0, & x\leqslant 0\end{cases}$，$\Gamma(a)=\int_0^{+\infty}x^{a-1}\mathrm{e}^{-x}\mathrm{d}x$ 是 Gamma 函数，概率密度 $f(x)$的图形如图 1.1 所示。

可以证明 χ^2 分布具有以下性质。

① 若 $X_1,X_2,\ldots,X_n$ 相互独立且都服从 $N(0,1)$，则 $X_1^2+X_2^2+\ldots+X_n^2\sim\chi^2(n)$。反之，若 $X\sim\chi^2(n)$，则 X 可以分解为 n 个相互独立的标准正态随机变量的平方和。

② 若 $X\sim\chi^2(n)$，则有 $E(x)=n$，$D(x)=2n$。

③ χ^2 分布具有可加性。设 X 和 Y 相互独立，并且 $X\sim\chi^2(n_1)$，$Y\sim\chi^2(n_2)$，则有 $X+Y\sim\chi^2(n_1+n_2)$。

应该说明，对相互独立且服从 χ^2 分布的有限个随机变量，χ^2 分布的可加性也是成立的。

若 $\chi^2\sim\chi^2(n)$，对于给定的 α，$0<\alpha<1$，称满足条件 $P\{\chi^2>\chi_\alpha^2(n)\}=\int_{\chi_\alpha^2(n)}^{+\infty}f(x)\mathrm{d}x=\alpha$ 的点 $\chi_\alpha^2(n)$ 为 $\chi^2(n)$ 的上侧 α 分位点，其中 $f(x)$为 χ^2 分布的概率密度，其图形如图 1.2 所示。

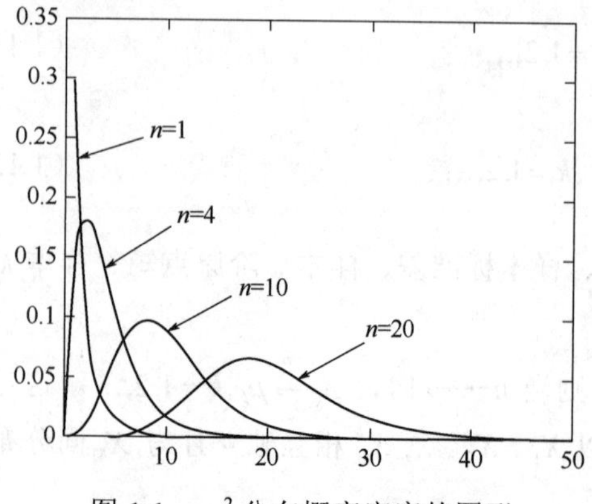

图 1.1 χ^2 分布概率密度的图形

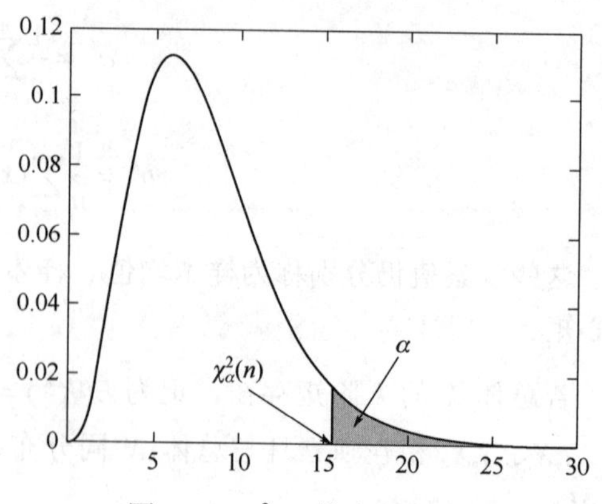

图 1.2 $\chi^2(n)$ 的上侧 α 分布

（2）t 分布

设 $X \sim N(0,1)$，$Y \sim \chi^2(n)$，且 X，Y 相互独立，则称统计量 $T = \dfrac{X}{\sqrt{Y/n}}$ 服从自由度为 n 的 t 分布，记为 $T \sim t(n)$。

自由度为 n 的 t 分布的概率密度为

$$f(x) = \frac{\Gamma\left(\frac{n+1}{2}\right)}{\sqrt{n\pi}\,\Gamma\left(\frac{n}{2}\right)}\left(1+\frac{x^2}{n}\right)^{-\frac{n+1}{2}}, -\infty < x < +\infty \tag{1.15}$$

几个不同自由度 n 对应的概率密度 $f(x)$ 的图形如图 1.3 所示。

可以证明 t 分布具有以下性质：

① 若 $X \sim N(0,1)$，$Y \sim \chi^2(n)$，且 X，Y 相互独立，则 $T = \dfrac{X}{\sqrt{Y/n}} \sim t(n)$。反之，若 $T \sim t(n)$，则有相互独立的 $X \sim N(0,1)$，$Y \sim \chi^2(n)$，使 $T = \dfrac{X}{\sqrt{Y/n}}$。

② t 分布与标准正态分布有如下关系：

$$\lim_{n\to\infty} f_n(x) = \frac{1}{\sqrt{2\pi}}\mathrm{e}^{-\frac{x^2}{2}} = \varphi(x) \tag{1.16}$$

式中，$f_n(x)$ 为自由度是 n 的 t 分布的概率密度；$\varphi(x)$ 为标准正态分布的概率密度。这个性质说明 t 分布的极限分布是标准正态分布。

若 $t \sim t(n)$，对于给定的 α，$0 < \alpha < 1$，称满足条件 $P\{t > t_\alpha(n)\} = \int_{t_\alpha(n)}^{+\infty} f(x)\mathrm{d}x = \alpha$ 的点 $t_\alpha(n)$ 为 $t(n)$ 的上侧 α 分位点，其中为 t 分布的概率密度 $f(x)$ 的图形如图 1.4 所示。

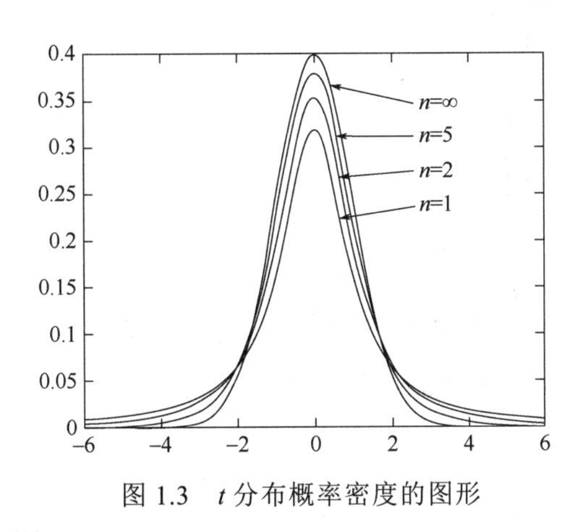

图 1.3　t 分布概率密度的图形

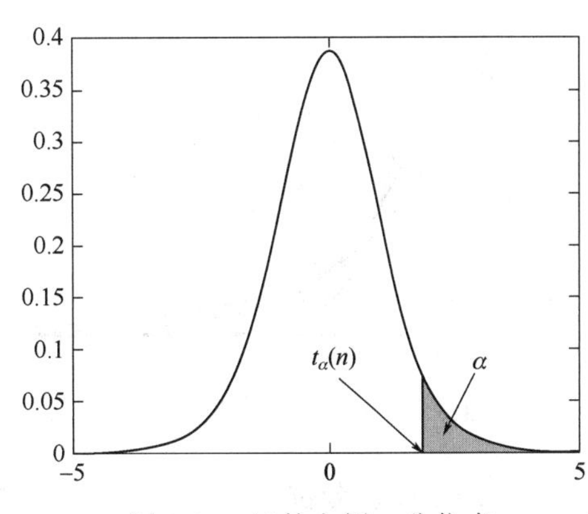

图 1.4　$t(n)$ 的上侧 α 分位点

根据 t 分布的上侧 α 分位点的定义以及 t 分布的概率密度 $f(x)$ 的对称性，可知 $t_{1-\alpha}(n) = -t_\alpha(n)$。根据 t 分布与标准正态分布的关系，当 $n > 45$ 时，可以用近似公式 $t_\alpha(n) \approx z_\alpha$，其中 z_α 是标准正态分布的上侧 α 分位点。

（3）F 分布

设 $U \sim \chi^2(n_1)$，$V \sim \chi^2(n_2)$，且 U，V 独立，则称统计量 $F = \dfrac{U/n_1}{V/n_2}$ 服从自由度为(n_1,n_2)的 F 分布，记为 $F \sim F(n_1,n_2)$。其中，n_1 称为第一自由度，n_2 称为第二自由度。其概率密度为

$$f(x)=\begin{cases}\dfrac{\Gamma\left(\dfrac{n_1+n_2}{2}\right)\left(\dfrac{n_1}{n_2}\right)^{\frac{n_1}{2}}x^{\frac{n_1}{2}-1}}{\Gamma\left(\dfrac{n_1}{2}\right)\Gamma\left(\dfrac{n_2}{2}\right)\left(1+\dfrac{n_1}{n_2}x\right)^{\frac{n_1+n_2}{2}}}, & x>0\\ 0, & x \ll 0\end{cases} \tag{1.17}$$

图 1.5 为几个不同自由度对应的概率密度的图形。

可以证明 F 分布具有以下性质。

① 若 $U \sim \chi^2(n_1)$，$V \sim \chi^2(n_2)$，且 U，V 独立，则 $F = \dfrac{U/n_1}{V/n_2} \sim F(n_1,n_2)$。反之，若 $F \sim F(n_1,n_2)$，则有相互独立的 $U \sim \chi^2(n_1)$，$V \sim \chi^2(n_2)$，使 $F = \dfrac{U/n_1}{V/n_2}$。

② 由 F 分布的定义可知，若 $F \sim F(n_1,n_2)$，则 $\dfrac{1}{F} \sim F(n_2,n_1)$。

若 $F \sim F(n_1,n_2)$，对于给定的 α，$0<\alpha<1$，称满足条件 $P\{F > F(n_1,n_2)\} = \int_{F_\alpha(n_1,n_2)}^{+\infty} f(x)\mathrm{d}x = \alpha$ 的点 $F_\alpha(n_1,n_2)$ 为 (n_1,n_2) 分布的上侧 α 分位点，其中 $f(x)$为 F 分布的概率密度，其图形如图 1.6 所示。

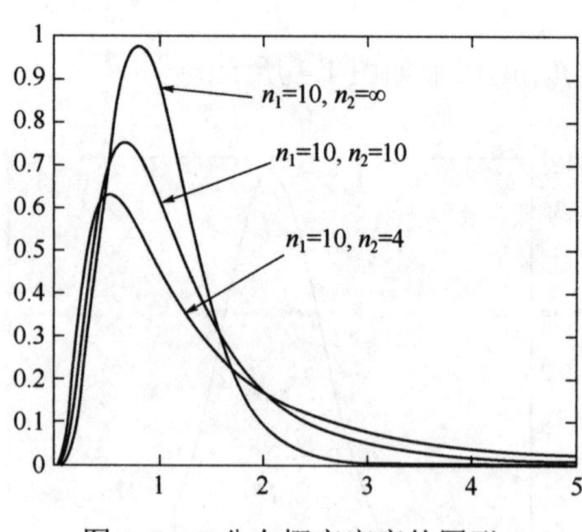

图 1.5　F 分布概率密度的图形

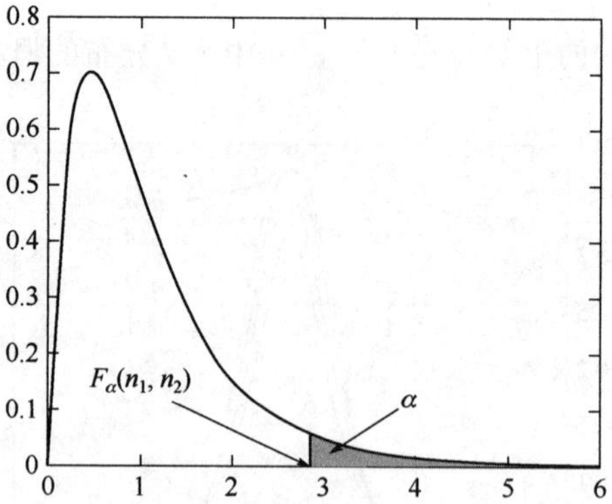

图 1.6　$F(n_1,n_2)$的上侧 α 分位点

F 分布的上侧 α 分位点，有如下重要的性质：

$$F_{1-\alpha}(n_1,n_2) = \frac{1}{F_\alpha(n_1,n_2)} \tag{1.18}$$

1.1.1.4　正态总体下的抽样定理

（1）设总体 X 的均值为 μ，方差为 σ^2，来自总体 X 的一个样本 $X_1,X_2,\ldots,X_n$，$\overline{X}$，S^2 为

样本均值与样本方差。有如下定理：

设 $X_1,X_2,\ldots,X_n$ 是来自正态总体 $N(\mu,\sigma^2)$ 的样本，$\bar{X}$ 是样本均值，则有 $\bar{X} \sim N\left(\mu,\dfrac{\sigma^2}{2}\right)$。

设 $X_1,X_2,\ldots,X_n$ 是来自正态总体 $N(\mu,\sigma^2)$ 的样本，$\bar{X}$，S^2 分别为样本均值与样本方差，则有

① $\dfrac{\bar{X}-\mu}{S/\sqrt{n}} \sim t(n-1)$；

② $\bar{X}$ 与 S^2 独立。

以上定理合在一起，称之为 Fisher 引理。Fisher 引理可以通过以下的两个定理进行推论（此处不做证明）。

设 $X_1,X_2,\ldots,X_n$ 是来自正态总体的样本，$\bar{X}$ 和 S 分别为样本均值与样本方差，则有

$$\frac{\bar{X}-\mu}{S/\sqrt{n}} \sim t(n-1) \tag{1.19}$$

（2）对于两个正态总体的样本均值与样本方差，设两个相互独立的样本，$X_1,X_2,\ldots,X_n$ 和 $Y_1,Y_2,\ldots,Y_n$，分别是来自正态总体 $N(\mu_1,\sigma_1^2)$ 和 $N(\mu_2,\sigma_2^2)$ 的样本。设 $\bar{X}=\dfrac{1}{n_1}\sum_{i=1}^{n_1}X_i$ 和 $\bar{Y}=\dfrac{1}{n_2}\sum_{i=1}^{n_2}Y_i$ 分别是这两个样本的均值，$S_1^2=\dfrac{1}{n_1-1}\sum_{i=1}^{n_1}(X_i-\bar{X})^2$ 和 $S_2^2=\dfrac{1}{n_2-1}\sum_{i=1}^{n_1}(Y_i-\bar{Y})^2$ 分别是这两个样本的方差，则有

① $\dfrac{S_1^2/S_2^2}{\sigma_1^2/\sigma_2^2} \sim F(n_1-1,n_2-1)$；

② 当 $\sigma_1^2=\sigma_2^2=\sigma^2$ 时，

$$\frac{(\bar{X}-\bar{Y})-(\mu_1-\mu_2)}{S_\omega\sqrt{\dfrac{1}{n_1}+\dfrac{1}{n_2}}} \sim t(n_1+n_2-2) \tag{1.20}$$

式中，$S_\omega^2=\dfrac{(n_1-1)S_1^2+(n_2-1)S_2^2}{n_1+n_2-2}$。

本节给出的 3 个重要分布和 4 个抽样定理，在数理统计中起着重要的作用。

1.1.2 参数估计

统计推断(statistical inference)是根据样本所包含的信息来建立关于总体的各种结论。统计推断可分为两大类基本问题，一类是估计问题，另一类是假设检验问题。本节就总体参数的点估计和区间估计问题两个问题展开讨论。参数估计（parameter estimation）问题是借助总体 X 的样本来估计总体未知参数的值的问题，总体 X 的分布函数的形式已知，但它的一个或者多个参数未知。

1.1.2.1 点估计

设 $X_1,X_2,\ldots,X_n$ 是总体 $X \sim F(x,\theta)$ 的一个样本，其中，$F(x,\theta)$ 的形式为已知 θ 为待估参数，$x_1,x_2,\ldots,x_n$ 是相应的样本观察值。点估计问题就是要构造一个适当的统计量 $\hat{\theta}(X_1,X_2,\ldots,X_n)$，

用它的观察值 $\hat{\theta}(x_1,x_2,\ldots,x_n)$ 作为未知参数 θ 的近似值。我们称 $\hat{\theta}(X_1,X_2,\ldots,X_n)$ 为 θ 的估计量，$\hat{\theta}(x_1,x_2,\ldots,x_n)$ 为 θ 的估计值。

注意，估计量 $\hat{\theta}(X_1,X_2,\ldots,X_n)$ 是一个随机变量，是样本的函数，是一个统计量，对不同的样本观察值，θ 的估计值的 $\hat{\theta}(x_1,x_2,\ldots,x_n)$ 一般是不同的。

（1）矩估计法

设 X 为连续型随机变量，其概率密度为 $f(x;\theta_1,\theta_2,\ldots,\theta_k)$，或 X 为离散型随机变量，其分布律为 $P\{X=x\}=p(x;\theta_1,\theta_2,\ldots,\theta_k)$，其中，$\theta_1,\theta_2,\ldots,\theta_k$ 为待估参数，$X_1,X_2,\ldots,X_n$ 是总体 X 的一个样本。假设总体 X 的前 k 阶矩存在，即对 X 为连续型随机变量，有

$$\mu_l = E(X^l) = \int_{-\infty}^{+\infty} x^l f(x;\theta_1,\theta_2,\ldots,\theta_k)\mathrm{d}x \tag{1.21}$$

对 X 为离散型随机变量，有

$$\mu_l = E(X^l) = \sum_{x\in R_X} x^l p(x;\theta_1,\theta_2,\ldots,\theta_k) \tag{1.22}$$

式中，$l=1,2,\ldots,k$；R_X 是 x 可能取值的范围。

基于样本矩 $A_l = \frac{1}{n}\sum_{i=1}^{n} X_i^l$ 依概率收敛于相应的总体矩 $\mu_l(l=1,2,\ldots,k)$，样本矩的连续函数依概率收敛于相应的总体矩的连续函数，则矩估计法是一种通过样本矩作为相应的总体矩估计量的估计方法。

矩估计法的具体做法如下，设：

$$\begin{cases} \mu_1 = \mu_1(\theta_1,\ldots,\theta_k) \\ \mu_2 = \mu_2(\theta_1,\ldots,\theta_k) \\ \qquad\vdots \\ \mu_k = \mu_k(\theta_1,\ldots,\theta_k) \end{cases}$$

这是一个包含 k 个未知参数 $\theta_1,\theta_2,\ldots,\theta_k$ 的联立方程组。一般来说可以从中解出 $\theta_1,\theta_2,\ldots,\theta_k$，得到

$$\begin{cases} \theta_1 = \theta_1(\mu_1,\ldots,\mu_k) \\ \theta_2 = \theta_2(\mu_1,\ldots,\mu_k) \\ \qquad\vdots \\ \theta_k = \theta_k(\mu_1,\ldots,\mu_k) \end{cases}$$

用 A_i 分别代替上式中的 $\mu_i(i=1,2,\ldots,k)$，即以 $\hat{\theta}(A_1,A_2,\ldots,A_k)$ 分别作为 $\theta_i(=1,2,\ldots,k)$ 的估计量，这种估计量称为矩估计量。矩估计量的观察值称为矩估计值。

参数的矩估计法很直观也很简便，在不用知道总体的分布类型的情况下，就可以估算出总体的均值、方差等数字特征。但矩估计法也存在不足，矩估计法不能充分利用总体分布所提供的信息，因此在总体分布类型已知的情况下可能导致它的精度比其他估计法低。

（2）极大似然估计法

若总体 X 为离散型随机变量，其分布律 $P\{X=x\}=p(x;\theta)$ 的形式为已知，θ 为待估参数，$\theta\in\Theta$，Θ 为 θ 的可能取值范围。$X_1,X_2,\ldots,X_n$ 是总体 X 的一个样本，则 $X_1,X_2,\ldots,X_n$ 的联合

分布律为$\prod_{i=1}^{n} p(x_i;\theta)$。设$x_1,x_2,\ldots,x_n$是相应于$X_1,X_2,\ldots,X_n$的样本观察值，很容易得出样本$X_1,X_2,\ldots,X_n$取到观察值$x_1,x_2,\ldots,x_n$的概率，即事件$\{X_1=x_1,X_2=x_2,\ldots,X_n=x_n\}$发生的概率为

$$L(\theta)=L\left(x_1,x_2,\ldots,x_n;\theta\right)=\prod_{i=1}^{n} p(x_i;\theta),\theta\in\Theta \tag{1.23}$$

$L(\theta)$称为样本的似然函数。

关于极大似然估计法，有以下直观想法：固定样本观察值$x_1,x_2,\ldots,x_n$，在Θ范围内挑选θ使似然函数$L(x_1,x_2,\ldots,x_n;\theta)$达到最大的参数值$\hat{\theta}$，作为$\theta$的估计值，即取$\theta$使

$$L(x_1,x_2,\ldots,x_n;\hat{\theta})=\max_{\theta\in\Theta} L(x_1,x_2,\ldots,x_n;\theta) \tag{1.24}$$

这样得到的$\hat{\theta}$与$x_1,x_2,\ldots,x_n$有关，记为$\hat{\theta}(x_1,x_2,\ldots,x_n)$，称为参数$\theta$的极大似然估计值，而相应的统计量$\hat{\theta}(X_1,X_2,\ldots,X_n)$称为参数$\theta$的极大似然估计量。

若总体X为连续型随机变量，其概率密度$f(x;\theta)$的形式为已知，θ为待估参数，$\theta\in\Theta$（Θ为θ的可能取值范围），$X_1,X_2,\ldots,X_n$是总体X的一个样本，则$X_1,X_2,\ldots,X_n$的联合概率密度为$\prod_{i=1}^{n} f(x_i;\theta)$。设$x_1,x_2,\ldots,x_n$是相应于$X_1,X_2,\ldots,X_n$的样本观察值，则很容易可以得出随机点($X_1,X_2,\ldots,X_n$)落在点($x_1,x_2,\ldots,x_n$)的邻域内（边长分别为$\mathrm{d}x_1,\mathrm{d}x_2,\ldots,\mathrm{d}x_n$的$n$维立方体）的概率近似为$\prod_{i=1}^{n} f(x_i;\theta)\mathrm{d}x_i$。

与离散型的情形类似，取θ的估计值$\hat{\theta}$使$\prod_{i=1}^{n} f(x_i;\theta)\mathrm{d}x_i$取到最大值，但因子$\prod_{i=1}^{n}\mathrm{d}x_i$不随$\theta$变化，因此考虑函数

$$L(\theta)=L(x_1,x_2,\ldots,x_n;\theta)=\prod_{i=1}^{n} f(x_i;\theta) \tag{1.25}$$

的最大值。这里$L(\theta)$称为样本的似然函数。若$L(x_1,x_2,\ldots,x_n;\hat{\theta})=\max_{\theta\in\Theta} L(x_1,x_2,\ldots,x_n;\theta)$，称$\hat{\theta}(X_1,X_2,\ldots,X_n)$为参数$\theta$的极大似然估计值，而称相应的统计量$\hat{\theta}(X_1,X_2,\ldots,X_n)$为参数$\theta$的极大似然估计量。

因此，确定极大似然估计量的问题就归结为求极大值的问题了。由于$L(\theta)$与$\ln L(\theta)$在同一个$L(\theta)$处取到极值，所以在很多情况下，$L(\theta)$的极大似然估计也可以从方程$\dfrac{\mathrm{d}\ln L(\theta)}{\mathrm{d}\theta}=0$求得，称此方程为似然方程。

设$\hat{\theta}$为$f(x;\theta)$中参数θ的极大似然估计，并且函数$g=g(\theta)$具有单值反函数$\theta=\theta(g)$，则$\hat{g}=g(\hat{\theta})$是$g(\theta)$的极大似然估计。这个性质称为极大似然估计的不变性。

1.1.2.2 估计量的评选标准

采用不同的估计方法估计总体X的同一个参数，可能会产生多个不同估计量。以下给出几个常用的标准用以评价何种估计量更好，分别为：无偏性、有效性和一致性。

（1）无偏性

设$X_1,X_2,\ldots,X_n$是总体X的一个样本$\theta\in\Theta$，若估计量$\hat{\theta}=\hat{\theta}(X_1,X_2,\ldots,X_n)$的数学期望$E(\hat{\theta})$存在，且对任意的$\theta\in\Theta$，有$E(\hat{\theta})=\theta$，则称$\hat{\theta}$为$\theta$的无偏估计量。

$E(\hat{\theta})-\theta$ 称为以 $\hat{\theta}$ 作为 θ 的估计的系统误差。无偏估计的实际意义就是无系统误差。

（2）有效性

现在来比较参数 θ 的两个无偏估计量 $\hat{\theta}_1$ 和 $\hat{\theta}_2$，如果在样本容量相同的情况下，$\hat{\theta}_1$ 的观察值在真值 θ 的附近比 $\hat{\theta}_2$ 更密集，我们就认为 $\hat{\theta}_1$ 比 $\hat{\theta}_2$ 理想。由于方差度量了随机变量取值与其数学期望的偏离程度，所以无偏估计量以方差小者为好，这就引出了有效性这个概念。

设 $\hat{\theta}_1=\hat{\theta}_1(X_1,X_2,\ldots,X_n)$ 和 $\hat{\theta}_2=\hat{\theta}_2(X_1,X_2,\ldots,X_n)$ 都是 θ 的无偏估计量，若对于任意的 $\theta\in\Theta$，有 $D(\hat{\theta}_1)<D(\hat{\theta}_2)$，则称 $\hat{\theta}_1$ 比 $\hat{\theta}_2$ 有效。

样本容量 n 固定的前提下给出了无偏性和有效性。但我们也希望一个估计量的值能随着样本容量的增大稳定于待估参数的真值。这样，估计量又有下述一致性的要求。

（3）一致性

设 $\hat{\theta}(X_1,X_2,\ldots,X_n)$ 为参数 θ 的估计量，当 $n\to+\infty$ 时，$\hat{\theta}\left(X_1,X_2,\ldots,X_n\right)$ 依概率收敛于 θ，即，对于任意的 $\varepsilon>0$，有 $\lim\limits_{n\to+\infty}P\{|\hat{\theta}-\theta|<\epsilon\}=1$，则称 $\hat{\theta}$ 为 θ 的一致性估计量（或相合估计量），有时也简称为一致估计量。

1.1.3 假设检验

假设检验（hypothesis testing）是统计推断的另一类重要问题。在分布类型已知但含有未知参数或总体分布类型未知时，通过提出某些关于总体的假设来推断总体的某些特征。我们需要接受或者拒绝提出的假设，其判断依据为样本所提供的信息和适当的统计量。假设检验包括两类：参数假设检验和非参数假设检验。对总体分布函数中的未知参数而提出的假设进行检验称为参数假设检验，对总体分布函数形式或类型的假设进行检验称为非参数假设检验。

1.1.3.1 假设检验的基本思想与步骤

接下来通过一个例子说明假设检验的基本思想和做法。

在正常的情况下，某生产线生产的日用品的质量 X 服从正态分布，其均值为 0.5kg，标准差为 0.015。为检验这条生产线的生产情况，随机地抽取生产线上的 9 包日用品，测得其净质量（kg）为：0.497，0.506，0.518，0.524，0.498，0.511，0.520，0.515，0.512。判断这条生产线是否正常。

以 μ,σ 分别表示总体 X 的均值和标准差，由于长期实践表明标准差比较稳定，我们就设 $\sigma=0.015$。于是 $X\sim N(\mu,0.015^2)$，这里 μ 未知。问题是根据样本观察值来判断 $\mu=0.5$ 还是 $\mu\neq0.5$。为此，我们提出两个相互对立的假设

$$H_0:\mu=\mu_0(=0.5),H_1:\mu\neq\mu_0 \tag{1.26}$$

然后，我们要给出一个合理的法则，根据这个法则，利用已知样本作出决策——是接受假设 H_0（即拒绝 H_1），还是拒绝 H_0（即接受 H_1）。如果作出接受 H_0，则认为 $\mu=0.5$，即认为生产线工作正常，否则，认为生产线工作不正常。

由于要检验的假设涉及总体均值 μ，所以需要考虑能否借助样本均值 $\bar{X}$ 这个统计量来进行判断。由于 $\bar{X}$ 是 μ 的无偏估计，$\bar{X}$ 的观察值 $\bar{x}$ 在一定程度上反映了 μ 的大小。因此，如果假设 H_0 为真，则 $\bar{x}$ 与 μ_0 的偏差 $|\bar{x}-\mu_0|$ 一般不应太大。如果 $|\bar{x}-\mu_0|$ 过分大，就可以怀疑 H_0 的

正确性而拒绝 H_0，考虑到当 H_0 为真时，$Z=\dfrac{\bar{X}-\mu_0}{\sigma/\sqrt{n}}\sim N(0,1)$。而衡量 $|\bar{x}-\mu_0|$ 的大小归结为 $\dfrac{|\bar{X}-\mu_0|}{\sigma/\sqrt{n}}$ 的大小（σ 为已知）。

基于上面的想法，可适当地选取一个正数 k，使当观察值 $\bar{x}$ 满足 $\dfrac{|\bar{X}-\mu_0|}{\sigma/\sqrt{n}}\geqslant k$ 时，就拒绝 H_0；反之，若 $\dfrac{|\bar{X}-\mu_0|}{\sigma/\sqrt{n}}<k$ 时，就不能拒绝 H_0。

但由于作出决策的依据是样本，因此即使在实际上 H_0 为真的情况下，仍然可以作出拒绝 H_0 的决策(这种可能性是无法消除的)，这是一种错误，犯这种错误的概率记为 $P\{$当 H_0 为真时拒绝 $H_0\}$。

既然不能消除犯这种错误的可能性，那么自然希望能够将出现这种错误的概率控制在一定的限度之内，即给出一个较小的数 $\alpha(0<\alpha<1)$，使犯这种错误的概率不超过 α，即

$$P\{\text{当}H_0\text{为真时拒绝}H_0\}\leqslant\alpha \tag{1.27}$$

为了确定常数 k，需要通过统计量 $\dfrac{\bar{X}-\mu_0}{\sigma/\sqrt{n}}$。由于只考虑犯错误的概率最大为 α，令上式的右边取等号，即令 $P\{\text{当}H_0\text{为真时拒绝}H_0\}=P\left\{\dfrac{|\bar{X}-\mu_0|}{\sigma/\sqrt{n}}\geqslant k\right\}=\alpha$。

由于当 H_0 为真时，$\dfrac{\bar{X}-\mu_0}{\sigma/\sqrt{n}}\sim N(0,1)$，根据标准正态分布的分位点的定义知 $k=z_{\frac{\alpha}{2}}$。因此，当 $\dfrac{|\bar{X}-\mu_0|}{\sigma/\sqrt{n}}\geqslant k=z_{\frac{\alpha}{2}}$ 时，就拒绝 H_0；反之，若 $\dfrac{|\bar{X}-\mu_0|}{\sigma/\sqrt{n}}<k=z_{\frac{\alpha}{2}}$ 时，就不能拒绝 H_0。

例如，在上例中，取 $\alpha=0.05$ 时，有 $k=z_{\frac{\alpha}{2}}=1.96$。又已知 $n=9$，$\sigma=0.015$，再由样本算得 $\bar{x}=0.511$，则有 $\dfrac{|\bar{X}-\mu_0|}{\sigma/\sqrt{n}}=2.2>1.96$，于是就拒绝 H_0，认为这条生产线工作不正常。

通常取 $\alpha=0.01,0.05$ 等，因此，当 H_0 为真时（即 $\mu=\mu_0$ 时），$\left\{\dfrac{|\bar{X}-\mu_0|}{\sigma/\sqrt{n}}\geqslant z_{\frac{\alpha}{2}}\right\}$ 是小概率事件，根据实际推断原理就可以认为，如果 H_0 为真，则几乎不可能通过一次试验得到的观察值 $\bar{x}$ 满足不等式 $\dfrac{|\bar{X}-\mu_0|}{\sigma/\sqrt{n}}\geqslant z_{\frac{\alpha}{2}}$。现在在一次试验中竟然出现了满足 $\dfrac{|\bar{X}-\mu_0|}{\sigma/\sqrt{n}}\geqslant z_{\frac{\alpha}{2}}$ 的 $\bar{x}$，则我们有理由怀疑原来的假设 H_0 的正确性，因此拒绝 H_0。

若出现 $\dfrac{|\bar{X}-\mu_0|}{\sigma/\sqrt{n}}<z_{\frac{\alpha}{2}}$，此时我们没有理由拒绝 H_0，因此只能“接受” H_0。

值得注意的是，这里的“接受” H_0 并非真正意义下的接受 H_0，而是在没有理由拒绝 H_0 时，只能说“拒绝 H_0”的证据不足，或者说冒一定的风险接受 H_0。之后若无特别说明，本书中出现的“接受” H_0 均是以上这种意义。

在上例的做法中，称 α 为显著性水平，统计量 $Z=\dfrac{\overline{X}-\mu_0}{\sigma/\sqrt{n}}$ 称为检验统计量。

前面的假设检验问题通常可以叙述成：在显著性水平 α 下，检验假设 H_0 称为原假设或零假设(null hypothesis)， H_1 称为备择假设(alternative hypothesis)，即在原假设被拒绝后可供选择的假设。

当检验统计量取某个区域 C 中的值时，我们就拒绝 H_0，则称区域 C 为拒绝域（它的余集称为“接受域”），拒绝域的边界称为临界点。如在上例中，拒绝域为 $|z|\geqslant z_{\frac{\alpha}{2}}$，而 $z=-z_{\frac{\alpha}{2}}$ 和 $z=z_{\frac{\alpha}{2}}$ 为临界点。

以上利用 Z 检验统计量得到的检验法叫做 Z 检验法。

“证明某个事物的正确性不如否定其对立面容易”是假设检验运用的逻辑思想，具体实施则是通过数据和模型的矛盾来对假设进行否定。有一点值得注意，一般在假设检验中，原假设是受到保护的。

既然是根据样本作出的检验法则，那么就有可能作出错误的决策。在假设 H_0 实际为真时，可能犯拒绝 H_0 的错误，把这类“弃真”的错误叫做第一类错误。当 H_0 实际不真时，可能接受 H_0，把这类“取伪”的错误叫做第二类错误。检验的两类错误，具体情况见表 1.1。

表 1.1　检验的两类错误

判断情况	H_0 为真	H_0 不真
拒绝 H_0	第一类错误	判断正确
不拒绝 H_0	判断正确	第二类错误

在一些具体的情况下只关心总体均值是否增大，这时，所考虑的总体的均值应该越大越好。以检测一条新型生产线上产品的合格率为例，如果能判断新生产线总体均值比旧生产线的大，则可以考虑采用新型生产线。此时，我们需要检验假设：

$$H_0:\mu\leqslant\mu_0, H_1:\mu>\mu_0 \tag{1.28}$$

称形如上式的假设检验为右边检验。

$$H_0:\mu\geqslant\mu_0, H_1:\mu<\mu_0 \tag{1.29}$$

称形如上式的假设检验为左边检验。

接下来将讨论右边检验和左边检验的拒绝域。

设总体 $X\sim N(\mu,\sigma^2)$，σ 为已知，$X_1,X_2,\dots,X_n$ 是来自 X 的样本。给定显著性水平 α，求检验问题 $H_0:\mu\leqslant\mu_0, H_1:\mu>\mu_0$ 的拒绝域。

由于 H_0 中的全部 μ 都比 H_1 中的 μ 要小，当 H_1 为真时，观察值 $\bar{x}$ 往往偏大，因此，拒绝域的形式为 $\bar{x}\geqslant k$（k 为某个正的常数）。

下面来确定常数 k，其做法与之前的示例类似。

$$P\{\text{当}H_0\text{为真时拒绝}H_0\}=P_{\mu\in H_0}\{\overline{X}\geqslant k\}=P_{\mu\leqslant\mu_0}\left\{\frac{\overline{X}-\mu_0}{\sigma/\sqrt{n}}\geqslant\frac{k-\mu_0}{\sigma/\sqrt{n}}\right\}\leqslant P_{\mu\leqslant\mu_0}\left\{\frac{\overline{X}-\mu}{\sigma/\sqrt{n}}\geqslant\frac{k-\mu_0}{\sigma/\sqrt{n}}\right\}$$

上式不等号成立是由于$\mu \leqslant \mu_0$，$\frac{\bar{X}-\mu}{\sigma/\sqrt{n}} \geqslant \frac{k-\mu_0}{\sigma/\sqrt{n}}$，事件$\left\{\frac{\bar{X}-\mu_0}{\sigma/\sqrt{n}} \geqslant \frac{k-\mu_0}{\sigma/\sqrt{n}}\right\} \subset \left\{\frac{\bar{X}-\mu}{\sigma/\sqrt{n}} \geqslant \frac{k-\mu_0}{\sigma/\sqrt{n}}\right\}$。要控制$P\{当H_0为真时拒绝H_0\} \leqslant \alpha$，只需令$P_{\mu \leqslant \mu_0}\left\{\frac{\bar{X}-\mu}{\sigma/\sqrt{n}} \geqslant \frac{k-\mu_0}{\sigma/\sqrt{n}}\right\} = \alpha$。

由于$\frac{\bar{X}-\mu}{\sigma/\sqrt{n}} \sim N(0,1)$，知$\frac{k-\mu_0}{\sigma/\sqrt{n}} = z_\alpha$，于是$k = \mu_0 + \frac{\sigma}{\sqrt{n}} z_\alpha$，因此，检验假设的拒绝域可以设定$\bar{x} \geqslant \mu_0 + \frac{\sigma}{\sqrt{n}} z_\alpha$，即$z = \frac{k-\mu_0}{\sigma/\sqrt{n}} \geqslant z_\alpha$，

类似地，左边检验问题$H_0: \mu \geqslant \mu_0, H_1: \mu < \mu_0$的拒绝域为

$$z = \frac{k-\mu_0}{\sigma/\sqrt{n}} \leqslant -z_\alpha \tag{1.30}$$

根据上述内容，总结处理参数的假设检验问题的步骤为以下五步：

① 根据实际问题的要求，提出原假设H_0和备择假设H_1；

② 给定显著性水平α和样本容量n;

③ 确定检验统计量和拒绝域的形式;

④ 按$P\{当H_0为真时拒绝H_0\} \leqslant \alpha$求出拒绝域;

⑤ 取样，根据样本观察值作出决策，是接受H_0还是拒绝H_0。

通常在给定的显著性水平下，假设检验的结论要么是拒绝原假设，要么是接受原假设。然而也会有特殊情况出现，例如在一个较大的显著性水平（比如$\alpha = 0.05$）下得到拒绝原假设的结论，而在一个较小的显著性水平（比如$\alpha = 0.01$）下却得到相反的结论。在理论上这种情况是很好解释的：因为观测值原来落在拒绝域中，当显著性水平变小后导致检验的拒绝域变小，就可能落在接受域。然而这种情况会在一些应用中带来麻烦。比如，当两个分别选择不同的显著性水平，那么其中一人的结论是拒绝原假设，而另一个人的结论是接受原假设，这时该如何处理这个问题呢?下面先看一个例子。

一支香烟中的尼古丁的含量服从正态分布$N(\mu,1)$，质量标准规定μ不能超过1.5mg。现从某厂生产的香烟中随机抽取20支，测得其中平均每支香烟中的尼古丁含量为$\bar{x}=1.97$mg，问该厂生产的香烟尼古丁含量是否符合质量标准的规定？

我们需要检验假设$H_0: \mu \leqslant 1.5$，$H_1: \mu > 1.5$

由于标准差已知，故采用Z检验法，根据已知数据，得$z = \frac{\bar{x}-\mu_0}{\sigma/\sqrt{n}} = \frac{1.97-1.5}{1/\sqrt{20}} = 2.10$

这是右边检验问题，对一些显著性水平，相应的拒绝域和检验结论见表1.2。

表 1.2 不同的显著性水平对应的拒绝域和检验结论

显著性水平	拒绝域	$z=2.10$ 对应的结论
$\alpha=0.05$	$z \geqslant 1.645$	拒绝 H_0
$\alpha=0.025$	$z \geqslant 1.96$	拒绝 H_0
$\alpha=0.01$	$z \geqslant 2.33$	接受 H_0
$\alpha=0.005$	$z \geqslant 2.58$	接受 H_0

从表 1.2 可以看到，不同的显著性水平能够得出不同的结论。

现在换一个角度来看，在 $\mu=1.5$ 时，$Z=\dfrac{\overline{x}-\mu}{\sigma/\sqrt{n}}\sim N(0,1)$。由此可得 $P\{Z\geqslant 2.10\}=1-P\{Z<2.10\}=1-\Phi(2.10)=0.0179$，若以 0.0179 为基准来看上述检验问题，可得：

当 $\alpha<0.0179$ 时，$z_\alpha>2.10$，于是 2.10 就不落在 $\{z\geqslant z_\alpha\}$，此时应接受 H_0；

当 $\alpha\geqslant 0.0179$ 时，$z_\alpha\leqslant 2.10$，于是 2.10 就落在 $\{z\geqslant z_\alpha\}$，此时应拒绝 H_0；

由此可以看出，用观察值做出“拒绝 H_0”的最小的显著性水平就是 0.0179，这就是 p^- 值，如图 1.7 所示。

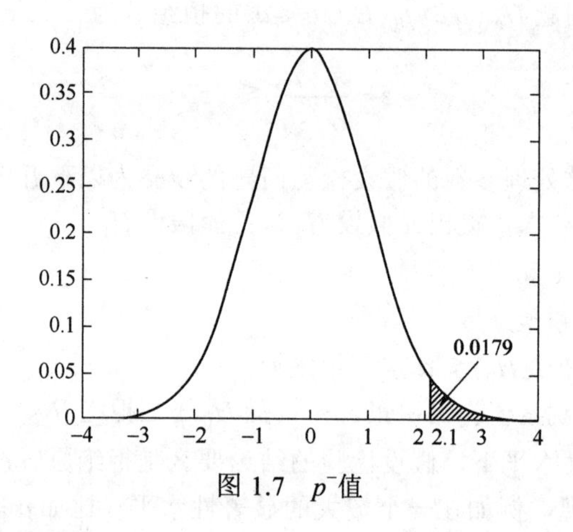

图 1.7　p^-值

定义如下，在一个假设检验问题中，用观察值能够做出拒绝原假设的最小的显著性水平，称为检验的 p^-值。

引进检验的 p^-值的概念有如下明显的作用；

① 检验的 p^-值避免了事先确定显著性水平，比较客观；

② 将显著性水平 α 与检验的 p^-值进行比较，可以很容易地得出检验的结论：如果 $\alpha\geqslant p$ 时，则在显著性水平 α 下拒绝 H_0；如果 $\alpha<p$ 时，则在显著性水平 α 下接受 H_0。

1.1.3.2　单个正态总体均值与方差的检验

（1）单个总体 $N(\mu,\sigma^2)$ 均值 μ 的检验

① σ 已知，关于 μ 的检验。前面已经讨论过此种情形了。

② σ 未知，关于 μ 的检验。设总体 $X\sim N(\mu,\sigma^2)$，其中 μ 和 σ^2 为未知，$X_1,X_2,\ldots,X_n$ 是来自 X 的样本，给定显著性水平 α，求检验问题 $H_0:\mu=\mu_0$，$H_1:\mu\neq\mu_0$ 的拒绝域。

由于 σ^2 未知，因此不能用 $\dfrac{\overline{X}-\mu_0}{\sigma/\sqrt{n}}$ 来确定拒绝域。由于样本方差 S^2 是 σ^2 的无偏估计，自然想到用 S 代替 σ，采用 $t=\dfrac{\overline{X}-\mu_0}{S/\sqrt{n}}$ 作为检验统计量。

当观察值 $|t|=\left|\dfrac{\overline{x}-\mu_0}{s/\sqrt{n}}\right|$ 过分大时，就拒绝 H_0，拒绝域的形式为 $|t|=\left|\dfrac{\overline{x}-\mu_0}{s/\sqrt{n}}\right|\geqslant k$。当 H_0 为

真时，$\dfrac{\overline{X}-\mu_0}{S/\sqrt{n}} \sim t(n-1)$。根据 $P\{当H_0为真时拒绝H_0\} = P_{\mu_0}\left\{\left|\dfrac{\overline{x}-\mu_0}{s/\sqrt{n}}\right| \geqslant k\right\} = \alpha$，得 $k = t_{\frac{\alpha}{2}}(n-1)$，即拒绝域为

$$|t| = \left|\frac{\overline{x}-\mu_0}{s/\sqrt{n}}\right| \geqslant t_{\frac{\alpha}{2}}(n-1) \tag{1.31}$$

上述利用 t 统计量得出的检验法，称为 t 检验法。

关于正态总体 $N(\mu,\sigma^2)$ 均值 μ 检验的拒绝域，见表 1.3。从表 1.3 的拒绝域可以看出：右边检验的拒绝域在临界点［z_α 或 $t_\alpha(n-1)$］的右边，左边检验的拒绝域在临界点［$-z_\alpha$ 或 $-t_\alpha(n-1)$］的左边，双边检验的拒绝域在两个临界点构成区间的外面。

表 1.3　一个正态总体均值的检验（显著性水平为 α）

原假设 H_0（σ^2 已知）	备择假设 H_1	检验统计量	拒绝域
$\mu \leqslant \mu_0$	$\mu > \mu_0$	$Z = \dfrac{\overline{X}-\mu_0}{\sigma/\sqrt{n}}$	$z \geqslant z_\alpha$
$\mu \geqslant \mu_0$	$\mu < \mu_0$		$z \leqslant -z_\alpha$
$\mu = \mu_0$	$\mu \neq \mu_0$		$\lvert z\rvert \geqslant z_{\frac{\alpha}{2}}$
α =0.025	$z \geqslant 1.96$	$Z = \dfrac{\overline{X}-\mu_0}{S/\sqrt{n}}$	$t \geqslant t_\alpha(n-1)$ $t \leqslant -t_\alpha(n-1)$ $\lvert t\rvert \geqslant t_{\frac{\alpha}{2}}(n-1)$

（2）置信区间与假设检验的关系

设 $X_1,X_2,\ldots,X_n$ 是来自总体 X 的样本，$x_1,x_2,\ldots,x_n$ 是相应的样本观察值，Θ 是参数 θ 的可能取值范围。

设 $(\Theta,\overline{\theta})$ 是参数 θ 的置信水平为 $1-\alpha$ 的置信区间，则有

$$P\{\underline{\theta} < \theta < \overline{\theta}\} = 1-\alpha \tag{1.32}$$

考虑显著性水平 α 的双边检验

$$H_0:\theta=\theta_0, H_1:\theta \neq \theta_0 \tag{1.33}$$

由上式，即有

$$P_{\theta_0}\{(\theta_0 \leqslant \underline{\theta}(X_1,X_2,\ldots,X_n)) \cup (\theta_0 \geqslant \overline{\theta}(X_1,X_2,\ldots,X_n))\} = \alpha \tag{1.34}$$

考虑显著性水平 α 的假设检验的拒绝域的定义，检验上式的拒绝域为 $\theta_0 \leqslant \underline{\theta}(X_1,X_2,\ldots,X_n)$ 或 $\theta_0 \geqslant \overline{\theta}(X_1,X_2,\ldots,X_n)$。

这就是说，当我们要检验上式时，先求出 θ 的置信水平 $1-\alpha$ 的置信区间 $(\underline{\theta},\overline{\theta})$，然后考察 θ_0 是否落在区间 $(\underline{\theta},\overline{\theta})$。若 $\theta_0 \in (\underline{\theta},\overline{\theta})$，则接受 H_0；若 $\theta_0 \notin (\underline{\theta},\overline{\theta})$，则拒绝 H_0。

反之，考虑显著性水平 α 的检验问题

$$H_0:\theta=\theta_0,\ H_1:\theta \neq \theta_0 \tag{1.35}$$

假设它的接受域为 $\underline{\theta}(x_1,x_2,\ldots,x_n) < \theta_0 < \overline{\theta}(x_1,x_2,\ldots,x_n)$，即有

$$P\{\underline{\theta}(X_1,X_2,\ldots,X_n)<\theta<\overline{\theta}(X_1,X_2,\ldots,X_n)\}=1-\alpha \tag{1.36}$$

因此，$(\underline{\theta}(X_1,X_2,\ldots,X_n),\overline{\theta}(X_1,X_2,\ldots,X_n))$ 是参数 θ 的置信水平 $1-\alpha$ 的置信区间。

（3）单个总体 $N(\mu,\sigma^2)$ 方差 σ^2 的检验

设 $X_1,X_2,\ldots,X_n$ 是来自正态总体 $N(\mu,\sigma^2)$ 的样本，要求检验假设（显著性水平为 α）

$$H_0:\sigma^2=\sigma_0^2,\ H_1:\sigma^2\neq\sigma_0^2 \tag{1.37}$$

其中，σ_0^2 为常数。

由于 σ^2 的无偏估计量为 S^2，当 H_0 为真时，S^2 的观察值与 σ_0^2 的比值 $\dfrac{S^2}{\sigma_0^2}$ 一般在 1 附近摆动，而不应过大于 1 或过小于 1。当 H_0 为真时，有 $\dfrac{(n-1)S^2}{\sigma_0^2}\sim\chi^2(n-1)$，取

$$\chi^2=\frac{(n-1)S^2}{\sigma_0^2} \tag{1.38}$$

作为检验统计量，如上所述检验问题的拒绝域具有形式 $\dfrac{(n-1)S^2}{\sigma_0^2}\leqslant k_1$ 或 $\dfrac{(n-1)S^2}{\sigma_0^2}\geqslant k_2$。这里 k_1，k_2 的值由下式确定：

$$P(\text{当}H_0\text{为真时拒绝}H_0)=P_{\sigma_0^2}\left\{\left(\frac{(n-1)S^2}{\sigma_0^2}\leqslant k_1\right)\cup\left(\frac{(n-1)S^2}{\sigma_0^2}\geqslant k_2\right)\right\}=\alpha \tag{1.39}$$

为计算方便起见，习惯上取，

$$P_{\sigma_0^2}\left\{\left(\frac{(n-1)S^2}{\sigma_0^2}\leqslant k_1\right)\right\}=\frac{\alpha}{2},\ P_{\sigma_0^2}\left\{\left(\frac{(n-1)S^2}{\sigma_0^2}\geqslant k_2\right)\right\}=\frac{\alpha}{2} \tag{1.40}$$

于是，$k_1=\chi^2_{1-\frac{\sigma}{2}}(n-1)$，$k_2=\chi^2_{\frac{\sigma}{2}}(n-1)$。因此，得拒绝域为

$$\frac{(n-1)S^2}{\sigma_0^2}\leqslant\chi^2_{1-\frac{\sigma}{2}}(n-1)\text{或}\frac{(n-1)S^2}{\sigma_0^2}\geqslant\chi^2_{\frac{\sigma}{2}}(n-1) \tag{1.41}$$

接下来求显著性水平为 α 的单边检验问题

$$H_0:\sigma^2\leqslant\sigma_0^2,\ H_1:\sigma^2>\sigma_0^2 \tag{1.42}$$

的拒绝域。

由于 H_0 中全部的 σ^2 都要比 H_1 中的 σ^2 小，当 H_1 为真时，S^2 的观察值往往偏大，因此拒绝域的形式为 $S^2\geqslant k$。以下来确定常数 k。

$$\begin{aligned}P\{\text{当}H_0\text{为真时拒绝}H_0\}&=P_{\sigma^2\leqslant\sigma_0^2}\{S^2\geqslant k\}=P_{\sigma^2\leqslant\sigma_0^2}\left\{\frac{(n-1)S^2}{\sigma_0^2}\geqslant\frac{(n-1)k}{\sigma_0^2}\right\}\\&\leqslant P_{\sigma^2\leqslant\sigma_0^2}\left\{\frac{(n-1)S^2}{\sigma^2}\geqslant\frac{(n-1)k}{\sigma_0^2}\right\}\end{aligned} \tag{1.43}$$

要控制 $P\{当H_0为真时拒绝H_0\} \leqslant \alpha$ ，只需令

$$P_{\sigma^2 \leqslant \sigma_0^2}\left\{\frac{(n-1)S^2}{\sigma^2} \geqslant \frac{(n-1)k}{\sigma_0^2}\right\} = \alpha \tag{1.44}$$

由于 $\frac{(n-1)S^2}{\sigma^2} \sim \chi^2(n-1)$ ，根据上式，得 $\frac{(n-1)k}{\sigma_0^2} = \chi_\alpha^2(n-1)$ 。因此 $k = \frac{\sigma_0^2}{n-1}\chi_\alpha^2(n-1)$ ，于是，此检验问题的拒绝域为 $S^2 \geqslant \frac{\sigma_0^2}{n-1}\chi_\alpha^2(n-1)$，即

$$\chi^2 = \frac{(n-1)S^2}{\sigma_0^2} \geqslant \chi_\alpha^2(n-1) \tag{1.45}$$

类似地，得左边检验问题

$$H_0: \sigma^2 \geqslant \sigma_0^2，\ H_1: \sigma^2 < \sigma_0^2 \tag{1.46}$$

的拒绝域为 $\chi^2 = \frac{(n-1)S^2}{\sigma_0^2} \geqslant \chi_{1-\alpha}^2(n-1)$ 。

以上的检验法称为 χ^2 检验法。

一个正态总体方差检验的拒绝域，见表 1.4，从表 1.4 的拒绝域可以看出：右边检验的拒绝域在临界点 $X_\alpha^2(n-1)$ 的右边，左边检验的拒绝域在临界点 $X_{1-\alpha}^2(n-1)$ 的左边，因此两个临界点构成区间的外面为双边检验的拒绝域。

表 1.4 一个正态总体方差的检验（显著性水平为 α ）

<table>
<tr><th>原假设 H_0（ μ 未知）</th><th>备择假设 H_1</th><th>检验统计量</th><th>拒绝域</th></tr>
<tr><td>$\sigma^2 \leqslant \sigma_0^2$</td><td>$\sigma^2 > \sigma_0^2$</td><td rowspan="3">$\chi^2 = \frac{(n-1)S^2}{\sigma_0^2}$</td><td>$\chi^2 \geqslant \chi_\alpha^2(n-1)$</td></tr>
<tr><td>$\sigma^2 \geqslant \sigma_0^2$</td><td>$\sigma^2 < \sigma_0^2$</td><td>$\chi^2 \leqslant \chi_{1-\alpha}^2(n-1)$</td></tr>
<tr><td>$\sigma^2 - \sigma_0^2$</td><td>$\sigma^2 \neq \sigma_0^2$</td><td>$\chi^2 \geqslant \chi_{\frac{\alpha}{2}}^2(n-1)$
$\chi^2 \leqslant \chi_{1-\alpha/2}^2(n-1)$</td></tr>
</table>

1.1.3.3 两个正态总体均值与方差的检验

（1）两个正态总体均值之差的检验

设来自正态总体 $N(\mu_1,\sigma^2)$ 的样本 $X_1,X_2,\ldots,X_{n_1}$ ，来自正态总体 $N(\mu_2,\sigma^2)$ 的样本 $Y_1,Y_2,\ldots,Y_{n_2}$ ，且两个样本相互独立。设两个样本均值分别为 $\overline{X} = \frac{1}{n_1}\sum_{i=1}^{n_1}X_i$ 和 $\overline{Y} = \frac{1}{n_2}\sum_{i=1}^{n_2}Y_i$ ，这两个样本方差分别为 $S_1^2 = \frac{1}{n_1-1}\sum_{i=1}^{n_1}(X_i-\overline{X})^2$ 和 $S_2^2 = \frac{1}{n_2-1}\sum_{i=1}^{n_2}(Y_i-\overline{Y})^2$ ，设 μ_1,μ_2,σ^2 均为未知。现在来求检验问题 $H_0: \mu_1-\mu_2=\delta$， $H_1: \mu_1-\mu_2 \neq \delta$ 的拒绝域（ δ 为常数），取显著性水平为 α 。

引用下述 t 统计量作为检验统计量：

$$t=\frac{(\bar{X}-\bar{Y})-\delta}{S_w\sqrt{\frac{1}{n_1}+\frac{1}{n_2}}} \tag{1.47}$$

式中，$S_w^2=\frac{(n_1-1)S_1^2+(n_2-1)S_2^2}{n_1+n_2-2}$。

当 H_0 为真时，根据定理知 $t\sim t(n_1+n_2-2)$。与单个总体的 t 检验法类似，其拒绝域的形式为

$$\left|\frac{(\bar{x}-\bar{y})-\delta}{S_w\sqrt{\frac{1}{n_1}+\frac{1}{n_2}}}\right|\geqslant k \tag{1.48}$$

由 $P\{当H_0为真时拒绝H_0\}=P_{\mu_1-\mu_2=\delta}\left\{\left|\frac{(\bar{X}-\bar{Y})-\delta}{S_w\sqrt{\frac{1}{n_1}+\frac{1}{n_2}}}\right|\geqslant k\right\}=\alpha$，可得 $k=t_{\frac{\alpha}{2}}(n_1+n_2-2)$，于是得拒绝域为

$$t=\left|\frac{(\bar{x}-\bar{y})-\delta}{S_w\sqrt{\frac{1}{n_1}+\frac{1}{n_2}}}\right|\geqslant t_{\frac{\alpha}{2}}(n_1+n_2-2) \tag{1.49}$$

关于两个正态总体均值之差的检验拒绝域，见表 1.5（常用的是 $\delta=0$ 的情况）

表 1.5　两个正态总体均值之差的检验（显著性水平为 α）

原假设 H_0		备择假设 H_1	检验统计量	拒绝域
（σ_1^2，σ_2^2 已知）	$\mu_1-\mu_2\leqslant\delta$	$\mu_1-\mu_2>\delta$	$Z=\frac{\bar{X}-\bar{Y}-\delta}{\sqrt{\frac{\sigma_1^2}{n_1}-\frac{\sigma_2^2}{n_2}}}$	$z\geqslant z_\alpha$
	$\mu_1-\mu_2\geqslant\delta$	$\mu_1-\mu_2<\delta$		$z\leqslant -z_\alpha$
	$\mu_1-\mu_2=\delta$	$\mu_1-\mu_2\neq\delta$		$\lvert z\rvert\geqslant z_{\frac{\alpha}{2}}$
（$\sigma_1^2=\sigma_2^2$ 未知）	$\mu_1-\mu_2\leqslant\delta$	$\mu_1-\mu_2>\delta$	$t=\frac{\bar{X}-\bar{Y}-\delta}{S_\omega\sqrt{\frac{1}{n_1}+\frac{1}{n_2}}}$ $S_\omega^2=\frac{(n_1-1)S_1^2+(n_2-1)S_2^2}{n_1+n_2-2}$	$t\geqslant t_\alpha(n)$
	$\mu_1-\mu_2\geqslant\delta$	$\mu_1-\mu_2<\delta$		$t\leqslant -t_\alpha(n)$
	$\mu_1-\mu_2=\delta$	$\mu_1-\mu_2\neq\delta$		$\lvert t\rvert\geqslant t_{\frac{\alpha}{2}}(n)$ $n=n_1+n_2-2$

（2）两个正态总体方差之比的检验

$X_1,X_2,\ldots,X_{n_1}$ 是来自正态总体 $N(\mu_1,\sigma_1^2)$ 的样本，$Y_1,Y_2,\ldots,Y_{n_2}$ 是来自正态总体 $N(\mu_2,\sigma_2^2)$ 的样本，且两个样本相互独立。S_1^2 和 S_2^2 分别是两个样本方差，设 $\mu_1,\mu_2,\sigma_1^2,\sigma_2^2$ 均为未知。现在需要检验假设（取显著性水平为 α）

$$H_0:\sigma_1^2\leqslant\sigma_2^2,\ H_1:\sigma_1^2>\sigma_2^2$$

当 H_0 为真时，$E(S_1^2)=\sigma_1^2\leqslant\sigma_2^2=E(S_2^2)$，当 H_1 为真时，$E(S_1^2)=\sigma_1^2>\sigma_2^2=E(S_2^2)$

当 H_1 为真时，观察值 $\frac{S_1^2}{S_2^2}$ 有偏大的趋势，因此，拒绝域的形式为 $\frac{S_1^2}{S_2^2}\geqslant k$。常数 k 如下确定：

当 H_0 为真时，$\sigma_1^2/\sigma_2^2 \leqslant 1$，所以 $P\{当H_0为真时拒绝H_0\} = P_{\sigma_1^2\leqslant\sigma_2^2}\left\{\frac{S_1^2}{S_2^2}\geqslant k\right\} \leqslant P_{\sigma_1^2\leqslant\sigma_2^2}\left\{\frac{S_1^2/S_2^2}{\sigma_1^2/\sigma_2^2}\geqslant k\right\}$。

要控制 $P\{当H_0为真时拒绝H_0\}\leqslant\alpha$，只需令

$$P_{\sigma_1^2\leqslant\sigma_2^2}\left\{\frac{\frac{S_1^2}{S_2^2}}{\frac{\sigma_1^2}{\sigma_2^2}}\geqslant k\right\}=\alpha \tag{1.50}$$

根据定理，知 $\frac{S_1^2/S_2^2}{\sigma_1^2/\sigma_2^2}\sim F(n_1-1,n_2-1)$，得 $k=F_\alpha(n_1-1,n_2-1)$，于是，此检验问题的拒绝域为 $F=\frac{S_1^2}{S_2^2}\geqslant F_\alpha(n_1-1,n_2-1)$。

以上的检验法称为 F 检验法。

表 1.6 显示了关于两个正态总体方差之比的检验拒绝域。

表 1.6 两个正态总体方差之比的检验（显著性水平为 α）

原假设 H_0		备择假设 H_1	检验统计量	拒绝域
（μ_1,μ_2 未知）	$\sigma_1^2\leqslant\sigma_2^2$	$\mu_1-\mu_2>\delta$	$F=\frac{S_1^2}{S_2^2}$	$F\geqslant F_\alpha(n_1-1,n_2-1)$
	$\sigma_1^2\geqslant\sigma_2^2$	$\mu_1-\mu_2<\delta$		$F\leqslant F_{1-\alpha}(n_1-1,n_2-1)$
	$\sigma_1^2=\sigma_2^2$	$\mu_1-\mu_2\neq\delta$		$F\geqslant F_{\frac{\alpha}{2}}(n_1-1,n_2-1)$ 或 $F\leqslant F_{1-\frac{\alpha}{2}}(n_1-1,n_2-1)$

1.1.3.4 分布拟合检验

在之前的讨论中，都是按照几个步骤进行：假设总体服从正态分布，然后假设其均值或方差，并进行检验。这些都属于参数假设检验问题的范围。

本节我们将根据样本 $X_1,X_2,\ldots,X_n$（或其观察值 $x_1,x_2,\ldots,x_n$），考虑如下假设检验问题：

$$H_0: X的分布函数为F(x)$$

这里 $F(x)$是已知的分布函数。

$F(x)$的未知参数通常要用样本观察值来估计或代替，例如，对于正态总体 $N(\mu,\sigma^2)$，取 $\hat{\mu}=\bar{X},\widehat{\sigma^2}=S^2$ 等。这类总体分布的假设检验问题有许多方法能够处理，本节我们只介绍一种最常用的方法—— χ^2 检验法。

在实数轴上取 k 个点分别为 $t_1,t_2,\ldots,t_k$，这 k 个点将 $(-\infty,+\infty)$ 分成 $k+1$ 个互不相交的区间 $(-\infty,t_1),[t_1,t_2),\ldots,\{t_{i-1},t_i),\ldots,[t_k,+\infty)$。

设样本观察值 $x_1,x_2,\ldots,x_n$ 中落入第 i 个区间的个数为 $v_i(1\leqslant i\leqslant k+1)$，其频率为 $\frac{v_i}{n}$。

如果 H_0 成立，由给定的分布函数 $F(x)$，可以计算得到 X 落在每个区间的概率为 $p_i = P\{t_{i-1}\leqslant t\leqslant t_i\}=F(t_i)-F(t_{i-1})$，其中 $1\leqslant i\leqslant k+1$，记 $t_0=-\infty$，$t=+\infty$，考虑统计量

$$\chi^2=\sum_{i=1}^{k+1}\left(\frac{v_i}{n}-p_i\right)^2\frac{n}{p_i}=\sum_{i=1}^{k+1}\frac{(v_i-nP_i)^2}{nP_i}=\sum_{i=1}^{k+1}\frac{v_i^2}{nP_i}-n \tag{1.51}$$

注意，在上式中给出了3种等价的统计量χ^2形式，在后面的应用中采用哪种都可以。上式中χ^2依赖于v_i和p_i，因此它与$F(x)$建立了关系，可以作为检验H_0的检验统计量。在1900年，皮尔逊（Pearson）证明了如下定理。

设$F(x)$是随机变量X的分布函数，当H_0成立时，由上式给出的统计量χ^2以$\chi^2(k)$为极限分布(当$n\to+\infty$)，其中$F(x)$中不含有未知参数，称v_i为实际频数，称np_i为理论频数。

根据这一定理，当n比较大时，检验统计量χ^2近似服从$\chi^2(k)$。在给定显著性水平α后，通过查χ^2分布表能够得到临界值$\chi_\alpha^2(k)$，使$P\{\chi^2>\chi_\alpha^2(k)\}=\alpha$。

由样本观察值$x_1,x_2,\ldots,x_n$计算$v_1,v_2,\ldots,v_{k+1}$，由给定的分布函数$F(x)$计算$p_1,p_2,\ldots,p_{k+1}$，进而计算出χ^2的值。若$\chi^2>\chi_\alpha^2(k)$，认为总体X的分布函数与$F(x)$有显著性差异，拒绝H_0；若$\chi^2\leqslant\chi_\alpha^2(k)$，则不能认为总体$X$的分布函数与$F(x)$有显著性差异，不能拒绝$H_0$。

需要指出的是，当$F(x)$中含有r个未知参数$\theta_1,\theta_2,\ldots,\theta_r$时（$r<k$），则需要用估计值$\hat{\theta}_1,\hat{\theta}_2,\ldots,\hat{\theta}_r$来分别代替$\theta_1,\theta_2,\ldots,\theta_r$，此时$\chi^2(k-r)$为$\chi^2$的极限分布（当$n\to+\infty$）。费歇尔证明了如下定理。

设$F(x)$是随机变量X的分布函数，且$F(x)$中含有r个未知参数，由上式给出的统计量χ^2当H_0成立时，以$\chi^2(k-r)$为极限分布（当$n\to+\infty$）。

在以上定理中，当r=0时，即$F(x)$中不含有未知参数，其结果与皮尔逊的定理相同。因此，可以将皮尔逊定理看作是费歇尔定理的一种特殊情况。

以下给出χ^2检验法的一般步骤：

步骤1，在假定$H_0:F(x)=F(x;\theta_1,\ldots,\theta_r)$成立的前提下，求出参数$\theta_1,\theta_2,\ldots,\theta_r$的极大似然估计值$\hat{\theta}_1,\hat{\theta}_2,\ldots,\hat{\theta}_r$。

步骤2，把实数轴划分成k+1个互不相交的区间$(-\infty,t_1),[t_1,t_2),\ldots,\{t_{i-1},t_i),\ldots,[t_k,+\infty)$。

步骤3，在H_0成立的前提下，计算p_i和np_i，其中p_i为总体X的取值落入第i个区间的概率，即$p_i=P\{t_{i-1}\leqslant t<t_i=F(t_i;\hat{\theta}_1,\hat{\theta}_2,\ldots,\hat{\theta}_r)-F(t_{i-1};\hat{\theta}_1,\hat{\theta}_2,\ldots,\hat{\theta}_r)$。

步骤4，按照样本观察值$x_1,x_2,\ldots,x_n$落入第i个区间内的个数(即频数)$v_i(i=1,2,\ldots,k+1)$和步骤3中计算得到的np_i，计算统计量的值（步骤3，步骤4中的计算可列表进行）。

步骤5，按照所给定的显著性水平α，查自由度为$k-r$的χ^2分布表，得临界值$\chi_\alpha^2(k-r)$，使$P\{\chi^2>\chi_\alpha^2(k-r)\}=\alpha$，这里$r$为$F(x)=F(x;\theta_1,\ldots,\theta_r)$中未知参数的个数。

步骤6，若$\chi^2>\chi_\alpha^2(k-r)$，则否定$H_0$，即认为总体$X$的分布函数与$F(x)$有显著性差异；若$\chi^2\leqslant\chi_\alpha^2(k-r)$，则不能否定$H_0$，即不能认为总体$X$的分布函数与$F(x)$有显著性差异。

由于χ^2检验法是在$n\to+\infty$时推导出来的，所以在应用时必须注意，当n比较大时，np_i不能太小。在实际应用中，一般要求n不能小于50且np_i不小于5。

1.1.4 方差分析与回归分析

有些事物往往在科学实验和生产实践中会有许多影响因素。在众多影响因素中，影响有大有小。所以，通常我们需要对产品质量和产量具有显著影响的因素进行分析。一般解决这类问题需要做两步工作：一是设计一个试验，让这个试验在尽可能地减少试验次数的同时，把我们感兴趣因素的作用较好地反映出来，达到节约人力、物力和时间的目的；二是如何最大限度地利用试验结果的信息，对我们所关心的事物(因素的影响)作出合理的推断。前者就是平常说的试验设计，后者最常用的统计方法就是方差分析。数理统计中广泛应用方差分析和回归分析的内容，接下来本章将介绍其最基本的内容。

1.1.4.1 单因素方差分析

试验指标是在试验中要考察的指标，而试验的因素是那些影响试验指标的可控条件。一般将因素控制在几个不同的状态上来考察一个因素对试验指标的影响，其中每一个状态称为因素的一个水平。单因素试验，即某一项试验中在其他因素保持不变的情况下，只改变其中一个因素;多因素试验，即试验中多于一个因素在改变。本节只讨论单因素试验。

这里举一个例子来说明，为了比较编号为Ⅰ，Ⅱ，Ⅲ，Ⅳ的 4 种不同食品对增加人体重量的影响，分别喂养 5 只、5 只、4 只、6 只试验小白鼠这 4 种食品，经过一定时间，测量其体重，表 1.7 为测得增加的体重。

表 1.7 食品品种与小白鼠体重增加的关系

食品品种	增加的体重/g					
Ⅰ	110	113	108	103	119	
Ⅱ	90	109	98	95	115	
Ⅲ	108	109	118	123		
Ⅳ	114	131	111	130	134	121

这里小白鼠增加的体重是试验指标。在试验中，假设其他条件不变，只对食品品种这一因素进行改变，这个试验就是单因素试验。每一种品种是一个水平，共有 4 个水平。判断食品品种这一因素对小白鼠体重的影响，可以通过考察 4 种不同食品对增加小白鼠体重的影响是否有显著差异。如果有显著差异就表明食品品种这一因素对增加小白鼠体重的影响是显著的。

在这个例子中，在每一水平的因素都进行了独立试验，其结果是随机变量。表中每一行的数据来自一个总体，假设其都服从正态分布，且方差相同，表中的数据可看成是来自 4 个不同的总体。这样，以上所要考察的问题，就可归结为检验这 4 个总体的均值是否相等。

再举一个例子，为了比较各个工作日乘坐公交车的人数，测得各工作日下午 4~5 时乘坐公交车的人数如表 1.8 所示。

表 1.8 时间和顾客人数的关系

工作日	乘客人数						
星期一	86	96	78	66	100		
星期二	77	102	54	98			
星期三	69	91	86	74	82	78	84
星期四	78	77	90	84	72	74	
星期五	84	88	94	102	96		

这一试验的试验指标是乘客人数。在这里只对日期这一因素进行更改，所以这是一个单因素试验。一个工作日是一个水平，共有 5 个水平。我们通过考察各个工作日乘客的人数是否有显著差异来判断工作日这一因素对乘客的人数的影响是否显著。

一般可设因素 A 有 r 个水平 $A_1, A_2, \ldots, A_n$，在水平 A_i 下进行了 $n_i(n_i \geqslant 2, i=1,2,\ldots,r)$ 次试验，我们假设水平 $A_i(i=1,2,\ldots,r)$ 下的样本 $X_1, X_2, \ldots, X_n$，来自总体 $N(\mu_i, \sigma^2)$，μ_i，σ^2 未知，且设来自不同水平 A_i 下的样本之间相互独立。

由于 $X_{ij}-\mu_i \sim N(0,\sigma^2)$，故 $X_{ij}-\mu_i$ 可看成是随机误差。记 $X_{ij}-\mu_i=\varepsilon_{ij}$，则 X_{ij} 可写成

$$\begin{cases} X_{ij}=\mu_i+\varepsilon_{ij} \\ (i=1,2,\ldots,r, j=1,2,\ldots,n_i) \\ \varepsilon_{ij} \sim N(0,\sigma^2), \text{各}\varepsilon_{ij}\text{独立} \end{cases} \tag{1.52}$$

式（1.52）称为单因素试验方差分析的数学模型。这里要特别说明的是，这里假设所涉及的 r 个正态总体的方差是相同的。

方差分析的首要任务是对于模型（1.52），检验假设：

$$H_0: \mu_1=\mu_2=\ldots=\mu_r$$
$$H_1: \mu_1, \mu_2, \ldots, \mu_r \text{全不相等}$$

下面来建立检验统计量。

记 $n_1+n_2+\ldots+n_r=n$，引入全部数据的总平均

$$\bar{X}=\frac{1}{n}\sum_{i=1}^{r}\sum_{j=1}^{n_i}X_{ij} \tag{1.53}$$

以及总离差平方和

$$S_T=\sum_{i=1}^{r}\sum_{j=1}^{n_i}(X_{ij}-\bar{X})^2 \tag{1.54}$$

可以注意到数据 $X_{ij}(i=1,2,\ldots,r, j=1,2,\ldots,n_i)$ 总是参差不齐的，其离散程度可用 S_T 来描述。S_T 较大表示数据 X_{ij} 的波动程度比较大；反之，S_T 较小表示数据的波动程度比较小。而数据的波动，则是因为试验的随机误差以及因素各水平的效应的差异所引起的。如果后者比前者大得多，那么就有理由认为因素A的各个水平对应的试验结果有显著差异，从而拒绝 H_0。为此，我们设法将 S_T 分解成两部分：一部分是纯粹由随机误差引起的;另一部分则是由因素A的各水平效应以及随机误差引起的。

以 $\bar{X}_i$ 记在水平 A_i 下的总体的样本均值，即

$$\bar{X}_i=\frac{1}{n_i}\sum_{j=1}^{n_i}X_{ij} \tag{1.55}$$

于是

$$\begin{aligned} S_T &= \sum_{i=1}^{r}\sum_{j=1}^{n_i}(X_{ij}-\bar{X})^2 \\ &= \sum_{i=1}^{r}\sum_{j=1}^{n_i}[(X_{ij}-\bar{X}_i)+(\bar{X}_i-\bar{X})]^2 \\ &= \sum_{i=1}^{r}\sum_{j=1}^{n_i}(X_{ij}-\bar{X}_i)^2+\sum_{i=1}^{r}\sum_{j=1}^{n_i}(\bar{X}_i-\bar{X})^2 \\ &\quad +2\sum_{i=1}^{r}\sum_{j=1}^{n_i}(X_{ij}-\bar{X})(\bar{X}_i-\bar{X}) \end{aligned} \tag{1.56}$$

注意到上式右端第三项为零，即

$$\begin{aligned}&\sum_{i=1}^{r}\sum_{j=1}^{n_i}(X_{ij}-\bar{X})(\bar{X}_i-\bar{X})\\&=\sum_{i=1}^{r}(\bar{X}_i-\bar{X})\left[\sum_{j=1}^{n_i}(X_{ij}-\bar{X})\right]\\&=\sum_{i=1}^{r}(\bar{X}_i-\bar{X})\left[\sum_{j=1}^{n_i}X_{ij}-n_i\bar{X}_i\right]=0\end{aligned} \tag{1.57}$$

从而平方和 S_T 就分解成为两个平方和之和：

$$S_T=S_E+S_A \tag{1.58}$$

其中

$$S_E=\sum_{i=1}^{r}\sum_{j=1}^{n_i}(X_{ij}-\bar{X}_i)^2 \tag{1.59}$$

$$S_A=\sum_{i=1}^{r}\sum_{j=1}^{n_i}(\bar{X}_i-\bar{X})^2=\sum_{i=1}^{r}n_i(\bar{X}_i-\bar{X})^2 \tag{1.60}$$

S_E 称为误差平方和（或组内平方和），其中各个加项 $\sum_{j=1}^{n_i}(X_{ij}-\bar{X}_i)^2(i=1,2,\ldots,r)$ 是完全由随机误差所引起的各组组内数据与组均值 $\bar{X}_i$ 的离差平方和；S_A 称为因素 A 的效应平方和（或组间平方和），是由各水平效应的差异以及随机误差引起的各水平 A_i 的总体的样本均值 $\bar{X}_i$ 与数据总平均 $\bar{X}$ 的离差平方和。式（1.58）就是我们所需要的平方和 S_T 的分解式。

下面考察 S_E,S_A 的统计特性。

$$S_E=\sum_{j=1}^{n_1}(X_{1j}-\bar{X}_1)^2+\sum_{j=1}^{n_2}(X_{2j}-\bar{X}_2)^2+\ldots+\sum_{j=1}^{n_r}(X_{rj}-\bar{X}_r)^2 \tag{1.61}$$

其中，$\sum_{j=1}^{n_i}(X_{ij}-\bar{X}_i)^2$ 是总体 $N(\mu_i,\sigma^2)$ 的样本方差的 n_i-1 倍，于是

$$\frac{\sum_{j=1}^{n_i}(X_{ij}-\bar{X}_i)^2}{\sigma^2}\sim\chi^2(n_i-1)\quad(i=1,2,\ldots,r)$$

又因 $X_{ij}(i=1,2,\ldots,r;j=1,2,\ldots,n_i)$ 相互独立，因此式（1.61）右端各平方和相互独立，由 χ^2 分布的可加性知 $S_E/\sigma^2\sim\chi^2\left[\sum_{i=1}^{r}(n_i-1)\right]$。

由于 $\sum_{i=1}^{r}n_i=n$，故

$$S_E/\sigma^2\sim\chi^2(n-r) \tag{1.62}$$

由此还得知 $E(S_E/\sigma^2)=n-r$，从而有

$$E(S_E/n-r)=\sigma^2 \tag{1.63}$$

对于 S_A 可以证明有以下的结果：

① $E[S_A/(r-1)]=\sigma^2+\dfrac{1}{r-1}\sum_{i=1}^{r}n_i(\mu_i-\mu)^2$，其中 $\mu=\dfrac{1}{n}\sum_{i=1}^{r}n_i\mu_i$，是 $\mu_1,\mu_2,\ldots,\mu_r$ 的加权平均。

② S_A 和 S_E 相互独立，且当 H_0 为真时，$\dfrac{S_A}{\sigma^2}\sim\chi^2(r-1)$。

进而由式（1.62）及上述第2个结果，按F分布的定义知道，当H_0为真时，有

$$\frac{S_A/\sigma^2}{r-1}/\frac{S_E/\sigma^2}{n-r} \sim F(r-1,n-r) \quad (1.64)$$

亦即当H_0为真时

$$F=\frac{S_A/r-1}{S_E/n-r} \sim F(r-1,n-r) \quad (1.65)$$

现在我们可以建立用来检验假设式（1.65）的检验法了。取

$$F=\frac{S_A/r-1}{S_E/n-r} \quad (1.66)$$

为检验问题式(1.52)的检验统计量。当H_0为真时，$\mu_1=\mu_2=\ldots=\mu_r=\mu$，$\sum_{i=1}^{r}n_i(\mu_i-\mu)^2=0$，由式（1.64）知此时$E[S_A/(r-1)]=\sigma^2$，而当$H_0$不为真即当$H_1$为真时，由式（1.64）由$E[S_A/(r-1)]=\sigma^2+\frac{1}{r-1}\sum_{i=1}^{r}n_i(\mu_i-\mu)^2>\sigma^2$。另一方面，由式（1.63）知不管$H_0$是否为真，$E(S_E/n-r)=\sigma^2$。这就是说$F$的分子、分母的数学期望在$H_0$为真时均为$\sigma^2$，而当$H_1$为真时，分子的数学期望大于分母的数学期望。又知分子、分母独立，这表明当H_1为真时，分式有偏大的趋势，故知检验问题式（1.52）的拒绝域具有形式

$$F=\frac{S_A/r-1}{S_E/n-r}>k \quad (1.67)$$

取检验的显著性水平为α，确定k的值，使

$$P\{当H_0为真拒绝H_0\}=P_{H_0}\{F>k\}=\alpha \quad (1.68)$$

由式（1.65）得$k=F_\alpha(r-1,n-r)$。于是方差相等的多个正态总体均值检验问题式（1.42）的拒绝域为

$$F=\frac{S_A/r-1}{S_E/n-r}>F_\alpha(r-1,n-r) \quad (1.69)$$

这种检验法称为方差分析法。由上面的讨论得知，这种检验法是基于将S_T（它表示数据总的离散程度）分解为S_E（是由随机误差引起的）和S_A（是由因素A各水平效应及随机误差引起的）两部分，然后对S_A, S_E的大小进行比较而得到的。这就是“方差分析”的含义。

上述分析结果常列成如下的表格，称为方差分析表（见表1.9）。表中，S_T的自由度是S_A，S_E的自由度之和。$\overline{S}_A$是S_A除以它自己的自由度，$\overline{S}_E$是S_E除以它自己的自由度。$\overline{S}_A$，$\overline{S}_E$分别称为S_A，S_E的均方（即平均平方和）。

表1.9 单因素方差分析表

方差来源	平方和	自由度	均方	F比
因素A	S_A	$r-1$	$\overline{S_A}=S_A/(r-1)$	$F=\overline{S_A}/\overline{S_E}$
误差	S_E	$n-r$	$\overline{S_E}=S_E/(n-r)$	
总和	S_T	$n-1$		

1.1.4.2 一元线性回归

一般来讲,客观世界中存在的变量之间的关系可分为两大类：一类是变量之间的关系是确定关系,另一类是变量之间的关系是非确定关系。确定关系指变量之间的关系可用函数关系表示，当自变量取确定值时，因变量的值也随之确定，如 $f(x)=5x^2-6$ 。这是我们在高等数学中所研究的函数关系。而另一类非确定关系即所谓的相关关系,具有统计规律性。

在日常生活中，普遍存在自变量 x 取确定值时，因变量 y 的值是不确定的。这种变量间的非确定关系，我们称为相关关系。回归分析是研究相关关系的一种数学工具,它可以通过一个变量取得的值去估计另一个变量所取得的值。一元回归是只有一个自变量的回归分析,而多元回归是多于一个自变量的回归分析。本节只介绍一元回归。

（1）一元线性回归方程的概念

设随机变量 y 与普通变量 x 之间存在某种相关关系：对 x 的每一个确定的值，y 都有自己的分布。

$$y=a+bx+\varepsilon,\varepsilon\sim N(0,\sigma^2) \tag{1.70}$$

其中，a，b 及 σ^2 都是不依赖于 x 的未知参数，称式（1.70）为一元线性回归模型。

在这个模型中，ε 是随机变量，因为

$$E(\varepsilon)=0,D(\varepsilon)=\sigma^2 \tag{1.71}$$

所以对式（1.70）两边取数学期望得 $E(y)=a+bx$ ，故 $y\sim N(a+bx,\sigma^2)$ 。

记 $E(y)=\mu(x)$ ，

则有

$$\mu(x)=a+bx \tag{1.72}$$

在实际中，对 x 取定的一组不同值 $x_1,x_2,\ldots,x_n$ 做独立试验，得 n 对观察结果：

$$(x_1,y_1),(x_2,y_2),\ldots,(x_n,y_n)$$

其中 y_i 是 $x=x_i$ 处对随机变量 y 观察的结果。这 n 对观察结果就是一个容量为 n 的样本，我们的首要问题是解决如何利用这个样本来估计 y 关于 x 的回归 $\mu(x)$ 。

在直角坐标系中，画出坐标为 (x_i,y_i) 的 n 个点（i=1,2,⋯,n)，称这种图为散点图。当 n 很大时，散点图中的 n 个点大致在一条直线附近，直观上可认为 x 与 y 的关系具有式（1.73）的形式，即

$$y=a+bx_i+\varepsilon_i,i=1,2,\ldots,n \tag{1.73}$$

其中，$\varepsilon_i\sim N(0,\sigma^2)$ 。

若由上面样本得到 a，b 的估计 $\hat{a}$ ，$\hat{b}$ ，则对给定的 x，我们用 $\hat{y}=\hat{a}+\hat{b}x$ 作为 $\mu(x)=a+bx$ 的估计，方程 $\hat{y}=\hat{a}+\hat{b}x$ 称为 y 对 x 的线性回归方程或回归方程。

（2）对 a，b 的估计

对 x 的 n 个不同的取值 $x_1,x_2,\ldots,x_n$ 做独立试验，得样本 $(x_1,y_1),(x_2,y_2),\ldots,(x_n,y_n)$ 。下面用最小二乘法求 a，b 的估计值。

作离差平方和

$$Q=\sum_{i=1}^{n}[y_i-\mu(x_i)]^2=\sum_{i=1}^{n}(y_i-a-bx_i)^2 \tag{1.74}$$

选择 a，b 使 Q 达到最小，故 Q 需对 a，b 分别求偏导，并令偏导等于零。即

$$\begin{cases} \dfrac{\partial Q}{\partial a} = -2\sum_{i=1}^{n}(y_i - a - bx_i) = 0 \\ \dfrac{\partial Q}{\partial b} = -2\sum_{i=1}^{n}(y_i - a - bx_i)x_i = 0 \end{cases} \tag{1.75}$$

整理得

$$\begin{cases} na + b\sum_{i=1}^{n} x_i = \sum_{i=1}^{n} y_i \\ a\sum_{i=1}^{n} x_i + b\sum_{i=1}^{n} x_i^2 = \sum_{i=1}^{n} x_i y_i \end{cases} \tag{1.76}$$

称式（1.75）为正规方程组。

解此以 a，b 为未知数的方程组即得 a，b 的估计值分别为

$$\hat{b} = \frac{n\sum_{i=1}^{n} x_i y_i - \left(\sum_{i=1}^{n} x_i\right)\left(\sum_{i=1}^{n} y_i\right)}{n\sum_{i=1}^{n} x_i^2 - \left(\sum_{i=1}^{n} x_i\right)^2} \tag{1.77}$$

$$\hat{a} = \frac{1}{n}\sum_{i=1}^{n} y_i - \frac{\hat{b}}{n}\sum_{i=1}^{n} x_i = \overline{y} - \hat{b}\overline{x} \tag{1.78}$$

于是所求线性回归方程为

$$\hat{y} = \hat{a} + \hat{b}x \tag{1.79}$$

若将 $\hat{a} = \overline{y} - \hat{b}\overline{x}$ 代入式（1.79），则线性回归方程变为

$$\hat{y} = \overline{y} + \hat{b}(x - \overline{x}) \tag{1.80}$$

式（1.79）表明回归直线经过散点图的几何中心（$\overline{x},\overline{y}$）。

（3）σ^2 的估计

下面是用矩法求的估计。

由于 $\sigma^2 = D(\varepsilon) = E(\varepsilon^2)$，而 $E(\varepsilon^2)$ 可用 $\frac{1}{n}\sum_{i=1}^{n}\varepsilon_i^2$ 作估计，又因为

$$\varepsilon_i = y_i - a - bx_i$$

其中，a,b 可用 $\hat{a}$，$\hat{b}$ 代替，故有 σ^2 的估计量

$$\hat{a}^2 = \frac{1}{n}\sum_{i=1}^{n}(y_i - \hat{a} - \hat{b}x_i)^2 \tag{1.81}$$

将 $\hat{a} = \overline{y} - \hat{b}\overline{x}$ 代入得

$$\hat{a}^2 = \left(\frac{1}{n}\sum_{i=1}^{n} y_i^2 - \overline{y}^2\right) - \hat{b}^2\left(\frac{1}{n}\sum_{i=1}^{n} x_i^2 - \overline{x}^2\right) \tag{1.82}$$

1.1.4.3 一元线性回归中的假设检验和预测

（1）线性假设的显著性试验

在上节中假定了一元线性回归模型为以下的形式：

$$y = a + bx + \varepsilon \tag{1.83}$$

其中，a，b 是未知参数，$\varepsilon \sim N(0,\sigma^2)$。一般来说，求得的线性回归方程是否具有实用价值，需经过假设检验才能确定，对于一元线性回归模型，线性回归方程有实用价值的要求为 b 不应为零，若 b=0，则 y 不依赖于 x，则线性回归方程不具有实用价值。因此我们需要检验假设

$$H_0: b = 0, H_1: b \neq 0 \tag{1.84}$$

可以证明

$$T = \frac{\hat{b} - b}{\hat{\sigma}} \sqrt{\sum_{i=1}^{n}\left(x_i - \overline{x}\right)^2} \sim t\left(n-2\right) \tag{1.85}$$

当 H_0 为真时，b=0，故

$$T = \frac{\hat{b}}{\hat{\sigma}} \sqrt{\sum_{i=1}^{n}(x_i - \overline{x})^2} \sim t(n-2) \tag{1.86}$$

给定显著水平 α，查表确定 $t_{\frac{\alpha}{2}}(n-2)$，抽样后计算式（1.86）中 T 的值：

若 $|T| \geqslant t_{\frac{\alpha}{2}}(n-2)$，则拒绝 H_0，认为回归效果显著；

若 $|T| < t_{\frac{\alpha}{2}}(n-2)$，则接受 H_0，认为回归效果不显著。

（2）预测

回归方程的一个重要应用是，对于给定的点 $x = x_0$，可以用一定的置信度预测对应的 y 的观察值的取值范围，即预测区间。

设 y_0 是 $x = x_0$ 处随机变量 y 的观察值，则有

$$y_0 = a + bx_0 + \varepsilon_0 \ , \varepsilon_0 \sim N(0,\sigma^2) \tag{1.87}$$

取 x_0 处的回归值

$$\hat{y}_0 = \hat{a} + \hat{b}x_0 \tag{1.88}$$

作为 $y_0 = a + bx_0 + \varepsilon_0$ 的预测值，还可以证明

$$y_0 - \hat{y}_0 \sim N\left(0, 1 + \left[\frac{1}{n} + \frac{(x_0 - \overline{x})^2}{\sum_{i=1}^{n}(x_1 - \overline{x})^2}\right]\sigma^2\right) \tag{1.89}$$

且 $\dfrac{(n-2)\hat{\sigma}^2}{\sigma^2} \sim \chi^2(n-2)$。

由 t 分布的定义知

$$\frac{y_0-\hat{y}_0}{\hat{\sigma}\sqrt{1+\frac{1}{n}+\frac{(x_0-\overline{x})^2}{\sum_{i=1}^{n}(x_i-\overline{x})^2}}}\sim t(n-2) \tag{1.90}$$

对给定的置信度$1-\alpha$，有

$$P\left\{\frac{|y_0-\hat{y}_0|}{\hat{\sigma}\sqrt{1+\frac{1}{n}+\frac{(x_0-\overline{x})^2}{\sum_{i=1}^{n}(x_i-\overline{x})^2}}}<t_{\frac{\sigma}{2}}(n-2)\right\}=1-\alpha \tag{1.91}$$

故得y_0的置信度为$1-\alpha$预测区间（置信区间）为（$\hat{y}_0-\delta(x_0),\hat{y}_0+\delta(x_0)$），其中

$$\delta(x_0)=t_{\frac{\sigma}{2}}(n-2)\hat{\sigma}\sqrt{1+\frac{1}{n}+\frac{(x_0-\overline{x})^2}{\sum_{i=1}^{n}(x_i-\overline{x})^2}} \tag{1.92}$$

于是在x处，置信下限为

$$y_1(x)=\hat{y}(x)-\delta(x) \tag{1.93}$$

而置信下限为

$$y_2(x)=\hat{y}(x)-\delta(x) \tag{1.94}$$

当x变化时，这两条曲线形成的带域包含回归直线$\hat{y}_0=\hat{a}+\hat{b}x$，能看到，当$x=\overline{x}$时，带域最窄，估计最准确；而$x$离$\overline{x}$的偏差越大，带域越宽，估计的精确性越差。

1.1.5　正交实验设计

在实际问题中往往会遇到两个以上的因素，因此考察各个因素对试验结果是否有显著作用也是很有必要的。多元(大于二元)方差分析法从理论上说也是可以导出的，但是这样的公式非常复杂，而且总试验次数也要增多。如果有s个因子，各因子分别有$r_1,r_2,\ldots,r_s$种水平，共有$r_1,r_2,\ldots,r_s$种组合水平，在每一种组合水平上都做一次试验，总共要做$r_1,r_2,\ldots,r_s$次试验。例如，有4个因子，每个因子有3种水平，总共要做$3^4=81$次试验。这里的试验指全面试验，也就是在每一种组合水平上都要做一次试验。为了减少试验次数，希望在所有组合水平中挑选一部分出来，在这些组合水平上局部地进行试验。由于要分析的是每个因子对试验结果作用是否显著。因此，要求各因子水平的匀称搭配。在数理统计中安排试验方案称为试验设计。试验设计方法有很多种，这里只介绍正交试验设计(简称正交设计)。所谓正交试验设计，即用正交表安排试验方案。下面仅按照不考虑交互作用的情况进行介绍。

正交表$L_8(2^7)$与$L_9(3^4)$如表1.10与表1.11所示,其中L表示正交表。$L_8(2^7)$表示最多安排7个因子，每个因子有2种水平，共做8次试验的正交表,此表中数字1、2（不包括列号和试验号中数字）表示水平。$L_9(3^4)$表示最多安排4个因子，每个因子有3种水平，共做9次试验的正交表，此表中数字1、2、3（不包括列号和试验号中数字）表示水平。通常，$L_n(S^r)$表示至多安排r个因子，每个因子有S种水平，共做n次试验的正交表。

表 1.10 $L_8(2^7)$

试验号 \ 列号	1	2	3	4	5	6	7
1	1	1	1	1	1	1	1
2	1	1	1	2	2	2	2
3	1	2	2	1	1	2	2
4	1	2	2	2	2	1	1
5	2	1	2	1	2	1	2
6	2	1	2	2	1	2	1
7	2	2	1	1	2	2	1
8	2	2	1	2	1	1	2

表 1.11 $L_9(3^4)$

试验号 \ 列号	1	2	3	4
1	1	1	1	1
2	1	2	2	2
3	1	3	3	3
4	2	1	2	3
5	2	2	3	1
6	2	3	1	2
7	3	1	3	2
8	3	2	1	3
9	3	3	2	1

这里通过一个例子说明如何选用正交表安排试验。为了考察影响某种化学反应程度的因素，选择了反应温度（A）、反应时间（B）、用碱量（C）三个有关因素，而每个因素取三种水平，如表 1.12。

表 1.12 影响因素的正交试验设计

因子水平	1	2	3
温度（A）	80℃（A_1）	85℃（A_2）	90℃（A_3）
时间（B）	90 分（B_1）	120 分（B_2）	150 分（B_3）
用碱量（C）	5%（C_1）	6%（C_2）	7%（C_3）

我们判断，在这三个因素中，任意二个都没有交互作用。如何通过判断反应温度、反应时间和用碱量分别对反应程度有无显著影响？

选择正交表时，首先要求正交表中水平数 S 与各因子水平数一致，其次要求正交表中因子数 r 大于或等于实际因子数，然后适当选用试验次数 n 较小的正交表。

现在对这个例子选择合适的正交表。三种水平的正交表列出了 $L_9(3^4)$，$L_{27}(3^{13})$ 二个。$L_9(3^4)$ 的试验次数少一些，因此选用 $L_9(3^4)$。将 A,B,C 三个因子任意放到表头“列号”的三列上，例如前三列，那么可在表 1.15 中的组合水平上做试验。实际上，表中组合水平的脚码是与正交表中相应行的数字一致的，如第 1 行 $A_1B_1C_1$ 由（1,1,1）而来，第 2 行 $A_1B_2C_2$ 由（1,2,2）

而来。此表给出了一种试验方案，试验值用 $Y_i(i=1,2,\ldots,9)$ 表示。需要注意的是，表 1.13 中的组合水平可以不列出来，这里为了初学者方便才列出。

表 1.13　正交试验的组合水平

试验号＼列号	1（A）	2（B）	3（C）	组合水平	试验值
1	1	1	1	$A_1B_1C_1$	Y_1
2	1	2	2	$A_1B_2C_2$	Y_2
3	1	3	3	$A_1B_3C_3$	Y_3
4	2	1	2	$A_2B_1C_2$	Y_4
5	2	2	3	$A_2B_2C_3$	Y_5
6	2	3	1	$A_2B_3C_1$	Y_6
7	3	1	3	$A_3B_1C_3$	Y_7
8	3	2	1	$A_3B_2C_1$	Y_8
9	3	3	2	$A_3B_3C_2$	Y_9

接下来建立这个例子的数学模型并说明它的检验方法。假设三个因子 A,B,C 没有交互作用。设因子 A 以 a_1、a_2、a_3 表示在水平 A_1、A_2、A_3 上的效应；因子 B 以 b_1、b_2、b_3 表示在水平 B_1、B_2、B_3 上的效应；因子 C 以 c_1、c_2、c_3 表示在水平 C_1、C_2、C_3 上的效应。效应表示一个因子在某种水平母体平均数的偏差。数学模型为

$$\begin{cases} Y_1=\mu+a_1+b_1+c_1+\varepsilon_1, Y_2=\mu+a_1+b_2+c_2+\varepsilon_2 \\ Y_3=\mu+a_1+b_3+c_3+\varepsilon_3, Y_4=\mu+a_2+b_1+c_2+\varepsilon_4 \\ Y_5=\mu+a_2+b_2+c_3+\varepsilon_5, Y_6=\mu+a_2+b_3+c_1+\varepsilon_6 \\ Y_7=\mu+a_3+b_1+c_3+\varepsilon_7, Y_8=\mu+a_3+b_2+c_1+\varepsilon_8 \\ Y_9=\mu+a_3+b_3+c_2+\varepsilon_9 \end{cases} \tag{1.95}$$

它满足条件 $a_1+a_2+a_3=0$，$b_1+b_2+b_3=0$，$c_1+c_2+c_3=0$，其中 $\varepsilon_1,\varepsilon_2,\ldots,\varepsilon_9$ 是独立同分布正态变量，分布为 $N(0,\sigma^2)$。在母体上作

假设 $H_{01}: a_1=a_2=a_3=0$

假设 $H_{02}: b_1=b_2=b_3=0$

假设 $H_{03}: c_1=c_2=c_3=0$

若假设 H_{01} 成立，说明因子 A 对试验结果无显著作用；否则，因子 A 对试验结果有显著作用。同理，H_{02} 或 H_{03} 成立分别说明因子 B 或 C 对试验结果无显著作用；否则，有显著作用。

怎么样才能对这些假设进行直观的检验呢？由表 1.13 的第 1 列因子 A 分别计算每一种水平上的试验值的平均数。记

$$K_1^A=Y_1+Y_2+Y_3,\quad K_2^A=Y_4+Y_5+Y_6$$
$$K_3^A=Y_7+Y_8+Y_9 \tag{1.96}$$

$$k_1^A=\frac{1}{3}K_1^A, k_2^A=\frac{1}{3}K_2^A, k_3^A=\frac{1}{3}K_3^A$$

这里 k_1^A,k_2^A,k_3^A 分别表示因子 A 在 1,2,3 水平上试验值的平均数。

同样地，由表 1.13 的第 2 列因子 B 作和

$$K_1^B = Y_1 + Y_4 + Y_7,\ K_2^B = Y_2 + Y_5 + Y_8,\ K_3^B = Y_3 + Y_6 + Y_9 \tag{1.97}$$

因子 B 在 1,2,3 水平上试验值的平均数分别为

$$k_1^B = \frac{1}{3}K_1^B,\ k_2^B = \frac{1}{3}K_2^B,\ k_3^B = \frac{1}{3}K_3^B \tag{1.98}$$

再由表 1.13 的第 3 列因子 C 作和

$$K_1^C = Y_1 + Y_6 + Y_8,\ K_2^C = Y_2 + Y_4 + Y_9,\ K_3^C = Y_3 + Y_5 + Y_7 \tag{1.99}$$

因子 C 在 1,2,3 水平上试验值的平均数分别为

$$k_1^C = \frac{1}{3}K_1^C, k_2^C = \frac{1}{3}K_2^C, k_3^C = \frac{1}{3}K_3^C \tag{1.100}$$

利用这些平均数可以检验假设 H_{01}, H_{02}, H_{03} 是否成立。

此例中用表 1.13 安排试验，得化学反应程度的试验值列于表 1.14。

由反应程度试验值计算得

$$\begin{aligned} &K_1^A = 123, K_2^A = 144, K_3^A = 183 \\ &K_1^B = 141, K_2^B = 165, K_3^B = 144 \\ &K_1^C = 135, K_2^C = 171, K_3^C = 144 \end{aligned} \tag{1.101}$$

进一步算得平均数

$$\begin{aligned} &k_1^A = 41, k_2^A = 48, k_3^A = 61 \\ &k_1^B = 47, k_2^B = 55, k_3^B = 48 \\ &k_1^C = 45, k_2^C = 57, k_3^C = 48 \end{aligned} \tag{1.102}$$

表 1.14 化学反应程度的试验值

试验号	A	B	C	转化率/%
1	1	1	1	31
2	1	2	2	54
3	1	3	3	38
4	2	1	2	53
5	2	2	3	49
6	2	3	1	42
7	3	1	3	57
8	3	2	1	62
9	3	3	2	64

因子 A 表示反应温度，实际水平为 80℃，85℃，90℃。以实际水平为横坐标，平均转化率 k_1^A, k_2^A, k_3^A 为纵坐标作图；对因子 B，因子 C 也同样作图。可以分析得出对转化率的影响最大的因子是反应温度 A，用碱量的影响其次，反应时间的影响最小。有时，通过直观分析法可以判断这三个因子中哪些有显著影响，即各个极差的大小和工程知识。但是，仍需要一种数学方法帮助判断，以检验反应温度、反应时间、用碱量分别对转化率的影响是否显著。通

常来说，直观考察此因子对试验结果的影响，可以通过每一个因子在各个水平上试验值的平均数。但是，对于哪个因子对试验结果影响显著，哪个因子影响不显著，有时无法直观地断定，这时就需要用方差分析法。

下面简要地介绍方差分析法的步骤与结果。

记总平均数为$\overline{Y}=\frac{1}{9}\sum_{i=1}^{9}Y_i$，显然有

$$\overline{Y}=\frac{1}{3}(k_1^A+k_2^A+k_3^A)=\frac{1}{3}(k_1^B+k_2^B+k_3^B)=\frac{1}{3}(k_1^C+k_2^C+k_3^C) \tag{1.103}$$

总离差平方和

$$Q_T=\sum_{i=1}^{9}(Y_i-\overline{Y})^2 \tag{1.104}$$

我们可以把它分解为

$$Q_T=Q_A+Q_B+Q_C+Q_E \tag{1.105}$$

其中

$$\begin{aligned} Q_A&=3[(k_1^A-\overline{Y})^2+(k_2^A-\overline{Y})^2+(k_3^A-\overline{Y})^2] \\ Q_B&=3[(k_1^B-\overline{Y})^2+(k_2^B-\overline{Y})^2+(k_3^B-\overline{Y})^2] \\ Q_C&=3[(k_1^C-\overline{Y})^2+(k_2^C-\overline{Y})^2+(k_3^C-\overline{Y})^2] \end{aligned} \tag{1.106}$$

分别称Q_A、Q_B、Q_C为因子A、B、C引起的离差平方和，Q_E为试验误差。需要说明的是，Q_A，Q_B，Q_C的表示式中的系数3是指每一种水平上的试验次数，即为n/s。这里离差平方和Q_A反映了因子A的试验平均值在三种水平之间的差异；同样，因子B和因子C试验平均值之间的差异也在Q_B和Q_C上分别体现。

式(1.105)中右边Q_A的自由度为2，这是因为有一个约束条件$(k_1^A-\overline{Y})+(k_2^A-\overline{Y})+(k_3^A-\overline{Y})=0$；同理，$Q_B$和$Q_C$的自由度都等于2。左边$Q$的自由度为8。为了使左边自由度等于右边各项自由度之和，可以取Q_E的自由度等于2。利用分解定理可知，$\frac{Q_A}{\sigma^2},\frac{Q_B}{\sigma^2},\frac{Q_C}{\sigma^2},\frac{Q_E}{\sigma^2}$相互独立，且分别服从自由度为2的$\chi^2$分布。因此，

$$F_A=\frac{Q_A}{Q_E},F_B=\frac{Q_B}{Q_E},F_C=\frac{Q_C}{Q_E} \tag{1.107}$$

分别服从自由度为（2,2）的F分布。

给定显著水平α，查表可得$F_\alpha(2,2)$的值。F_A、F_B、F_C的值由一次抽样后所得子样值算得。若

$$F_A\geqslant F_\alpha(2,2) \tag{1.108}$$

则拒绝假设H_{01}，即认为因子A对试验结果有显著作用;若

$$F_A<F_\alpha(2,2) \tag{1.109}$$

则接受假设H_{01}，即认为因子A对试验结果无显著作用。同样，可以写出因子B和C分

别对试验结果有无显著作用的检验方法。

我们不加证明地指出，可以用下式计算Q_A,Q_B，Q_C，Q_E，并将计算过程列成表 1.15 的格式。

$$K=\sum_{i=1}^{9}Y_i,P=\frac{1}{9}K^2,W=\sum_{i=1}^{9}Y_i^2 \tag{1.110}$$

$$U_A=\frac{1}{3}\sum_{i=1}^{3}(K_i^A)^2,U_B=\frac{1}{3}\sum_{i=1}^{3}(K_i^B)^2,U_C=\frac{1}{3}\sum_{i=1}^{3}(K_i^C)^2 \tag{1.111}$$

$$Q_A=U_A-P,Q_B=U_B-P,Q_C=U_C-P,Q_T=W-P \tag{1.112}$$

需要注意，U_A，U_B，U_C的系数分母 3 是指在每一种水平上的试验次数，即为n/s。又

$$Q_E=Q_T-Q_A-Q_B-Q_C \tag{1.113}$$

计算F_A、F_B、F_C的值可用下面方差分析表(表 1.16)。

表 1.15　正交试验的计算过程

试验号	A	B	C	试验值	平方
1	1	1	1	Y_1	Y_1^2
2	1	2	2	Y_2	Y_2^2
3	1	3	3	Y_3	Y_3^2
4	2	1	2	Y_4	Y_4^2
5	2	2	3	Y_5	Y_5^2
6	2	3	1	Y_6	Y_6^2
7	3	1	3	Y_7	Y_7^2
8	3	2	1	Y_8	Y_8^2
9	3	3	2	Y_9	Y_9^2
K_1	K_1^A	K_1^B	K_1^C	K	W
K_2	K_2^A	K_2^B	K_2^C		
K_3	K_3^A	K_3^B	K_3^C		
U	U_A	U_B	U_C	P	
Q	Q_A	Q_B	Q_C		

表 1.16　正交试验的方差分析表

来源	离差	自由度	均方离差	F值
A	Q_A	2	$S_A^2=Q_A/2$	$F_A=S_A^2/S_E^2$
B	Q_B	2	$S_B^2=Q_B/2$	$F_B=S_B^2/S_E^2$
C	Q_C	2	$S_C^2=Q_C/2$	$F_C=S_C^2/S_E^2$
误差	Q_E	2	$S_E^2=Q_E/2$	
总和	Q_r	8		

一般情况下，方差分析表可以确定各项离差的自由度。

如果用$L_n(S^r)$正交表安排试验，而实际上只有r_1因子（$r_1\leqslant r$）。那么每个因子引起的离差平方和的自由度为$S-1$，而误差的自由度为$n-1-r_1(S-1)$。表 1.17 中列出了此例中的反应程度的试验方案与结果，以及计算Q_A,Q_B，Q_C的过程，而在表 1.18 中列出了计算F_A、F_B、F_C值的方差分析表。

表 1.17 反应程度的试验方案与结果

试验号	A	B	C	试验值	平方
1	1	1	1	31	961
2	1	2	2	54	2916
3	1	3	3	38	1444
4	2	1	2	53	2809
5	2	2	3	49	2401
6	2	3	1	42	1764
7	3	1	3	57	3249
8	3	2	1	62	3844
9	3	3	2	64	4096
K_1	123	141	135	450	23484
K_2	144	165	171		
K_3	183	144	144		
U	23118	22614	22734	22500	
Q	618	114	238		

表 1.18 方差分析表

来源	离差	自由度	均方离差	F 值
A	618	2	309	34.33
B	114	2	57	6.33
C	234	2	117	13.00
误差	18	2	9	
总和	984	8		

给定 $\alpha = 5\%$，查表得 $F_{\alpha}(2,2) = 19$。易见 $F_A > 19$，这表明反应温度对反应程度有显著影响，又 $F_B < 19$，$F_C < 19$，表明反应时间与用碱率对转化率无显著影响。

之前的内容曾指出，要求匀称安排正交表水平。事实上，正交表有两条特性：

① 任意一列各种水平出现的个数相同。$L_n(S^r)$ 正交表任意一列各种水平出现 $\frac{n}{S}$ 个。

② 任意二列各种组合水平(由二个水平构成)出现的个数相同。$L_n(S^r)$ 正交表任意二列各种组合水平出现 n/S^2 个。

例如，在 $L_8(2^7)$ 正交表的任意一列中，水平 1、2 各出现 4 个；在任意二列中，组合水平(1,1)，(1,2)、(2,1)、(2,2)各出现 2 个。又如，在 $L_9(3^4)$ 正交表的任意一列中，水平 1、2、3 各出现 3 个；在任意二列中，组合水平(1,1)、(1,2)、(1,3)、(2,1)、(2,2)、(2,3)、(3,1)、(3,2)、(3,3)各出现一个。

1.2 多元分析模型

1.2.1 回归分析

多元回归分析（multi-regression analysis）是研究多个变量之间关系的回归分析方法。按因变量和自变量的数量对应关系，可分为一个因变量对多个自变量的回归分析（简称为“一对多”回归分析）及多个因变量对多个自变量的回归分析（简称为“多对多”回归分析）；按回归模型类型，可划分为线性回归分析和非线性回归分析。本节仅研究“一对多”回归分析，今后简称回归分析。

1.2.1.1 线性回归分析的数学模型

（1）多元线性回归模型的相关概念

在实际问题中，随机变量 y 往往受多个普通变量 $x_1,x_2,\ldots,x_p(p>1)$ 控制。当自变量 $x_1,x_2,\ldots,x_p$ 是一组确定的值，y 有它的分布。若 y 的数学期望存在，则它是 $x_1,x_2,\ldots,x_p$ 的函数，记为 $E(y)=\mu(x_1,x_2,\ldots,x_p)$，它就是 y 关于 $x_1,x_2,\ldots,x_p$ 的回归。其中值得关注的是 $E(y)=\mu(x_1,x_2,\ldots,x_p)$ 是 $x_1,x_2,\ldots,x_p$ 的线性函数的情况。

设随机变量 y 与 p 个自变量 $x_1,x_2,\ldots,x_p$ 存在线性关系

$$y=\beta_0+\beta_1x_1+\ldots+\beta_px_p+\varepsilon \tag{1.114}$$

其中，$\beta_0,\beta_1,\cdots,\beta_p,\sigma^2$ 都是与 $x_1,x_2,\ldots,x_p$ 无关的未知参数，ε 仍为随机误差。

式（1.114）称为回归方程，β_0 称为常数项或截距，β_k 称为 y 对 x_k 的回归系数或偏回归系数。其中 $x_1,x_2,\cdots,x_p$ 称为解释变量或自变量，y 称为被解释变量或因变量，误差项 ε 解释了因变量的变动中不能完全被自变量所解释的部分。

设有 n 组样本观测数据 $(x_{11},x_{12},\ldots,x_{1p},y_1),\ldots,(x_{n1},x_{n2},\cdots,x_{np},y_n)$，

其中，x_{ij} 表示 x_j 在第 i 次的估观测值（i=1,2,…,n；j=1,2,…,p）。于是有

$$\left.\begin{aligned} y_1&=\beta_0+\beta_1x_{11}+\beta_2x_{12}+\ldots+\beta_px_{1p}+\varepsilon_1\\ y_2&=\beta_0+\beta_1x_{21}+\beta_2x_{22}+\ldots+\beta_px_{2p}+\varepsilon_2\\ &\vdots\\ y_n&=\beta_0+\beta_1x_{n1}+\beta_2x_{n2}+\ldots+\beta_px_{np}+\varepsilon_n \end{aligned}\right\} \tag{1.115}$$

式（1.115）称为一对多元总体线性回归的数学模型，或多元随机总体线性回归函数，简称多元线性回归的数学模型。

在多元线性回归模型式（1.115）中参数 $\beta_0,\beta_1,\beta_2,\ldots,\beta_p$ 是未知的，ε_i 是不可观察的。统计量分析的目标之一就是估计模型式（1.115）中的未知参数，即利用给定的一组随机样本 $(y_i,x_{i1},x_{i2},\ldots,x_{ip})$，$i$=1,2,…,$n$，对

$$E(y_i\mid x_{i1},x_{i2},\ldots,x_{ip})=\beta_0+\beta_1x_{i1}+\beta_2x_{i2}+\ldots+\beta_px_{ip} \tag{1.116}$$

中的参数进行估计，若 $E(y_i\mid x_{i1},x_{i2},\ldots,x_{ip})$，$\beta_0,\beta_1,\beta_2,\ldots,\beta_p$ 的估计量分别记为 $\hat{y}_i,\hat{\beta}_0,\hat{\beta}_1,\ldots,\hat{\beta}_p$ 则称

$$\hat{y}_i=\beta_0+\beta_1x_{i1}+\beta_2x_{i2}+\ldots+\beta_px_{ip},i=1,2,\ldots,n \tag{1.117}$$

为样本回归函数。

注意，样本回归函数随着样本的不同而不同，也就是说 $\hat{\beta}_0,\hat{\beta}_1,\ldots,\hat{\beta}_p$ 是随机变量，它们的随机性是由于 $\hat{y}_i$ 的随机性，同一组（$x_{i1},x_{i2},\ldots,x_{ip}$）可能对应不同的 y_i，$x_1,x_2,\ldots,x_p$ 各自的变

异，以及 $x_1, x_2, \ldots, x_p$ 之间的相关性共同引起的。定义 $y_i - \hat{y}_i$ 为残差，记为 e_i，即 $e_i = y_i - \hat{y}_i$，这样 $y_i = \hat{y}_i + e_i$ 或

$$y_i = \hat{\beta}_0 + \hat{\beta}_1 x_{i1} + \hat{\beta}_2 x_{i2} + \ldots + \hat{\beta}_p x_{ip} + e_i, i = 1, 2, \ldots, n \tag{1.118}$$

式（1.118）称为样本回归模型或者随机样本回归函数。可将样本回归模型中残差 e_i 视为总体回归模型中误差 ε_i 的估计量 $\hat{\varepsilon}_i$。

（2）多元线性回归模型的矩阵表示

多元线性回归模型比一元线性回归模型要复杂得多,我们通过引入矩阵这一工具对模型进行简化计算和分析。设

$$\boldsymbol{X} = \begin{bmatrix} 1 & x_{11} & x_{12} & \ldots & x_{1p} \\ 1 & x_{21} & x_{22} & \ldots & x_{2p} \\ \vdots & \vdots & \vdots & \ldots & \vdots \\ 1 & x_{n1} & x_{n2} & \ldots & x_{np} \end{bmatrix}_{n\times(p+1)}, \boldsymbol{y} = \begin{bmatrix} y_1 \\ y_2 \\ \vdots \\ y_n \end{bmatrix}_{n\times1}, \boldsymbol{\beta} = \begin{bmatrix} \beta_1 \\ \beta_2 \\ \vdots \\ \beta_n \end{bmatrix}_{(p+1)\times1}, \boldsymbol{\varepsilon} = \begin{bmatrix} \varepsilon_1 \\ \varepsilon_2 \\ \vdots \\ y\varepsilon_n \end{bmatrix}_{n\times1} \tag{1.119}$$

则式（1.115）变为

$$\boldsymbol{y} = \boldsymbol{X\beta} + \boldsymbol{\varepsilon} \tag{1.120}$$

式（1.120）称为多元线性回归模型的矩阵形式。记

$$\hat{\boldsymbol{\beta}} = \begin{bmatrix} \hat{\beta}_1 \\ \hat{\beta}_2 \\ \vdots \\ \hat{\beta}_n \end{bmatrix}_{(p+1)\times1}, \boldsymbol{e} = \begin{bmatrix} e_1 \\ e_2 \\ \vdots \\ e_n \end{bmatrix} \tag{1.121}$$

则样本回归模型的矩阵表示为

$$\boldsymbol{y} = \boldsymbol{X}\hat{\boldsymbol{\beta}} + \boldsymbol{e} \tag{1.122}$$

1.2.1.2 回归系数的最小二乘法估计

（1）参数的最小二乘法估计

设 $\hat{\beta}_0, \hat{\beta}_1, \ldots, \hat{\beta}_p$ 分别为 $\beta_0, \beta_1, \ldots, \beta_p$ 的最小二乘法估计值，于是 y 的观测值为

$$y_i = \beta_0 + \beta_1 x_{i1} + \ldots + \beta_p x_{ip} + \varepsilon_i \tag{1.123}$$

令 $\hat{y}_i$ 为 y_i 的估计值，则有 $\hat{y}_i = \hat{\beta}_0 + \hat{\beta}_1 x_{i1} + \hat{\beta}_2 x_{i2} + \ldots + \hat{\beta}_p x_{ip}, i = 1, 2, \ldots, n$。

令 $e_i = y_i - \hat{y}_i, i = 1, 2, \ldots, n, e_i$ 表示实际观测值 y_i 与估计值 $\hat{y}_i$ 的偏离程度，称为残差。

和一元线性回归的情况一样，用极大似然估计法来估计参数，即取 $\hat{\beta}_0, \hat{\beta}_1, \ldots, \hat{\beta}_p$，使当 $\beta_0 = \hat{\beta}_0, \beta_1 = \hat{\beta}_1, \ldots, \beta_p = \hat{\beta}_p$ 时，

$$Q = \sum_{i=1}^{n} e_i^2 = \sum_{i=1}^{n} (y_i - \beta_0 - \beta_1 x_{i1} - \ldots - \beta_p x_{ip})^2 \tag{1.124}$$

达到最小值。取 Q 分别关于 $\beta_0, \beta_1, \cdots, \beta_p$ 的偏导数，并令它们等于零，得

$$\left.\begin{aligned}
&\frac{\partial Q}{\partial \beta_0}=-2\sum_{i=1}^{n}(y_i-\beta_0-\beta_1 x_{i1}-\beta_2 x_{i2}-\ldots-\beta_p x_{ip})=0\\
&\frac{\partial Q}{\partial \beta_1}=-2\sum_{i=1}^{n}(y_i-\beta_0-\beta_1 x_{i1}-\beta_2 x_{i2}-\ldots-\beta_p x_{ip})x_{i1}=0\\
&\frac{\partial Q}{\partial \beta_2}=-2\sum_{i=1}^{n}(y_i-\beta_0-\beta_1 x_{i1}-\beta_2 x_{i2}-\ldots-\beta_p x_{ip})x_{i2}=0\\
&\qquad\vdots\\
&\frac{\partial Q}{\partial \beta_p}=-2\sum_{i=1}^{n}(y_i-\beta_0-\beta_1 x_{i1}-\beta_2 x_{i2}-\ldots-\beta_p x_{ip})x_{ip}=0
\end{aligned}\right\} \tag{1.125}$$

化简式（1.125），得

$$\left.\begin{aligned}
&n\beta_0+\beta_1\sum_{i=1}^{n}x_{i1}+\beta_2\sum_{i=1}^{n}x_{i2}+\ldots+\beta_p\sum_{i=1}^{n}x_{ip}=\sum_{i=1}^{n}y_i\\
&\beta_0\sum_{i=1}^{n}x_{i1}+\beta_1\sum_{i=1}^{n}x_{i1}^2+\beta_2\sum_{i=1}^{n}x_{i1}x_{i2}+\ldots+\beta_p\sum_{i=1}^{n}x_{i1}x_{ip}=\sum_{i=1}^{n}x_{i1}y_i\\
&\qquad\vdots\\
&\beta_0\sum_{i=1}^{n}x_{ip}+\beta_1\sum_{i=1}^{n}x_{i1}x_{ip}+\beta_2\sum_{i=1}^{n}x_{i2}x_{ip}+\ldots+\beta_p\sum_{i=1}^{n}x_{ip}^2=\sum_{i=1}^{n}x_{ip}y_i
\end{aligned}\right\} \tag{1.126}$$

式（1.126）称为正规方程组。为了求解正规方程组的方便，将式（1.126）写成矩阵形式。引入矩阵

$$\boldsymbol{X}=\begin{bmatrix}1 & x_{11} & x_{12} & \ldots & x_{1p}\\ 1 & x_{21} & x_{22} & \ldots & x_{2p}\\ \vdots & \vdots & \vdots & \vdots & \vdots\\ 1 & x_{n1} & x_{n2} & \ldots & x_{np}\end{bmatrix}_{n\times(p+1)},\boldsymbol{Y}=\begin{bmatrix}y_1\\ y_2\\ \vdots\\ y_n\end{bmatrix}_{n\times 1},\boldsymbol{\beta}=\begin{bmatrix}\beta_1\\ \beta_2\\ \vdots\\ \beta_n\end{bmatrix}_{(p+1)\times 1} \tag{1.127}$$

于是式（1.126）即可写成

$$\boldsymbol{X}^{\mathrm{T}}\boldsymbol{X}\boldsymbol{\beta}=\boldsymbol{X}^{\mathrm{T}}\boldsymbol{Y} \tag{1.128}$$

这就是正规方程组的矩阵形式。

如果线性方程组（1.128）系数矩阵 $\boldsymbol{A}=\boldsymbol{X}^{\mathrm{T}}\boldsymbol{X}$ 满秩，则 A^{-1} 存在，此时在式（1.128）两边左乘 $\boldsymbol{X}^{\mathrm{T}}\boldsymbol{X}$ 的逆矩阵 $(\boldsymbol{X}^{\mathrm{T}}\boldsymbol{X})^{-1}$，得到式（1.128）的解为

$$\hat{\boldsymbol{\beta}}=\begin{bmatrix}\hat{\beta}_1\\ \hat{\beta}_2\\ \vdots\\ \hat{\beta}_p\end{bmatrix}=(\boldsymbol{X}^{\mathrm{T}}\boldsymbol{X})^{-1}\boldsymbol{X}^{\mathrm{T}}\boldsymbol{X} \tag{1.129}$$

这就是要求的 $(\beta_0,\beta_1,\ldots,\beta_p)^{\mathrm{T}}$ 的极大似然估计。

“使 Q 达到最小”这个估计方法，称为“最小二乘法”。最小二乘法由于其计算简便，并且这种方法导出的估计颇有些良好的性质，在数理统计学中有广泛的应用。取

$$\hat{y}_i = \hat{\beta}_0 + \hat{\beta}_1 x_1 + \hat{\beta}_2 x_2 + \ldots + \hat{\beta}_p x_p \tag{1.130}$$

作为 $E(y) = \mu(x_1, x_2, \ldots, x_n) = \beta_0 + \beta_1 x_1 + \ldots + \beta_p x_p$ 的估计，式（1.129）称为 p 元线性回归方程，简称回归方程.

（2）参数的最小二乘法估计量的性质

$$\hat{\boldsymbol{\beta}} = [\hat{\beta}_0, \hat{\beta}_1, \ldots, \hat{\beta}_p]^{\mathrm{T}} \text{ 是 } \boldsymbol{\beta} = [\beta_0, \beta_1, \ldots, \beta_p]^{\mathrm{T}} \text{ 的线性无偏估计，即 } E(\hat{\beta}) = \beta$$

也就是说，$\hat{\beta}_i$ 是 $\beta_i (i = 0,1,2,\ldots,p)$ 的线性无偏估计。

$\hat{\boldsymbol{\beta}} = [\hat{\beta}_0, \hat{\beta}_1, \ldots, \hat{\beta}_p]^{\mathrm{T}}$ 的协方差阵为

$$\operatorname{cov}(\hat{\boldsymbol{\beta}}, \hat{\boldsymbol{\beta}}) = \sigma^2 (\boldsymbol{X}^{\mathrm{T}} \boldsymbol{X})^{-1} \tag{1.131}$$

1.2.1.3 回归方程及回归系数的显著性检验

设变量 y 对 $x_1, x_2, \ldots, x_p$ 的线性回归模型为

$$y = \beta_0 + \beta_1 x_1 + \ldots + \beta_p x_p + \varepsilon \tag{1.132}$$

其中，$\varepsilon \sim N(0,\sigma)$。与一元回归一样，其回归模型往往是一种假定，还需要进行以下的假设检验考察这一假定是否符合实际观察结果：

$$H_0: \beta_1 = \beta_2 = \ldots = \beta_p = 0 \quad H_1: \beta_0, \beta_1, \ldots, \beta_p \text{不全为零} \tag{1.133}$$

若在水平 α 下拒绝 $H_0: \beta_1 = \beta_2 = \ldots = \beta_p = 0$，就认为回归效果是显著的。

此外，多元线性回归方程的一个很重要的应用与一元线性回归一样，是确定 y 的观察值在给定点 $(x_{01}, x_{02}, \ldots, x_{0p})$ 处对应的预测区间。

最后指出，在实际问题中，往往有很多与 y 有关的因素，如果都拿来取作自变量，将会导致得到一个很庞大的回归方程。然而，有些自变量对 y 的影响很小，剔除这些影响较小的自变量，不但能使回归方程变得更加简洁，便于使用，并且能明确哪些因素的改变对 y 有显著的影响，进一步加深人们对事物的认识。通常可用逐步回归法达到这一目的。

在实际中，由于自变量的个数较多，需要考虑的、影响 y 的因素较多，导致计算工作量相当大，因此要求解一个多元线性回归问题就需要借助于计算机来进行。

1.2.2 时间序列分析

在生活中的许多领域，普遍存在着按时间顺序发生的具有概率特征的各种随机现象。按照时间顺序把随机现象变化发展的过程记录下来就构成了时间序列的一次观察。

时间序列分析的含义是对时间序列进行观察、研究，提取有用的信息，以便找出客观事物发展的规律，预测其发展趋势，并进行必要的控制。在数理统计这一门学科中，时间序列分析是一个应用性较强的分支，广泛应用于金融经济、气象水文、信号处理、机械振动等众多领域。

1.2.2.1 时间序列

（1）随机过程与时间序列

随机过程是对一族随机变量动态关系的定量描述，主要研究随“时间”变化的、“动态”的、“整体”的随机现象之中的统计规律性。

数学意义上，Ω 为随机试验E的样本空间，T 为实数集的子集，如果对每个参数 $t\in T$，$X(e,t)$ 为样本空间 Ω 上的一个随机变量，对每一个 $e\in\Omega$，$X(e,t)$ 为 t 的函数，那么，$\{X(e,t),t\in T,e\in\Omega\}$ 称为随机过程，简记为 $\{X(t),t\in T\}$。

T 是参数 t 的变化范围，称为随机过程的参数集。对于所有的 $e\in\Omega$，$t\in T$，$X(e,t)$ 的全部可能的取值的集合，称为随机过程的状态集，记为 I。

随机过程的参数集 T 可以分为离散集与连续集，状态集 I 亦可分为离散集与连续集。这样一来，可将随机过程分为以下4类：

① 连续参数集，连续状态集随机过程。

② 连续参数集，离散状态集随机过程。

③ 离散参数集，连续状态集随机过程。

④ 离散参数集，离散状态集随机过程。

一般地，将状态空间离散的随机过程称为链，参数空间离散的随机过程称为随机序列。由于参数集 T 通常表示时间，因此随机序列 $\{X(t),t=0,\pm1,\pm2,\ldots\}$ 通常又称为时间序列。通常意义下的时间序列是指参数集为离散的随机过程，一类特殊随机序列，能用有限维参数模型来描述。

对时间序列 $\{X(t),t=0,\pm1,\pm2,\ldots\}$，取一系列时间点 $t_1<t_2<\ldots<t_N$，t，$t_i\in T=\{0,\pm1,\pm2,\ldots\}$ 进行观察，观察值按时间先后顺序排列得到 $\{x(i),i=1,2,\ldots,N\}$，这样就形成了时间序列 $\{X(t),t=0,\pm1,\pm2,\ldots\}$ 的一次观察（或实现）。从统计意义上讲，时间序列是变量在某一时间段内不同时间点上观测值的集合，而且这些观测值按时间先后顺序排列。

值得注意的是，时间序列中“时间”不仅用以指时间，也可以指其他具有顺序的物理量，例如长度、温度等。

时间序列 $\{X(t),t=0,\pm1,\pm2,\ldots\}$ 的一次观察 $\{x(i),i=1,2,\ldots,N\}$ 所得到的数据，实际上是 N 维随机变量 $\{X(t_1),X(t_2),\ldots,X(t_N)\}$ 的一次观察。这些数据依赖于时间点和时间序列的统计特征而变化，并按时间先后顺序排列，呈现一定的相关性，而且数据的相关性在整体上呈现某种趋势性或周期性变化，反映了时间序列 $\{X(t),t=0,\pm1,\pm2,\ldots\}$ 随“时间”变化的、“动态”的、“整体”的统计规律性，包含了产生该时间序列的系统的历史行为的全部信息。

（2）时间序列的分布与数字特征

由于时间序列 $\{X(t),t=0,\pm1,\pm2,\ldots\}$ 在任意时刻 t 的状态是随机变量，所以，时间序列 $\{X(t),t=0,\pm1,\pm2,\ldots\}$ 的统计特征可以通过随机变量的一维、多维分布和数字特征来描述。

① 有限维分布函数：$\{X(t),t=0,\pm1,\pm2,\ldots\}$ 为实的时间序列（本书只讨论实序列，今后不再申明），参数集 $T=\{0,\pm1,\pm2,\ldots\}$，对任意 n 个时刻 $t_1,t_2,\ldots,t_n\in T$，及实数 $x_1,x_2,\cdots,x_n\in R$，称

$$F_n(x_1,x_2,\ldots,x_n,t_1,t_2,\ldots,t_n)=P(X(t_1)\leqslant x_1,X(t_2)\leqslant x_2,\ldots,X(t_n)\leqslant x_n) \tag{1.134}$$

为时间序列 $\{X(t),t=0,\pm1,\pm2,\ldots\}$ 的 n 维分布函数。

关于时间序列 $\{X(t),t=0,\pm1,\pm2,\ldots\}$ 的所有有限维分布函数的集合：

$$\left\{F_n(x_1,x_2,\ldots,x_n,t_1,t_2,\ldots,t_n),t_1,t_2,\ldots,t_n\in T=\{0,\pm1,\pm2,\ldots\},n\geqslant1\right\} \tag{1.135}$$

为时间序列 $\{X(t),t=0,\pm1,\pm2,\ldots\}$ 的有限维分布函数族。时间序列的有限维分布函数族完全刻画了时间序列的统计特征。

② 均值函数，记为 $m_X(t)$：若对于任意 $t\in T=0,\pm1,\pm2,\cdots,EX(t)$ 存在，则

$$m_X(t)=EX(t) \tag{1.136}$$

③ 均方值函数，记为$\Psi_X^2(t)$：若对于任意$t\in T=0,\pm1,\pm2,\cdots$，$EX^2(t)$存在，则

$$\Psi_X^2(t)=EX^2(t) \tag{1.137}$$

④ 方差函数，记为$D_X(t)$或$\mathrm{Var}(X)$：若对于任意$t\in T=0,\pm1,\pm2,\ldots,E(X(t)-m_X(t))^2$存在，则

$$D_X(t)=E(X(t)-m_X(t))^2=EX^2(t)-m_X^2(t) \tag{1.138}$$

⑤ 自相关函数，记为$\gamma_X(t_1,t_2)$：若对于任意$t_1,t_2\in T=0,\pm1,\pm2,\cdots$，$E[X(t_1)X(t_2)]$存在，则

$$\gamma_X(t_1,t_2)=E[X(t_1)X(t_2)] \tag{1.139}$$

⑥ 自协方差函数，记为$C_X(t_1,t_2)$：若对于任意$t_1,t_2\in T=0,\pm1,\pm2,\ldots$，$E[(X(t_1)-m_X(t_1))(X(t_2)-m_X(t_2))]$存在，则

$$C_X(t_1,t_2)=E[(X(t_1)-m_X(t_1))(X(t_2)-m_X(t_2))]=\gamma_X(t_1,t_2)-m_X(t_1)m_X(t_2) \tag{1.140}$$

⑦ 自相关系数，记为$\rho_X(t_1,t_2)$：若对于任意$t_1,t_2\in T=0,\pm1,\pm2,\cdots,EX^2(t)<+\infty$，则

$$\rho_X(t_1,t_2)=\frac{C_X(t_1,t_2)}{\sqrt{D_X(t_1)D_X(t_2)}} \tag{1.141}$$

若时间序列$\{X(t),t=0,\pm1,\pm2,\ldots\}$的任意$n(n\geqslant1)$维随机变量$(X(t_1),X(t_2),\ldots,X(t_n))$都服从高斯（正态）分布，则称为高斯型时间序列，此时，n维随机变量$(X(t_1),X(t_2),\ldots,X(t_n))$的概率密度为

$$f(x_1,x_2,\cdots,x_n)=(2\pi)^{-\frac{n}{2}}|C|^{-\frac{1}{2}}\exp\left[-\frac{1}{2}(x-\mu)'C^{-1}(x-\mu)\right] \tag{1.142}$$

其中

$$x=(x_1,x_2,\ldots,x_n)'\ x_1,x_2,\ldots,x_n,x_n\in R$$
$$\mu=(\mu_1,\mu_2,\ldots,\mu_n)',\ \mu_i=EX(t_i)(i=1,2,\ldots,n) \tag{1.143}$$
$$C=(C_{ij})_{nxn},C_{ij}=Cov(X(t_i),X(t_j))\ (i,j=1,2,\ldots,n)$$

如果时间序列$\{X(t),t=0,\pm1,\pm2,\ldots\}$的概率分布不随时间的变化而变化，即对任意$\varepsilon$，任意$n\in N$，任意$t_1,t_2,\ldots,t_n\in T$，任意$x_1,x_2,\ldots,x_n\in R$，有

$$\begin{aligned}&P(X(t_1)\leqslant x_1,X(t_2)\leqslant x_2,\ldots,X(t_n)\leqslant x_n)\\&=P(X(t_1+\varepsilon)\leqslant x_1,X(t_2+\varepsilon)\leqslant x_2,\ldots,X(t_n+\varepsilon)\leqslant x_n)\end{aligned} \tag{1.144}$$

则称该时间序列为严平稳时间序列。

如果时间序列$\{X(t),t=0,\pm1,\pm2,\ldots\}$满足以下三个条件：

① 时间序列的均方值函数是存在的，即对任意$t\in T=0,\pm1,\pm2,\ldots$，有

$$\Psi_X^2(t)=EX^2(t)<\infty \tag{1.145}$$

② 时间序列的均值函数恒为常数，即对任意$t\in T=0,\pm1,\pm2,\cdots$，有

$$E[X(t)]=\mu \tag{1.146}$$

③ 时间序列的自协方差函数是时间间隔的函数，即对任意$t,s \in T = 0,\pm1,\pm2,\dots$，$\tau = s-t$，有

$$\mathrm{Cov}(X_t, X_s) = E(X_t - \mu)(X_s - \mu) = c(\tau) \tag{1.147}$$

则称该时间序列为宽平稳时间序列。

如果时间序列的均方值函数存在，则严平稳时间序列一定是宽平稳时间序列。通常意义上的平稳时间序列都是指宽平稳时间序列。

若时间序列$\{\varepsilon(t),0,\pm1,\pm2,\dots\}$满足：

$$E\varepsilon_t = 0$$

$$\mathrm{Cov}(\varepsilon_t, \varepsilon_s) = E\varepsilon_t\varepsilon_s = \begin{cases} \sigma_\varepsilon^2, t = s \\ 0, t \neq s \end{cases} \tag{1.148}$$

则称$\{\varepsilon(t),0,\pm1,\pm2,\dots\}$为白噪声，表示为$\{\varepsilon_t\} \sim \mathrm{WN}(0,\sigma_\varepsilon^2)$。若$\{\varepsilon_t\}$是独立同分布，均值为零、有限方差为$\sigma_\varepsilon^2$的白噪声，则表示为$\{\varepsilon_t\} \sim \mathrm{IID}(0,\sigma_\varepsilon^2)$。若$\{Z_t\}$是独立同正态分布、均值为零、有限方差为$\sigma_\varepsilon^2$的白噪声，则表示为$\{\varepsilon_t\} \sim \mathrm{NID}(0,\sigma_\varepsilon^2)$。

白噪声本质特点是：时刻t的随机变量ε_t，与另一时刻s的随机变量ε_s，互不相关，不存在线性关系，是一类典型的平稳时间序列。

设$\{X(t),t = 0,\pm1,\pm2,\dots\}$与$\{Y(t),t = 0,\pm1,\pm2,\dots\}$为两个时间序列，则称$\{X(t),Y(t) = 0,\pm1,\pm2,\dots\}$为二元时间序列；设$\{X_i(t),t = 0,\pm1,\pm2,\dots\}(i = 1,2,\cdots,n)$为$n$个时间序列，则称$\{(X_1(t),X_2(t),\dots,X_n(t)),t = 0,\pm1,\pm2,\dots\}$为$n$元时间序列，所以，时间序列通常可以分为一元时间序列和多元时间序列。与之相对应的有一元时间序列分析和多元时间序列分析。本书只讨论一元时间序列分析，下文不再申明。

（3）时间序列的变动因素

随着科学技术的不断发展和人们认知的不断进步，人们逐渐在实践中认识到时间序列的变动是由长期趋势变动、季节性变动、循环变动和不规则变动而形成。

长期趋势变动（secular trend，T）是指在较长持续期内，时间序列受某种基本因素的影响，数据依时间变化时展现出来的总态势。具体表现为不断增加或不断减少的基本趋势，也可以表现为只围绕某一常数值波动而无明显增减变化的水平趋势。例如，随着医疗技术的改进及生活水平的提高，每年的人口平均预期寿命呈现长期递增的趋势。

季节性变动（seasonal variation，S）是指在一年中或固定时间内由于受自然季节因素或节假日的影响，时间序列的观察值呈现固定的规则变动。例如，每逢节假日或周末旅游景点的参观人数都会出现一个高峰，而在工作日将出现一个低谷，呈现类似于 7 天的周期性规律。季节性变动的周期小于或等于一年，通常为一年、一月、一周等。

循环变动（cyclical variation，C）是指以若干年、十几年甚至几十年为周期，时间序列的观察值呈上升与下降交替出现的循环往复运动。循环变动的周期为 2～15 年，其变动的原因有许多，而周期的长短与幅度也不一致。通常一个时间序列的循环是由其他多个小的循环组合而成，例如，总体经济指标的循环往往是由各个产业的循环组合而成;经济膨胀往往在循环的顶点，而经济萧条则在循环的谷底。

不规则变动（或随机变动）（irregular variation，I）是指由于受偶然不可控因素的影响，时间序列表现出的不规则波动。

总之，时间序列是上述四种或其中几种变动因素的综合作用的结果。

1.2.2.2 时间序列分析的方法及特点

（1）时间序列分析的方法

时间序列中，相邻观察值之间的相关性是一个典型的本质特征，并且这种时间序列观察值之间的相关性具有很多的实际意义。通过对时间序列 $\{X(t), t=0,\pm1,\pm2,\ldots\}$ 的一次观察 $\{x(i), i=1,2,\cdots,N\}$ 的研究，可以认识所研究的时间序列的统计特征和结构特征，进而揭示时间序列的运行规律，预测其发展趋势，并对其进行必要的控制。用来实现上述目的的整个方法称为时间序列分析（time series analysis）。

传统时间序列分析认为长期趋势变动、季节性变动、循环变动都是依照一定的规则变化的，并且可以在各个变动综合中消除不规则变动因素，基于这种认识，形成了确定性时间序列分析。确定性时间序列分析季节变动和循环波动因素，需要通过设法消除不规则变动因素，并拟合长期变动趋势，来分析其确定性。

随着科学技术的不断发展，人们逐渐认识到，时间序列变动并不只有长期趋势、季节变动和循环波动，为了使其更具有合理性和优越性，通过用随机过程理论和统计理论来考察长期趋势变动、季节性变动等许多因素的共同作用。根据随机过程理论和统计理论，对时间序列进行分析，进而形成了统计时间序列分析。

从所采用的数学工具和理论来看，统计时间序列分析通常分为两大类：时域（time domain）分析和频域（frequency domain）分析。

① 时域（time domain）分析　主要是从序列的自相关角度来揭示时间序列的发展规律的。时域分析的分析手段有自相关系数、偏相关系数、差分方程理论等。时域分析由于其扎实的理论基础，操作步骤规范，并且分析结果易于解释，是时间序列分析的主流方法。

时域分析又称为随机性时间序列分析，常采用的手段有三大类：数据图法、指标法和模型法。数据图法简单、直观、易懂易用，是通过以时间为横轴，以时间序列在 t 时刻的观察值为纵轴，并在平面坐标系中绘出曲线图，再根据图形直接观察序列的总趋势和周期变化以及变异点、升降转折点等的方法。但其缺点为获取的信息少而且肤浅和粗略。指标法也比较粗略，是通过计算一系列核心指标，进而反映研究系统动态特征的方法。例如，分别计算2018～2020 年中国的人口出生率和 2020～2022 年中国的人口出生率，并比较两者，从而分析人口出生率是否维持一定水平或有无某种趋势等。模型法是根据数理统计理论和数学方法，建立适应性或者最优化统计的模型来描述该序列，并据以进行预测或控制的方法。这里主要介绍模型法。

随机性时间序列分析包括平稳时间序列分析、非平稳时间序列分析、可控时间序列分析等，常见的模型有：自回归模型、移动平均模型、自回归移动平均模型、求和自回归移动平均模型、乘积季节模型等。

就数学方法而言，平稳时间序列分析是用自回归移动平均模型（简称 ARMA 模型）近似地代替一类相当广泛的平稳随机序列，这是一种比较简单的有限参数模型。理论上，由于其较为成熟，平稳时间序列分析可作为随机时间序列分析的基础。

② 频域（frequency domain）分析　为了确定各周期振动能量的分配，将时间序列分解成各种周期扰动的叠加。各周期振动能量的分配称为谱或功率谱，因此频域分析又称谱分析

(spectral analysis)。频域分析是一种非常有用的动态数据分析方法，但分析方法复杂、结果抽象，又有一定的使用局限性，其常用的数学工具有傅里叶变换、功率谱密度、最大熵谱估计理论等。

确定性时序分析是一种因素分解方法，其侧重点在于确定性信息快速、便捷地提取；随机性时间序列分析是利用随机理论，研究时间序列的统计规律和各因素之间的相互影响。随机性时间序列分析的理论和方法自19世纪20年代以来已引起了广大理论研究和实际工作者的极大重视，其理论和方法得到了不断发展和广泛的应用。目前，随机性时间序列分析已经成为时间序列分析的主流，对时间序列分析的理论和方法有了极大的丰富和发展，但并不能完全取代确定性时间序列分析的作用。通常意义上的时间序列分析都是指随机性时间序列分析，也就是时域分析。

(2) 时间序列分析的特点

时间序列分析作为数理统计学的一个专业分支，遵循数理统计学的基本原理，利用观察信息估计总体的性质。但是序列观察值由于时间的不可重复性，在任意一个时刻只能获得唯一的一个。这种特殊的数据结构导致时间序列分析有它非常特殊的、自成体系的一套分析方法。

从数据的形成来看，横剖面数据是多元统计分析最常处理的数据。而时间序列分析所处理的数据是纵剖面数据。由若干现象在某一时间点上所处的状态所形成的数据称为横剖面数据，反映的是一定时间、地点等客观条件下各个现象之间所存在的内在数值关系，而由某一现象或若干现象在不同时刻上的状态所形成的数据称为纵剖面数据，反映的是现象以及现象之间关系的发展变化规律性的基本特征。这也是时间序列分析与其他统计分析的重要区别特征之一。

时间序列分析的观测值需要按照一定顺序取得，并保持其顺序不变。与其他统计分析方法不同的另一个重要特征是，时间序列分析中观测值之间顺序的重要性。

某一随机序列的一次样本实现即是时间序列的观测值。时间序列分析区别于其他统计分析的又一重要特征是观测值之间不满足所谓“各观测值为独立”的必要假设，并且存在相关性。

时间序列分析是一种根据动态数据揭示系统动态结构和规律的统计方法。时间序列分析的基本思想是建立能够比较精确地反映序列中所包含动态依存关系的数学模型，根据系统的有限长度的观察数据，借以对系统的未来进行预报。因此，时间序列分析既可以从数量上揭示某一现象的发展变化规律，也可以从动态的角度上刻画若干现象之间的内部数量关系及其变化规律，还可以预测和控制现象的未来行为，对系统修正或重新设计，从而达到乐意和改正客观之目的。

1.2.2.3 平稳时间序列

(1) 自方差函数和自相关函数

设 $\{X(t), t=0,\pm1,\pm2,\dots\}$ 是实平稳序列，由平稳性可知，对任意整数 k，有

$$\mathrm{Cov}(X_t, X_{t+k}) = E[(X_t-\mu)(X_{t+k}-\mu)] = c(k),(k=0,\pm1,\pm2,\dots) \tag{1.149}$$

其中，$c(k)$只是 k 的函数，k 称为“迟后”量。对每个 k，$c(k)$反映了序列 $\{X(t)\}$ 中时间间隔为 k 的随机变量之间的线性相依关系。容易验证，平稳序列的自协方差函数序列

$\{c(k), k=0,\pm1,\pm2\}$ 具有下列重要性质：

① $c(k)$是偶函数，即 $c(k)=c(-k)$。

② $c(k)$具有界性，即 $|c(k)|\leqslant c(0)$。

③ $\{c(k), k=0,\pm1,\pm2,\ldots\}$ 是非负定序列，即对任意正整数 m，实数 $a_1, a_2, \ldots, a_m$ 及整数 $t_1, t_2, \ldots, t_m$，有

$$\sum_{i=1}^{m}\sum_{j=1}^{m} c(t_i - t_j) a_i a_j \geqslant 0 \tag{1.150}$$

实际上，

$$c(k) = EX_t X_{t+k} - \mu^2 = \gamma(k) - \mu^2, (k=0,\pm1,\pm2,\ldots) \tag{1.151}$$

其中，$\{\gamma(k), k=0,\pm1,\pm2,\ldots\}$ 是序列 $\{X(t), t=0,\pm1,\pm2,\ldots\}$ 的自相关函数序列。

平稳时间序列 $\{X(t), t=0,\pm1,\pm2,\ldots\}$ 的自相关系数（AC）为

$$\rho(X_t, X_{t+k}) = \frac{\mathrm{Cov}(X_t, X_{t+k})}{\sqrt{\mathrm{Var}(X_t)\mathrm{Var}(X_{t+k})}} \tag{1.152}$$

又由平稳性可知

$$\mathrm{Var}(X_t) = E[(E_t - \mu)^2] = E[(E_{t+k} - \mu)^2] = \mathrm{Var}(X_{t+k}) = c(0) \tag{1.153}$$

所以

$$\rho(X_t, X_{t+k}) = \rho(k) = \frac{c(k)}{c(0)} \tag{1.154}$$

对每个 k，$\rho(k)$ 是相隔时间为 k 的序列 $\{X(t)\}$ 中各量的相关系数，是序列中“迟后”量为 k 之间“相似”程度的度量。

同自协方差函数类似，自相关系数序列 $\{\rho(k), k=0,\pm1,\pm2,\ldots\}$ 具有如下性质：

① $\rho(0)=1$；

② $|\rho(k)|<1$；

③ $\rho(-k)=\rho(k)$；

④ $\{\rho(k)\}$ 是非负定的序列。

由以上性质可知，$c(k)$ 和 $\rho(k)$ 都关于原点对称，且在原点处具有极大值。

（2）常用统计量

平稳序列的均值与自相关系数是反映平稳性的重要数字特征。由于正态平稳序列具有遍历性，而且平稳序列的函数列也是平稳的，所以只要利用有限个样本 $X_1, X_2, \ldots, X_N$ 的观测值，就能对平稳序列 $\{X(t), t=0,\pm1,\pm2,\ldots\}$ 的均值与自相关系数做出估计。

平稳序列 $\{X(t), t=0,\pm1,\pm2,\ldots\}$ 的均值估计为

$$\hat{\mu} = \overline{X} = \frac{1}{N}\sum_{i=1}^{N} X_i \tag{1.155}$$

可以证明，样本均值 x 是平稳序列均值的一个无偏一致估计。

平稳序列 $\{X(t), t=0,\pm1,\pm2,\ldots\}$ 的第 k 期自相关函数的估计有两种类型：

$$\hat{\gamma}^*(k)=\frac{1}{N-|k|}\sum_{i=1}^{N-|k|}X_iX_{i+|k|},(k=0,\pm1,\pm2,\ldots,\pm M) \tag{1.156}$$

$$\hat{\gamma}(k)=\frac{1}{N}\sum_{i=1}^{N-|k|}X_iX_{i+|k|},(k=0,\pm1,\pm2,\ldots,\pm M) \tag{1.157}$$

相应地，第 k 期自协方差函数的估计也有两种类型

$$\hat{c}^*(k)=\frac{1}{N-|k|}\sum_{i=1}^{N-|k|}(X_i-\bar{X})(X_{i+|k|}-\bar{X}),(k=0,\pm1,\pm2,\ldots,\pm M) \tag{1.158}$$

$$\hat{c}(k)=\frac{1}{N}\sum_{i=1}^{N-|k|}(X_i-\bar{X})(X_{i+|k|}-\bar{X}),(k=0,\pm1,\pm2,\ldots,\pm M) \tag{1.159}$$

第 k 期自相关系数的估计也有两种类型

$$\hat{\rho}^*(k)=\frac{\frac{1}{N-|k|}\sum_{i=1}^{N-|k|}(X_i-\bar{X})(X_{i+|k|}-\bar{X})}{\frac{1}{N}\sum_{i=1}^{N}(X_i-\bar{X})^2},(k=0,\pm1,\pm2,\ldots,\pm M) \tag{1.160}$$

$$\hat{\rho}(k)=\frac{\sum_{i=1}^{N-|k|}(X_i-\bar{X})(X_{i+|k|}-\bar{X})}{\sum_{i=1}^{N}(X_i-\bar{X})^2},(k=0,\pm1,\pm2,\ldots,\pm M) \tag{1.161}$$

注意，由于只有 N 个观察值，因此不存在间隔大于 $N-1$ 的观察值，所以不可能估计 $|k|\geqslant N$ 的值。另外，间隔距离越大，所利用的观测值越少，估计误差越大，因此一般只估计到第 M 期。M 称为最大滞后期，当观察值较多时，M 取 $[N/10]$ 或 $\sqrt{N}$；若观察值较少，则 M 取 $[N/4]$。

可以证明：

① 当序列的均值是零或已知常数时，$\hat{c}(k)$ 是自协方差函数 $c(k)$ 的有偏估计，$\hat{c}^*(k)$ 是自协方差函数的无偏估计，有

$$\begin{gathered}E(\hat{c}_k^*)=c(k)\\E(\hat{c}_k)=\frac{N-k}{N}c(k)\\\operatorname{Var}(\hat{c}_k)=O\left(\frac{1}{N}\right)\\\operatorname{Var}(\hat{c}_k^*)=O\left(\frac{1}{N}\right)\end{gathered} \tag{1.162}$$

② 当序列的均值未知时，$\hat{c}(k)$ 和 $\hat{c}^*(k)$ 都是自协方差函数的有偏估计。

③ 当观察值 $x_1,x_2,\ldots,x_N$ 不全为零时，$\{\hat{c}(k)\}$ 是正定序列，但 $\{\hat{c}^*(k)\}$ 却不一定具有正定性。

④ 当观察值 $x_1,x_2,\ldots,x_N$ 不全为零时，$\{\hat{\rho}(k)\}$ 是正定序列，但 $\{\hat{\rho}^*(k)\}$ 却不一定具有正定性。

对于平稳序列而言，自协方差函数和自相关系数的正定性是最本质的。所以，常用估计量 $\hat{c}(k)$，$\hat{\rho}(k)$ 分别估计自协方差函数和自相关系数。如果平稳序列为零均值过程，那么平稳序列 $\{X(t),t=0,\pm1,\pm2,\ldots\}$ 的第 k 期自协方差函数和自相关系数的估计为：

$$\hat{c}(k)=\hat{\gamma}(k)=\frac{1}{N}\sum_{i=1}^{N-|k|}X_iX_{i+|k|},(k=0,\pm1,\pm2,\ldots,\pm M) \tag{1.163}$$

$$\hat{\rho}(k)=\frac{\sum_{i=1}^{N-|k|}X_iX_{i+|k|}}{\sum_{i=1}^{N}X_i^2}=\frac{\hat{\gamma}(k)}{\hat{\gamma}(0)},\ (k=0,\pm1,\pm2,\cdots,\pm M) \tag{1.164}$$

1.3 数理统计建模在混凝土材料领域中的应用案例

基础数理统计方法可在大量数据中挖掘联系、建立模型，在材料领域也有着广泛应用，如在活动中运用质量改进方法或新工艺、新材料的应用需要判断所取得的结果与改进前的状态有无显著性差异，就可以应用假设检验、方差分析等。对活动中影响事物变化的各种原因，可以应用如因果图、系统图、关联图等方法进行分析，以期更有效地解决质量问题。本节就将介绍数理统计方法在材料特别是工程混凝土材料领域的应用实例供读者参考。

1.3.1 线性回归分析

一组碾压混凝土 90 天抗压强度与灰水比的试验数据（见表 1.19），回归分析后得：$\hat{y}=-25.97+29.08x$，$\gamma=0.9939$，$S=1.3576(\text{MPa})$。

表 1.19 抗压强度和灰水比关系

水灰比	0.9	0.8	0.75	0.7	0.6	0.55	0.50	0.45
灰水比 x	1.11	1.25	1.33	1.43	1.67	1.82	2.00	2.22
90 天抗压强度 y/MPa	7.45	9.59	11.12	16.94	21.22	27.76	33.47	37.76

查相关系数检验表知，m=8 时，相应检验标准为 0.8343（可信度 α=1%），y=0.9939>0.8343，因此所配直线有意义，说明 28 天抗压强度与灰水比之间有高度显著的相关性。用回归方程计算时，有 99%点的预报精度在置信带（±0.89MPa）内，精度高于试验。

一元线性回归还可用来处理一些非线性问题。如水泥水化热或混凝土的绝热温升与龄期的关系；抗压弹模与龄期的关系；抗压强度与抗拉强度的关系等。其方法是通过适当的数学变换，将非线性回归简化成线性回归。属于这一类的有双曲线关系、对数关系、指数关系等。表 1.20 是某水电站碾压混凝土绝热温升的试验值。由经验可知，绝热温升与时间大致符合双曲线关系：

$$T=\frac{M\tau}{N+\tau} \tag{1.165}$$

式中，T 为绝热温升；τ 为龄期；M，N 为待定常数。

表 1.20 混凝土绝热温升试验成果

龄期 τ/天	1	2	3	4	5	6	7	8	9
温度 T/℃	3.7	6.4	7.7	8.9	9.7	10.4	11.0	11.6	12.1
龄期 τ/天	10	12	14	16	18	20	22	24	26
温度 T/℃	12.4	13.3	14.1	14.8	15.5	16.1	16.7	17.3	17.9
龄期 τ/天	28	30	34	38	40	44	48	52	56
温度 T/℃	18.4	19.1	20.0	21.1	21.6	22.6	23.6	24.5	25.2

对上面的双曲线方程作变换：

$$\frac{\tau}{T}=\frac{N}{M}+\frac{1}{M}\tau \tag{1.166}$$

令 $y=\tau/T$ ， $x=\tau$ ，则有

$$y=\frac{N}{M}+\frac{1}{M}\tau \tag{1.167}$$

可用线性回归方法求解，得到线性方程为：

$$\hat{y}=0.4092+0.0358x \tag{1.168}$$

作反变换可得绝热温升与龄期的回归方程：

$$\hat{T}=\frac{27.94\tau}{11.43+\tau} \tag{1.169}$$

坝工设计中的混凝土最高绝热温升 T_0，一般难以用试验直接求得，因此可用上式近似解决，当 $\tau\to\infty$ 时， $T\to M$ ，最高绝热温升 $T_0=27.94℃$ 。

一元线性回归分析应用广泛，但仅能解决两个量之间的相关关系，而实际情况是一个指标往往与多个因素有关。以抗压强度为例，除了水灰比外，粉煤灰掺量也是个重要因素，此外还有外加剂、用水量等。

由于混凝土性能的影响因素较多，一元回归分析难以揭示各因素的综合关系，而多元回归分析可以较好地解决这个问题。

1.3.2 基于正交试验的问题研究

在混凝土材料的研究和设计中，面临着数据多、复杂性大的特点，因为影响混凝土材料性能的因素众多，若要一一考虑，实验量将很大，所以有必要通过前面所述的正交试验的方法来减少实验量。本案例就是基于再生骨料的不同影响因素对混凝土力学性能的研究。

为了探讨再生骨料混凝土强度受不同影响因素影响的规律，按正交表 L9 (3^4) 安排试验，对再生骨料混凝土配合比设计进行优化，从而指导水泥混凝土路面修补。对于一级公路，3 天抗折强度≥3.5MPa，对于二级公路，3 天抗折强度≥3.15MPa；尽可能在保证强度的同时增加再生骨料的掺量。本案例中共试验了 10 组配合比（第 1 组为基准混凝土），水胶比（因素 A）分别为 0.30、0.32 和 0.34，再生骨料掺量（因素 B）分别为 30%、60%和 90%，UFA 掺量（因素 C）分别为 20%、30%和 40%，胶凝材料总用量固定为 450kg/m^3；通过调整高效减水剂的掺量，保证新拌混凝土的和易性，使其坍落度值控制在 30～50mm。表 1.21 显示了再生骨料混凝土力学性能试验结果。

表 1.21 再生骨料混凝土的力学性能试验结果

编号	影响因素			抗压强度 f_{cu}/MPa			抗折强度 f_f/MPa			劈拉强度 f_{st}/MPa		
	A	B	C	3d	28d	56d	3d	28d	56d	3d	28d	56d
NC	0.30	0%	0%	39.0	61.1	69.2	4.25	6.47	6.94	3.27	4.19	4.39
RC01	0.30	30%	20%	33.9	57.5	68.6	4.39	6.31	6.54	2.45	4.06	4.39
RC02	0.30	60%	30%	29.5	51.9	63.9	4.19	5.61	6.06	2.22	3.83	4.31

续表

编号	影响因素			抗压强度 f_{cu}/MPa			抗折强度 f_f/MPa			劈拉强度 f_{st}/MPa		
	A	B	C	3d	28d	56d	3d	28d	56d	3d	28d	56d
RC03	0.30	90%	40%	22.6	48.4	54.3	3.20	5.24	5.58	2.00	3.70	3.84
RC04	0.32	30%	30%	27.2	52.6	59.7	3.74	5.83	5.92	2.11	3.77	4.06
RC05	0.32	60%	40%	19.5	46.1	49.9	2.49	4.79	5.39	1.93	3.56	3.75
RC06	0.34	90%	20%	27.3	47.3	52.9	3.21	5.07	5.67	2.13	3.84	3.88
RC07	0.34	30%	40%	16.9	45.1	47.3	2.36	4.68	5.52	1.60	3.57	3.66
RC08	0.34	60%	20%	25.3	46.3	50.4	3.25	4.83	5.65	2.02	3.57	3.74
RC09	0.34	90%	30%	20.5	42.7	48.3	2.54	4.56	5.41	1.93	3.48	3.63

由于水泥混凝土路面是以抗折强度为主要控制指标，故重点分析混凝土的抗折强度，其极差与方差分析结果如表 1.22 所示，在试验因素水平变化范围内，按照极差的大小，影响因素的主次顺序为：水胶比>UFA 掺量>RG 掺量（3 天与 56 天），水胶比>RG 掺量>UFA 掺量（28 天），说明无论是早期还是后期，水胶比是影响抗折强度的最主要因素。RG 掺量与 UFA 掺量对再生骨料混凝土抗折强度的影响主次顺序随龄期变化而不同。

表 1.22 抗折强度极差和方差分析结果

龄期/天	极差分析主次顺序	对应的 F 值			临界值	显著性		
3	水胶比>UFA 掺量>RG 掺量	22.798	15.535	4.091	$F_{0.01}(2,2)=99.0$	*	#	—
28	水胶比>RG 掺量>UFA 掺量	32.510	14.653	8.980	$F_{0.05}(2,2)=19.0$	*	#	—
56	水胶比>UFA 掺量>RG 掺量	77.000	53.833	50.167	$F_{0.1}(2,2)=9.0$	*	*	*

注：*表示显著；#表示有一定影响；—表示不显著。

从方差分析结果可以看出，水胶比对抗折强度的影响在早期至后期都很显著，而随龄期变化，UFA 掺量与 RG 掺量对抗折强度影响的显著性也随之变化。在 3 天和 28 天其影响并不显著，在 56 天却是显著的，且两者的 F 值（方差分析用 F 值表中对应的值）很接近。这说明再生骨料的“微泵”效应和超细粉煤灰的火山灰效应随着龄期的延长充分发挥其作用，从而使混凝土后期强度进一步增强，对后期强度影响增大。28 天抗折强度大于 5.0 MPa 的有 5 组配合比，RC06 的水胶比为 0.32, RG 掺量为 90%，UFA 掺量为 20%，和易性优良，说明在合理安排水胶比和 UFA 掺量的情况下，即使再生骨料掺量较大，也能够配制出满足路面使用要求的混凝土应用于一级公路时，最优配合比为 A1B2C2；对于二级公路，最优配合比为 A1B3C3。

以上案例的简单应用虽然篇幅不多，但是足以看出从正交试验设计到回归分析和极差方差分析的作用。这样简单的数理统计方法是最传统的也是最有效的数据挖掘方法，能够从繁杂的材料数据中提取有效信息，起到化繁为简的作用。这也是材料工程师们必须掌握的基础统计方法。

参考文献

[1] 韩明. 概率论与数理统计[M]. 上海：同济大学出版社, 2019.
[2] 王世飞, 吴春青. 概率论与数理统计[M]. 苏州：苏州大学出版社, 2017.
[3] 汪荣鑫. 数理统计[M]. 西安：西安交通大学出版社, 1986.

[4] 陆宜清. 概率论与数理统计[M]. 上海: 上海科学技术出版社, 2019.

[5] 邵乃辰. 回归分析在混凝土材料试验中的应用[J]. 水电站设计, 1989(02): 71-78.

[6] 徐本平. 钒氮合金标准样品研制中的数理统计方法应用[J]. 冶金分析, 2015, 35(8): 6.

[7] 徐本平, 仲利. 数理统计方法在标准样品研制中的应用[A]. 中国金属学会. 第 195 场中国工程科技论坛: 中国科学仪器设备与试验技术发展高峰论坛（PFIT'2014），第四届中国能力验证与标准样品论坛（4th RM & PT），ICASI'2014 CCATM'2014 国际冶金及材料分析测试学术报告会会议摘要[C]. 中国金属学会: 中国金属学会, 2014: 1.

[8] 朱小旗, 杨峥. 利用数理统计方法研究碳/碳复合材料抗氧化性能影响因素[J]. 西北工业大学学报, 1994(3): 444-448.

[9] 林复. 数理统计及其在绝缘材料试验中的应用(二) 试验设计[J]. 绝缘材料通讯, 1979(04): 2-11, 82.

[10] 林复. 数理统计及其在绝缘材料试验中的应用(四) 方差分析[J]. 绝缘材料, 1979(06): 32-38.

[11] 林复. 数理统计及其在绝缘材料试验中的应用(五) 回归分析[J]. 绝缘材料通讯, 1980(01): 24-31.

[12] 李俊, 尹健, 周士琼, 等. 基于正交试验的再生骨料混凝土强度研究[J]. 土木工程学报, 2006(09): 43-46.

2 人工神经网络建模方法

基础数理统计方法能够在材料体系大量的随机数据中建立统计规律，指导生产实践。但是随着基础理论和科学技术的发展以及数据复杂性、多样性程度的增加，新兴的数据挖掘、数理模型建立方法也应运而生。特别是计算机科学和人工智能的发展，给数据挖掘提供了新的思路。本章就将从人工智能介绍开始，重点介绍在材料体系数据挖掘、模型建立方面最常见的人工神经网络及其应用要点，并提供具体应用案例供读者参考。

2.1 人工智能

2.1.1 人工智能定义

智能是指学习、理解、使用逻辑方法、思考事物、处理新环境和困难环境的能力。智能元素包括适应环境、适应偶发事件、区分模糊信息和矛盾信息、在孤立情况下发现相似之处、产生新概念和创意等。智能行动包括在复杂环境中的知觉、推论、学习、交流和行动。智能分为自然智能和人工智能。

所谓自然智能，是指人类和一部分动物所具有的才智和行动能力，被称为人类智能。人类智能是基于人类知识的才智和行动能力，表现在有意识的行动、合理的思考和有效适应环境的综合能力上。

而人工智能（artificial intelligence），英文缩写为AI，是相对于人的自然智能而言的，是一门研究、开发用于模拟、延伸和扩展人的智能的理论、方法、技术及应用系统的一门新的技术学科。

人工智能是计算机科学的一个领域，它想要创造出一种能够理解人类智能本质，和人类智能一样反应的新型智能机器。虽然人工智能不是人类的智慧，但是可以像人类那样思考，有可能超过人类的智慧。在这个意义上，人工智能可以称为“机械智能”或“智能模拟”。随着现代电子计算机技术的发展，人工智能迅速发展，一方面成为人类智能的延伸，另一方面也提供了探索人类智能机制的新理论和研究方法。

2.1.2 人工智能发展概况

人工智能是非常具有挑战性的学科，也是应用非常广泛的学科。一般来说，人工智能研究的主要目标之一是，能够应对需要人类智力的复杂任务。人工智能的开发历史一直与计算机科学技术的开发历史密切相关，除了计算机科学之外，人工智能还包括信息理论、精神系统、自动化、生物力学、生物学、心理学、数理学、语言学、医学、哲学等多个领域。因此，从事这方面工作的人，不仅要理解计算机的知识，还要掌握心理学、哲学等多方面知识。

人工智能作为一门学科诞生于 20 世纪 50 年代。1956 年夏天，由年轻的数学助教约翰•麦卡锡（John McCarthy）和他的三位朋友马文•明斯基（Marvin Minsky）、纳撒尼尔•罗切斯特（Nathaniel Rochester）和克劳德•香农（Claude Shannon）共同发起，邀请艾伦•纽厄尔（Allen Newell）和赫伯特•西蒙（Herbert Simon）等科学家在美国的达特茅斯（Dartmouth）大学组织了一个夏季学术讨论班，历时 2 个月。参加会议的都是在数学、神经生理学、心理学和计算机科学等领域中从事教学和研究工作的学者，在会上第一次正式使用了人工智能这一术语，这一会议讨论的内容标志着人工智能学科的诞生。

AI 的基础技术的研究、形成期是指 1956 年到 1970 年期间。1956 年，纽威尔和西蒙首先合作开发了“逻辑理论机器”。这个系统是代替数字处理符号的第一个计算机程序，是机器进行数学定理证明的第一次尝试。

1956 年，另一项重大的开创性工作是塞缪尔研制成功“跳棋程序”。该程序具有自改善、自适应、积累经验和学习等能力,这是模拟人类学习和智能的一次突破。该程序于 1959 年击败了它的设计者，1963 年又击败了美国的一个州的跳棋冠军。

1960 年，纽厄尔和西蒙又研制成功“通用问题求解程序（general problem solving，GPS）系统”，用来解决不定积分、三角函数、代数方程等十几种性质不同的问题。

1960 年，麦卡锡提出并研制成功“表处理语言 LISP”，它不仅能处理数据，而且可以更方便地处理符号，适用于符号微积分计算、数学定理证明、数理逻辑中的命题演算、博弈、图像识别以及人工智能研究的其他领域，从而武装了一代人工智能科学家，是人工智能程序设计语言的里程碑，至今仍然是研究人工智能的良好工具。

1965 年，被誉为“专家系统和知识工程之父”的费根鲍姆（Feigenbaum）和他的团队开始研究专家系统，并于 1968 年研究成功第一个专家系统 DENDRAL，用于质谱仪分析有机化合物的分子结构，为人工智能的应用研究做出了开创性贡献。

1969 年召开了第一届国际人工智能联合会议（International Joint Conference on AI，TJCAI），1970 年《人工智能国际杂志》（*International Journal of AI*）创刊，标志着人工智能作为一门独立学科登上了国际学术舞台，并对促进人工智能的研究和发展起到了积极作用。

1972～1976 年，费根鲍姆（Feigenbaum）小组又开发成功医疗专家系统（MYCIN 系统），用于抗生素药物治疗。此后，许多著名的专家系统，如地质勘探专家系统（PROSPECTOR 系统）、青光眼诊断治疗专家系统（CASNET 系统）、计算机结构设计专家系统（RI 系统）、符号积分与定理证明专家系统（MACSYMA 系统）、钻井数据分析专家系统（ELAS 系统）和电话电缆维护专家系统（ACE 系统）等被相继开发出来，为工矿数据分析处理、医疗诊断、计算机设计、符号运算和定理证明等提供了强有力的工具。1977 年，费根鲍姆进一步提出了“知识工程”的概念。20 世纪 80 年代，专家系统和知识工程得到迅速发展。在开发专家系统过程中，许多研究者获得了共识，即人工智能系统是一个知识处理系统，而知识表示、知识利用和知识获取则成为人工智能系统的三个基本问题。

1981 年到 20 世纪 90 年代初的期间是知识工程和机器学习的发展阶段。知识工程的导入和专家系统的最初的成功，确定了人工智能中知识的重要位置。知识工程不仅对专家系统的开发有很大的影响，而且对信息处理的所有领域也有很大的影响。知识工程的手法迅速渗透到人工智能的所有领域，从实验室的研究到实用化都促进了人工智能的发展。

人工智能的开发与计算机和网络的开发是分不开的。第六代计算机活跃于日本、美国等国家，是一种大规模并行处理、综合人工智能系统——神经网络计算机。近年来，人工神经网络的研究发展迅速，拥有比专家系统等人工智能技术更高的智能。它能够模仿人脑，拥有较强的图像思考能力、较强的逻辑推论和诱导能力，具有并行处理、分散存储、联想记忆、大规模的协同效应、集体效应等一系列人脑功能。其机制的研究结果逐渐应用于人工视觉系统、模式识别、语音识别、图像识别和处理、智能控制等多个领域，所有这些结果都大大提高了人工智能水平。人工智能的开发已经进入了一个全新的阶段。

我国的人工智能研究虽然起步晚，但发展很快。1984 年，我国举办了智能计算机及其系统的全国学术研讨会。1986 年以来，国家的高科技研究计划中包括智能计算机系统、智能机器人、智能信息处理（包括模式识别）等主要项目。1993 年以来，智能控制和智能自动化等项目列入国家科技攀登计划。1981 年起，中国人工智能学会（简称 CAAI）、全国高校人工智能研究会、中国计算机学会人工智能与模式识别专业委员会、中国自动化学会模式识别与机器智能专业委员会、中国软件行业协会人工智能协会、中国智能机器人专业委员会、中国计算机视觉与智能控制专业委员会以及中国智能自动化专业委员会等学术团体相继成立。

现在，我国数万名科学技术人员、大学教师和学生从事各种水平的人工智能研究和学习，在人工智能领域取得了飞跃性的进步。例如，在人工智能理论和方法的研究中，提出了机械定理证明的吴氏方法、一般化的智能信息系统理论、综合信息理论、泛论理论以及其他革新的理论和方法，提供人工智能发展的新的开发理论。在人工智能应用技术的开发中，我们开发了中国医学专家系统、农业专家系统、中文文字识别系统等具有中国特色的人工智能应用技术和产品。中国科学院的学者、清华大学信息科学技术学部李衍达教授，创建了“信息建模”的新方法。计算机提供候选模式、人的感情选择以及人与计算机的合作通过在复杂情况下的学习可以有效地确立令人满意的信息模型。中国科学院半导体研究所院士王守觉的“高级几何与神经网络”，创造了一种描述和设计具有高度几何学的人造神经网络的新方法，使神经网络计算机理论的研究、设计、转换方面得到了很多革新的结果。在中国工程院李德毅教授实施的“知识发现机制研究”中，提出了能够均匀表现随机模糊不确定性的“云模型”，将这种创新模式应用于新领域数据挖掘和知识发现，达成了令人满意的结果。另外，中国学者所创造的具有综合特性的人工智能理论也特别引人注目。其中，北京科技大学涂序彦教授的“广义人工智能”构筑并阐释了广义人工智能体系结构；北京邮电大学的钟义信教授的“智能论”创建了信息科学方法论和由信息提炼知识、由知识创建智能的信息转换机制；西北工业大学何华灿教授创建的“泛逻辑学”也是一个开创性的成果。在我国，人工智能的研究正在深入进行，无疑会为其他领域的发展和我国现代化的推进做出巨大贡献。

2.1.3 人工智能应用研究

人工智能（AI）的应用研究是基于 AI 原理的智能信息处理系统，也被称为智能系统。该系统是在知识获取和知识表达基础上，通过问题求解策略进行知识信息处理，求得问题的解答，或做出决策，或做出行为反应等，主要包括模式识别、自然语言处理、专家系统、机器学习、人工神经网络等。

2.1.3.1 模式识别

模式识别（pattern recognition）是 AI 最早的研究领域之一，主要是指使用计算机自动识别对象、图像、声音、文字等信息模式的科学。“模式”本来的目的是提供完美的模仿标本。“模式识别”是指使用计算机模拟人们的各种识别功能，识别出哪个标本和给定的东西相同或相似的程度。

模式识别的基本过程包括：采集所识别的样本、数字化信息、提取数据特征、压缩特征空间和提供识别标准，最后提供识别结果。认识过程需要参加学习过程。这个学习的基本过程是先将已知的图形样本数字化，然后将它们发送到计算机，然后分析数据，删除分类无效或可能引起混乱的特征数据。数据努力保持分类判断中有效的数值特征，在经过特定技术处理后，以最小的错误率制定判断基准。

当前模式识别主要集中于图形识别和语音识别。图形识别主要是研究各种图形（如文字、符号、图形、图像和照片等）的分类。例如识别各种印刷体和某些手写体文字，识别指纹、白细胞和癌细胞等。这方面的技术已经进入实用阶段。

2.1.3.2 自然语言处理

语言处理也是人工智能的早期研究领域之一，并引起进一步的重视。已经编写出能够从内部数据库回答用英语提出的问题的程序，这些程序通过阅读文本材料和建立内部数据库，能够把句子从一种语言翻译为另一种语言，执行用英语给出的指令和获取知识等。一部分程序（不是从键盘输入到电脑的指示）甚至可以把从麦克风输入的口头指示翻译到一定程度。这些语言系统虽然不如人们用语言行动进行得好，但是很适用。这个领域的第一个结果是回答几个简单的问题，并拥有按照几个简单的指示执行程序的能力。

实际语言系统的技术开发水平由各种软件系统的有效“输入”来表示。这些程序可以接受特定的部分输入形式，但是不能处理英语语法上的细微差异，只适用于特定语言的句子翻译。在语言翻译方面的人工智能成果——语音理解程序发展成了人类自然语言处理的新概念。

使用语言交换信息的时候，经过了需要稍微理解的非常复杂的过程。人类进行这样的活动并不难，但是要建立能够生成甚至能“理解”的自然语言，哪怕是片段，对于电脑系统来说都是非常难的。语言发展成了智能动物之间的交流媒介。它是在特定的环境条件下，从一颗大脑向另一颗大脑传递小小的“思维”，而每个大脑都拥有庞大的高度相似的周围思维结构作为公共的文本。这些类似的具有上下文关联的思维结构中有一些可以让各参与者知道对方也有这个共同的结构，此外，可以用于执行特定处理的通信“动作”。语言的发展，使参加者有机会充分利用他们庞大的计算资源和公共知识，产生和理解高度压缩的流畅知识。因此，语言的生成和理解是非常复杂的编码和解码问题。

一个能理解自然语言信息的计算机系统看起来就像一个人一样需要有上下文知识以及根据这些上下文知识和信息用信息发生器进行推理的过程。理解口头的和书写的片断语言的计算机系统所取得的某些进展，其基础就是有关表示上下文知识结构的某些人工智能思想以及根据这些知识进行推理的某些技术。

现在，自然语言处理有两个问题。一是至今为止的语法仅限于对孤立的句子的分析，与此相对的上下文和会话环境的制约和影响的系统研究还不够。因为是句子，所以没有明确的规则应该遵循，比如模糊性、省略单词的分析代名词的意思、同一句的不同使用场景或者不同的人说出来具有的不同意思等，需要通过强化来阶段性地解决语义理解问题。二是，文章不仅使用语法，还使用了生活知识和专业知识等计算机无法保存的相关知识。因此，只有在有限范围内的词汇、句型和特定主题中才能建立书面理解系统。只有在计算机存储容量和运行速度大幅提高后，才能适当扩大范围。

2.1.3.3 专家系统

专家系统是人工智能技术中发展最早、应用最广泛的技术。它主要解决非结构化问题（即尚未解决或无法解决的问题）。它是通过问题的形式化来解决的。用知识表示技术，机械化技术、自动推理技术和系统组成技术三个环节实现了与机械化和机械过程自动化相对应的三大人工智能技术。设计专家系统的基本思想是使计算机的工作过程完美地模拟领域专家解决实际问题的过程，即模拟领域专家利用知识和经验解决实际问题的方法和步骤。因此，专家系统实际上是一个计算机程序（或一组），它可以在人类专家的水平上解决某一领域的难题。由于专家系统的功能主要依赖于大量的知识，这些知识被存储在知识库中，根据一定的推理策略进行推理，从而解决问题，因此又称为知识库系统。由于知识在专家系统中起着决定性的作用，建立专家系统的过程一般称为知识工程。

专家系统是一种基于知识的智能程序。与传统方法相比，它具有快捷、透明度和灵活性等特点。专家系统的发展非常迅速，特别是近年来，随着各个领域专家系统的不断涌现，专家系统在解决实际问题中发挥着越来越重要的作用。

专家系统的以下众多的优良特性是其迅速发展的保证。

专家系统能够高效率、正确无误、周密全面、迅速并永不疲倦地进行工作。无论是哪个专业领域的专家，他工作起来总难免因为疏忽、遗忘、紧张、疲倦等诸多因素的干扰和时间限制等产生偏差和错误。在正常情况下，一个专家处理一个问题，从不同角度去思考问题，往往很难做到全面周到。专家系统在解决问题时不受周围环境的影响。人会情绪化，受情感影响，当解决问题时，经常受到周围环境的影响。例如，在地震预报工作中，工作人员根据数据预报了一次地震，但没有发生地震，这导致了预报错误，下次有同样的数据时，可能会因为最后一次错误而不敢报告，结果，地震却发生了，又犯了一个错误。但当你使用专家系统时，这种情况不会发生，计算机的组织和解决问题的方法通常比编程的专家更好，它们不会错过或忘记事情，不会累，不会被动或者应付工作，也不会有人类的缺点。他不怕污垢、传染病、高温等，可以做人们不想做的事情而不抱怨。

专家系统可以使专家的专长不受时间和空间的限制。专家总是有一定的寿命，那么随着专家的离去，他的知识、经验及思维方法就随之而消失，而要想把它们完整系统地保留下来，最好的办法就是建立他的专家系统，只要建立起他的专家系统，他的知识、经验及思维方法就能永远地保留下来，这就是不受时间限制的意义。社会上有突出贡献的专家是很少的，尤其是边远的城镇和乡村专家就更少，如果开发成功一个专家系统，那么，不论任何地方都可以用这个专家系统，这就是专家系统不受空间限制的意义所在。

一个高层次的专家系统可以超越专家本身。一个专家系统可以将多个领域的专家知识和经验汇集在一起，相互协作解决问题。因此，其解决问题的能力和知识的广度可以超过单个专家。当然，这并不意味着所有的专家系统都可以超越专家，我们说的是高级专家系统可以超越开发专家系统的人。

专家系统可促进专业领域的发展。专家系统的研制必须对专业领域专家的知识和解决问题的能力进行总结和精炼，有些专家的知识和经验不好总结，好像只能意会而不能言传。但是为了研制专家系统，就必须总结归纳专家的经验、知识以及思维方法。这样就促使专家们冥思苦想地总结自己的经验，因此对该领域起到一定的促进作用。一般专家系统均有总结规则、发现问题的自学习功能，因此，促进了该专业领域研究工作的进展。

专家系统的推广应用可以产生巨大的经济效益和社会效益。据估计，使用专家系统可以使每个人的工作效率提高到传统工作效率的2000倍以上。当然，利用专家系统保存和传播知识所产生的社会效益也非常明显。

虽然专家系统具有上述优点，但也存在一些问题。由于二元逻辑（命题逻辑和谓词逻辑）主要用于专家系统，因此知识的表达和推理结果过于简单。由于行业专家的局限性，专家系统的应用范围也受到限制。此外，目前还没有更好的方法使专家系统能够自动获取知识，以扩大知识库和使用范围。这一问题已成为专家系统应用的“瓶颈”，迫切需要研究和解决。

2.1.3.4 机器学习

机器学习（machine learning，ML）作为一门多领域的交叉学科，涉及概率论、统计学、微积分、代数学、算法复杂度理论等多门学科。它通过让计算机自动“学习”的算法来实现人工智能，是人类在人工智能领域展开的积极探索。

机器学习的研究主要分为两类研究方向：第一类是对传统机器学习的研究，这种研究主要集中在探索和模拟人类的学习机制上；第二类是大数据环境下的机器学习，这类研究主要集中在如何有效地利用信息，重点是从大量数据中获取隐藏、有效和可理解的知识。

目前，传统机器学习的研究方向主要包括决策树、随机森林、人工神经网络、贝叶斯学习等。

随着大数据时代各行业对数据分析的需求不断增加，通过机器学习高效获取知识逐渐成为当今机器学习技术发展的主要推动力。大数据时代的机器学习强调“学习本身就是一种手段”，机器学习已经成为一种支持和服务的技术。如何在机器学习的基础上对复杂多样的数据进行深入分析，更有效地利用这些信息，已成为当前大数据环境下机器学习研究的主要方向。因此，机器学习正朝着智能数据分析的方向发展，成为智能数据分析技术的重要来源。此外，在大数据时代，随着数据生成速度的不断加快，数据量空前增加，需要分析的新数据类型不断涌现，如文本理解、文本情感分析、图像的检索与理解、图形与网络数据分析等智能计算技术，使得机器学习、数据挖掘等智能计算技术在实现大数据的智能分析与处理中发挥着极其重要的作用。2014年12月中国计算机学会（CCF）大数据专家委员会上通过数百位大数据相关领域学者和技术专家投票推选出的“2015年大数据十大热点技术与发展趋势”中，结合机器学习等智能计算技术的大数据分析技术被推选为大数据领域第一大研究热点和发展趋势。

在大数据环境下，如何处理大数据是大数据分类面临的新挑战。目前，大规模数据的分类是普遍存在的，但传统的分类算法无法处理大规模数据。因此，对大数据分类的研究受到了广泛的关注和重视，特别是支持向量机在大数据下的分类、决策树分类、神经网络和极值机器学习等方面得到了很大的发展。

机器学习目前应用广泛，无论是在军事领域还是民用领域，都有机器学习算法施展的机会，主要包括数据分析与挖掘、模式识别等。目前国外的互联网巨头正在深入研究和应用机器学习，他们把目标定位于全面模仿人类大脑，试图创造出拥有人类智慧的机器大脑。

2.1.3.5 人工神经网络

人类的思维有两种不同的基本形式：逻辑和直觉。逻辑思维是指根据逻辑规则进行推理的过程。它首先将信息转换为概念并使用符号来表示，然后基于符号操作以串行方式进行逻辑推理。这个过程可以写为串行指令，让计算机运行。直觉思维是对分布式存储的信息进行并行协同处理的过程。例如，我们经常无意识地整合分布在大脑各个部分的信息，结果是一个突然的想法或问题的解决方案。这种思维方式的根本在于以下两点：

① 信息是通过神经元上的兴奋模式分布存储在网络上；

② 信息处理是通过神经元之间同时相互作用的动态过程来完成的。

人工神经网络是模拟人类思维的第二种方法。它是一个以信息的分布式存储和并行协同处理为特征的非线性动态系统，虽然单个神经元的结构极为简单，功能有限，但它能有效地处理复杂的非线性系统。一个由大量神经元组成的网络系统所能实现的行为是极其丰富多彩的。与数字计算机相比，神经网络系统具有集体计算能力和自适应学习能力。此外，它具有很强的容错能力，善于联想、综合和推广。换句话说，人工神经网络（ANN）以生理神经网络（BNN）为模仿对象，是由大量的、较简单的处理单元（神经元）广泛地互相连接而形成的复杂网络。

人工神经网络的研究始于20世纪中叶。1943年，美国生理学家麦卡洛克（W. McCulloch）和数理逻辑学家皮兹（W. Pitts）融合了生物物理学和数学，提出了第一个神经计算模型（MP模型），从此开始了将数理科学和认知科学相结合，探索人脑奥秘的过程。1957年，Rosenblatt提出感知器模型，这是第一个真正的人工神经网络，第一次把神经网络的研究付诸工程实践。20世纪40～50年代，是人工神经网络研究的一个高潮期，之后的70～80年代，人工神经网络的研究陷入了一个低潮；但随着1982年美国加州理工学院生物物理学家霍普菲尔德（J.J. Hopfield）在神经网络建模及应用方面的开创性成果——Hopfield模型的建立，人工神经网络的研究进入了第二个高潮期。这项突破性的进展引起了广大学者对神经网络潜在能力的高度重视，从而使神经网络研究步入了兴盛期。对人工神经网络的理论模型、学习算法、开发工具等方面进行了广泛、深入的探索，其应用已渗透到许多领域。在机器学习、专家系统、智能控制、模式识别、计算机视觉、自适应滤波、信息处理、非线性系统辨识以及非线性系统组合优化等领域已经取得显著的成就，说明模仿生物神经计算功能的人工神经网络具有通常的数字计算机难以比拟的优势，如自组织性、自适应性、联想能力、模糊推理能力和自学习能力等，人工神经网络获得了众多研究人员和工程人员的青睐。

与专家系统和模糊理论相比，人工神经网络更接近人脑的识别和思维能力。其主要特点主要有以下几点。包括固有的并行结构、知识的分布存储、容错性、自适应性和图形识别能力。这五个特点使人工神经网络能够识别和处理不确定和非结构化的信息和图像。材料工程中的大量信息都具有这种性质，因此人工神经网络非常适合在材料工程中应用。

2.1.4 人工智能在材料领域的应用

材料设计是指通过理论的计算预报新材料的组分、结构与性能。或者说，通过理论设计来“定做”具有特定性能的新材料。材料设计的目的在于改变传统的研制新材料的方法。长期以来，材料研究采用的是依赖大量实验，进行大面积筛选的方法，传统的“试错法”研究新材料是先试制出一批材料，再分析其成分和结构，测试其性能，从中找出一种运用的材料和生产工艺。其效率很低，且带有一定的盲目性。由于大量尚未被理性化的经验和实验规律的存在,使得完全不依赖经验和不进行探索性实验的材料设计在相当长的时期内不可能实现。但将先进的计算机技术应用于现代材料设计，则可以摆脱实验先行的研究方法，用较少的实验获得较为理想的材料,达到事半功倍的效果。专家系统和人工神经网络等人工智能技术的迅速发展，为材料的计算机辅助设计提供了新的有效途径。

神经网络和专家系统在材料设计中都有不同程度的应用，也取得了一定的成果，显示出了各自的优越性。但是，其各自的不足之处也是非常明显的。例如，专家系统的知识获取困难，知识获取存在“瓶颈”问题；处理复杂问题的时间过长；容错能力差，计算机采用局部存储方式，不同的数据和知识存储互不相关，只有通过人编写的程序才能沟通，程序中微小的错误都会引起严重的后果，系统表现出极大的脆弱性；基础理论还不完善，专家系统的本质特征是基于规则的逻辑推理思维，然而迄今的逻辑理论仍然很不完善，现有逻辑理论的表达能力和处理能力有很大的局限性；知识的“窄台阶效应”问题；知识存储容量与运行速度的矛盾问题等。神经网络是运用归纳的方法，在原始数据上通过学习算法建立内部知识库，单个神经元并不存储信息，网络的知识是编码在整个网络连接权的模式中，知识表达并不明确。此外，虽然神经网络一旦学习完成就能迅速地求解，具有良好的并行性，但是知识的积累是以网络的重新学习为代价，时间开销较大。鉴于两者均存在着不足之处，将两者联合起来融为一体，系统就产生了这里所说的混合型专家系统，这是智能发展史上一个新的阶段，这样可以发挥专家系统解决复杂问题，以符号信息转换、处理为基础的多层次逻辑级的优点和人工神经网络擅长数值计算，以低层次、子符号为基础的全面统计级的硬方法的特点。在人工智能的研究与应用领域中，基于非线性数值计算的人工神经网络的知识表示与推理和基于符号逻辑的知识表示与推理的理论及方法虽然有很大的不同，但是它们可以在研究中结合起来发挥各自的作用，形成混合型专家系统。

2.2 人工神经网络基本原理和方法

2.2.1 人工神经网络概述

2.2.1.1 人工神经网络定义

人工神经网络（artificial neural network，简称 ANN）是最近发展起来的十分热门的交叉学科，它涉及生物、电子、计算机、数学和物理等学科，有着非常广泛的应用背景，这门学科的发展对目前和未来的科学技术的发展将有重要的影响。

长期以来，人们想方设法了解人脑的功能，用物理可实现系统去模仿人脑，完成类似于人脑的工作。计算机就是采用电子元件的组合来完成人脑的某些记忆、计算、判断功能的物理系统。用机器代替人脑的部分劳动是当今科学技术发展的重要标志。

从人脑的结构来看，它是由许多相互连接的神经细胞组成的，每个细胞都有一定的基本功能，如兴奋和抑制，它们通常相互集成，完成一项复杂的计算机思维活动。这些任务平行、有机地联系在一起。这个集合函数类似于透镜获得的图像的傅里叶变换。在人们的日常生活中，每天都有成千上万的信息需要大脑处理。一个简单的动作，如拿着一杯水或打电话，涉及记忆、学习和相变等功能，人完成起来很容易，但是机器完成起来却很困难，这表明需要一种新的类似人脑结构的系统来完成那些对计算机来说缓慢或困难的任务。

人工神经网络使用物理上可实现的系统来模拟人脑神经细胞的结构和功能。许多处理单元（神经元）被有机地连接起来进行并行工作，它们的处理单元非常简单，它们的工作是“集体”进行的，它们的信息传播和存储方法与神经网络相似。它没有现代计算机的基本单位，如算术单位、内存和控制器，而是由相同的简单处理器组合而成。其信息存储在处理单元之间的连接中。因此，它是一个完全不同于现代计算机的系统。神经网络理论突破了传统数字电子计算机线性处理的局限性。它是一个非线性动态系统，具有分布式存储和并行协同处理的特点。虽然单个神经元的结构和功能非常简单和有限，但由大量神经元组成的网络系统所实现的行为却极其丰富多彩。

2.2.1.2　人工神经网络特点

人工神经网络是基于人类大脑的结构和功能而建立起来的新学科。尽管目前它只是与人类的大脑低级近似，但它的很多特点和人类的智能特点类似。正是由于这些特点，使得人工神经网络不同于一般计算机和人工智能。总的说来，人工神经网络具有以下五个特点：

① 固有的并行结构和并行处理。人工神经网络在结构上与目前的计算机根本不同。它是由很多小的处理单元相互连接而成的。每个单元功能简单，但大量的处理单元集体的、并行的活动得到预期的识别、计算结果，并具有较快的速度。

② 知识的分布存储。在神经网络中，知识不是存储在特定的存储单元里，而是分布在整个系统中，要存储多个知识就需要很多连接。在计算机中，只要给定一个地址就可得到一个或一组数据。在神经网络中要获得存储的知识则采用“联想”的办法，这类似人类和动物的联想记忆。当一个神经网络输入一个激励时，它要在已经存储的知识中寻找与该输入匹配最好的存储知识为其解。也有说法是，人工神经网络所记忆的信息是存储在神经元之间的权中，从单个权中看不出其存储信息的内容，因而是分布式的存储方式。

这种联想记忆有两个主要特点：一是具有存储大量复杂图形的能力（像语声的样本、可视图像、机器人的活动、时空图形的状态、社会的情况等）；二是可以很快地将新的输入图形归并分类为已存储图形的某一类。虽然一般计算机善于高速串行计算，但它却不善于那种图形识别。

③ 容错性。人工神经网络和人类大脑类似，具有很强的容错性，即具有局部或部分的神经元损坏后，不影响全局的活动。它可以从不完善的数据和图形进行学习并做出决定。由于知识存在整个系统中，而不是在一个存储单元里，一定比例的结点不参与运算，对整个系统的性能不会产生重大影响。所以，在神经网络里承受硬件损坏的能力比一般计算机强得多。一般计算机中，这种容错能力是很差的，如果去掉其中任意部件，都会导致机器的瘫痪。

④ 自适应性。人工神经网络可以通过学习具备适应外部环境的能力。通过多次训练，网络就可识别数字图形。在训练网络时，有时只给它大量的输入图形，没有指定要求的输出，网络就自行按输入图形的特征对它们进行分类，就像小孩通过大量观察可以分辨出哪是狗、

哪是猫一样。网络通过训练自行调节连接加权，从而对输入图形分类的特性，称为自组织特性。它所用的训练方法，称为无导师的训练。

此外，输入神经网络还有综合推理的能力。综合推理是指网络具有正确响应和分辨从未见过的输入图形的能力。

人工神经网络的自适应性是重要的特点，综上所述，一般包括四个方面：学习性、自组织能力、推理能力和可训练性。正是由于人工神经网络具有自适应性，我们可以训练人工神经网络控制机器人，在无人的地方，例如在水下航行器中，在装配线上代替人的工作，甚至去完成一些诸如清除辐射物质的危险工作。

⑤ 图形识别能力。目前有各种各样的神经网络模型，其中很多网络模型善于识别图形。有些称作分类器，有些用于提取特征（如图形的边缘）的系统，称规则检测器，而另一些则是自动联想器。其大多数工作都与神经网络辨别图形的能力相关。总之，图形识别是人工神经网络最重要的特征之一，它不但能识别静态图形，对实时处理复杂的动态图形（随时间和空间而变化的）也具有巨大潜力。

正是由于上述人工神经网络模型所具有的大规模并行性、冗余性、容错性、本质的非线性及自组织、自学习、自适应能力，在传统控制理论（包括经典控制理论、现代控制理论）日益受到复杂工业过程制约的今天，人工神经网络作为智能控制的一个有力工具，引起了工业控制界人士的极大热情。

2.2.1.3 人工神经网络发展历程

人工神经网络的研究已有近半个世纪的历史，但它的发展并不是一帆风顺的，而是经过两起一落中间呈现马鞍形的过程。以时间的顺序和著名人物或者某方面的突出研究成果为线索，这里大致将其发展历史分成五个阶段：

（1）萌芽期（20 世纪 40 年代初—1949 年）

人工神经系统的研究可以追溯到 1800 年 Frued 的前精神分析学时期，他已经做了一些初步工作。1913 年人工神经系统的第一个实践是由 Russell 描述的水力装置。

20 世纪 40 年代，对神经元的功能及其功能模式的研究结果才足以使研究人员通过建立起一个数学模型来检验他们提出的各种猜想。在这个期间，产生了两个重大成果，它们构成了人工神经网络萌芽期的标志。

1943 年美国心理学家 Warren S. McCulloch 与数学家 Walter H. Pitts 合作，用逻辑的数学工具研究客观事件在形式神经网络中的表述，建立了著名的阈值加权和模型，简称 MP 模型，从此开创了对神经网络的理论研究。他们在分析、总结神经元基本特性的基础上，首先提出了神经元的数学模型简称为 MP 模型。形式神经元的活动满足“全有”或者“全无”方式，只有在一定数量输入作用下，超过某一个阈值，神经元才兴奋；又规定了神经元之间的联系方式只有兴奋性和抑制性突触联系两种，抑制性突触起“否决权”作用。MP 模型的结构是固定的，由一些形式的神经元按一定方式连接起来的网络，可以用逻辑演算的方法，了解输入事件在网络中的处理过程和网络中各单元的动态变化过程。从脑科学研究来看，MP 模型不愧为第一个用数理语言描述脑的信息处理过程的模型。后来 MP 模型经过数学家的精心整理和抽象，最终发展成一种有限自动机理论，再一次展现了 MP 模型的价值。此模型沿用至今，这一结果为人们用元器件、用计算机程序实现人工神经网络打下了坚实的基础。

1949 年心理学家 D.O.Hebb 提出了关于神经网络学习机理的“突触修正假设”，即突触联系是可变的假说。Hebb 学习规则开始是作为假设提出来的,其正确性在 30 年后才得到证实。这种假设就是调整权重 w_{ij} 的原则，若第 i 个神经元与第 j 个神经元同时处于兴奋状态，那么它们之间的连接强度应当加强。具体说，如果突触有一个正的前突触电位和正的后突触电位，突触传导（连接强度）得到增加。相反，如果前突触电位为负（正）和后突触电位是正（负)，那么突触传导得到减少。Hebb 给出的这种人工神经网络的学习律在人工神经网络的发展史中占有重要的地位，被认为是人工神经网络学习训练算法的起点和里程碑。

（2）第一高潮期（1950—1968 年）

1957 年 F.Rosenblatt 首次提出并设计制作了著名的感知器（perceptron)，第一次从理论研究转入工程实现阶段，掀起了研究人工神经元网络的高潮。感知器是一种多层的神经网络。它是由阈值性神经元组成，实质上是一个连续可调的 MP 神经元网络。从具体的结构看，感知器由四层组成，第一层视网膜层接受来自外界输入，投射到第二层，它又以随机方式联系到第三层，最后层为反应层。他在 IBM 704 计算机上进行了模拟，从模拟结果看，感知器有能力通过调整权的学习达到正确分类的结果。它是一种学习和自组织的心理学模型，其中的学习律是突触的强化律。当时，世界上不少实验室仿效感知器，设计出各式各样的电子装置。

1962 年 Bernard Widrow 和 Marcian Hoff 提出了自适应线性元件网络，简称为 Adaline（adaptive linear element)。它是一种连续取值的线性加权求和阈值网络，也可以看成为感知器的变形，实质上是一个两层前馈感知机型网络，成功地应用于自适应信号处理和雷达天线控制等连续可调过程。

上述两项成果掀起了人工神经网络研究的第一个高潮。

（3）反思低潮期（1969—1981 年）

麻省理工学院人工智能学者 M. Minsky 和 S.Papert 经过多年对以感知器为代表的简单网络系统的功能及其局限性从数学上作了深入分析和研究，在 1969 年发表了专著，名为《感知器》(Perceptron)。在肯定感知器的研究价值以及它们有许多引起人们注意的特征之后，指出线性感知器功能是有限的，无法解决许多简单的问题，在这些问题中，甚至包括最基本的“异或”问题。具体说，简单的神经网络只能进行线性分类和求解一阶谓词问题，而不能进行非线性分类和解决比较复杂的高阶谓词问题（如 XOR，对称性判别和宇称问题等)。他们还指出，与高阶谓词问题相应的应该是具有隐含单元（节点）的多层神经元网络。在当时的技术条件下，他们认为在加入隐含单元后，想找到一个多层网络的有效的学习算法是极其困难的。由于 M. Minsky 的悲观结论，该书在学术界产生巨大影响，在这之后近 10 年中，人们对神经网络研究的热情骤然下降，人工神经网络的研究进入了一个缓慢发展的低潮期。需要指出的是，在这个低潮期，研究工作并没有完全停顿下来，仍有许多学者继续进行探索，并取得了一些重要成果，这为人工神经网络发展的第二个高潮奠定了基础。

（4）第二高潮期（1982 年—20 世纪 90 年代初）

1982 年，加州技术学院的优秀物理学家 John J.Hopfied 博士发表了一篇十分重要的文章，他所提出的全联接网络后来被称为 Hopfield 网络，在网络的理论分析和综合上达到了相当的深度，最有意义的是他的网络很容易用集成电路来实现。1984 年、1986 年，Hopfield 连续发表了有关网络应用的文章，他的文章得到了一些工程技术人员和计算机科学家的重视和理解。

他的一个十分重要的思想是，对于一个给定的神经网络，他提出一个能量函数，这个能量函数是正比于每个神经元的活动值和神经元之间的连接权，而活动值的改变算法是向能量函数减少的方向进行，一直达到一个极小值为止。他证明了在一定条件下网络可到达稳定状态，他不仅讨论了离散的输出情况，而且还讨论连续变化时的情况，从而可以解出一些联想记忆问题和计算优化问题。Hopfield 网络有比较完整的理论基础，他利用了物理中自旋玻璃子里的哈密顿算子，把这一思想推广到神经网络中来，虽然思想上并不新颖，但他的神经网络在设计和应用上起着不可估量的作用。

继 Hopfield 的文章之后，不少搞非线性电路的科学家、物理学家、生物学家在理论和应用上对 Hopfield 网络进行了比较深刻的讨论和改进，Hopfield 网络也引起了半导体工业界的重视。在 1984 年 Hopfield 的文章发表三年以后，AT&T Bell 实验室宣布第一个硬件人工神经网络芯片在利用 Hopfield 理论的基础上实现。后来加州技术学院的 Carver meal 继续从事芯片的研究工作，在耳蜗和视网膜的芯片上都得到比较好的成果。当然，在深入研究中也发现原始的 Hopfield 网络的一些问题，如网络的权是固定的、不能学习、在规模大的情况下实现困难，而且存在局部极小无法克服等等。但不可否认，Hopfield 博士点亮了人工神经网络复兴的火把，掀起了各学科关心神经网络的一个热潮。

1984 年 Hinton 等人将模拟退火算法引入到神经网络中，提出了 Boltzmann 机（BM）网络模型。BM 网络算法为神经网络优化跳出局部极小提供了一个有效的方法。

1986 年，并行处理小组的 Rumelhart 等研究者重新独立提出多层网络的学习算法——BP 算法，较好解决了多层网络的学习问题，证明了多层神经网络具有很强的学习能力，它可以完成许多学习任务，解决许多实际问题。

上述研究成果对人工神经网络的研究与应用起到了重大的推动作用，带动了人工神经网络在 80 年代后的快速发展。

（5）再认识与应用研究期（20 世纪 90 年代至今）

1987 年 6 月 21 日在美国圣地亚哥召开了第一届国际神经网络学术会议，宣告了国际神经网络协会正式成立。会上不但宣告了神经网络计算机学科的诞生，而且还展示了有关公司、大学所开发的神经网络计算机方面的产品和芯片，掀起了人类向生物学习、研究和开发及应用神经网络的新热潮。在这之后，每年都要召开神经网络和神经计算机的国际性和地区性会议，促进神经网络的研制、开发和应用。从 1990 年和 1991 年国际神经网络会议发表的论文来看，已进入相对平稳发展时期，有关应用的论文占了总数的四分之一。若没有理论和方法的新突破，应用的广度和水平将会受到限制。理论和基础研究的相对平稳的发展标志着需要科学成果的积聚，以求新的突破孕育着新高潮的到来。

1991 年 IJCNN（国际联合神经网络会议）会议主席 D. Rumelhart 在开幕词中讲到，“神经网络的发展已进入转折点，它的范围正在不断扩大，领域几乎包括各个方面”。INNS（国际联合神经网络会议）主席 P.Werbos 指出“过去几年至过去几个月，神经网络的应用使工业技术发生了很大变化，特别是在控制领域有突破性进展”。

同时，人们发现，关于人工神经网络还有许多待解决的问题，其中包括许多理论问题。所以，人们认识到近期要想用人工神经网络的方法在人工智能的研究中取得突破性的进展还为时过早。因此众多学者又开始了新一轮的再认识。

这段时期内，人工神经网络的理论和技术以及应用领域比过去广泛得多，一些新生长的应用领域在不断增加，人工神经网络被应用于民用和军用等多个方面；同时，已经呈现出神经网络与专家系统相结合的重要发展趋势。这两者的结合,更好地发挥出各自的专长。最简单的办法是神经网络作为系统的前端即预处理器来处理含糊不清或不完善的数据。或者也可以作为系统的后端来增强由专家系统所进行的判断。至于如何结合和信息转换等问题还有待于进一步研究。

此外，许多研究者致力于根据当前系统的需求对现有的模型和基本算法进行改进，以获得更好的性能。传统的基于物理符号系统的人工智能技术模拟人的逻辑思维过程，人工神经网络模拟人的形象思维。根据这一说法，这两种不同的人工智能技术一般应具有相同的广泛应用范围。然而，就其本身而言，人工神经网络的应用远远落后于传统的计算机科学，在基础研究方面仍有待于取得重大进展。

由此可见，当前神经网络理论研究的高潮不仅对新一代智能计算机的研究产生了重大影响，而且推动了整个人工智能领域的发展。但另一方面，由于问题本身的复杂性，无论是神经网络本身的原理，还是正在努力探索和研究的神经计算机，都还处于基本的初步发展阶段，而其影响和最终能力的研究目标尚不十分明确，有待进一步研究。目前，一些国家的开发方法是面向应用的，目的是开发更高性能的混合计算机。这些计划是基于长期发展目标和短期影响的结合，充分考虑到适应当前发展技术水平。

2.2.1.4 人工神经网络研究现状

人工神经网络的研究内容相当广泛，反映了多学科交叉技术领域的特点。目前，主要的研究工作集中在以下几个方面：

① 生物原型研究。从生理学、解剖学、脑科学、病理学等生物科学方面研究神经细胞、神经网络、神经系统的生物原型结构及其功能机理。

② 建立理论模型。根据生物原型的研究，建立神经元、神经网络的理论模型。其中包括概念模型、知识模型、物理化学模型、数学模型等。理论模型用于神经网络功能和结构分析，可从定性与定量、静态与动态、微观与宏观等多种观察角度进行研究，这是一种广义模型。

③ 网络模型与算法研究。在理论模型研究的基础上构建具体的神经网络模型，以实现计算机模拟或准备制作硬件，包括网络学习算法的研究。这方面的工作也称为技术模型研究。

④ 人工神经网络应用系统。在网络模型与算法研究的基础上，利用人工神经网络组成实际的应用系统。例如，完成某种信号处理或模式识别的功能；构建专家系统；制成机器人等。为实现各类系统的应用，可制作专用硬件也可利用冯・诺依曼计算机进行软件模拟。

人工神经网络的研究内容侧重于网络模型与算法和应用系统两个方面。在以上四方面的工作中，理论模型是生物原型的科学抽象，技术模型是理论模型的物理实现或数学描述，应用系统的构成依赖于技术模型的研究成果。这些方面相互推动、相辅相成。实际上当前理论模型与技术模型的研究还不能充分反映生物原型已取得的研究成果，因而无须等待生物原型研究的最新进展。

到目前为止，神经网络的类型已多达数十种，已经用于各行各业。神经网络已在理论上和实用上取得了可喜的成果。

表 2.1 列出了美国、日本一些大学和研究所的神经网络研究状况。

表 2.1 神经网络主要研究者及研究内容

机构名称	主要研究者	研究内容
加利福尼亚理工大学	Hopfield，Mead 等	神经计算、神经系统的哲学
麻省理工学院	Poggio，Bizzi 等	联结机制的经典计算方法
加利福尼亚大学	Arbib，Thompaon 等	竞争模型
南加利福尼亚大学圣地亚哥分校	Norman，Zipser 等	PDP，联结机制，认知科学
波士顿大学自适应系统中心	Grossberg 等	受视觉系统启发
布朗大学	Geman 等	数学理论
卡内基梅隆大学	McClelland	PDP
麻省理工学院林肯研究所	Cold，Sage	以硬件为研究中心
宾夕法尼亚大学	Mueller，Farhat	光学神经网络
斯坦福大学	Rumelhart，Widrow	BP 神经网络
AT&T 贝尔研究所	Tank，Hopfield，Jackel	广泛的研究项目
东京大学	甘利俊一	神经信息处理，信息几何学
东京电机大学	合原一新	混沌神经网络
法政大学	永野俊	神经网络基础研究
大阪大学	福岛邦彦	认知机，新认知机模型
芬兰赫尔辛基大学	Kohonen	联想记忆

到目前为止，已经发表了多达几十种的神经网络模型，它们具备不同的信息处理能力，表 2.2 展示了典型的神经网络模型。

表 2.2 典型的神经网络模型

时间	研究者	神经网络模型
1943	McCulloch，Pittes	形式神经元模型（MP）
1944	Hebb	神经元学习法则
1957	Roserblatt	感知机（Perception）
1961	Steinbuch	学习矩阵（Lermatrix）
1962	Widrow	自适应模型（Adline）
1968	Grossburg	大系统模型
1971	Amari	布尔网络理论
1972	Fukusnima	视觉认知机
1972	Von den malsburg	自组织原理
1972	Kohonen	联想记忆
1977	Hecht-Nielsen	自适应大系统
1978	Grossberg	自适应共振理论（ART）
1980	Kohonen	自组织映射
1982	Hopfield	霍普神经网络（HNN）
1985	Rumelhart	误差反向传播神经网络（BP）
1985	Hinton	玻尔兹曼机（BM）
1986	Nielson	对传网（Counter-Propagation）

1988年由北京大学组织召开了第一次关于神经网络的讨论会，一些国际知名学者在会上做了专题报告。1989年和1990年，不同学会和研究单位召开过专题讨论会。1992年中国神经网络委员会在北京承办了世界性的国际神经网络学术大会，这届大会受到IEEE神经网络委员会、国际神经网络学会等国际学术组织的大力支持，这标志着我国神经网络的研究工作者第一次大规模地走向世界，这必将会进一步推动我国的神经网络研究。

近几年，神经网络理论的研究与实现引起了许多国家科学家、研究机构和企业界的普遍关注。目前，各种有关人工神经网络的专著逐年增加，许多期刊上不断推出研究人工神经网络的专集。同时不同学科的科学工作者正在积极地联合起来进行学术交流。因此可以预言，未来人工神经网络理论将会有更大的发展，它的应用将推动科学技术的大步前进。

2.2.2 人工神经网络基本原理

人工神经网络是一种受生物大脑启发的信息处理系统。目前，人们对脑细胞之间相互作用的原理，即人类思考问题的机制还不十分清楚，因此人工神经网络只是对大脑结构和功能的一种非常低级的模仿。神经网络的基本单位是神经元，数学上的神经元模型对应于生物学上的神经元，也就是说，人工神经网络理论是用神经元来描述客观世界的抽象数学模型。

显然，生物神经细胞是神经网络理论产生和形成的物质基础和源泉。因此，神经元的数学描述必须基于生物神经细胞的客观行为特征。因此，了解神经细胞的生物学行为特征是非常重要和必要的。

神经网络的拓扑结构也基于神经细胞在生物解剖学中的相互连接方式。揭示神经细胞的相互作用也很重要。

2.2.2.1 生物神经网络

生物神经系统是一个有高度组织和相互作用的数量巨大的细胞组织群体。神经元作为神经系统的基本单元，它们按不同的结合方式构成了复杂的神经网络。通过神经元及其连接的可塑性，使得大脑具有学习、记忆和认知等各种智能。

人工神经网络是对生物神经系统的模拟。它的信息处理功能是由网络单元（神经元）的输入输出特性（激活特性）、网络的拓扑结构（神经元的连接方式）、连接权的大小（突触联系强度）和神经元的阈值（可视为特殊的连接权）等所决定的。神经网络在拓扑结构固定时，其学习归结为连接权的变化，在对这些生物神经系统进行模拟之前，我们需要对真实生物神经系统有一个大致的了解。

神经元就是神经细胞。神经细胞是动物的重要特征之一（植物不存在神经细胞）。在人体内，从大脑到全身存在多种神经细胞，一般这些细胞是很小的，但是在腿上的有些神经细胞可长达2～3m，人类大脑的神经细胞大约在10^{11}～10^{13}个左右。在人体内存在各种神经元，虽然形状不同，但总是由细胞体、树突和轴突组成。

生物神经元学说认为，神经细胞即神经元是神经系统中独立的营养和功能单元。生物神经系统包括中枢神经系统和大脑，均是由各类神经元组成。其独立性是指每一个神经元均有自己的核和自己的分界线或原生质膜。

生物神经元之间的相互连接从而让信息传递的部位被称为突触（synapse）。突触按其传递信息的不同机制，可分为化学突触和电突触，其中化学突触占大多数，其神经冲动传递借助于化学递质的作用。生物神经元的结构大致描述如图 2.1 所示。

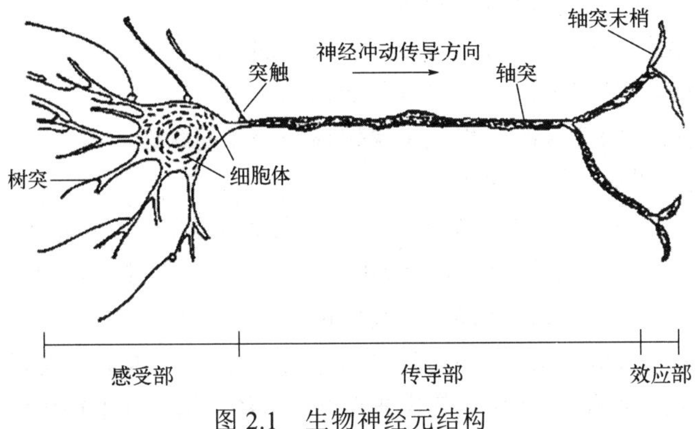

图 2.1 生物神经元结构

神经元由细胞体和延伸部分组成。延伸部分按功能分有两类，一种称为树突，占延伸部分的大多数，用来接受来自其他神经元的信息；另一种用来传递和输出信息，称为轴突。

突触是一个神经元的轴突末梢与另一个神经元所形成的功能性接触点。根据神经元学说，在突触处两个神经元的细胞质并不连通，仅仅是彼此发生功能联系。

在最简单的情况下，神经传送的冲击信号是从接受器官（眼睛或耳朵）到作用器官（肌肉或腺体）的，其间的神经元构成了神经支路，在支路上两个神经元之间总存在一点，该点就是一个细胞的轴突终端靠近另一细胞的树突的微小间隙，也就是突触，通过它，一个细胞内传送的冲击将在第二个细胞内引起冲击响应。这种冲击信号只能在一个方向传送，传播速率在每秒 10～120m 之间，并有一定顺序。当神经支路的一端被激励，达到或超过其阈值，将引起电化物质的变化，该变化就是冲击信号。该冲击信号到达其另一端时，它可能在另一神经细胞中引起一个冲击信号，最后引起细胞的生理上的兴奋或抑制。一旦冲击传送完成，神经支路上的神经元将恢复其原来状态，准备传送下一冲击信号。有时，一个神经元与多个别的神经元通过突触有连接。进入突触的信号作为输入，它们通过突触而被“加权”，有些信号比另一些信号强，某些信号起兴奋作用（是正的），另一些信号起抑制作用（是负的）。所有加权输入的总效果是它们之和。如果和值等于或大于神经元阈值，该神经元激活（给出输出）。否则，它将不被激活。

神经元对信息的接受和传递都是通过突触来进行的。单个神经元可以从别的细胞接受多个输入。由于输入分布于不同的部位，对神经元影响的比例（权重）是不相同的。另外，各突触输入抵达神经元的先后时间也不一样。因此，一个神经元接受的信息，在时间和空间上常呈现出一种复杂多变的形式，需要神经元对它们进行积累和整合加工，从而决定其输出的时机和强度。正是神经元这种整合作用，才使得亿万个神经元在神经系统中有条不紊、夜以继日地处理各种复杂的信息，执行着生物中枢神经系统的各种信息处理功能。

多个神经元以突触联接形成了一个神经网络。研究表明，生物神经网络的功能绝不是单个神经元生理和信息处理功能的简单叠加，而是一个有层次的、多单元的动态信息处理系统。它们有其独特的运行方式和控制机制，以接受生物内外环境的输入信息，加以综合分析处理，然后调节控制机体对环境做出适当的反应。

总结起来，生物神经网络有以下几个基本特征：

① 神经元及其连接；

② 神经元之间的连接强度决定信号传递的强弱；

③ 神经元之间的连接强度是可以随训练而改变的；

④ 信号可以是起刺激作用的，也可以是起抑制作用的；

⑤ 一个神经元接受的信号的累积效果决定该神经元的状态；

⑥ 每个神经元可以有一个“阈值”。

从神经学家、神经外科家、神经病理学家及神经解剖学家获得的证据可知，在大脑中大约有1000个不同的模块，每个模块包含有50×10^6个神经元。神经解剖家可以容易地辨认出几百个模块中的哪一个出现了缺损或故障。我们可以认为每个模块就是众多神经网络的一类。大脑的主要计算机构是大脑皮层，它的结构也有类似的特征。人们发现，在大脑皮层的横断面上，一般有3～6层神经细胞排列，在其垂直方向大约100 000个神经细胞组成一组。在一个典型脑模型中，大约有500个神经网络进行计算工作。同时，人们也发现了不同层间神经细胞的连接方式，有平行型、发散型、收敛型和反馈型。这些连接的强度是随机的，随着对外界事物的响应而逐渐形成。这虽然不能直接解决我们建立人工神经网络模型的问题，但却给我们不少启发。

2.2.2.2 人工神经元

神经网络是由大量的处理单元（神经元）互相连接而成的网络。为了模拟大脑的基本特性，在现代神经科学研究的基础上，人们提出了人工神经网络的模型。人工神经网络的信息处理由神经元之间的相互作用来实现，知识与信息的存储表现为网络元件互连分布式的物理联系。人工神经网络的学习和识别决定于各神经元连接权系数的动态演化过程。

人工神经网络的结构和工作机理基本上是以人脑的组织结构（大脑神经网络）和活动规律为背景的，它反映了人脑的某些基本特征，但并不是对人脑部分的真实再现，可以说是某种抽象、简化或模仿。参照生物神经网络发展起来的人工神经网络现已有许多种类型，但它们中的基本单元——神经元的结构基本相同。

（1）人工神经元基本结构

人工神经元模型是生物神经元的模拟和抽象。这里所说的抽象是从数学角度而言，所谓模拟是以神经元的结构和功能而言。神经元是神经网络的基本元素。从神经元的特性和功能可以知道，神经元是一个多输入单输出的信息处理单元，而且，它对信息的处理是非线性的。根据神经元的特性和功能，可以把神经元抽象为一个简单的数学模型。图2.2所示是一种典型的人工神经元模型，它是模拟生物神经元的细胞体、树突、轴突、突触等主要部分而构成的。

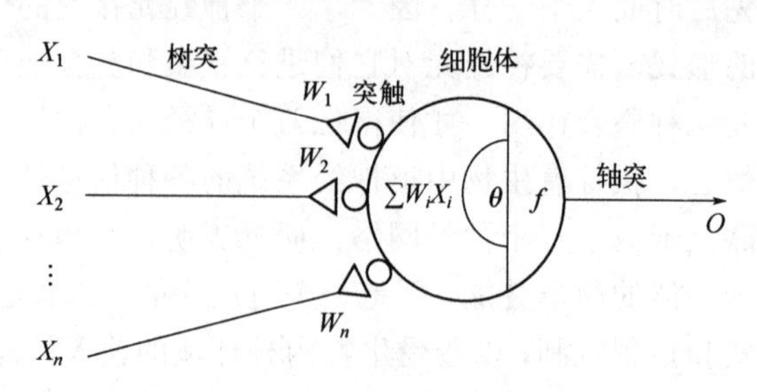

图2.2 人工神经元模型

就像生物神经元中有很多输入（激励）一样，人工神经元也应有很多输入信号，并且同时加到人工神经元上，人工神经元以输出作为响应。人工神经元的输出像实际神经元那样，输出响应不但受输入信号的影响，同时也受内部其它因素的影响。这可用内部阈值等效，有时可用一额外输入（偏置）替代。

人工神经元的每一输入都经过相关的加权，以影响输入的激励作用。这有些像生物神经元中突触的可变强度，它确定了输入信号的强度，一般把它看作连接强度的测度。人工神经元的初始加权可根据某确定的规则进行调节修正，这也像生物神经元中的突触强度可受外界因素影响一样。

据此，人工神经元相当于一个多输入单输出的非线性阈值器件。这里的 $X_1,X_2,\ldots,X_n$ 表示它的 N 个输入；$W_1,W_2,\ldots,W_n$ 表示与它相连的 N 个突触的连接强度，其值称为权值；$\sum \boldsymbol{W}_i \boldsymbol{X}_i$ 称为激活值，表示这个人工神经元的输入总和，对应于生物神经细胞的膜电位；O 表示这个人工神经元的输出；θ 表示这个人工神经元的阈值。如果输入信号的加权和超过 θ，则人工神经元被激活。这样，人工神经元的输出可描述为

$$O = f\left(\sum \boldsymbol{W}_i \boldsymbol{X}_i - \theta\right) \tag{2.1}$$

式中 $f(\cdot)$——表示神经元输入-输出关系的函数，称为激活函数或输出函数。

$\boldsymbol{W}$——权矢量（weight vector）

$$\boldsymbol{W} \triangleq \begin{pmatrix} W_1 \\ W_2 \\ \vdots \\ W_n \end{pmatrix} \tag{2.2}$$

$\boldsymbol{X}$——输入矢量（input vector）

$$\boldsymbol{X} \triangleq \begin{pmatrix} X_1 \\ X_2 \\ \vdots \\ X_n \end{pmatrix} \tag{2.3}$$

设 $net=\boldsymbol{W}^{\mathrm{T}}\boldsymbol{X}$ 是权与输入的矢量积（标量），相当于生物神经元由外加刺激引起的膜内电位的变化。这样激活函数可写成：$f(net)$。这里为了表达简单没有写出阈值（θ）。通常我们假设神经元有 $n-1$ 个突触连接，实际输入变量为 $X_1,X_2,\ldots,X_{n-1}$。那么可设 $X_n=-1$，$W_n=\theta$，这样就加入了阈值这个量。

阈值 θ 一般不是一个常数，它是随着神经元的兴奋程度而变化的。因细胞在每次放电之后都需要一定的时间恢复，也就是说神经元的兴奋存在不应期（refractory period），即相邻二次兴奋之间需要的时间间隔（大约为 0.5～2.0ms），在此期间阈值会升高，即绝对不应期内的阈值上升为无穷大。

综上所述，神经元具有以下特点：

① 神经元是一种多输入、单输出元件。

② 它具有非线性的输入、输出特性。

③ 它具有可塑性。其塑性交化的部分主要是权值（W_i）的变化，这相当于生物神经元的突触部分的变化。

④ 神经元的输出响应是各个输入值的综合作用的结果。

⑤ 输入分为兴奋型（正值）和抑制型（负值）两种。

（2）激活函数

激活函数也被称为转移函数、激励函数、传输函数或者限幅函数。其作用是将可能的无限域变换到一个指定的有限范围内输出。这类似于生物神经元具有的非线性转移特性。

激活函数有许多种类型，其中比较常用的激活函数可归结为三种形式：阈值型、S 型和线性型。

阈值型激活函数是最简单的.它是由美国心理学家McCulloch和数学家Pitts共同提出的，因此，常称为MP模型。这个模型对脑模型、自动机和人工智能等领域的研究有重大影响，从此才开创了神经科学理论研究的时代。

其输出状态取二值（1、0 或+1、−1），分别代表神经元的兴奋和抑制。也可称它为阶跃响应函数，这个函数是特性硬。它的输入输出关系如图 2.3 和图 2.4 所示。它的函数表达式是非线性的，式（2.4）是一种单极性阈值型激活函数表达式，式（2.5）是一种双极性（bipolar）的阈值型激活函数表达式。

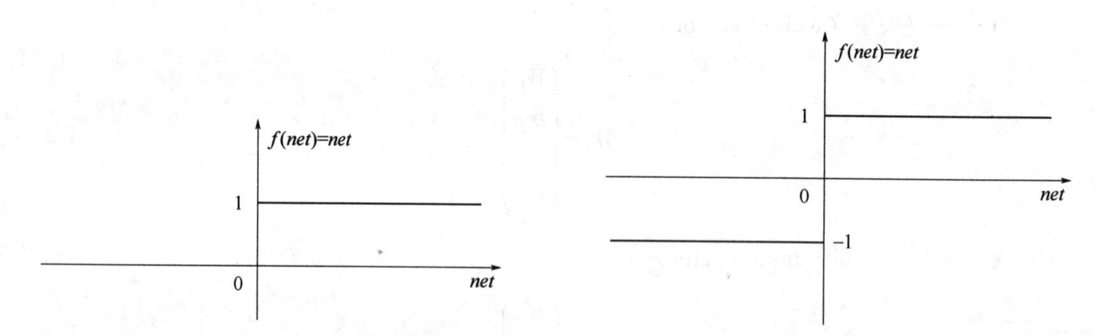

图 2.3　单极性阈值型激活函数　　　图 2.4　双极性阈值型激活函数

$$f(net) \triangleq sgn(net) = \begin{cases} +1 & net \geqslant 0 \\ 0 & net \leqslant 0 \end{cases} \tag{2.4}$$

$$f(net) \triangleq sgn(net) = \begin{cases} +1 & net \geqslant 0 \\ -1 & net \leqslant 0 \end{cases} \tag{2.5}$$

S 型（Sigmoid 响应特性）激活函数的输出特性比较软，其输出状态的取值范围为[0,1]或[−1,+1]，它的硬度可由系数 λ 来调节。它的输入输出关系如图 2.5 和图 2.6 所示。式（2.6）是一种双极性 S 型激活函数表达式，式（2.7）是一种单极性 S 型激活函数表达式。

$$f(net) \triangleq \frac{2}{1+\exp(-\lambda net)} \quad f(net) \in (-1,1) \tag{2.6}$$

$$f(net) \triangleq \frac{1}{1+\exp(-\lambda net)} \quad f(net) \in (0,1) \tag{2.7}$$

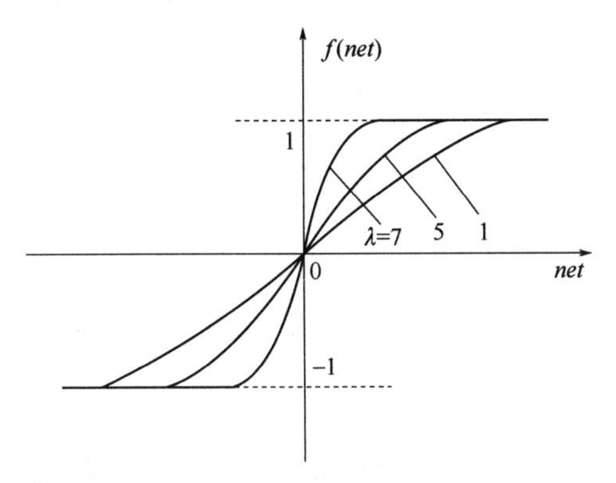

图 2.5 双极性 S 型激活函数

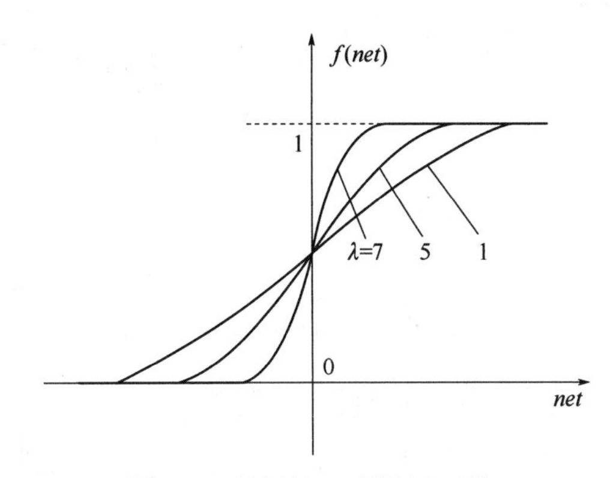

图 2.6 单极性 S 型激活函数

线性型激活函数的输入输出关系如图 2.7 所示。式（2.8）是一种线性型激活函数的数学表达式。

$$f(net) \triangleq net \tag{2.8}$$

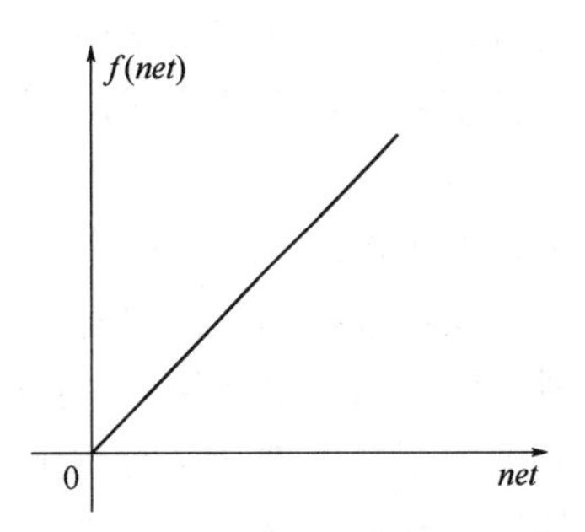

图 2.7 线性型激活函数

（3）连接方式

根据连接方式的不同，神经网络的拓扑结构可分成不同类型，主要包括前馈式网络、反馈型网络等等，图 2.8 分别是不同类型的神经网络拓扑结构。

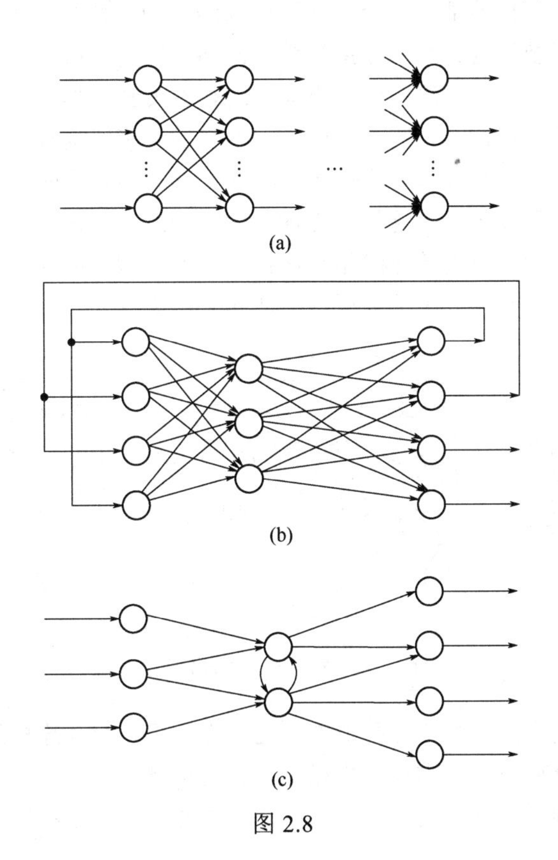

图 2.8

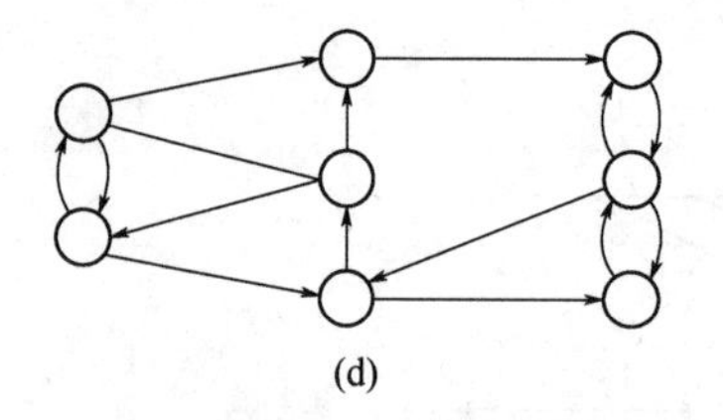

(d)

图 2.8　网络结构的 4 种形态

（a）不含反馈的前向网络；（b）含反馈的前向网络；（c）层内有反馈的前向网络；（d）相互结合型网络

2.2.2.3　人工神经网络模型

将前面介绍的人工神经元通过一定的结构组织起来，就可构成人工神经网络。就目前已有的典型神经网络模型而言，尽管已略去了很多生物神经网络的细节，但它们充分保留了脑神经网络系统的基本结构，部分地反映了生物神经系统工作的内在机理。根据神经元之间连接的拓扑结构上的不同，可将神经网络结构主要分为两大类，即分层网络和相互连接型网络。

分层网络是将一个神经网络模型中的所有神经元按功能分为若干层，一般有输入层、中间层和输出层，各层顺序连接，如图 2.9 所示。输入层接受外部的输入信号，并由各输入单元传送给直接相连的中间层各单元。中间层是网络的内部处理单元层，与外部无直接连接。神经网络所具有的模式变换能力，如模式分类、模式完善、特征抽取等，主要是在中间层进行的。根据处理功能的不同，中间层可以有多层，也可以没有。由于中间层单元不直接与外部输入输出打交道。故常将神经网络的中间层称为隐含层。输出层是网络输出运行结果并与显示设备或执行机构相连接的部分。分层网络可以细分为三种互连形式：简单的前向网络、具有反馈的前向网络以及层内有相互连接的前向网络。图 2.9（a）所示为简单的前向网络结构层，输入模式由输入层进入网络。经过中间层的模式变换，由输出层产生输出模式。这是最简单的分层网络结构，所谓前向网络是由分层网络逐层模式变换处理的方向而得名的。后面介绍的 BP 网络就是一个典型的前向网络。图 2.9（b）所示为输出层到输入层具有反馈的前向网络。反馈的回路形成闭环，这与生物神经网络的结构相似。图 2.9（c）所示为层内有相互连接的前向网络。同一层内单元的相互连接使它们之间有彼此的牵制作用，可限制同一层内能同时激活的单元个数。竞争抑制型网络就属于这类形式。

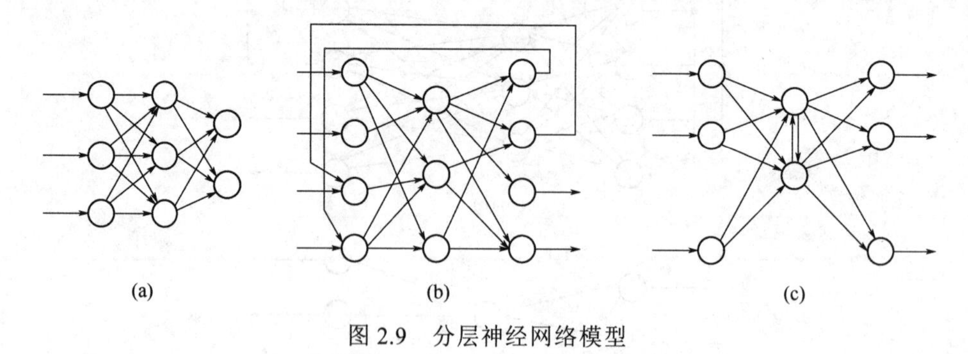

(a)　(b)　(c)

图 2.9　分层神经网络模型

相互连接型网络是指网络中任意两个单元之间都是可以相互连接的，如图 2.10 所示。后面章节介绍的 Hopfield 网络、玻尔茨曼机模型结构均属此类。

对于简单的前向网络，给定某一输入模式，网络能产生一个相应的输出模式，并保持不变。但在相互连接的网络中，对于给定的输入模式，网络由某一初始状态出发并开始运行，在一段时间内网络处于不断更新输出状态的变化过程中。如果网络设计得好，最终可能产生某一稳定的输出模式；如果设计得不好，网络也有可能进入周期型振荡或发散状态。

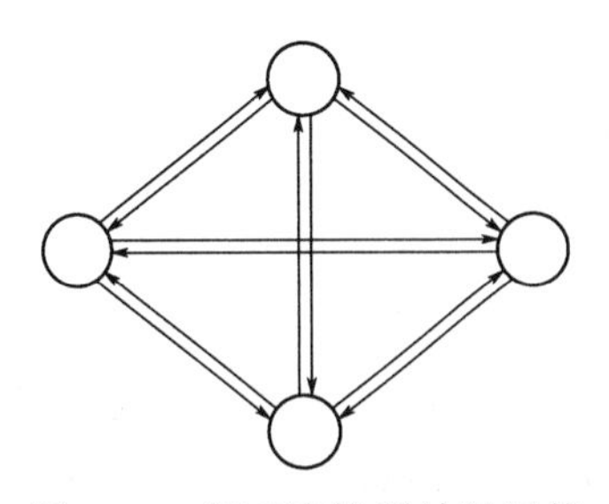

图 2.10 相互连接型神经网络

下面简要介绍几种常用的神经网络：

（1）前馈网络（feedforward network）

图 2.11 是一种典型的前馈网络结构图。有时为了简单也可以画成如图 2.12 所示的方框图的形式。

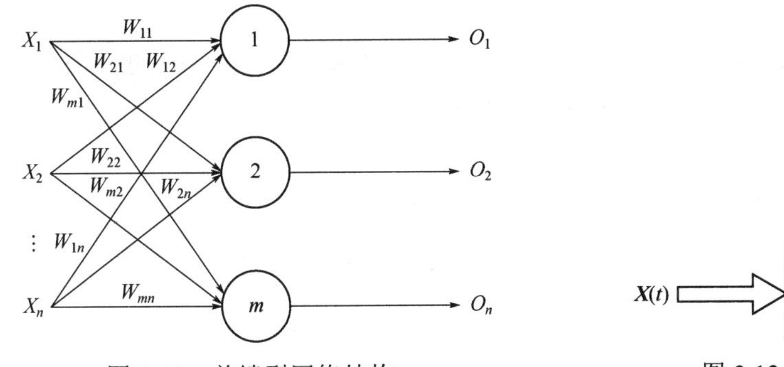

图 2.11 前馈型网络结构

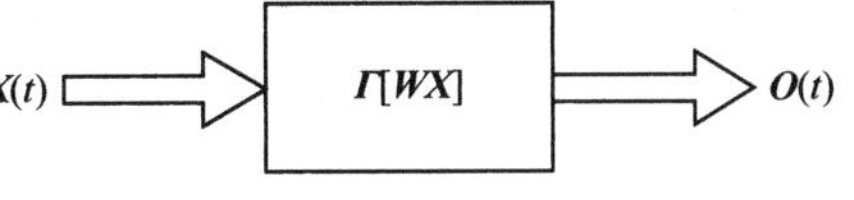

图 2.12 前馈型网络方框图

这种网络的输入矢量为：$\boldsymbol{X}=[X_1,X_2,\ldots,X_n]^{\mathrm{T}}$，输出矢量为：$\boldsymbol{O}=[O_1,O_2,\ldots,O_n]^{\mathrm{T}}$，其中，$W_{ij}$表示神经元 i 与 j 之间的连接权，i 为目的神经元，j 为源神经元，与第 i 个神经元相连的所有连接权为：$W_i \triangleq [W_{i1},W_{i2},\ldots,W_{in}]^{\mathrm{T}}$

第 i 个神经元的激活值为

$$net_i = \sum_{j=1}^{n} W_{ij} X_j \ (i=1,2,\cdots,m) \tag{2.9}$$

经过非线性映射可得到神经元的输出：

$$O_i = f(W_i^T X)\ (i=1,2,\cdots,m) \tag{2.10}$$

这里也可以引入非线性矩阵算子 $\boldsymbol{\Gamma}$。

输入空间到输出空间的变换关系按下式计算：

$$\boldsymbol{O} = \boldsymbol{\Gamma}[\boldsymbol{WX}] \tag{2.11}$$

其中算子表示为：

$$\boldsymbol{\Gamma} \triangleq \begin{pmatrix} f(\cdot) & 0 & \ldots & 0 \\ 0 & f(\cdot) & \ldots & 0 \\ \vdots & \vdots & \ddots & \vdots \\ 0 & 0 & \ldots & f(\cdot) \end{pmatrix} \tag{2.12}$$

权矩阵表示为：

$$
\boldsymbol{W} \triangleq \begin{pmatrix} W_{11} & W_{12} & \cdots & W_{1n} \\ W_{21} & W_{22} & \cdots & W_{2n} \\ \vdots & \vdots & \ddots & \vdots \\ W_{m1} & W_{m2} & \cdots & W_{mn} \end{pmatrix} \tag{2.13}
$$

其中，$f(\cdot)$表示的是一个非线性激活函数，每个神经元的激活函数是Γ算子的分量，这个值是标量，是输入矢量和权矢量之积。

输入矢量 $\boldsymbol{X}$、输出矢量 $\boldsymbol{O}$ 有时也称为输入、输出模式，前馈传递指的是从输入模式映射到输出模式。这里是瞬时响应，不包括延时响应。式（2.11）也可以表示成时间函数的形式：

$$
\boldsymbol{O}(t) = \boldsymbol{\Gamma}\left[\boldsymbol{W}\boldsymbol{X}(t)\right] \tag{2.14}
$$

前馈网络没有反馈，可以连成多层网，前馈网络通常是有导师提供信息，提供期望值，可以通过误差信号来修正权值，直到误差小于允许范围。

（2）反馈网络

反馈网络实际上是将前馈网络中输出层神经元的输出信号经延时后再送给输入层神经元。图 2.13 是一种典型的反馈型神经网络结构。它的简化方框图如图 2.14 所示。

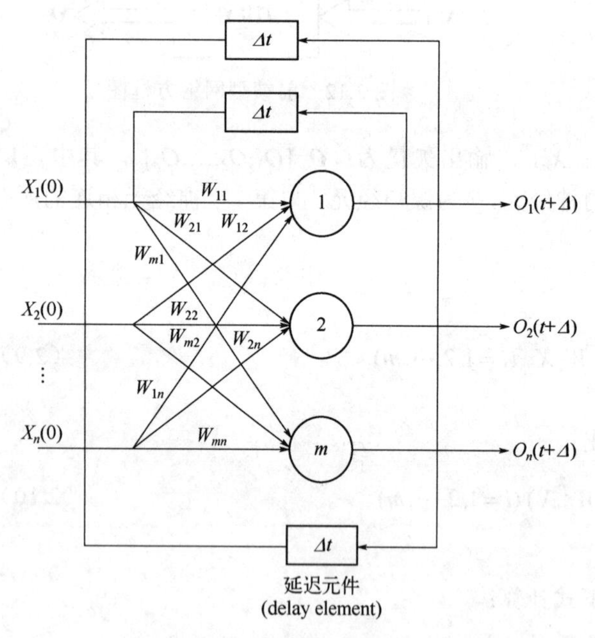

图 2.13 反馈型神经网络

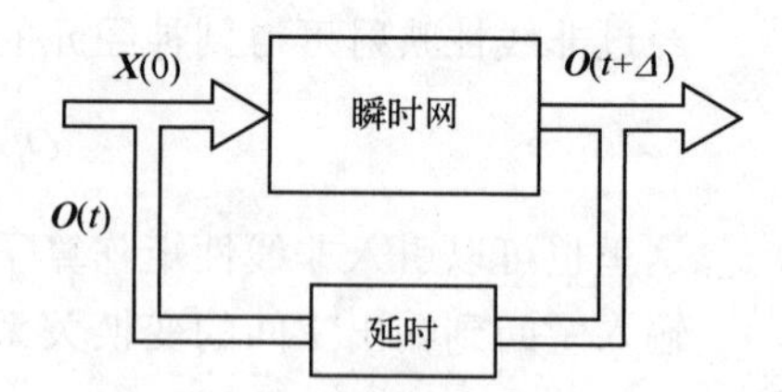

图 2.14 反馈型神经网络方框图

单层离散型反馈网络（离散时间为 $\Delta t, 2\Delta t, 3\Delta t\ldots$），是利用当前的输出来控制下一次的输出，也就是说 $\boldsymbol{O}j(t+\Delta t)$是与 $\boldsymbol{O}j(t)$直接相关的。这里的 Δt 表示延迟，它模拟的是生物神经元的不应期或传递延迟。对于输入 $\boldsymbol{X}(t)$值在初始时刻不为零的情况，这种网络也可以保持有输出信号。这时 $\boldsymbol{O}(0)=\boldsymbol{X}(0)$，即在 $t>0$ 时，输入可以取消或被系统自动保持。

如果我们这里只考虑 $\boldsymbol{X}(0)\neq 0$，则在 $t>0$ 时，没有输入的情况，可将下一时刻的输出写成：

$$
O(t+\Delta t) = F[WO(t)] \tag{2.15}
$$

为方便起见，也可将网络的输出状态表示成：

$$\boldsymbol{O}^{k+1}=\boldsymbol{F}[\boldsymbol{W}\quad \boldsymbol{O}(t)]\ \ (k=1,2,3,\ldots) \tag{2.16}$$

因此这种网络也被称为递归网络（recurrent），k+1 响应取决于 k=0 开始的整个过程，即

$$\begin{aligned}\boldsymbol{O}^{1}&=\boldsymbol{F}[\boldsymbol{W}\quad \boldsymbol{X}^{0}]\\ \boldsymbol{O}^{2}&=\boldsymbol{F}[\boldsymbol{W}\quad \boldsymbol{F}[\boldsymbol{W}\quad \boldsymbol{X}^{0}]]\\ &\vdots\\ \boldsymbol{O}^{k+1}&=\boldsymbol{F}[\boldsymbol{W}\quad \boldsymbol{F}[\ldots \boldsymbol{F}[\boldsymbol{W}\quad \boldsymbol{X}^{0}]]]\end{aligned} \tag{2.17}$$

这是具有离散数据的典型的回归网络，神经元的激活函数具有硬特性，状态转换序列为 $\boldsymbol{O}^0,\boldsymbol{O}^1,\boldsymbol{O}^2,\ldots$直到平衡状态，这个平衡状态通常称为吸引子（attractor）。

（3）相互结合型网络

相互结合型网络的结构如图 2.15 所示，它属于网状结构网络。构成网络中的各个神经元都可能相互双向连接，所有的神经元既作输入，同时也用作输出。这种网络如果在同一时刻从外部加一个输入信号，输入信号一旦通过这个信息网络传递，网络就处于一种不断改变状态的动态之中，各个神经元一边相互作用，一边进行信息处理，经过若干次的状态变化，网络才会到达某种稳定状态，收敛于某个稳定值，根据网络的结构和神经元的映射特性，网络还有可能进入周期振荡或其他平衡状态的变换值。

（4）混合型网络

前面讲的前馈网络和上述的相互结合型网络分别是典型的层状结构网络和网状结构网络，这里介绍一种介于两种网络中间的一种连接方式，如图 2.16 所示。它是可以看做一种前馈网络，但是同一层的各个神经元之间又有互联的结构，所以称为混合型网络。这种在同一层内互联的目的是限制同层内不同神经元同时兴奋或抑制的数目，以完成特定的功能。例如：视网膜的神经网络就有许多这种连接形式。

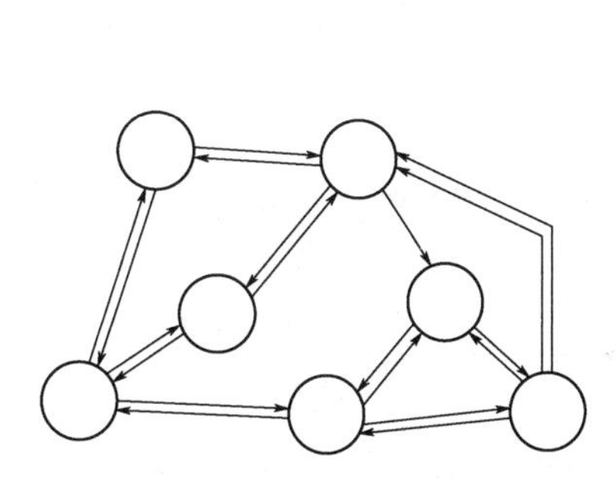

图 2.15　相互结合型网络

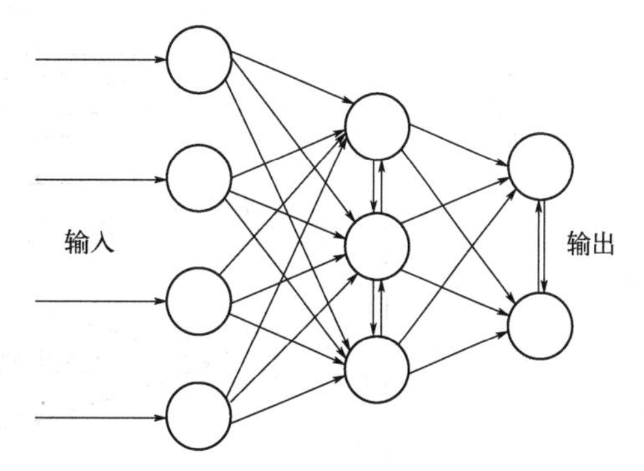

图 2.16　混合型网络

2.2.2.4　人工神经网络的学习方法

学习是神经系统的本能，人的神经系统是最发达的，所以人的学习能力也最强，人从出生开始一直在学习，一开始是学习说话、学走路，然后上小学、中学、大学，走出校门到工作岗位上也同样需要不断地学习，对学习有经验的人都知道什么是学习和如何去学习。

人工神经网络最大的特点就是它的学习能力，在学习过程中，主要是网络的连接权的值

产生了相应变化，学习到的内容也是记忆在连接权中。

令 $\boldsymbol{W}_{ij}$ 为第 i 个神经元的第 j 个输入，这个输入可以是外来的输入信号，也可以来自其他神经元的输出。

学习信号 $\boldsymbol{r}$ 是 $\boldsymbol{W}_i$ 和 $\boldsymbol{X}$ 的函数，有时也包括导师信号 $\boldsymbol{d}_i$，所以有：

$$\boldsymbol{r}=\boldsymbol{r}(\boldsymbol{W}_i,\boldsymbol{X},\boldsymbol{d}_i) \tag{2.18}$$

权矢量 $\boldsymbol{W}_i$ 的变化是由学习步骤按时间 $t,t+1,\ldots$，一步一步进行计算。在时刻 t 连接权的变化量为：

$$\Delta W_i(t+1)=\Delta\boldsymbol{W}_i(t)+c\boldsymbol{r}[\boldsymbol{W}_i(t),\boldsymbol{X}(t),\boldsymbol{d}_i(t)]\boldsymbol{X}(t) \tag{2.19}$$

其中，c 是一个正的常数，称为学习常数，决定学习速率。

整个学习过程可用图 2.17 来表示。学习过程的计算框图如图 2.18 所示。

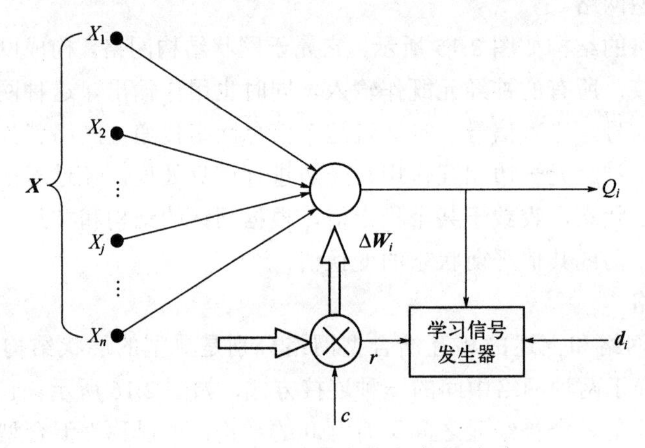

图 2.17　学习过程中的各变量关系

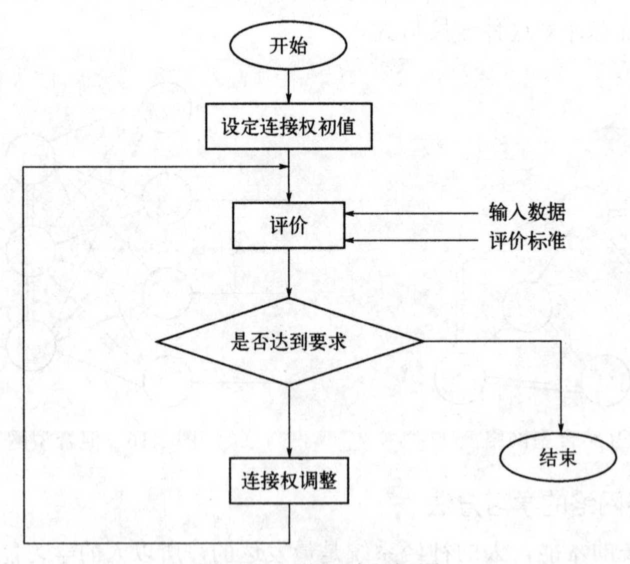

图 2.18　学习过程框图

模仿人脑的学习过程，人们提出了多种神经网络的学习方式，其中主要有三种：有导师学习、无导师学习和强化学习。按学习方式进行神经网络模型分类时，可以分为相应的三种，即有导师学习网络、无导师学习网络和强化学习网络。有导师型的学习或者说有监督型的学习是在有指导和考察的情况下进行的。如果学完了没有达到要求，那么就要再继续学习（重新学习）。无导师型的学习或者说无监督型的学习是靠学习者或者说神经系统本身自行完成的。例如有人对生物神经元感兴趣，那么他就找来许多的书来自学，这种学习没人监督，学到什么程度全靠大脑中的神经网络的能力（当然也包括自己的兴趣，因为兴趣也是一种神经反应），最后也能把这种知识掌握到一定的程度。

学习是一个相对持久的变化过程，学习往往也是一个推理的过程，例如通过经验也可以学习，学习是神经网络最重要的能力。

人工神经网络可从所需要的例子的集合中、从输入与输出的映射中学习。对于有监督学习，是在已知输入模式和期望输出的情况下进行的学习。如图 2.19 所示，对应每一个输入，有由导师提供的系统期望响应 d（desired response）。

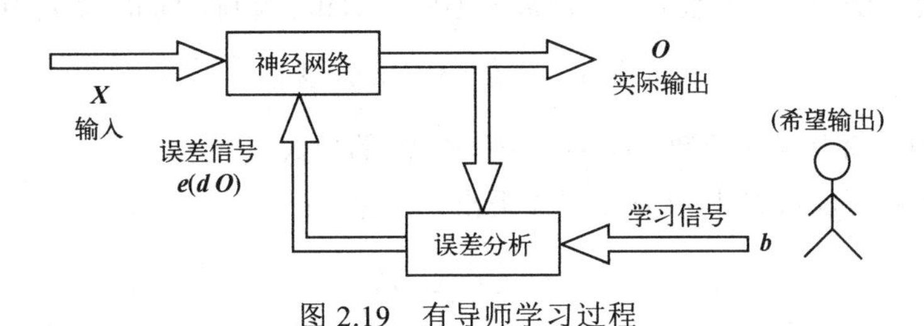

图 2.19　有导师学习过程

$e(d\quad O)$是实际响应与期望响应之间的差距，可作为测量到的误差，用来校正网络的参数（权值和阈值），输入-输出模式的集合称为这个学习模型的训练样本集合。

关于综合误差有各种不同的定义，但本质是一致的，这里介绍两种：

（1）均方根标准误差（root-mean-square-normalized error，RMS 误差）

$$E=\frac{\sqrt{\sum_{k=1}^{M}\sum_{j=1}^{Q}(y_j^k-y_{kj})^2}}{MQ} \tag{2.20}$$

式中　y_{kj}——模式 k 第 j 个输出单元的期望值；

y_j^k——模式 k 第 j 个输出单元的实际值；

M——样本模式的个数；

Q——输出单元个数。

（2）误差平方和（sum of the squared errors，SSE 误差）

$$E_k=\frac{1}{2}\sum_{j=1}^{Q}(y_j^k-y_{kj})^2$$

$$E=\sum_{k=1}^{M}E_k \tag{2.21}$$

式中　M——样本模式对个数；

Q——输出单元个数；

例如用神经网络识别字母 A 和 B，当字母 A 或 A 相似的字母的信息输入到神经网络的输入端时，在神经网络的输出端的状态应为 1，即 A 是输入，1 是希望输出。对于字母 B 的希望输出为 0，如图 2.20 所示。

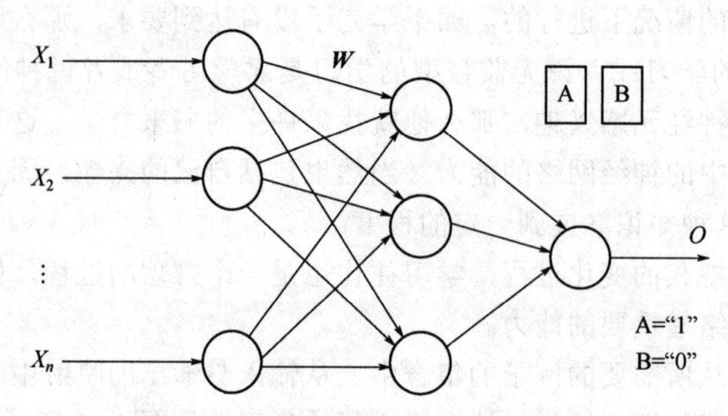

图 2.20　用神经网络识别字母 A 和 B

有导师训练算法中，最为重要、应用最普遍的是 Delta 规则。Delta 规则中，学习信号为：

$$r \triangleq [d_i - f(\boldsymbol{W}_i^{\mathrm{T}}\boldsymbol{X})]f'(\boldsymbol{W}_i^T\boldsymbol{X}) \tag{2.22}$$

式中，$f'(\boldsymbol{W}_i^T\boldsymbol{X})$ 是激活函数 $f(net)$ 对 $net = \boldsymbol{W}_i^{\mathrm{T}}\boldsymbol{X}$ 的导数。

这个学习规则可以从 O_i 与 d_i 最小方差得出，方差为：

$$\begin{gathered} E \triangleq \frac{1}{2}(d_i - O_i)^2 \\ E \triangleq \frac{1}{2}[d_i - f(\boldsymbol{W}_i^{\mathrm{T}}\boldsymbol{X})]^2 \end{gathered} \tag{2.23}$$

误差梯度矢量表示为：

$$\nabla E = -(d_i - O_i)f'(\boldsymbol{W}_i^{\mathrm{T}}\boldsymbol{X})\boldsymbol{X} \tag{2.24}$$

由于最小误差要求权变换是负梯度方向，所以有：

$$\begin{gathered} \Delta\boldsymbol{W}_i = -c\Delta\boldsymbol{E} \\ \Delta\boldsymbol{W}_i = -c(d_i - O_i)f'(net_i)\boldsymbol{X} \\ \Delta\boldsymbol{W}_{ij} = -c(d_i - O_i)f'(net_i)\boldsymbol{X}_j \end{gathered} \tag{2.25}$$

下面举例说明，设有一个有四个输入端的神经元，其输入模式和初始权值分别为：

$$\boldsymbol{X} = \begin{pmatrix} X_1 \\ X_2 \\ X_3 \\ X_4 \end{pmatrix} \quad \boldsymbol{W}^1 = \begin{pmatrix} 1 \\ -1 \\ 0 \\ 0.5 \end{pmatrix} \tag{2.26}$$

要求用下面三个训练样本 $\boldsymbol{X}_1$，$\boldsymbol{X}_2$，$\boldsymbol{X}_3$ 对网络进行训练：

$$\boldsymbol{X}_1 = \begin{pmatrix} 1 \\ -2 \\ 0 \\ -1 \end{pmatrix} \quad \boldsymbol{X}_2 = \begin{pmatrix} 1 \\ 1.5 \\ -0.5 \\ -1 \end{pmatrix} \quad \boldsymbol{X}_3 = \begin{pmatrix} 1 \\ -1 \\ 0 \\ 0.5 \end{pmatrix} \tag{2.27}$$

相应的导师信号和激活函数为：

$$d_1=-1,\ d_2=-1,\ d_3=\pm 1$$
$$f(net)=\frac{2}{1+\exp(-\lambda net)}-1 \tag{2.28}$$

取 $\lambda=1$，则有：

$$\begin{aligned} f'(net) &= \frac{2\exp(-net)}{[1+\exp(-net)]^2} \\ &= \frac{1}{2}\left\{1-\frac{4}{[1+\exp(-net)]^2}+\frac{4}{1+\exp(-net)}-1\right\} \\ &= 0.5[1-f^2(net)] = 0.5(1-O^2) \end{aligned} \tag{2.29}$$

这里 $O=f(net)$，取 $c=0.1$，则有

第一步：

$$net^1 = \boldsymbol{W}^{1\mathrm{T}}\boldsymbol{X}_1 = 2.5$$
$$O^1 = f(net^1) = 0.848$$
$$f'(net^1) = 0.5[1-(O^1)^2] = 0.140$$
$$\boldsymbol{W}^2 = c(d_1-O^1)f'(net^1)\boldsymbol{X}_1+\boldsymbol{W}^1 = [0.9724\quad -0.948\quad 0\quad 0.526]^{\mathrm{T}}$$

第二步：

$$net^2 = \boldsymbol{W}^{2\mathrm{T}}\boldsymbol{X}_2 = -1.948$$
$$O^2 = f(net^2) = -0.75$$
$$f'(net^2) = 0.5[1-(O^2)^2] = 0.218$$
$$\boldsymbol{W}^3 = c(d_2-O^2)f'(net^2)\boldsymbol{X}_2+\boldsymbol{W}^2 = [0.947\quad -0.956\quad 0.002\quad 0.531]^{\mathrm{T}}$$

第三步：

$$net^3 = \boldsymbol{W}^{3\mathrm{T}}\boldsymbol{X}_3 = -2.46$$
$$O^3 = f(net^3) = -0.842$$
$$f'(net^3) = 0.5[1-(O^3)^2] = 0.145$$
$$\boldsymbol{W}^4 = c(d_3-O^3)f'(net^3)\boldsymbol{X}_3+\boldsymbol{W}^3 = [0.947\quad -0.929\quad 0.016\quad 0.505]^{\mathrm{T}}$$

由此经过三次校正，最终权值为 $\boldsymbol{W}^4$。

对于无监督学习，由于没有现成的信息作为响应的校正，学习是靠对信息的观察来实现的。如图 2.21 所示，网络能够根据其特有的网络结构和学习规则，对属于同一类的模式进行自行分类，可以认为，这种网络的学习评价标准隐含于网络的内部。

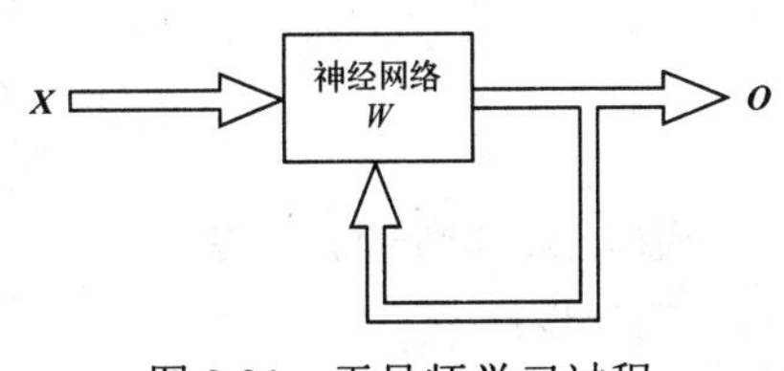

图 2.21 无导师学习过程

无导师训练方法不需要目标，其训练集中只含一些输入向量，训练算法致力于修改权矩阵，以使网络对一个输入能够给出相容的输出，即相似的输入向量可以得到相似的输出向量。在训练过程中，相应的无导师训练算法用来将训练的样本集合中蕴含的统计特性抽取出来，并以神经元之间的连接权的形式存于网络中，以使网络可以按照向量的相似性进行分类。

虽然用一定的方法对网络进行训练后，可收到较好的效果。但是，对给定的输入向量来

说，它们应被分成多少类，某一个向量应该属于哪一类，这一类的输出向量的形式是什么样的等等，都是难以事先给出的。因此在实际应用中，还要求进行将其输出变换成一个可理解的形式的工作。另外，其运行结果的难以预测性也给此方法的使用带来了一定的障碍。

主要的无导师学习方法有 Hebb 学习律，竞争与协同（competitive and cooperative）学习律、随机连接（randomly connected）学习律。其中，Hebb 学习律是最早提出的学习算法，目前的大多数算法都来源于此。

Hebb 算法是 D.O. Hebb 在 1961 年提出的。根据 Hebb 学习规则，学习信号 r 等于神经元的输出：

$$\begin{aligned} r &\triangleq f(\boldsymbol{W}_i^{\mathrm{T}}\ \boldsymbol{X}) \\ \Delta \boldsymbol{W}_{ij} &= cf(\boldsymbol{W}_i^{\mathrm{T}}\ \boldsymbol{X})\boldsymbol{X} \end{aligned} \tag{2.30}$$

权分量 $\boldsymbol{W}_{ij}$ 用下式调整：

$$\begin{aligned} \Delta \boldsymbol{W}_{ij} &= cf(\boldsymbol{W}_i^{\mathrm{T}}\ \boldsymbol{X})X_j \\ \Delta \boldsymbol{W}_{ij} &= cO_i X_j \end{aligned} \tag{2.31}$$

这里，同样利用一个例子介绍 Hebb 算法的具体训练过程。

设有一个有四个输入端的神经元，其输入模式和初始权值分别为：

$$\boldsymbol{X} = \begin{pmatrix} X_1 \\ X_2 \\ X_3 \\ X_4 \end{pmatrix} \quad \boldsymbol{W}^1 = \begin{pmatrix} 1 \\ -1 \\ 0 \\ 0.5 \end{pmatrix} \tag{2.32}$$

要求用下面三个训练样本 $\boldsymbol{X}_1$，$\boldsymbol{X}_2$，$\boldsymbol{X}_3$ 对网络进行训练：

$$\boldsymbol{X}_1 = \begin{pmatrix} 1 \\ -2 \\ 1.5 \\ 0 \end{pmatrix} \quad \boldsymbol{X}_2 = \begin{pmatrix} 1 \\ -0.5 \\ -2 \\ -1.5 \end{pmatrix} \quad \boldsymbol{X}_3 = \begin{pmatrix} 0 \\ 1 \\ -1 \\ 1.5 \end{pmatrix} \tag{2.33}$$

相应的激活函数为：

$$f(net) = \frac{2}{1+\exp(-\lambda net)} - 1 \tag{2.34}$$

取 λ=1，取 c=1，则有

第一步：

$$\begin{aligned} net^1 &= \boldsymbol{W}^{1\mathrm{T}} \boldsymbol{X}_1 = 3 \\ O^1 &= f(net^1) = 0.905 \end{aligned}$$

$$\boldsymbol{W}^2 = \boldsymbol{W}^1 + 0.905\boldsymbol{X}_1 = \begin{pmatrix} 1.905 \\ -2.812 \\ 1.357 \\ 0.500 \end{pmatrix}$$

第二步：

$$net^2 = \boldsymbol{W}^{2\mathrm{T}} \boldsymbol{X}_2 = -0.25$$

$$O^2 = f(net^2) = -0.077$$

$$\boldsymbol{W}^3 = \boldsymbol{W}^2 - 0.077\boldsymbol{X}_2 = \begin{pmatrix} 1.828 \\ -2.772 \\ 1.512 \\ 0.616 \end{pmatrix}$$

第三步：

$$net^3 = \boldsymbol{W}^{3\mathrm{T}} \boldsymbol{X}_3 = -3$$

$$O^3 = f(net^3) = -0.932$$

$$\boldsymbol{W}^4 = \boldsymbol{W}^3 - 0.932\boldsymbol{X}_3 = \begin{pmatrix} 1.828 \\ -3.7 \\ 2.44 \\ -0.783 \end{pmatrix}$$

由此经过三次校正，最终权值为 $\boldsymbol{W}^4$。

2.3 BP 神经网络

2.3.1 BP 神经网络概述

在目前的 30 多种神经网络的模型中，最有代表的、使用最多的是 BP 网络（全称 back propagation neutral network，即误差反向传播神经网络）。BP 网络 1986 年由 Rumelhart 等人提出，它是一种基于并行分布处理的能满足给定输入输出关系方向进行自组织的神经网络。BP 网络目前已经成为广泛使用的网络，并得到多次改进，很多研究者发展了一些快速收敛和优化的学习算法。

BP 网络由一个输入层、一个或多个隐含层、一个输出层组成。不仅含有输入、输出节点，而且含有一层或多层隐含节点。当有信息输入时，输入信息送到输入节点；在隐含层节点经功能函数处理后，送到输出节点；将得到的输出值与期望输出值进行比较，若有误差，则误差反向传播，逐层修改权值系数直到输出值满足要求为止。一个典型的 BP 型神经网络如图 2.22 所示。

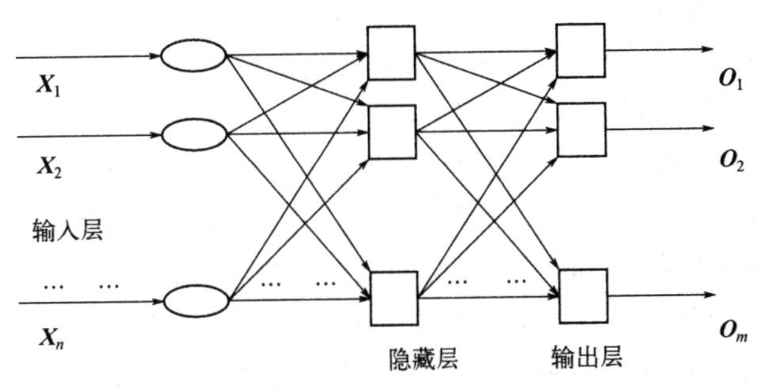

图 2.22　BP 神经网络结构图

BP 网络实现了关于分层前向网络学习的设想，其主要学习过程可以划分为以下两个部分。

① 前向传播过程：这是一个逐层状态更新的过程。它与感知机的前向学习过程很相似，主要区别在于，感知机的神经元是二值型的 M-P 模型神经元，而 BP 网络的神经元采用的是连续型的 S 型神经元。

② 误差逆传播过程，输出响应（即网络计算的实际输出值）与期望输出值的误差（即输出误差）不满足要求时，网络便将误差由输出层向输入层的方向逐层反向传播并逐层修正相应的权值。

如此反复学习，当各个模式均满足要求时，BP 网络就学习好了。这里，需要特别强调的是，虽然此时信息的传播是双向的，但 BP 网络的结构并非双向的，BP 网络仍然是一种前向网络，而不是反馈网络。

BP 网络主要用于：

① 函数逼近，用输入矢量和相应的输出矢量训练一个网络逼近一个函数。

② 模式识别，用一个特定的输出矢量将它与输入矢量联系起来。

③ 分类，把输入矢量以所定义的合适方式进行分类。

④ 数据压缩，减少输出矢量维数以便于传输或存储。

BP 网络是目前应用最广泛的一类网络，也是人们研究最多、认识最清楚的一类网络，主要用于多参数、非线性预报，尤其是对无法建立起准确数学模型的复杂事件，可以尝试采用这种方法进行学习训练，以期提供有效的数值预报。BP 神经网络在建筑材料中也有重要应用，例如，高掺量粉煤灰混凝土组分复杂，且各因子之间存在复杂的非线性作用，在研究混凝土组分与性能间的关系时，往往无法建立起精确的数学模型。综合考虑 BP 网络及其他类型的神经网络的特点，则应选用 BP 网络建模。

BP 网络所采用的学习算法通常就称为 BP 算法，是一种误差反向传播式网络权值训练方法，也是一种比较成熟的神经网络计算算法。下面，将具体讨论 BP 算法的基本原理，并在此基础上给出 BP 算法的具体实现方法。

2.3.2 BP 神经网络原理

BP 神经网络的学习采用误差反向传播算法（back propagation algorithm），简称 BP 算法。BP 算法是一种有导师的学习算法，其主要思想是把整个学习过程分为四个部分：

① 输入模式从输入层经隐含层传向输出层的“模式顺传播”过程；

② 网络的期望输出与实际输出之差的误差信号由输出层经隐含层向输入层逐层修正连接权的“误差逆传播”过程；

③ 由“模式顺传播”和“误差逆传播”的反复交替进行的网络“记忆训练”过程；

④ 网络趋向收敛即网络的全局误差趋向极小值的“学习收敛”过程。

在给定输入量 x 和要求的输出向量 d 的情况下，BP 算法按以下步骤进行：

① 将信息提交给网络的输入层，通过正向传播，在输出层得到一个输出向量 g，其中，随着该信息在网络中的传播，同时将对网络的每一个神经元确定它们的输入与输出状态 x。

② 对输出层的每个神经元，计算局部误差及权值的修改量。

③ 将权的修改值加到以前相应的权上去，以此来更新网络中所有的权值。

可见，BP 网络的计算机制是：通过网络各层将输入向输出层（向前）传播；在输出上确定误差，然后通过网络从输出层向输入层传递误差。图 2.23 所示为 BP 算法学习过程的具体流程。

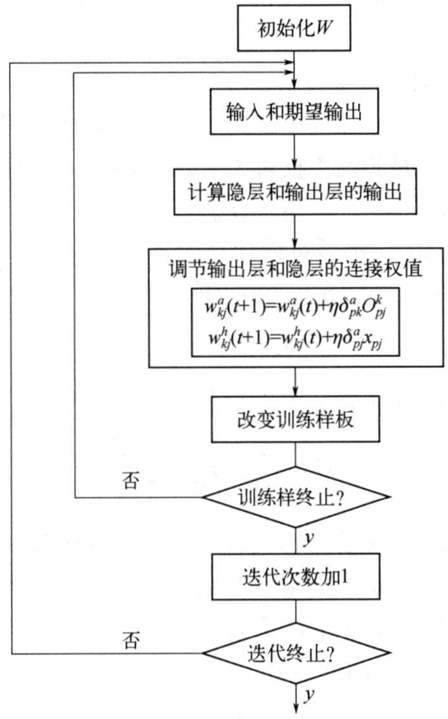

图 2.23 BP 算法基本流程

以下是 BP 算法的计算过程，其中包括正向计算和反向误差计算两个过程。

（1）BP 正向计算过程

设人工神经网络的输入层有 n 个神经元，隐含层有 m 个神经元，输出层有 g 个神经元。设网络输入层的输出分别是：$x_1,x_2,\ldots,x_n$（n=1,2,…）则隐含层各神经元输入分别为：

$$I_i=\sum_{j=1}^{n}W_{ij}x_j-\theta_i\quad(i=1,2,\ldots,m;j=1,2,\ldots,n)\tag{2.35}$$

隐含层各神经元输出分别为：

$$O_i=f(I_i)\quad(i=1,2,\ldots,m)\tag{2.36}$$

输出层各神经元输入为：

$$y_k=\sum_{i=1}^{m}V_{ki}O_i-\theta_k\quad(i=1,2,\ldots,m;k=1,2,\ldots q)\tag{2.37}$$

网络的输出（输出层各神经元输出）为：

$$O_i=f(Y_k)\quad(k=1,2,\ldots,q)\tag{2.38}$$

因为输出神经元的激发函数为比例系数为 1 的线性函数，所以：

$$O_i=Y_i\tag{2.39}$$

式中　W_{ij}——隐含层神经元与输入层神经元之间的连接权值；

V_{ki}——输出层神经元与隐含层神经元之间的连接权值；

θ_i——隐含层神经元的阈值；

f——激励函数。

（2）BP 算法的反向误差计算

定义由隐含层神经元与输入层神经元之间的连接权值 W_{ij}，隐含层神经元的阈值 θ_i 和输出层神经元与隐含层神经元之间的连接权值 V_k，组成的向量为网络的连接权向量 W。

设有学习样本（$x_{1p},x_{2p},\ldots,x_{np}$；$t_{1p},t_{2p},\ldots t_{np}$），（$p$=1,2,…$P$；$P$ 为样本数）。对某样本（$x_{1p},x_{2p},\ldots,x_{np}$；$t_{1p},t_{2p},\ldots t_{np}$），给出 W 后可以计算出（$y_{1p},y_{2p},\ldots y_{np}$）。

对于样本 P，输出层第 k 个神经元，网络的输出误差为：

$$d_{kp} = t_{kp} - y_{kp} \tag{2.40}$$

为方便计算，定义误差函数（能量函数）为：

$$E_p = \sum_{k=1}^{q} \frac{1}{2}(t_{kp} - y_{kp})^2 \tag{2.41}$$

BP 算法是在有导师指导下，适合于多层神经元的一种学习算法，它是建立在梯度下降法的基础上的。在确定网络结构即 n，m，q 后，通过调整连接权值向量 W 以逐步降低 d_{kp}，从而提高网络计算精度。反向传播算法中，是沿着误差函数 E_p，随权值向量 W 变化的负梯度方向对其进行修正的。设 W 的修正值为 ΔW，取：

$$\Delta W = -\eta \frac{\partial E}{\partial W} = -\eta \sum_{p=1}^{q} \frac{\partial E_p}{\partial W} \tag{2.42}$$

式（2-42）中，η 指的是学习率，取 0～1 之间数。

其中隐含层各神经元输出 O_{ip} 和网络的输出误差 d_{kp} 在正向计算过程中已经求出，用上述公式求得 ΔW 后，采用迭代公式：

$$W^{(n)} = W^{(n-1)} + \Delta W \tag{2.43}$$

对原 W 进行修正计算，得到新的连接权值。为加快训练速度，通常加入动量项，权值更新式变为：

$$W^{(n)} = W^{(n-1)} - \eta \frac{\partial E}{\partial W} + \alpha[W^{(n-1)} - W^{(n-2)}] \tag{2.44}$$

或写成：

$$W^{(n)} = -\eta \frac{\partial E}{\partial W} + \alpha W^{(n-1)} \tag{2.45}$$

式中　$W^{(n)}$——第 n 次迭代计算时连接权的修正值；

$W^{(n-1)}$——第 n−1 次迭代计算时所得的连接权的修正值；

α——动量因子，一般取接近 1 的数。

对 P 个样本分别进行正向计算，从而求出能量函数值 E：

$$E = \sum_{p=1}^{q} E_p \tag{2.46}$$

以此作为更新权值的指标。这样就结束了一个轮次的迭代运算。可以看出，能量函数 E 是 P 组训练样本输入的所有输出节点的误差平方和，可以用能量函数 E 来评价网络的计算精度。当 E 值满足某一精度要求时，就停止了迭代计算，否则，就要进行新一轮的迭代计算。

2.3.3 BP 神经网络缺陷

BP 算法的理论依据坚实，推导过程严谨，所得公式对称优美。物理概念清楚，通用性强。由于具备这些优点，它至今仍然是多层前向神经网络的最主要的学习算法。但是，人们在使用过程中发现 BP 算法也存在一些不足之处，主要有以下几个方面：

① 易陷于局部极小值。BP 算法采用的是梯度下降法，训练是从其一起始点沿误差函数的斜面逐渐达到误差的最小值。对于复杂的网络，其误差函数为多维空间曲面，表面是凹凸不平的，因而在对其训练过程中，可能陷入某一小谷区，而这一小谷区产生的一个局部极小值，由此点向各方向变化均使误差增加，以至于使训练无法逃出这一局部极小值。避免网络陷于局部极小值的方法主要有模拟退火算法、遗传算法和附加功量法等。

② 学习过程收敛速度慢。BP 算法本质上是优化计算中的梯度下降法，利用误差对权值、阈值的一阶导数信息来指导下一步的权值调节方向，以求达到最终误差最小。为保证算法的收敛性，学习率必须小于某一上限。另外，学习过程中有时候会出现假饱和现象。加入动量项、控制各层神经元作用函数的总输入以及动态调整学习率及动量因子对提高网络收敛速度都十分有利。

③ 隐含层和隐含层节点数难以确定。隐含层的层数和隐单元的个数的选取尚无理论上的指导，而是根据经验来决定的。因此，网络往往具有较大的冗余性，这显然也增加了网络的学习时间。

④ BP 网络仍是前向网络，虽然具有非线性映射能力，但网络的运行还是单向传播，没有反馈。它不是非线性动力学系统，功能上尚有其局限性。

⑤ BP 网络的学习、记忆具有不稳定性。一个训练结束的 BP 网络，当给它提供新的输入模式时，将破坏已有的用于记忆的连接权矩阵，从而导致已经记忆的学习模式的信息（通过学习已具备的能力）完全消失。

这种现象是目前的 BP 算法所固有的，是必然的、无法避免的。此时，必须将原有的学习模式与新加入的学习模式放在一起重新训练网络。而人类的大脑是具有记忆的稳定性（稳健性）的，新加入的信息的记忆不会影响已记忆的信息。另外，BP 算法对于刻画每个输入模式的特征的数目也要求必须相同（原来的输入模式有几个元素，新的输入模式也要有几个元素），否则，必须重新训练网络。

对于以上这些问题，有的已经找到了解决办法，有的目前尚无法解决。尽管如此，BP 网络还是在相当广泛的领域里获得应用，并取得了成功。已经取得一定成果的研究中，首先是学习速度问题，其次是局部极小问题。这两个问题也是 BP 网络研究的主要热点。

2.3.4 BP 神经网络设计要点

建立一个神经网络，有两个决定因素，即网络的拓扑结构和网络的学习、工作规则，二者结合起来即构成了网络的主要特征。对于 BP 神经网络，后者已经在前面做了详述，那么，确定 BP 神经网络的拓扑结构即成为建立一个成熟有效的神经网络的关键。

（1）输入、输出层节点

网络结构确定的首先是要明确建立的网络反映哪些因素之间的映射关系，即网络参数的选取。这里网络参数包括输入参数和输出参数。输入、输出参数的选取主要就是根据实际需要确定研究哪些因素之间的映射关系。输入参数和输出参数个数分别对应神经网络的输入层节点个数和输出层节点个数。

（2）网络层数

BP 神经网络是一种多层前向网络，包括一个输入层和一个输出层，一个或多个（一般为 1～2 个）隐含层，每一个隐含层都是由大量神经元组成，每个神经元又和下层的所有神经元相连。这些神经元通过权系数互相作用，权的大小反映了多个输入元素之间的相互作用以及输入与输出之间的非线性属性。

（3）激活函数的选择

激活函数也叫传递函数，代表了处理单元输入与输出的关系。网络的输入层的节点只起到缓冲器的作用，不具有传递面数的功能，隐含层节点的传递函数是取 Sigmoid 函数还是取双曲正切函数应根据具体的情况来决定。主要的是考虑样本集合的输入向量和输出向量的取值范围，Sigmoid 函数的输出范围是 0～1，双曲正切函数的输出范围是−1～1，如果输出向量的取值都大于 0，可以选择 Sigmoid 函数。BP 神经网络建模的操作平台——DPS 数据处理系统采用的是 Sigmoid 函数，表达式为：

$$f(x)=\frac{1}{1+\mathrm{e}^{-x}} \quad (0<f(x)<1) \tag{2.47}$$

该函数的下限是 0，上限是 1。

（4）隐含层节点数的确定

在 BP 网络中，隐含层节点数的选择非常重要，它不仅对建立的神经网络模型的性能影响很大，而且是训练时出现“过拟合”的直接原因，但是目前理论上还没有一种科学的和普遍的确定方法。目前多数文献中提出的确定隐含层节点数的计算公式都是针对训练样本任意多的情况，而且多数是针对最不利的情况，一般工程实践中很难满足，不宜采用。事实上，各种计算公式得到的隐含层节点数有时相差几倍甚至上百倍。为尽可能避免训练时出现“过拟合”现象，保证足够高的网络性能和泛化能力，确定隐含层节点数的最基本原则是：在满足精度要求的前提下取尽可能紧凑的结构，即取尽可能少的隐含层节点数。研究表明，隐含层节点数不仅与输入/输出层的节点数有关，更与需解决的问题的复杂程度和转换函数的形式以及样本数据的特性等因素有关。

在确定隐含层节点数时必须满足下列条件：

① 隐含层节点数必须小于 $N-1$（其中 N 为训练样本数），否则，网络模型的系统误差与训练样本的特性无关而趋于零，即建立的网络模型没有泛化能力，也没有任何实用价值。

同理可推得：输入层的节点数（变量数）必须小于 $N-1$。

② 训练样本数必须多于网络模型的连接权数，一般为 2～10 倍，否则，样本必须分成几部分并采用“轮流训练”的方法才可能得到可靠的神经网络模型。

总之，若隐含层节点数太少，网络可能根本不能训练或网络性能很差；若隐含层节点数太多，虽然可使网络的系统误差减小，但一方面使网络训练时间延长，另一方面，训练容易陷入局部极小点而得不到最优点，也是训练时出现“过拟合”的内在原因。因此，合理隐含层节点数应在综合考虑网络结构复杂程度和误差大小的情况下用节点删除法和扩张法确定。

（5）学习速率和冲量系数

学习速率影响系统学习过程的稳定性。大的学习速率可能使网络权值每一次的修正量过大，甚至会导致权值在修正过程中超出某个误差的极小值呈不规则跳跃而不收敛；但过小的学习速率导致学习时间过长，不过能保证收敛于某个极小值。所以，一般倾向选取较小的学习速率以保证学习过程的收敛性（稳定性），DPS 数据处理系统选用最小学习速率为 0.9。

增加冲量项的目的是避免网络训练陷于较浅的局部极小点。理论上其值大小应与权值修正量的大小有关，但实际应用中一般取常量。通常在 0～1 之间，而且一般比学习速率要大。

（6）网络的初始连接权值

BP 算法决定了误差函数一般存在（很）多个局部极小点，不同的网络初始权值直接决定了 BP 算法收敛于哪个局部极小点或是全局极小点。因此，要求计算程序（DPS）必须能够自由改变网络初始连接权值。由于 Sigmoid 转换函数的特性，一般要求初始权值分布在−0.5～0.5 之间比较有效，DPS 默认给出的初始权值即是在这个范围内的随机值。

确定了以上网络参数，BP 神经网络的结构即搭建起来。接下来就可以输入数据进行网络训练和预测。但需要注意的是，输入样本数据一定要经过预处理才可以作为输入节点的输入值进行训练，这是因为：在 BP 算法中，神经元具有饱和非线性特征（如果神经元的总输入与阈值相距甚远，神经元的实际输出要么为最大值，要么为最小值）。前馈型静态网络的神经元作用函数的总输入是与其相连的其它神经元输出的加权，在使用 BP 算法时，要防止神经元进入饱和状态，必须限制与其相连的其它神经元的输出幅值。由于输入层只起数据传送作用，层中的神经元是扇区单元，通常使用线性作用函数（输出等于输入），不存在饱和状态。第一隐含层中的神经元通常采用饱和非线性作用函数，学习过程中会出现饱和现象，因此要防止此层神经元进入饱和，必须限制网络输入的幅值。所以，为减少平台现象出现的可能，加快学习，应对网络的输入样本进行归一化（或称正则化）处理。

2.4 其他神经网络模型

除了 BP 神经网络之外，还有其他多种人工神经网络来模拟人脑实现一定的功能，这里就将简单介绍几种神经网络模型及其应用。

2.4.1 自组织神经网络

在实际的神经网络中，存在一种侧抑制的现象，即一个神经细胞兴奋后，通过它的分支会对周围其他神经细胞产生抑制，这种侧抑制在脊髓和海马中存在，在人眼的视网膜中也存在。这种抑制使神经细胞之间出现竞争，一个兴奋最强的细胞对周围神经细胞的抑制也强，虽然一开始各个神经细胞都处于兴奋状态，但最后是那个输出最大的神经细胞“胜”了，而其周围的神经细胞“败”了。

另外，在认知过程中除了从教师那儿得到知识外，还有一种不需要教师指导的学习，例如：婴儿出生后，听到外界声音的刺激，他自然会发出声，并自己在外界环境中学习抓东西、走路等。在动物中这种现象更为普遍。这种直接依靠外界刺激，“无师自通”达到的功能有时也称为自学习、自组织的学习方法。

自组织竞争人工神经网络就是基于上述两种生物结构和现象的基础上生成的，它无需提供导师信号，它可以对外界未知环境（或样本空间）进行学习或者模拟，并对自身的网络结构进行适当的调整，这就是所谓自组织的由来，它的权是经过 Hebb 规则或类似 Hebb 规则学习后得到的，通常采用竞争型的学习机制。

竞争学习是指同一层神经元层次上的各个神经相互之间进行竞争，竞争胜利的神经元修改与其相连的连接权值。这种机制可以用来进行模式分类。竞争学习是一种无监督学习，在无监督学习中，只向网络提供一些学习样本，而没有期望输出。网络根据输入样本进行自组织，并将其划分到相应的模式类别中。由于不需要提供理想输出，因而推广了有监督模式分类方法。

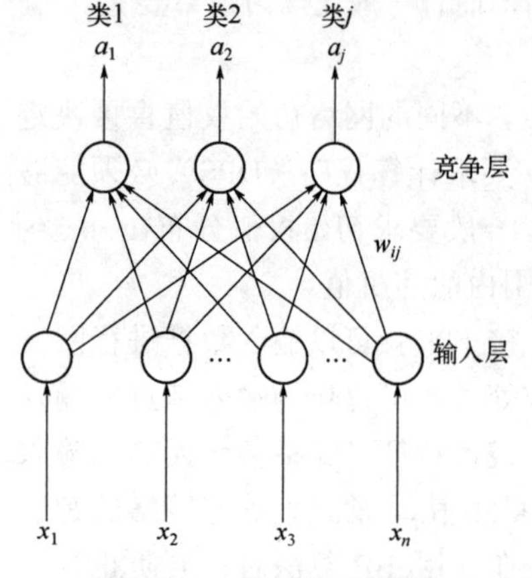

图 2.24　竞争学习网络

基本的竞争学习网络由两个层次组成，即输入层次和竞争层次。在竞争层次中，神经元之间相互竞争，最终只有一个或几个神经元活跃，以适应当前的输入样本。竞争胜利的神经元就代表着当前输入样本的分类模式。

竞争学习网络的第一个层次是输入层次，它接受输入样本。第二个层次是竞争层次，它对输入样本进行分类。这两个层次的神经元之间进行的连接如图 2.24 所示。对于某个神经元 j 的所有连接权之和为 1，即：

$$\sum_j w_{ji} = 1 \tag{2.48}$$

显然，$0 \leqslant w_{ji} \leqslant 1$，其中 w_{ji} 是输入层神经元 i 到竞争层神经元 j 之间的连接权值。

输入样本为二值向量，各元素取值为 0 或 1。竞争层单元 j 的状态按下式计算：

$$s_i = \sum_i w_{ji} x_i \tag{2.49}$$

式中，x_i 为输入样本向量的第 i 个元素。在 WTA（Winner Takes All）机制中，竞争层上具有最大加权的神经元 k 赢得竞争胜利，其输出为：

$$a_i = \begin{cases} 1, S_k > S_j, \forall j, k \neq j \\ 0, \text{其他} \end{cases} \tag{2.50}$$

竞争后的权值按下式修正：

$$\Delta w_{ij} = \alpha \left(\frac{x_i}{m} - w_{ij} \right), \forall i \tag{2.51}$$

其中，α 为学习参数（$0<\alpha<1$，一般取 0.01～0.3），m 为输入层上输出值为 1 的神经元个数，即：

$$m = \sum_i x_i \tag{2.52}$$

$\frac{x_i}{m}$ 项表明当 x_i 为 1 时，权值增加，而当 x_i=0 时，权值减小。即当 x_i 活跃时，对应的第 i 个权值就增加，否则就减少。由于所有的权值之和为 1，故当第 i 个权值增加或减少时，对应的其他权值就可能减少或增加。式（2.51）中的第二项则保证整个权值的调整能满足所有权值的调整量之和为 0，即：

$$\sum_i \Delta w_{ij} = \alpha\left(\frac{1}{m}\sum_i x_i - \sum_i w_{ij}\right) = \alpha(1-1) = 0 \tag{2.53}$$

在竞争学习中，竞争层的神经元总是趋向于响应它所代表的某个特殊的样本模式，这样，输出神经元就变成检测不同模式类的检测器。竞争学习方法，是网络通过极小化同一模式类里面的样本之间的距离，极大化不同模式类间的距离来寻找模式类。这里所说的模式距离指 *Hamming* 距离，如模式 010 与模式 101 的 *Hamming* 距离为 3。

对这种竞争学习算法进行的模式分类，有时依赖于初始的权值以及输入样本的次序，要得到较好的训练结果，例如图 2.25 所示的模式分类、网络应将其按 *Hamming* 距离分为三类。

$$类\ 1=\begin{cases} X1=(10000), \\ X2=(10001)。\end{cases}$$

$$类\ 2=\begin{cases} X3=(11010), \\ X4=(11011)。\end{cases}$$

$$类\ 3=\begin{cases} X5=(00110), \\ X6=(00111)。\end{cases}$$

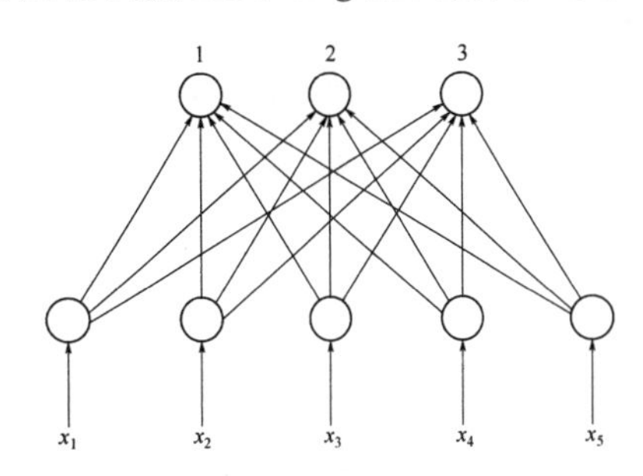

图 2.25　竞争学习聚类分析

假如竞争层的初始权值都是相同的，那么竞争分类的结果是：首先训练的模式属于类 1，由竞争单元 1 表示；随后训练的模式如果不属于类 1，就用竞争单元 2 表示类 2；当然，剩下的不属于前两类的模式是单元 3 获胜，为类 3。假如不改变初始权值分布，只改变模式的训练顺序，这可能使竞争层单元对模式分类响应不一样。此时，获胜的竞争单元 1，有可能代表的是类 2 或类 3。这种顺序上的不一样，会造成分类学习的不稳定，会出现对同一输入模式，先由某一单元响应，以后又由另一单元响应，分类结果就产生振荡。因此，对竞争学习要特别注意这一关系。

竞争学习网络所实现的模式分类情况与典型的 BP 网络分类有所不同。BP 网络分类学习必须预先知道将给定的模式分成几类。而竞争网络能将给定模式分成几类事先是并不被知道的，只有在学习以后才能确定。这样的分类能力在许多场合是很有用的。

竞争学习网络也存在一些性能局限。首先，只用部分输入模式训练网络，当用一个明显不同的新的输入模式进行分类时，网络的分类能力可能降低，甚至无法对其进行分类。这是因为竞争学习采用非推理方式调节权值。另外，竞争学习对模式变换不具备冗余性，其分类不是大小、位移和旋转不变的，竞争学习网络没有从结构上支持大小、位移和旋转不变的模式分类。从使用上，一般利用竞争学习的无监督性，将其包含在其他一些网络中，仅作为其中的一部分。

自组织神经网络代表模型有 Kohonen 模型、ART 模型和 CPN 模型，以下仅做简单介绍。

（1）Kohonen 模型

Kohonen 网络也称自组织特征映射模型，或称 Self-Organization Feature Map（SOM），由芬兰学者 Teuvo Kohonen 于 1981 年提出。Kohonen 网络是两层网络，一层是输入层，另一层叫 Kohonen 层，两层之间充分连接。输入层将整个输入模式分配给 Kohonen 层中的每个单元。Kohonen 层单元的作用如同输出层，将其输出传递给外部。同时，这层内部还有大量的连接，将层中的单元彼此联系起来，这些连接是自组织特性的关键特征。

Kohonen 网络模型由四个部分组成：

① 处理单元阵列。接受事件输入，并且形成对这些信号的“判别函数”。

② 比较选择机制。比较“判别函数”并选择一个具有最大函数输出值的处理单元。

③ 局部互联作用。同时激励被选择的处理单元及其最邻近的处理单元。

④ 自适应过程。修正被激励的处理单元的参数，以增加其相应于特定输入“判别函数”的输出值。

与其他自组织网络一样，Kohonen 网络模拟大脑的侧向阻止（lateral inhibition）的特点，可以用下面的简例来说明。

假设网络中 Kohonen 层由排列成 10×10 矩阵的单元组成，做一个 10×10 的格子。与一般网络一样，格子中的单元与上下层的单元相连，但同时也与同一层中的其他单元相连。此层中的每一单元与相邻的其他单元的连接趋于有正的权重（兴奋 excitatory），但与较远的单元相连接有负的权重（抑制 inhibitory）。依据单元之间的距离不同，连接强度也变化。也就是说，靠得近的单元的连接比离得远的连接强。层间连接强度与单元距离的关系，即胜利单元对邻近单元的影响可用图 2.26 表示。这些内部连接形成了层中各单元间的竞争。尽管输入层和 Kohonen 层间的权重连接可能会将输入模式做一些修改，但 Kohonen 层中每个单元接受到输入模式的完整的形象。Kohonen 层中的单元对输入不同的响应，形成了一种竞争；竞争的目的是决定哪个单元对输入模式的响应最强。层中的每个单元都努力增强相邻单元的输出而抑制网络中其他单元的活动。竞争的结果只有对输入模式响应最大的单元将其输出信号传给下一层，所有其他单元的活动在竞争中都被击败。

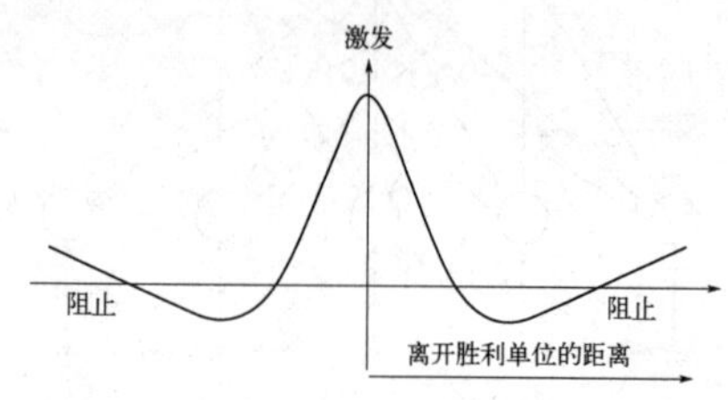

图 2.26　胜利单元对相邻单元的影响

这种侧向抑制可以使网络自行决定哪一个单元对输入模式有最大的响应，并不需要外界的指导。从生物学角度讲，这种侧向抑制类似于大脑某些区的工作情况，包括视觉系统。

一旦 Kohonen 层稳定了，决定出了胜利的单元，这层的输出只是胜利的单元的输出为+1，其他单元没有输出。实际上，胜利的单元代表了输入模式所属的类型。

如何决定胜利的单元是训练神经网络的关键。与其他神经网络不同，在 Kohonen 网络中，只有胜利的单元以及它的邻近（与胜利者在给定的距离范围内的其他单元）修改其连接权重，而其他的单元什么也没有学到。这种网络学习规则为：

$$\Delta W_i = \beta[X_i - W_i(t)] \tag{2.54}$$

式中　β——学习速率；

X_i——沿第 i 个权重连接的输入信号；

$W_i(t)$——原来的权重；

ΔW_i——权重的改变量。

在一般情况下，$0 \leqslant \beta \leqslant 1$，实际上一般取 β 小于 0.2。

学习规则很简单，应注意在此所指定单元的权重是 n 维权重矢量的分量，而相应的输入信号也是 n 维输入矢量的分量。实际上 Kohonen 学习规则只是移动权重矢量，使它与输入矢量较为一致。为了便于理解，可以假想将输入矢量与权重矢量标准化为单位长度，每个矢量都指向半径为单位长度的圆上的某一位置。胜利的单元权重矢量靠近输入矢量，靠近程度取决于它的激发程度。同时，胜利单元的相邻单元也根据权重方程调整自己的权重，它们也将移动权重矢量来靠近输入矢量。

所谓胜利单元的相邻单元的接近程度，取决于网络的设计参数。考虑线性配置的情况，每个单元每边只有一个单元与其相连，每个单元的相邻单元可能是每边靠近的两个或三个单元。所谓的相邻单元，考虑六角排列的情况，可能包含在以此单元为中心的某一圆环内，如图 2.27 和图 2.28 所示。

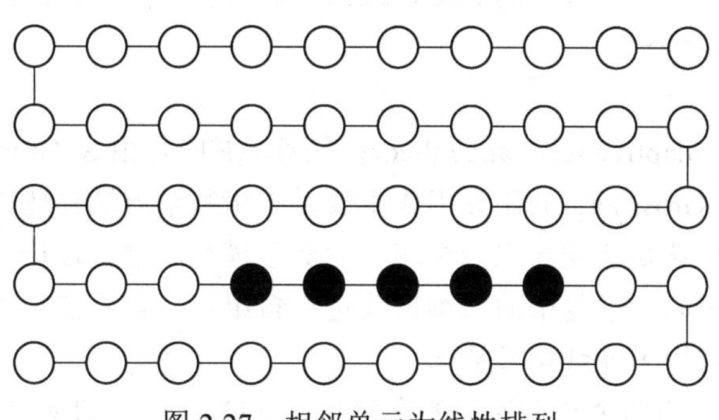

图 2.27 相邻单元为线性排列

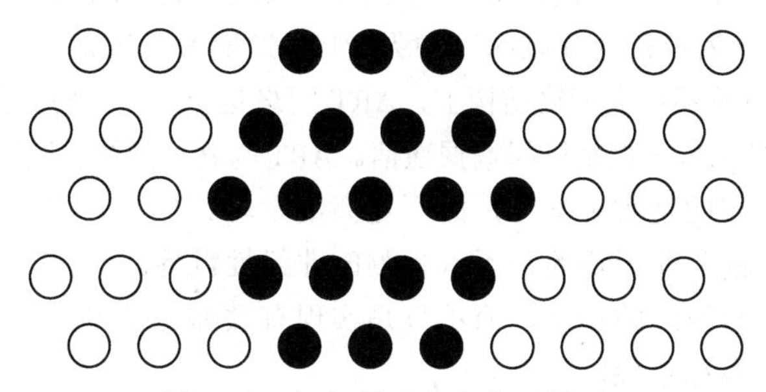

图 2.28 相邻单元为六角形排列

一般来说，在训练 Kohonen 网络时，先从相当大的相邻尺寸开始，然后在训练过程中逐渐缩小此尺寸。同样，学习速率也是从较大数值开始，在学习过程中逐渐减小。

Kohonen 算法的具体计算步骤如下：

① 初始化。对 N 个输入神经元到输出神经元的连接权随机赋以较小的权值。选取输出神经元 j 的“邻接神经元”的集合 S_j。$S_j(0)$为时刻 t=0 时的神经元 j 的“邻接神经元”的集合 S_j，$S_j(t)$表示时刻 t 的“邻接神经元”的集合。区域 $S_j(t)$是随时间的增长而不断变小的。

② 提供新的输入模式 X。

③ 计算 Euclidean 距离 d_j，即输入样本与每个输出神经元之间的 Euclidean 距离：

$$d_j = \left\| X - W_j \right\| = \sqrt{\sum_{i=1}^{N} [x_i(t) - w_{ij}(t)]^2} \quad (2.55)$$

计算出一个具有最小距离的神经元 j，即确定出某一单元 k：满足 $d_k=\min(d_j)$，$\forall_j$ 。

④ 给出一个周围的邻域：$S_k(t)$。

⑤ 按下式修正输出神经元 j 及其“邻接神经元”的权值：

$$w_{ij}(t+1)=w_{ij}(t)+\eta(t)[x_i(t)-w_{ij}(t)] \tag{2.56}$$

式中，η 为一个增益项，并随时间下降到零。一般取：$\eta(t)=\frac{1}{t}$ 或 $\eta(t)=0.2\left(1-\frac{t}{10000}\right)$。

⑥ 计算输出 O_k

$$O_k=f(\min\|X-W_j\|) \tag{2.57}$$

⑦ 提供新的学习样本来重复上述学习过程。

上述算法的第③步中采用最小的 Euclidean 距离来选择输出神经元 j，实际上也可以用最大的 Euclidean 距离来选择。

（2）ART 模型

自适应共振理论（adaptive resonance theory，简称 ART）是由 S. Grossberg 和 A. Carpentent 等人于 1986 年提出。Grossberg 的研究工作主要是采用数学方法描述人的心理和认知活动，致力于为人类的心理和认知活动建立一个统一的数学模型。这一理论包括 ART1 和 ART2 两种模型，可以对任意多和任意复杂的二维模式进行自组织、自稳定和大规模并行处理。前者用于二进制输入，后者用于连续信号输入。

如图 2.29 所示，它由两个相继连接的存储单元 STM-F1 和 STM-F2 组成，分成注意子系统和取向子系统。F_1 和 F_2 之间的连接通路为自适应长期记忆（LTM）。

ART 是以认知和行为模式为基础的一种无导师、矢量聚类和竞争学习的算法。在数学上，ART 由非线性微分方程描述；在网络结构上，ART 网络是全反馈结构，且各层节点具有不同的性质；ART 由分离的外部单元控制层间数据通信。ART 与其他网络相比，具有以下一些特点：

① 神经网络要实现的是实时学习，而不是离线学习。

② 神经网络面对的是非平稳的、不可预测的非线性世界。

③ 神经网络具有自组织的功能，而不只是实现有教师的学习。

④ 神经网络具有自稳定性。

⑤ 神经网络能自行学习一种评价指标（评价函数），而不需要外界强行给出评价函数。

⑥ 神经网络能主动地将注意力集中于最有意义的特征，而不需要被动地由外界给出对各种特征的注意权值。

⑦ 神经网络能直接找到应激发的单元，而不需对整个存储空间进行搜索。

⑧ 神经网络可以在近似匹配的基础上进一步学习，这种基于假设检验基础上的学习对噪声具有更好的鲁棒性。

⑨ 神经网络的学习可以先快后慢，避免了系统振荡。

⑩ 神经网络可实现快速直接访问，识别速度与模式复杂性无关。

⑪ 神经网络可通过“警戒”参数来调整判别函数。

图 2.30 给出了 ART Ⅰ型网络结构。ART Ⅰ型由两层神经元构成，分别称为比较层 C 和识别层 R。此外还有 3 种控制信号：复位信号（简称 Reset），逻辑控制信号 G1 和 G2。

网络运行时 C 层接受来自环境的 n 维输入模式 X，并检查该模式与 R 层 m 个神经元的内星权向量所代表的模式类之间的匹配程度。对于匹配程度最高竞争获胜神经元，要继续考察其外星权向量与当前输入模式的相似程度。相似程度按照预先设计的参考门限来考察，可能出现的情况无非有两种：

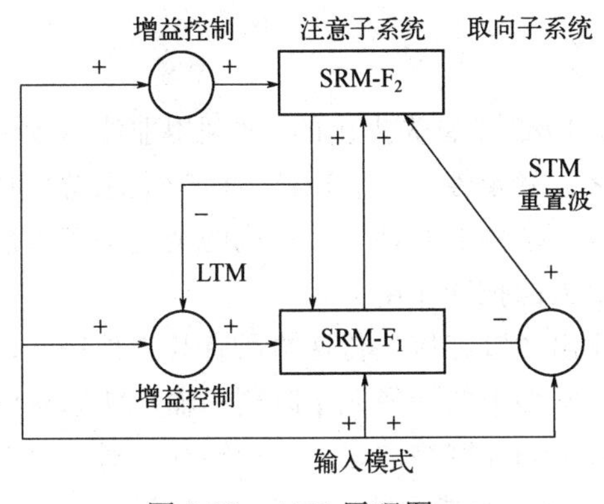

图 2.29 ART 原理图

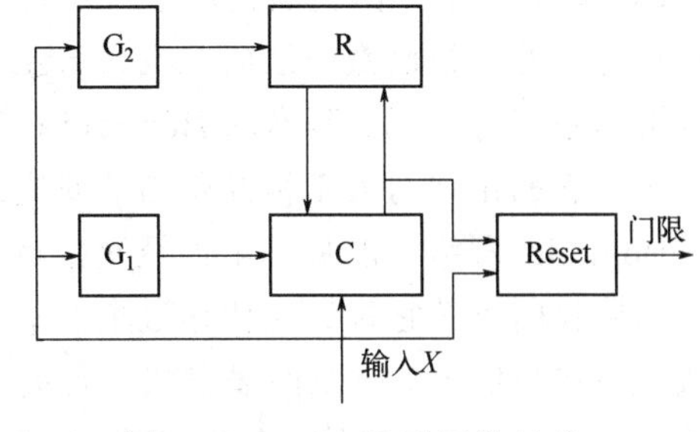

图 2.30 ART Ⅰ型网络结构

① 如果相似度超过参考门限，将当前输入模式归为获胜神经元代表的模式类，并对其相应的内外星权向量进行调整，其他权值向量不做变动。

② 如果相似度不超过门限值，则对 R 层匹配程度次高的模式类进行相似程度考察，若超过参考门限网络的运行回到情况①，否则仍然回到情况①。运行反复回到情况②意味着当前输入模式无类可归，因此需在网络 R 层增加一个神经元，用以存储该模式，并参加以后的匹配过程。

（3）CPN 模型

1987 年，美国学者 Robert Hecht-Nielsen 提出了对偶传播神经网络模型（counter-propagation network，CPN），CPN 最早是用来实现样本选择匹配系统的。CPN 网能存储二进制或模拟值的模式对，因此这种网络模型也可用于联想存储、模式分类、函数逼近、统计分析和数据压缩等。

图 2.31 给出了对偶传播网络的标准三层结构，各层之间的神经元全互连连接。从拓扑结构看，CPN 网与三层 BP 网没有什么区别，但实际上它是由自组织网和 Grossberg 的外星网组合而成的。其中隐含层为竞争层，该层的竞争神经元采用无导师的竞争学习规则进行学习，输出层为 Grossberg 层，它与隐含层全互连，采用有导师的 Widrow-Hoff 规则或 Grossberg 规则进行学习。

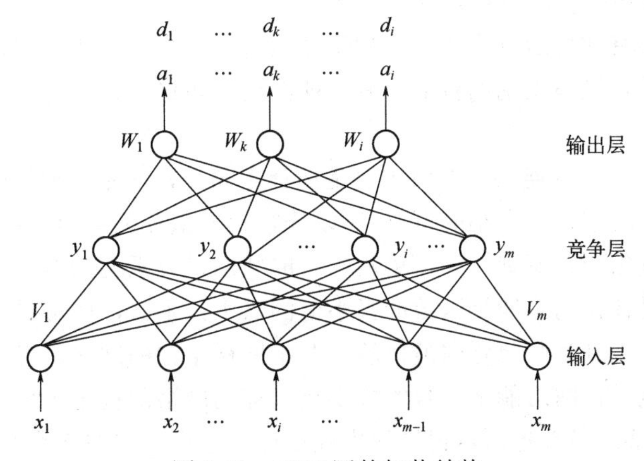

图 2.31 CPN 网的拓扑结构

2.4.2 Hopfield 神经网络

Hopfield 网络是由美国物理学家 J. Hopfield 于 1982 年首先提出的。他利用非线性动力学系统理论中的能量函数方法研究反馈人工神经网络的稳定性，并利用此方法建立求解优化计算问题的系统方程式。基本的 Hopfield 神经网络是一个由非线性元件构成的全连接型单层反馈系统。它的出现对人工神经网络的研究起到了很大的推动作用。

Hopfield 网络中的每一个神经元都将自己的输出通过连接权传送给所有其它神经元，同时又都接收所有其它神经元传递过来的信息。即：网络中的神经元 t 时刻的输出状态实际上间接地与自己的 t-1 时刻的输出状态有关。由于 Hopfield 网络的这种结构特征，对于每一个神经元来说，自己输出的信号经过其它的神经元后，又有可能反馈给自己。所以说 Hopfield 是一种典型的反馈型神经网络。并且，这种网络的连接形式也可根据需要自行决定，图 2.32 所示为几种典型的 Hopfield 网络。

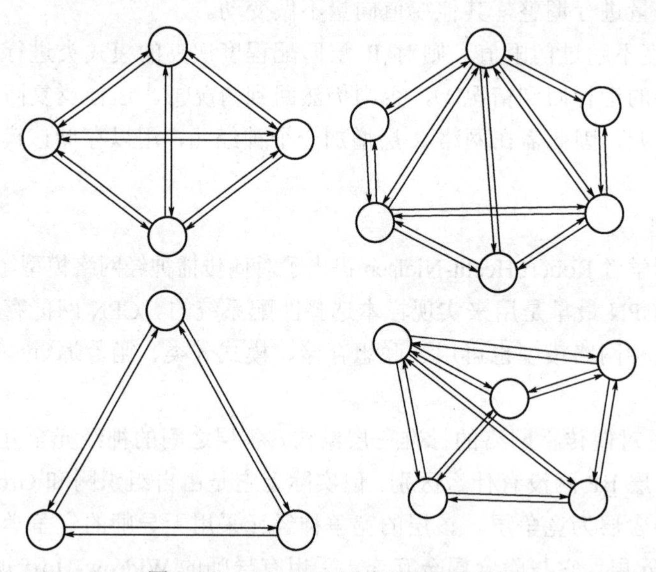

图 2.32　Hopfield 网络的结构形式

（1）Hopfield 网络的能量函数和运算规则

神经元网络主要有两种运行方式，一种是之前讲过的学习运行方式，即通过学习调整连接权的值来达到模式记忆与识别的目的。另一种就是下面将要介绍的 Hopfield 网络所采用的运行方式。

在 Hopfield 网络中，各连接权的值主要是设计出来的，而不是通过网络运行而学到的，网络的学习过程只能对它进行微小的调整，所以连接权的值在网络运行过程中是基本固定的，网络的运行只是通过按一定规则计算，更新网络的状态，以求达到网络的一种稳定状态。如果将这种稳定状态设计在网络能量函数的极小值的点上，那么，就可以用这种网络来记忆一些需要记忆的模式或得到某些问题的最优解。对于同样结构的网络，当网络参数（指连接权值和阈值）有所变化时，网络能量函数的极小点（称为网络的稳定平衡点）的个数和极小值的大小也将变化。因此，可以把所需记忆的模式设计成某个确定网络状态的一个稳定平衡点。若网络有 M 个平衡点，则可以记忆 M 个记忆模式。

Hopfield 网络中的神经元与前面讲过的神经元基本相同，设网络由 n 个神经元组成。第 i 个神经元在 t 时刻的输出为：

$$U_i(t) = sgn(H_i) \tag{2.58}$$

$$H_i = \sum_{j=1, j\neq i}^{n} W_{ij}U_j - \theta_i \tag{2.59}$$

当所有输入的加权总和超过第 i 个神经元的输出阈值时，此神经元被“激活”，否则将受到“抑制”。

① 从网络中随机选取一个神经元 i；

② 求出神经元 i 的所有输入的加权总和 H_i；

③ 计算神经元 i 在第 t+1 时刻的输出值，即：

$$U_i(t+1) = \begin{cases} 1 H_i(t) \geqslant 0 \\ 0 H_i(t) < 0 \end{cases} \tag{2.60}$$

④ U_i 以外的其它所有输出值保持不变，

$$U_i(t+1) = U_i, \quad j = 1,2,\ldots,n \quad j \neq i \tag{2.61}$$

⑤ 返回到第一步，直至网络进入稳定状态。

按以上运行规则，在满足以下两个条件时，Hopfield 学习算法总是收敛的。

① 网络的连接权矩阵无自连接并且具有对称性：

$$W_{ii} = 0 \quad i = 1,2,\ldots,n$$
$$W_{ij} = W_{ji} \quad i,j = 1,2,\ldots,n$$

② 网络中各神经元以非同步或串行方式，根据运行规则改变其状态；当某个神经元改变状态时，其他所有神经元保持原状态不变。

Hopfield 网络是一种具有反馈性质的网络，而反馈网络的一个主要特点就是它应具有稳定状态，也成为“吸引子”。当网络结构满足上述两个条件时，按上述工作运行规则反复更新状态，当到一定程度后，输出不再变化即网络达到稳定状态，即：

$$U_i(t+1) = U_i = sgn(H_i), \quad j = 1,2,\ldots,n \tag{2.62}$$

在实际应用中，网络必须运行多次才能达到稳定状态。网络运行达到稳定状态的速度，以及网络的稳定程度主要取决于网络的“能量函数”。

从控制系统的观点来讲，Hopfield 网络是一个多输入、多输出、带阈值的二态非线性动力学系统。在满足一定的参数条件下，Hopfield 网络“能量函数”的能量在网络运行过程中应不断地降低，最后趋于稳定的平衡状态。

Hopfield 网络在计算中常引入下面的能量函数（网络状态的二次函数）：

$$E = \frac{1}{2}\sum_{i=1}^{n}\sum_{\substack{j=1 \\ j\neq i}}^{n} W_{ij}U_iU_j - \sum_{i=1}^{n}\theta_i U_i \tag{2.63}$$

这个能量函数不同于物理学意义上的能量函数，而是表达形式上与物理意义上的能量概念一致。这里的权值 W_{ij} 相当于电导，网络输出状态 U_i 或 U_j 相当于电压，求和相当于积分。

上式中两个电压相乘之后再乘以电导应等于功率，再对功率进行积分，其结果恰好是能量。

按 Hopfield 工作运行规则来改变网络状态，能量函数值应单调减少。下面来说明这一点。由式（2.63）可知，第 i 个神经元的能量函数为：

$$E = -\frac{1}{2}\sum_{\substack{j=1 \\ j\neq i}}^{n} W_{ij}U_iU_j - \sum_{i=1}^{n}\theta_i U_i \tag{2.64}$$

从时刻 t 到时刻 t+1 的能量变化量为：

$$\Delta E_i = E_i(t+1) - E_i(t) = -\frac{1}{2}[U_i(t+1) - U_i(t)]H_i(t) \tag{2.65}$$

根据 Hopfield 网络运行规则（2.59）：有 $\Delta E_i \leqslant 0$，因为所有神经元都是按同一个规则进行状态更新，所以所有能量变化之和都应小于零，因此有 $E(t+1) \leqslant E(t)$，这说明，随着网络状态的更新，网络的能量函数是单调递减的。

若网络的能量函数如图 2.33 所示，有两个极小值，则网络可以记忆两种信息。但对于优化计算来说，最优的结果通常应在全局最小点上。而这个网络的最后稳定状态有可能落入局部极小点以上，而达不到全局最小点，这是个缺陷。但它已具有寻找能量函数极小值的功能，这就为网络的模式记忆打下了基础，在记忆时不一定要找全局最小点。

所谓 Hopfield 网络的联想记忆的功能是指网络的“能量函数”存在着一个或多个极小点或称平衡点、平衡状态。当网络的初始状态确定之后，网络状态将按动力学方程，即 Hopfield 工作运行规则向能量递减的方向变化，最后接近或达到平衡状态。这种平衡状态点又称为吸引子。如果设法把所需记忆的模式设计成某个确定网络状态的一个稳定平衡点（极小值），则当网络从与记忆模式较靠近的某个初始状态出发后，网络按 Hopfield 运行规则进行状态更新，最后网络状态将稳定在能量函数的极小点，即记忆模式所对应的状态。这样就完成了由部分信息或失真的信息到全部信息或完整信息的联想记忆过程。

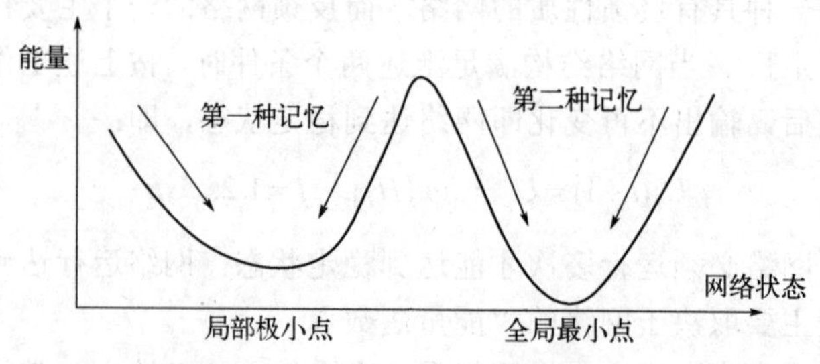

图 2.33　网络的能量函数曲线

（2）Hopfield 网络连接权的设计

Hopfield 网络的连接权是设计出来的。设计方法主要是使被记忆的模式样本对应网络能量的极小值。

例如，有 m 个 n 维记忆模式，要设计网络连接权 W_{ij} 和 θ_i 使这 m 个模式正好是网络能量函数的 m 个极小值。但是，目前还没有一种适应于任意形式的记忆模式，而且有效的通用设计方法。只能针对各种不同的情况采用各种不同的方法。

下面仅介绍和讨论一种常用的“外积法”定理。（此处不作证明）。

设：

$$U_k = [U_1^k, U_2^k, \ldots, U_n^k]^{\mathrm{T}} \quad k = 1, 2, \ldots, m \quad U_i^k \in \{-1, 1\} \tag{2.66}$$

i=1,2,…,n 是要求网络记忆的 m 个记忆模式矢量，它们彼此正交，即满足：

$$(U_i)^{\mathrm{T}}(U_j) = \begin{cases} 0 \ (i \neq j) \\ n \ (i = j) \end{cases} \tag{2.67}$$

设各神经元的阈值 θ_i=0，网络的连接权矩阵 W 按下式计算：

$$W = \sum_{k=1}^{m} U_k (U_k)^{\mathrm{T}} \tag{2.68}$$

则所有矢量 U_k（1≤k≤m）都是稳定点。

所以权值可按上式设计，即：

$$W_{ij} = \sum_{k=1}^{m} U_i^k U_j^k \quad (i, j = 1, 2, \cdots, n) \tag{2.69}$$

对于无自反馈的网络：

$$W_{ij} = \begin{cases} \sum_{k=1}^{n} U_i^k U_j^k & i \neq j \\ 0 & i = j \end{cases} \quad (i, j = 1, 2, \ldots, n) \tag{2.70}$$

此处阈值可以设计成 0，即 θ_i=0，可以看出，当 U_i 与 U_j 同号时 W_{ij} 为 1，当 U_i 与 U_j 异号时 W_{ij} 为−1。

上面的定理主要是对神经元的输出状态−1，1 的情况适用，对于 U_i^k 为 1，0 两种状态的情况，即：

$$U_i^k = \begin{cases} 1 & H_i \geqslant 0 \\ 0 & H_i < 0 \end{cases} \tag{2.71}$$

其中 H_i 是神经元的激活函数，有下面定理（此处也不作证明），

设：

$$U_k = [U_1^k, U_2^k, \cdots, U_n^k]^{\mathrm{T}} \quad k = 1, 2, \ldots, m \quad U_i^k \in \{0, 1\} \tag{2.72}$$

是要求网络记忆的 m 个 n 维（$m<n$）记忆模式，连接权 W_{ij} 和输出阈值 θ_i 按下式计算：

$$W_{ij} = \sum_{k=1}^{m} (2U_i^k - 1)(2U_j^k - 1) \quad (i, j = 1, 2, \ldots, n)$$
$$W_{ii} = 0 \quad \theta_i = 0 \tag{2.73}$$

且满足以下条件时

$$2\sum_{j=1}^{n} U_j^k U_j^p - \sum_{j=1}^{n} U_j^p = C_p \delta_{kp} \tag{2.74}$$

式中　C_p——正的常数；p≥1，k≤m

$$\delta_{kp}=\begin{cases}1 & k=p\\0 & k\neq p\end{cases} \tag{2.75}$$

这 m 个记忆模式将对应网络的 m 个极小值，即网络的 m 个吸引子。

这个定理的条件实际上是要求任意两个记忆模式向量中相互对应、同时为 1 的元素是各自向量中为 1 的元素的一半，下面两个向量 **A** 和 **B** 就满足这个定理的要求。**A**=[1,1,1,1,0,0,0,0]，**B**=[0,0,1,1,1,1,0,0]。

（3）Hopfield 网络的自身弱点

Hopfield 网络虽然具有很强的联想记忆功能，但要构成一个对所有输入的模式很合适的 Hopfield 网络有时却很不容易，需要满足的条件有时很苛刻，例如，要求输入模式的正交性、对称性，以及前面定理中要求的条件，这些条件有时很难达到。所以，Hopfield 网络用在联想记忆方面还是有很多缺陷的。

首先，在约束条件不满足的情况下，网络虽然有时也能工作，但由网络的输入模式回想出的记忆模式有时并不是与其规定距离最短的那个记忆模式。

其次，所有的记忆模式并不是以同样的记忆强度回想出来。Hopfield 网络的能量函数有时可能像图 2.34 那样，与每一个极小值所对应的“谷面”宽度、“谷底”深度、“坡度”的大小都不一样，所以它对不同记忆模式的记忆强度不一样。一般来说，“谷底”深、“谷面”宽、“坡度”大的记忆模式较容易被回想出来。最后，在某些情况下，网络回想出来的模式不是记忆模式中的任何一个模式，而落入“伪状态”。

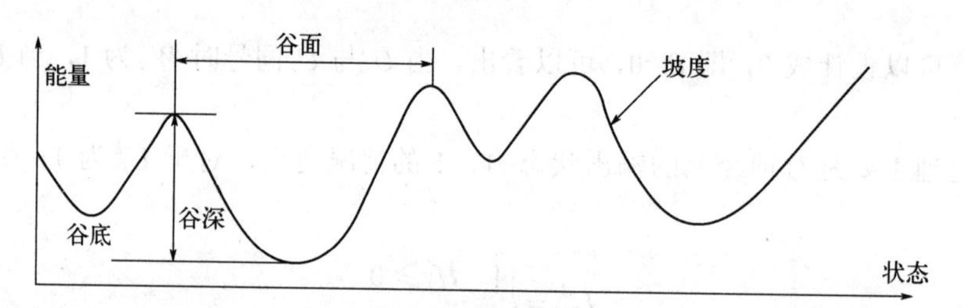

图 2.34　一种能量函数曲线

针对这些问题，有过许多改进方案，其中 Hopfield 本人曾提出以汇总“反学习”（unlearning）的方法，即当连接权按前面的规定设定好后，对需要联想的输入模式，每次按工作运行规则改变一次网络状态时，网络的连接权也做一次“微调”：

$$\Delta W_{ij}=-\varepsilon(2U_i-1)(2U_j-1)\ (0<\varepsilon\leqslant 1) \tag{2.76}$$

做这种“微调”的目的是使网络能量函数的吸引子的控制范围趋于均等，从而减少“伪状态”和记忆强度相差太大的现象出现。

另外，为了防止出错，一个网络不能存入太多的信息，Hopfield 网络的存储能力决定于 W_{ij} 和 θ_i 的适当组合而能够形成网络能量函数稳定平衡点的个数。试验和理论研究表明存在容量的上限 $0.15N$，其中 N 为网络中神经元的个数。存储的信息过多后，网络的错误急剧增加。

（4）连续型 Hopfield 神经网络

前面介绍的内容都属于离散型 Hopfield 神经网络。在离散型网络基础上，1984 年 Hopfield 又提出了连续型 Hopfield 神经网络。在连续型 Hopfield 神经网络中，网络的输入、输出量是模拟量，各神经元采用并行方式工作，这样它在信息处理上更接近于生物神经网络。

图 2.35 是 Hopfield 连续神经元模型。图中电阻 R_{io} 和电容 C_i 并联，模拟生物神经元的延时特性。电阻 R_{ij}（j=1,2,…,n）模拟突触特性。

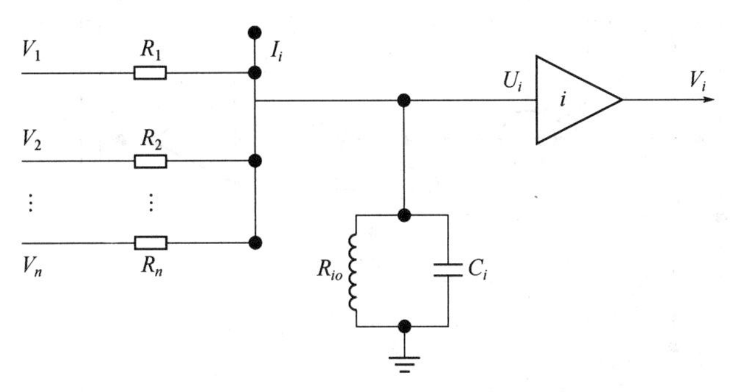

图 2.35　Hopfield 动态神经元模型

这里的运算放大器 i 是一个非线性放大器，模拟生物神经元的非线性饱和特性（S 形激活函数），即：

$$V_i = \frac{1}{1+\mathrm{e}^{-U_i}} \tag{2.77}$$

选 S 形函数为激活函数也是为了克服放大器的饱和特性。设放大器为理想放大器，其输入端无电流流入，第 i 个放大器的输入方程应为：

$$C_i \frac{\mathrm{d}U_i}{\mathrm{d}t} + \frac{U_i}{R_{io}} = \sum_{j=1}^{n} \frac{1}{R_{ij}}(V_j - U_i) + I_i$$

$$C_i \frac{\mathrm{d}U_i}{\mathrm{d}t} = -\frac{U_i}{R_{io}} + \sum_{j=1}^{n} \frac{1}{R_{ij}}(V_j - U_i) + I_i \tag{2.78}$$

即：$\Delta W_{ij} = \dfrac{1}{R_{ij}}$

连续型 Hopfield 神经网络的结构如图 2.36 所示，与离散型网络相同，取 W_{ij}=W_{ji}（对称性），$W_{ij}=0$（无自反馈），

设：

$$\frac{1}{R_i} = \frac{1}{R_{io}} + \sum_{j=1}^{n} W_{ij} \tag{2.79}$$

则有：

$$C_i \frac{\mathrm{d}U_i}{\mathrm{d}t} = -\frac{U_i}{R_i} + \sum_{j=1}^{n} W_{ij} V_j + I_i \tag{2.80}$$

此时可以定义一个能量函数：

$$E = -\frac{1}{2}\sum_{i=1}^{n}\sum_{j=1}^{n} W_{ij} V_i V_j + \sum_{i=1}^{n} \frac{1}{R_i} \int_{0}^{V_i} g^{-1}(t)\mathrm{d}t - \sum_{i=1}^{n} V_i I_i \tag{2.81}$$

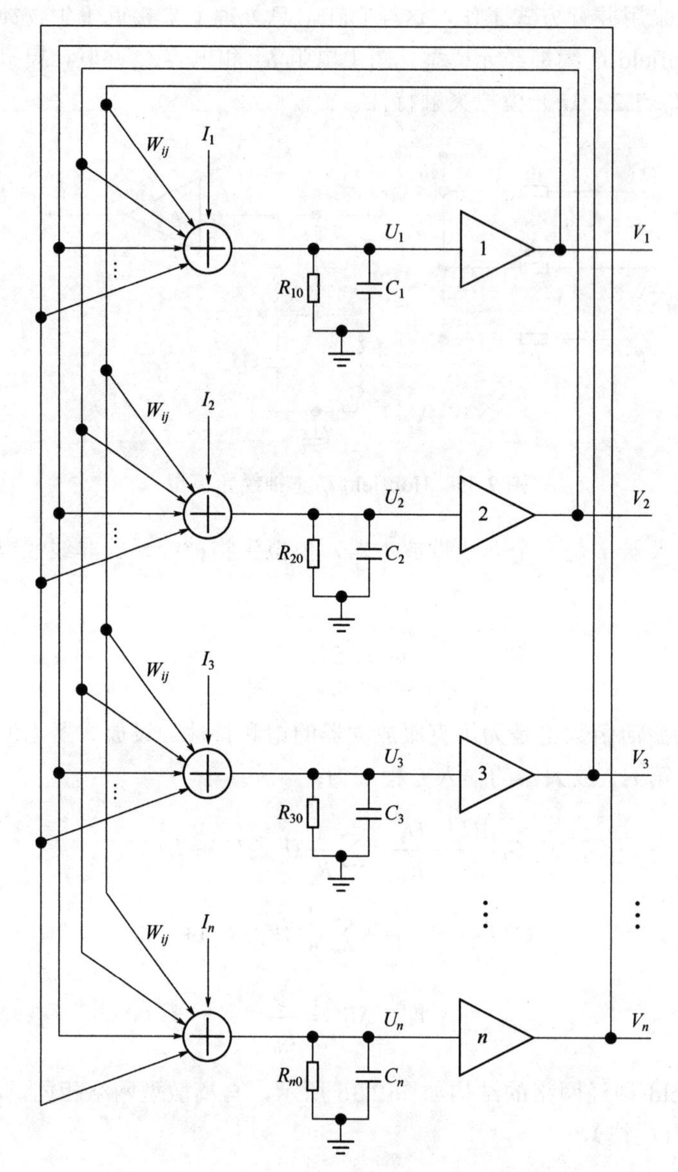

图 2.36 Hopfield 动态神经网络模型

这里，

$$g(x)=\frac{1}{1+\mathrm{e}^{-x}} \tag{2.82}$$

$g^{-1}(t)$ 是 $g(\cdot)$的反函数，这时有如下定理，对于式（2.83）所描述的网络，若 $g^{-1}(t)$ 为单调递增且连续的函数，并有 $C_i>0$，$W_{ij}=W_{ji}$，则网络的状态变化有 $\frac{\mathrm{d}E}{\mathrm{d}t}\leqslant 0$，当且仅当 $\frac{\mathrm{d}V_i}{\mathrm{d}t}=0$ 时，$\frac{\mathrm{d}E}{\mathrm{d}t}=0\ (i=1,2,\ldots,n)$。

这个定理说明，在满足一定的条件下，连续型 Hopfield 网络的能量始终是在减少。

2.4.3 随机型神经网络

前面介绍的 BP 网络误差逆传播算法是采用对连接权、输出阈值的逐步调整来实现网络的学习。在学习过程中，它是利用实际输出与期望输出的误差的负梯度来调整网络参数的。所以误差值一直向小的方向变化，有时陷入局部极小值后，就再出不来了。同样对于 Hopfield 网络来说，是势能函数向梯度下降方向变化（单调下降），结果也有可能陷入极小，这对于记忆多种信息总是可以的，但对于最优计算就不好了，最终得不到网络的最优解。

陷入局部极小的原因主要有两点：

① 网络结构上存在着输入与输出之间非线性函数关系，从而使网络误差或能量函数所构成的空间是一个含有多极点的非线性空间。

② 在算法上，网络误差或能量函数只能单方向减少，不能有一点上升。

为解决上述问题，人们提出了随机型神经网络。随机型神经网络算法的基本思想就是解决上述两个问题，对于第一点改善网络的非线性映射能力。对于第二点调整误差的变化方向，即误差的总趋势向小变，但有时也向大变，以便跳出局部极小向全局最小收敛。

随机型神经网络的出现为求解全局最优解提供了有效的算法。模拟退火算法（simulated annealing）的思想最早是由 Metropolis 等人于 1953 年提出的。但把它用于组合优化和 VLSL（特大规模集成电路）设计却是在 1983 年由 S. Kirkpatrick 等人和 V. Cerny 分别提出的。模拟退火算法将组合优化问题与统计力学中的热平衡问题类比，开辟了求解组合优化问题的新途径。玻尔兹曼机（Boltzmann 机）模型采用模拟退火算法，使网络能够摆脱能量局部极小的束缚，最终达到期望的能量全局最小状态。但是这需要以花费较长时间的代价来得到。为了改善 Boltzmann 机求解速度慢的不足，最后出来的高斯机（Guassion 机）模型不但具备 Hopfield 网络模型的快速收敛特性，而且具有 Boltzmann 机的“爬山”能力。Guassion 机模型采用模拟退火算法和锐化技术，使之能够有效地求解优化及满足约束问题。

（1）模拟退火算法

模拟退火算法的英文是 simulated annealing，所以也常称为 SA 算法，它是模拟对金属进行热处理时的退火过程，由于物体的内能是随它的温度成比例变化，温度越高粒子的活动范围越大（如图 2.37 所示），所以在退火时，先将金属加热到很高温度，使其中的粒子（原子）可以比较自由地运动，然后逐渐降低温度，粒子的自由运动逐渐减弱，并逐渐形成低能态晶格。若温度下降的速度足够慢，则固体物质一定会形成最低能量的基态，即最稳定的结构状态。

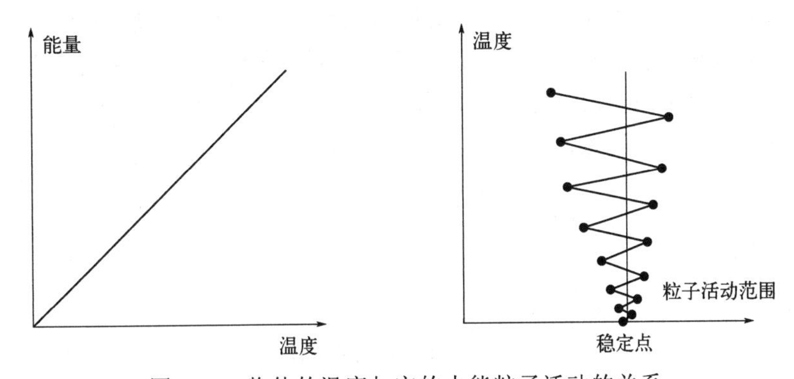

图 2.37　物体的温度与它的内能粒子活动的关系

在降温过程中，各个粒子都可能经历了由高能态向低能态，有时又暂时由低能态向高能态最终趋于低能态的变化过程。

如把组合优化问题的状态看作金属内部的“粒子”，把目标函数看作粒子所处的能态。在算法各设一个控制参数 T，当 T 较大时，目标函数值由低向高变化的可能性较大。随着 T 的减小，这种可能性也减小，这个 T 就类似于“退火过程”中的温度。当 T 下降到一定程度时，目标函数将收敛于极小值。

在模拟退火算法中，有两点是算法的关键：

① 模拟温度的参数 T。

② 能量由低向高变化的可能性。

T 大时这种可能性也应该大，T 小时这种可能性也应该小。主要根据这两条原则，可以构成一种模拟退火的算法。在这种算法中，各变量的设置如下：

网络状态是：

$$U=[U_1,U_2,\cdots,U_n] \tag{2.83}$$

式中，n 是网络的神经元个数，连接权为 $W_{ij}(i,j=1,2,\cdots,n)$，阈值为 θ_i，神经元的输入激活值为：

$$H_i=\sum_{\substack{j=1\\j\neq i}}^{n}W_{ij}U_j-\theta_i \tag{2.84}$$

第 i 个神经元的输出 U_i 为 1 和 0 的概率分别为：

$$P_{U_i}(1)=\frac{1}{1+\mathrm{e}^{-H_i/T}} \tag{2.85}$$

$$P_{U_i}(0)=1-P_{U_i}(1)=\frac{\mathrm{e}^{-H_i/T}}{1+\mathrm{e}^{-H_i/T}} \tag{2.86}$$

式中，T 指代的是网络温度。

图 2.38 所示为在不同温度下神经元输出状态为 1 的概率分布情况。在图 2.38 中可以看出，当温度较高时，H_i 的关系曲线比较平直，输出状态取 0 还是 1 的随机性比较大。当温度较低时，这种关系曲线比较陡，输出状态为 1 还是 0 主要取决于激活值 H_i 的正负，随机性较小。当温度 T 为 0 时，这种关系曲线成为一阶跃函数线，即当 $H_i \geqslant 0$，输出为 1 的概率为 1，当 $H_i<0$ 时，输出 1 的概率为 0。这与标准的 Hopfield 网络中的情况一样，其随机性消失。所以，可以说 Hopfield 网络是随机型神经网络的特例，或者说，随机型神经网络最后是稳定到标准的神经网络的计算方法。这种网络在运行过程中的能量变化不一定是单调下降的，而是有正有负。

根据 Hopfield 网络能量变化的关系式：

$$\Delta E_i=-\frac{1}{2}[U_i(t+1)-U_i(t)]H_i(t) \tag{2.87}$$

当 $U_i(t+1)=1$ 时，

$$\Delta E_i=-\frac{1}{2}[1-U_i(t)]H_i(t) \tag{2.88}$$

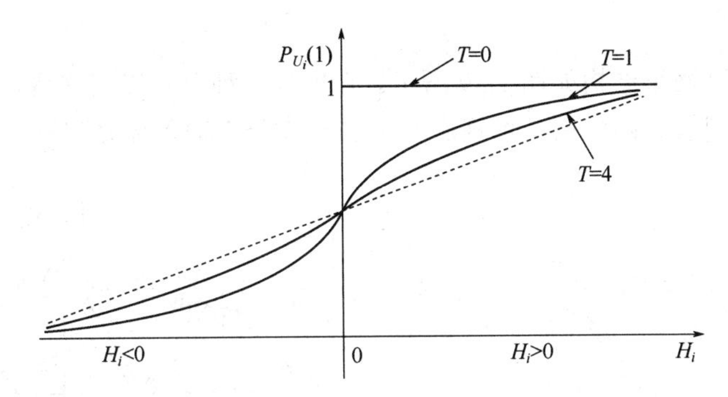

图 2.38 激活函数与输出为 1 的概率

当 $H_i(t) \geqslant 0$ 时，$\Delta E_i \leqslant 0$，能量减少，当 $H_i(t) < 0$ 时，$\Delta E_i \geqslant 0$，能量增加。

所以这里的能量是可以增加的，随机型神经网络正是利用了这个增加的过程来防止计算过程陷入局部极小点。应注意，这里的能量虽然有时可以增加，但是能量变化的总趋势还是能量越来越小。

以下是这些概率的分布情况：

设网络共有 m 种状态，$U_k = [U_1^k, U_2^k, \dots, U_n^k]$ $(k = 1, 2, \dots, m)$，按式（2.87）和式（2.88）反复进行网络状态更新，当次数足够大时，网络某种状态出现的概率服从下式：

$$Q(E_k) = \frac{1}{Z} \mathrm{e}^{-E_k/T}$$
$$Z = \sum_{k=1}^{m} \mathrm{e}^{-E_k/T} \tag{2.89}$$

式中 Z——利用网络所有状态的能量来计算出的一个常数；

E_k——状态 U_k 所对应的网络能量。

这种概率分布就是玻尔兹曼分布，其特点是：状态的能量越小，这一状态出现的概率就越大。在给定温度下，若体系处于热平衡状态，则状态 U_k 出现的概率也服从玻尔兹曼分布。

（2）玻尔兹曼机模型

由于模拟退火算法使网络中神经元出现某种状态的概率服从玻尔兹曼分布。1983 年 E.G.Hinton 等人借助统计热力学的概念和模拟退火的原理提出了玻尔兹曼机模型网络。它是一种随机型神经网络。SA 算法是这种网络运行和学习的基础。玻尔兹曼机网络与离散型 Hopfield 神经网络基本相似。

其共同特点是：

① 神经元取二值（例如 0 和 1）输出。

② 连接权矩阵是对称的。

③ 神经元的抽样是随机的。

④ 无自反馈。

不同点是：

① 玻尔兹曼机允许使用隐含层，而 Hopfield 网络不允许。

② 玻尔兹曼机神经元采用随机激活机制，而 Hopfield 网络是确定的激活机制。

③ 玻尔兹曼机可以用某种随机模式进行有监督的学习，而 Hopfield 网络是在无监督状

态下运行。

玻尔兹曼机模型网络结构如图 2.39 所示。它也是一种全互连型网络，但它可以被人为地划分为几层，如可视层、隐含层，可视层又可进一步分为输入部分和输出部分。

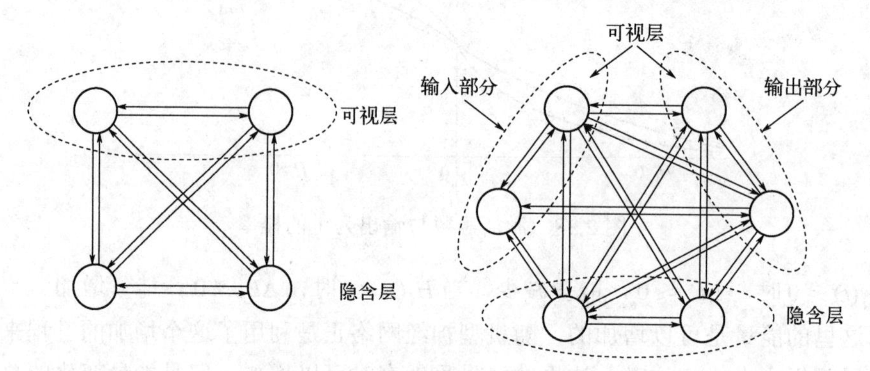

图 2.39　玻尔兹曼机网络结构

可视层是为网络与环境提供一个界面，在网络进行训练时，可视层神经元可由外部的输入模式钳制在特定的状态，而隐含层则运行在自由状态。应注意，这里并没有明显的层次结构，只是按需要在其中选一些神经元作为不同层的单元。

可视层的输入和输出两部分主要用于随机性的互联想记忆。它可采用有监督学习方式进行训练，把某个记忆模式加到输入，在输出端按一定的概率分布得到一组期望的输出模式。这里的概率分布是输出模式相对于输入模式的条件概率分布。

玻尔兹曼机网络的工作规则是模拟退火算法的具体体现，其计算过程如下（SA 算法）：

设网络有 n 个神经元，连接权为$\{W_{ij}\}$，阈值为$\{\theta_i\}$，输出为$\{U_i\}$，激活值为$\{H_i\}$，i，$j=1,2,\ldots,n$。$t=0$ 时，$T=T_0$，$\{W_{ij}\}$和$\{\theta_i\}$应是按联想记忆模式设计好的（如果没有设计，也可取$[-1,1]$间的随机值）。

① 从网络的 n 个神经元中随机选取一个神经元 i；

② 计算第 i 个神经元的激活值：

$$H_i(t)=\sum_{\substack{j=1\\j\neq i}}^{n}W_{ij}U_j(t)-\theta_i \tag{2.90}$$

③ 第 i 个神经元的状态更新为 1 的概率为：

$$P_i[U_i(t+1)=1]=\frac{1}{1+\mathrm{e}^{-H_i(t)/T}} \tag{2.91}$$

实际计算中，一般采用以下两种方法来确定输出状态：

当 $H_i(t)>0$，直接取 $U_i(t+1)=1$，参照式（2.90），这样可使 $\Delta E_i\leqslant 0$；

当 $H_i(t)<0$，在$[0,0.5]$区间产生一随机数 $\varepsilon(t)$；

当 $P_i[U_i(t+1)=1]>\varepsilon(t)$ 时使 $U_i(t+1)=1$，否则使 $U_i(t+1)=U_i(t)$；

当 $H_i(t)>0$，使 $U_i(t+1)=1$；

当 $H_i(t)<0$ 而且 $P_i[U_i(t+1)=1]$ 大于预先给定的概率 $\varepsilon_0(\varepsilon_0<0.5)$ 时，使 $U_i(t+1)=1$；否则使 $U_i(t+1)=U_i(t)$。

④ 除第 i 个神经元外的所有神经元的状态保持不变，即 $U_j(t+1)=U_j(t), (j=1,2,\cdots,n; j\neq i)$；

⑤ 从 n 个神经元中另选一个重复①至④步，直到该温度状态下达到“热平衡”，即网络再这样运行下去其输出状态保持基本不变。

⑥ 令 t+1，将温度参数更新为

$$T(t+1)=\frac{T_0}{\lg(t+1)} \tag{2.92}$$

有时为加快网络收敛也可采用快速降温方法：

$$T(t+1)=\frac{T_0}{t+1} \tag{2.93}$$

此外还有许多其它降温方法，要按具体情况而定。但新的温度应不小于预先给定的一个截止温度 T_d。

⑦ 返回第①步，直到运算过程结束。

还应注意的是，玻尔兹曼机网络只适用于求解最优解，无论从任何初始状态出发，都可能收敛到最小值。各个局部极小值不能用来记忆多个输入模式，但可用来记忆概率分布。

（3）高斯机模型

高斯机（Gaussian 机），是一个随机神经网络模型，它将服从 Gaussian 分布（即正态分布）的噪声加到每个神经元的输入，神经元的输出具有分级响应特性和随机性。可以说 Gaussian 机是 HNN 与 Boltzmann 机的结合，但更具一般性。前面章节介绍的 Hopfield 神经网络模型及 Boltzmann 机都是 Gaussian 机的特例。

由于 Gaussian 机模型本身的复杂性，此处仅简要介绍其基本概念和模型，更多内容可参考相关书籍。

Gaussian 机的神经元类似于连续型 Hopfield 模型的神经元，但也有不同之处。Gaussian 机中，任意一个神经元 i 的输入由三部分组成：来自其它神经元的输入 U_j、阈值 θ_i 及随机噪声引起的输入误差 ε。其中，噪声项 ε 是 Gaussian 机不可缺少的，这是因为这一项打破了神经元输出的确定性。每个神经元的总输入记为 net_i：

$$net_i=\sum_{j=1}^{n}W_{ij}U_j-\theta_i+\varepsilon \tag{2.94}$$

神经元的输出由 S 型作用函数确定。输出值在（0，1）区间取值，受噪声 ε 影响，它是不确定的。若选双曲正切函数（Sigmoid 函数），则输出 U_i 可表示为：

$$U_i=f(H_i)=\frac{1}{2}\left[th\left(\frac{H_i}{H_0}\right)+1\right] \tag{2.95}$$

式中，H_0 为参考激活初值，它决定曲线的弯曲程度，即增益变化。如果 H_0 趋于 0，那么输出作用函数变为跃阶函数。

Gaussian 机最显著的特征是网络输入 net_i 总要受到随机噪声 ε 影响，其中噪声 ε 围绕零均值服从 Gaussian 分布，具有方差 σ^2，σ 定义为：

$$\sigma=kT \quad k=2\sqrt{\frac{2}{\pi}} \tag{2.96}$$

式中，T为温度参数。通过控制温度参数 T，就可以控制噪声 ε 对神经元输出值的变化，这一点在优化问题求解时，有助于逃离能量局部极小点。

Gaussian 机网络结构类似于连续型 Hopfield 网络，故可采用类似的能量函数：

$$E=-\frac{1}{2}\sum_{i=1}^{n}\sum_{j=1}^{n}W_{ij}U_iU_j-\sum_{i=1}^{n}\theta_iU_i+\sum_{i=1}^{n}\frac{1}{\tau}\int_{1/2}^{U_i}f^{-1}(U)\mathrm{d}U \tag{2.97}$$

在 Gaussian 机模型中，神经元状态受噪声影响而随机变化，网络在状态能量总体减小的趋势下会产生扰动。

2.5 人工神经网络在材料领域中的应用

人工神经网络是人类 20 世纪在人工智能方面取得的最辉煌的研究成果，神经网络有很强的学习、联想、自组织和自适应的能力，采用并行、分布式存储和处理机制，系统具有容错性。其知识是从样本或事例的数据集合中自动学习获取的，并用神经元间的连接权值加以隐性地表达。建立这样一个系统仅仅需要几周或数月，该系统还具有继续学习的功能。人工神经网络已在机器人和自动控制、经济、军事、医疗、化学等领域得以应用并已取得了许多成果。在材料科学领域，人工神经网络的应用也得到越来越多的关注，面对海量数据，人工神经网络的自学习性能够更好地从中找到规律，给材料设计和材料性能预测带来事半功倍的效果。本章就将介绍几种人工神经网络（主要指 BP 神经网络）在材料特别是工程材料领域的典型应用实例。

2.5.1 人工神经网络在材料分类中的应用

BP 神经网络能够对大量数据进行挖掘、训练并达到分类的作用，其主要过程是通过对不同性能参数的样本进行学习训练，挖掘其内在关联，根据每个特性的相近程度将样本进行分类，这里选取其在陶瓷材料中的分类案例来讲解。

陶瓷材料众多，种类驳杂，现在还很难有一个衡量的标准配方，什么瓷器要用什么材料，如何科学合理地规划材料配方，这对中国陶瓷的品牌化、全球化形成了一个巨大的挑战，也是当今亟待解决的一个问题。本案例中选择最简单的三层 BP 神经网络，讨论陶瓷样本的分类问题，陶瓷材料样本见表 2.3，输入层为 SiO_2、Al_2O_3、Fe_2O_3、CaO、MgO、K_2O、Na_2O、TiO_2、IL 这九个节点，作为矢量数据，输出层有 4 个矢量，3 个参数 0，1 个参数为 1。其中九个节点分别对应不同的参数。在计算过程中会不断进行训练和调整。BP 网络的学习过程简单易懂，就是顺传播到逆传播再训练吸收学习的过程。第一步输入学习矢量 X 和期望得出的输出矢量 Y，及相关的阈值 M 和各种网络数据，再者就是权值，根据函数 $f(x)$进行计算，其中过程会进行自我调整，误差函数 E 会沿着向下的梯度减少误差，一直到达到相对精确的精度位置，整个训练过程就算完成了。

表 2.3　陶瓷原料训练样本数据集

序号	名称	SiO_2/%	Al_2O_3/%	Fe_2O_3/%	CaO/%	MgO/%	K_2O/%	Na_2O/%	TiO_2/%	IL/%	类别
1	黑黏土	58.22	21.78	0.63	0.89	0.03	0.76	0.28	1.20	16.19	一类
2	宽城土	58.34	30.01	0.30	0.46	0.40	0.47	0.11	0.10	0.93	一类
3	广西白泥	57.83	26.73	1.44	0.27	0.55	2.13	0.19	1.44	9.92	一类

续表

序号	名称	SiO_2/%	Al_2O_3/%	Fe_2O_3/%	CaO/%	MgO/%	K_2O/%	Na_2O/%	TiO_2/%	IL/%	类别
4	贵溪高岭土	52.23	31.44	1.00	1.99	0.68	2.55	2.06	0	7.44	一类
5	高岭土	47.61	35.89	1.94	0.15	0.14	0.54	0.06	0.00	9.64	二类
6	明水土	42.38	40.41	0.77	0.66	0.10	0.08	0.67	0.10	14.00	二类
7	紫木节	41.94	35.90	0.90	2.09	0.40	0.16	0.19	0.95	16.98	二类
8	上店土	45.63	37.49	0.82	0.45	0.55	0.10	0.30	1.16	6.96	二类
9	四班瓷土	75.80	14.57	0.60	0.82	0.16	3.88	0.07	0	3.61	三类
10	东北膨润土	70.92	13.33	1.66	1.67	2.40	2.08	0.34	0	8.21	三类
11	宜兴紫砂	60.72	21.27	8.47	0.44	0.29	1.77	0.22	0	6.34	四类
12	宜兴红泥	55.33	18.05	14.77	0.42	0.45	2.70	0.29	0	6.66	四类

由表 2.3 可知各种类别土的化学性质和比例，一类土的 SiO_2 成分相对二类土来说较高，大概在 50%以上，其中存在很多的不溶于水的二氧化硅，这也是我们对一类土的主要辨别因素之一，而一类土的 Al_2O_3 普遍含量都在 30%左右，为质地比较硬的氧化铝，主要代表的原料为高岭土。二类土 Al_2O_3 的含量都在 35%左右，结构成片状，性质硬而脆弱，结晶程度很弱，二类土的主要代表就是上店土。而三类土 SiO_2 含量极高，玻璃性质强，二氧化硅是构成陶瓷坯体和釉料的一种主要成分。对于陶瓷坯体来说，它含量高，产品的烧结温度、耐磨性、硬度、热膨胀系数会有提高。对于釉料来说，它的含量提高，会提高釉料的温度，其主要代表为东北膨润土。而第四类土的主要特征很明显，就是 Fe_2O_3 的含量远远超出前三类土的含量，该类土的特点也显而易见，含铁量高，外部表象为红色或者暗红色，结构上较为疏松，质地不够紧密，较为松软，其典型土质代表为宜兴紫砂，这也是为什么我们在市面上看到的大部分紫砂壶为什么呈现出红色的原因。

表 2.4 训练样本的输出值

序号	类别	节点输出矢量			
		1	2	3	4
1	一类	1.0000	0.0238	0.0371	0.0366
2	一类	1.0000	0.0391	0.0362	0.0362
3	一类	1.0000	0.0248	0.0366	0.0311
4	一类	1.0000	0.0248	0.0372	0.0368
5	二类	0.0316	1.0000	0.0363	0.0367
6	二类	0.0316	1.0000	0.0252	0.0302
7	二类	0.0315	1.0000	0.0356	0.0369
8	二类	0.0314	1.0000	0.0365	0.0333
9	三类	0.0316	0.0248	0.9980	0.0374
10	三类	0.0316	0.0247	0.9920	0.0367
11	四类	0.0316	0.0246	0.0257	0.9944
12	四类	0.0316	0.0246	0.0256	0.9944

那么，从表 2.4 输出值可以看出，与之前期望的输出结果完全符合，也就是说，运用神经网络的运算可以充分地辨别陶瓷原料的种类，可以较好地分辨十多种甚至更多的陶瓷原材料。

从以上案例可以看出，人工神经网络是一个解决多变量问题很好的方式，它的自学功能、联想存储功能和优化能力对陶瓷材料和陶瓷鉴定有着无可比拟的作用。该案例在有限的数据基础之上对此进行了分类研究。神经网络也存在着缺点，比如说学习过程中出现的误差需要不断地进行调整和修正，才能使结构达到最优。所以总的来说，神经网络在材料的辨别分类方面具有很大的优势，有很大的应用前景。

2.5.2 人工神经网络在材料设计中的应用

目前国内进行混凝土配合比设计时，仍沿用几十年前就采用的方法，通过“保罗米公式”求出水灰比，查表得到用水量并计算出水泥用量，然后再查表得知砂率，通过绝对体积法或假设密度法计算出砂、石用量。这样的设计方法主要依靠经验性表格，对组成成分复杂的再生混凝土已经无能为力了。因为再生混凝土是多组分的复合材料，胶凝材料除水泥外，为节约资源，提高工业废弃物的利用率，还在配制混凝土时加入部分硅灰或粉煤灰；此外，在低水胶比的 GHPC 里，强度和水灰比也不呈线性关系，更何况和水胶比的复杂关系。近年来大量的理论研究及实践表明：低水灰比（水胶比）时，混凝土强度和水泥强度等级的关系也不符合保罗米公式中的线性关系。以上充分说明：现行混凝土配合比设计方法，已不符合配制比普通混凝土复杂得多的再生混凝土的要求，迫切需要改进，以满足增加矿物掺合料（硅灰或粉煤灰）用量，降低熟料水泥用量，配制 GHPC 的需要。下面的案例是采用神经网络进行再生混凝土的配合比优化设计，供读者参考。

与普通的混凝土相比，再生混凝土的强度、耐久性等物理力学性能与很多因素有密切的关系，因此，再生混凝土的强度及配合比的相关影响因素研究是发展和推广再生混凝土应用的重要环节。

根据国内外的一些试验研究，再生混凝土的强度和耐久性及工作性能主要与以下一些因素有关：①水灰比；②减水剂；③再生骨料的掺量；④骨料压碎指标；⑤原骨料的用量；⑥砂用量；⑦超细掺合料（如硅灰或粉煤灰）；⑧水用量；⑨附加水用量。由于再生骨料中大量的黏附砂浆会吸收配合比中的部分水，所以在确定再生混凝土配制过程中用水量时，根据再生骨料用量的多少确定附加水的用量。

再生混凝土优劣的评价指标不仅仅是强度，同时还应控制其坍落度、保水性、黏聚性等，只有这些综合指标达到要求，再生混凝土才可用于施工中。然而影响再生混凝土的强度和工作性能的因素有很多，这些因素相互之间影响复杂，很难利用几个数学公式进行表达和分析。难以像普通原生混凝土的那样，有成熟的配合比经验和计算也是制约再生混凝土广泛应用的因素之一。

研究中进行了 20 组各种不同因素下再生混凝土的试验。各组混凝土拌和后，首先测其表观密度、坍落度，观察其保水性、黏聚性等方面的性质，然后进行标准养护 28 d，再测其立方体抗压强度。保水性是在拌制现场通过观察得出，可分为良好、较好、一般、较差、很差等比较模糊的等级，所以在输入网络数据时将之量化为 1.0、0.8、0.5、0.2、0.1，以便网络的训练及推广。试验参数如表 2.5 所示。

隐含层数目的确定目前尚无统一有效的方法。一般来说，开始设定一个隐含层，然后按需要再增加隐含层数，增加隐含层数可增加神经网络的处理能力，但是必将使训练复杂化，训练样本数目增加和训练时间增加。隐含层内结点数的确定也是建立网络的关键，隐单元数太少局部极小就多，网络可能不能训练出来，或者“鲁棒”性差。隐单元太多又使学习时间过长，误差也不一定最佳。

表 2.5 再生混凝土的试验参数

编号	水胶比	水泥/(kg/m³)	砂/(kg/m³)	原粗骨料/(kg/m³)	再生粗骨料/(kg/m³)	硅灰/(kg/m³)	高效减水剂/(kg/m³)	附加水/(kg/m³)	抗压强度/MPa	坍落度/mm	保水性
1	0.35	500.0	519.0	1211	0.00	0.00	7.50	0.00	54.15	8.00	1.00
2	0.35	475.0	550.0	350	818	25.00	7.50	35.20	53.63	4.20	1.00
3	0.35	450.0	597.0	554	554	50.00	7.50	23.80	49.04	4.40	1.00
4	0.35	425.0	643	0.00	1050	75.00	7.50	45.20	46.89	13.90	0.50
5	0.40	394.0	564	1199	0.00	44.00	6.60	0.00	50.52	10.00	0.80
6	0.40	372.0	526	368	859	66.00	6.60	36.90	49.48	5.00	1.00
7	0.40	438.0	570	606	606	0.00	6.60	26.10	42.44	19.90	0.20
8	0.40	416.0	620	0.00	1152	22.00	6.60	49.50	37.63	19.00	0.10
9	0.45	331.0	629	1168	0.00	58.00	5.80	0.00	53.78	10.60	1.00
10	0.45	350.0	686	336	784	39.00	5.80	33.70	45.04	15.80	1.00
11	0.45	369.0	545	636	636	19.00	5.80	27.30	35.63	18.30	0.50
12	0.45	281.0	659	0.00	1223	50.00	5.00	44.00	39.10	51.00	1.00
13	0.50	333.0	703	1146	0.00	18.00	5.30	0.00	41.41	4.30	0.50
14	0.50	350.0	650	362	845	0.00	5.30	36.30	28.07	1.90	0.50
15	0.50	298.0	587	632.0	623	53.00	5.30	26.80	41.26	18.00	0.50
16	0.50	315.0	553.0	0.00	1290	35.00	5.30	55.50	32.37	17.20	0.20
17	0.35	364.0	635.0	0.00	1179	64.30	6.40	42.40	50.20	64.00	1.00
18	0.40	319.0	652.0	0.00	1211	56.30	5.60	43.60	43.80	10.00	1.00
19	0.50	253.0	669.0	0.00	1243	45.00	4.50	44.80	33.70	21.00	1.00
20	0.45	389.0	584.0	0.00	1241	0.00	5.80	53.40	37.48	10.50	0.50

该案例通过试算确定两个隐含层的神经网络。输入节点为 8，输出节点为 3（28d 抗压强度、坍落度、保水性），根据 Lippmann 的理论，第二层隐含节点数 $M\times2=3\times2=6$ 个，根据 Kuarychi 的推论，第一隐含层的节点数为 $3\times(M\times2)=18$ 个。隐含层采用 tansig 作为传递函数，输出层采用 purlin 作为传递函数，网络结构如图 2.40 所示。

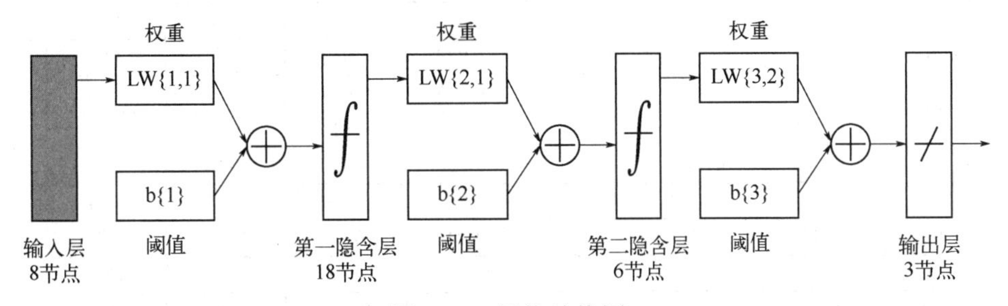

图 2.40 网络结构图

采用普通的 BP 网络将数据输入进行训练结果并不理想，训练步数在前 25 次时误差下降较快，但是后来的训练效率明显降低，甚至进入了局部极小值无法跳出，在训练步数达到 500 步时还没有收敛到 0.001 的目标误差，误差曲线下降很慢，如图 2.41 所示。

由于标准的 BP 算法具有收敛速度慢、容易陷入局部极小值等缺点，在此采用 Levenberg-Marquardt 优化方法。为了提高神经网络的训练效率，对输入的样本数据和目标数据做了归一化处理，将它们化为[−1,1]之间的数据。归一化公式为：

$$p_n = 2\times(p-p_{\min})/(p_{\max}-p_{\min})-1 \tag{2.98}$$

式中 p——原始数据；

p_{min}、p_{max}——p 中的最小值和最大值；

p_n——归一化后的数据。

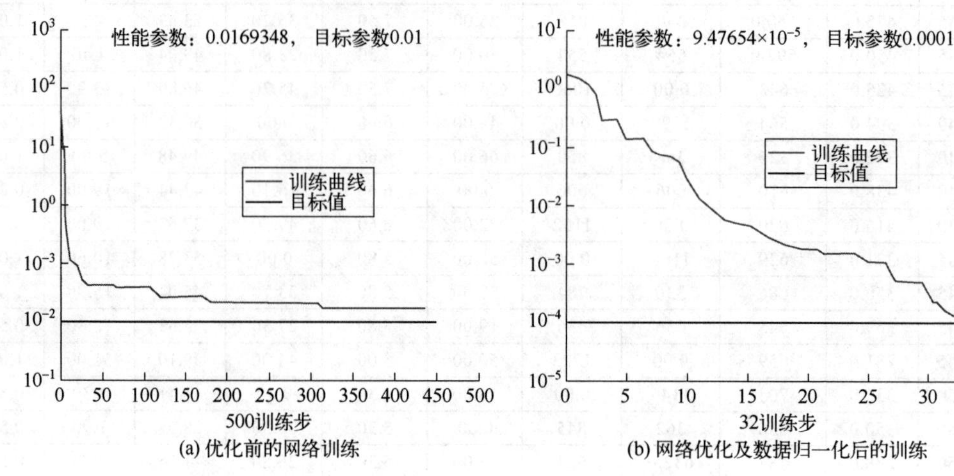

图 2.41 网络训练误差变化曲线

归一化之后输入网络进行训练的数据为 8×19 的矩阵，目标值为 3×19 的矩阵，其行和列分别对应于归一化前的数据。其中最后 1 组作为训练后的网络仿真之用，以此检验网络的推广能力，避免出现过度训练的现象。优化后的网络训练效率明显提高，在第 32 步的时候就已经达到了 0.0001 的目标误差。归一化后的目标数据及网络训练的结果如表 2.6 所示。

表 2.6 目标数据及网络训练的结果

编号	归一化后的目标数据			训练结果			还原后的训练结果		
	抗压强度/MPa	坍落度/mm	保水性	抗压强度/MPa	坍落度/mm	保水性	抗压强度/MPa	坍落度/mm	保水性
1	1	−0.804	1	0.991	−0.812	1.004	54.03	7.74	1
2	0.96	−0.926	1	0.936	−0.934	1.012	53.32	3.96	1.01
3	0.608	−0.92	1	0.605	−0.918	0.999	49	4.45	1
4	0.443	−0.614	−0.111	0.427	−0.609	−0.11	46.68	14.05	0.5
5	0.722	−0.739	0.556	0.721	−0.736	0.555	50.51	10.1	0.8
6	0.642	−0.9	1	0.644	−0.896	0.999	49.5	5.14	1
7	0.102	−0.42	−0.778	0.089	−0.425	−0.774	42.27	19.77	0.2
8	−0.267	−0.449	−1	−0.286	−0.446	−0.988	37.38	19.1	0.11
9	0.972	−0.72	1	0.98	−0.709	0.993	53.89	10.95	1
10	0.303	0.543	1	0.291	−0.55	1.003	44.91	15.87	1
11	−0.42	−0.472	−0.111	−0.419	−0.471	−0.109	35.65	18.32	0.5
12	−0.154	0.581	1	−0.173	0.624	0.956	38.86	52.31	0.98
13	0.023	−0.923	−0.111	0.026	−0.916	−0.109	41.45	4.5	0.5
14	−1	−1	−0.111	−0.996	−1.003	−0.11	28.13	1.82	0.5
15	0.012	−0.482	−0.111	0.02	−0.476	−0.123	41.38	18.18	0.49
16	−0.67	−0.507	−0.778	−0.67	−0.507	−0.778	32.37	17.21	0.2
17	0.697	1	1	0.678	1	1.012	49.95	64.01	1.01
18	0.206	−0.739	1	0.19	−0.736	1.01	43.59	10.09	1
19	−0.568	−0.385	1	−0.585	−0.379	0.998	33.49	21.17	1

比较表 2.6 中最后 5 列与表 2.5 中相关数据可知，网络训练的结果很好，误差较小。为了检验网络的泛化能力，把最后一组数据输入网络进行仿真，仿真结果还原后如表 2.7 所示。

表 2.7 仿真结果与试验数据对比

项目	抗压强度/MPa	坍落度/mm	保水性
试验数据	37.48	10.5	0.5
仿真结果	37.68	9.21	0.51
误差/%	0.5	−12.3	2

从表 2.7 的仿真结果可以看出该 BP 网络具有较好的推广性能。由于所搜集的数据有限，所提供的参数的变化范围也有限，另外由于材料性能差异较大，在试验中不确定因素较多，会导致试验数据的离散性较大，可能会导致实际工程中预测结果与实测结果有一定的差距。要提高网络的泛化能力，使网络更加聪明更具实用性的最好办法就是增加更多的实测数据来训练网络。

在工程实践中可以根据经验和再生骨料的利用率选择出大致的配合比，将选定的配合比输入训练好的网络进行试配，如果结果满足要求就可以进行试验室和现场操作，如果不满足要求可以调整各因素的含量再进行测试，直到找到最佳的一组配合比，这样就可以在不进行试验室操作的情况下选取最优的配合比。同时利用该网络还可以简便准确地得出混凝土的强度及工作性能与各种组成材料的关系，为再生混凝土的研究及应用提供一定的参考价值。

研究的网络模型是以试验室数据为依据的，要使其应用于实际工程中，还应收集更多的工程实测资料，考虑环境因素的影响，最后将网络各层的权值和阈值固定下来，这样的模型才能在工程中推广和应用。

2.5.3 人工神经网络在材料制备工艺优化中的应用

基于 BP 神经网络具有自学习、自训练和输出预测的功能，本案例将其应用于热喷涂过程中的参数优化问题。

本案例依托高效能超音速等离子喷涂系统实验平台，以 Fe 基合金粉末为喷涂材料，将等离子喷涂中的主气流量、电功率和喷涂距离作为模型输入，涂层沉积速率和硬度作为模型输出，不断调整隐含层节点个数，最终建立 3-7-2 网络结构的 BP 神经网络以优化工艺参数。利用优化出的工艺参数制备 Fe 基合金涂层，测试其性能，并计算误差。结果发现神经网络优化出的最优喷涂工艺参数为：主气流量 96L/min，电功率 56kW，喷涂距离 95mm。采用该工艺参数制备涂层，涂层增厚实测平均值为 360μm，硬度为 672HV0.3，而模型的预测值分别为 332μm 和 611HV0.3，与预测值的相对误差分别为 7.8%和 9.1%。可以看出，BP 神经网络对等离子喷涂参数优化问题的拟合精度比较高，误差在可以接受的范围之内。将 BP 神经网络运用于热喷涂工艺参数的优化具有科学性和可操作性。具体案例分析如下：

喷涂涉及的工艺参数较多且相互影响。主气流量一般影响等离子射流的刚性和热焓，主气流量过小，射流刚性不足，对粒子的加速不够；主气流量过大，容易降低射流的热焓，不利于粒子的加热变形。

电功率是外界输送给待电离气体总能量的大小，功率过大，粉末会发生过熔，出现打点现象；功率过小，粉末加热不足，粒子的温度、速度偏低，不利于涂层的沉积。实验中通过恒定电流、变化电压（调节次级气流量）的方式进行调节，其实质为次级气比例的变化。

喷涂距离影响材料粒子撞击基体时的温度和速度，进而影响粉末的沉积效率。喷涂距离过小时，工件表面温度过高，易发生氧化，涂层与基体内的热应力也相应增加，涂层容易脱落；喷涂距离过大时，虽然涂层厚度均匀，但是沉积效率下降，涂层致密度也会随之下降。

以上三个参数对喷涂效率和涂层质量都有显著影响，且主气流量、电功率和喷涂距离相互之间也有耦合匹配关系。为了研究这三个变量与涂层沉积效率、涂层综合性能之间的关系，将主气流量、电功率和喷涂距离作为模型输入，将涂层增厚速率和涂层硬度作为模型输出，建立 BP 神经网络模型。本次参数优化实验中，有 3 个输入和 2 个输出，隐含层节点数设置为 7 个。其个数通过在程序运行中的不断调整进行取值，原则是让神经网络模型的误差值达到设定条件。如果隐含层节点个数太少，BP 神经网络不能建立复杂的映射关系;如果节点个数过多，网络学习时间增加，可能出现“过拟合”现象，亦即训练样本预测准确，但是其他样本值预测误差较大。最终确定的 BP 神经网络结构为 3-7-2。该网络模型表达了从主气流量、电功率表（本质是次级气比例）和喷涂距离这三个自变量到涂层增厚和硬度这两个因变量的函数映射关系。

采用扫描电镜对粉末形貌以及涂层微观形貌进行分析。采用显微硬度仪测定涂层显微硬度。每组试验中，对喷枪移动 10 次后的涂层增厚进行精确测量。实验参数设计和结果见表 2.8（共 20 组）。

表 2.8　实验参数设计和实验结果统计

编号	主气流量/(L/min)	电功率/kW	喷涂距离/mm	涂层增厚/μm	涂层硬度（HV0.3）
1	100	51	80	235	499
2	100	54	70	306	543
3	100	57	100	356	655
4	100	60	90	393	589
5	80	51	100	202	479
6	80	54	90	211	566
7	80	57	70	182	422
8	80	60	80	179	433
9	120	51	80	189	450
10	120	54	90	216	563
11	120	57	70	193	398
12	120	60	100	222	574
13	110	51	100	192	566
14	110	54	70	207	588
15	110	57	80	242	575
16	110	60	90	231	591
17	90	51	90	352	532
18	90	54	100	375	547
19	90	57	70	309	565
20	90	60	80	235	456

在本次实验中，BP 神经网络主要用到 newff、sim 和 train 这三个神经网络函数。newff 函数功能是构建一个神经网络，形式为 newff=net（***P***，***T***，*S*，TF，BTF，BLF，PF，IPF，

OPF，DDF），其中 $\boldsymbol{P}$ 为输入数据矩阵，$\boldsymbol{T}$ 为输出数据矩阵，S 为隐含层节点数，TF 为节点传递函数，BTF 为训练函数，BLF 为网络学习函数，PF 为性能学习函数，IPF 为输入处理函数。

train 函数功能是训练神经网络，形式为[net,tr]=train（NET，$\boldsymbol{X}$，$\boldsymbol{T}$，P_i，A_i），其中 NET 为待训练网络，$\boldsymbol{X}$ 为输入数据矩阵，$\boldsymbol{T}$ 为输出数据矩阵，P_i 为初始化输入层条件，A_i 为初始化输出层条件,net 为训练好的网络，tr 为训练过程记录。

sim 函数功能是用训练好的 BP 神经网络预测函数输出，形式为 y=sim(net,x)，其中 net 为训练好的网络，x 为输入数据，y 为网络预测数据。实验中用 sim 函数在分别取值空间中连续取值 1000 组进行输出预测，寻找输出最大值，即喷涂中涂层增厚和涂层硬度达到最大的输入。

在神经网络的拟合中，将表 2.8 中的 20 组数据作为训练样本加载到构建好的 BP 神经网络模型中进行训练，通过系统的自主学习及记忆能力训练神经网络，当系统训练满足逼近精度或达到最大迭代次数时，训练停止。训练完成后，对其识别能力进行测试。图 2.42 为涂层增厚、显微硬度样本值与 BP 神经网络识别结果的对比。在工程实践中，追求涂层性能的最优有时并不能满足实际应用的需要，往往需要兼顾涂层性能和喷涂效率，而硬度作为一个反映涂层综合性能的指标，与涂层沉积效率一起作为涂层参数优化评价的指标具有一定的科学性。文中采用的评价函数为：

$$f_i(x)=a\left(\frac{g_i(x)}{g_{\max}}\right)+b\left(\frac{h_i(x)}{h_{\max}}\right) \tag{2.99}$$

式中，$g_i(x)$，$h_i(x)$ 为某工艺参数下预测得到的涂层显微硬度和单位喷涂次数后的涂层增厚；$g_{\max}$，$h_{\max}$ 为优化后得到的涂层硬度和沉积效率的最大值；a,b 分别为涂层这两个性能参数在评价指标中的权重，取 $a=b=1$。

当评价函数 $f_i(x)$ 最大时，判定涂层综合性能最优。可以看出，样本值与网络训练的输出值十分接近。模拟的实验结果说明，BP 神经网络对于喷涂参数优化问题的拟合精度较高，可以将网络预测输出近似看成实际输出。

神经网络的预测中利用了粒子群算法，将变量变化范围内的所有可能参数进行随机组合输入，并在实验数据所训练出来的神经网络下进行输出预测，最优值适应度曲线如图 2.43 所示。

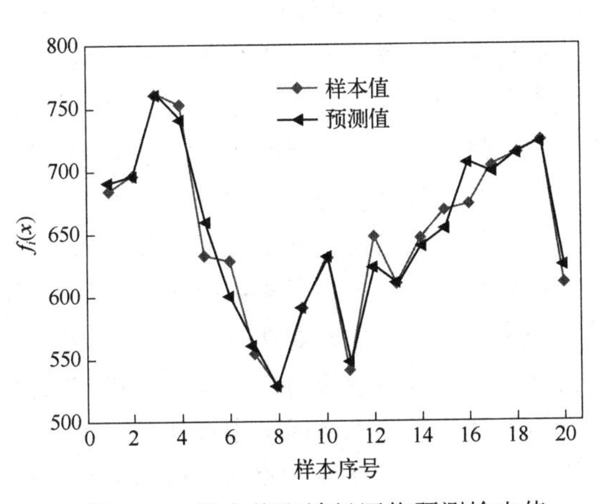

图 2.42　样本值和神经网络预测输出值

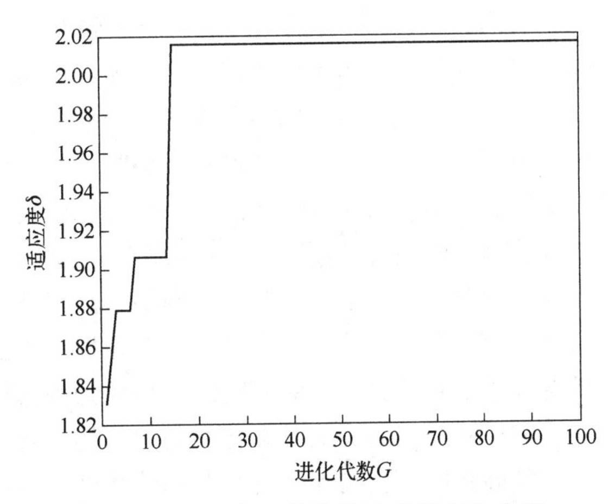

图 2.43　全局最优值适应度变化曲线

通过不停地进行迭代计算，发现涂层硬度和增厚达到最大值的点为 2.0186 时，满足设计要求。将全局最优值进行反向迭代，得到最佳参数输入为：主气流量 95.7809L/min，电功率 55.6210kW，喷涂距离 95.5610mm。

为验证拟合结果，按照神经网络优化的最优喷涂工艺参数，取主气流量 96L/min，电功率 56kW、喷涂距离 95mm 进行喷涂试验，制备出的涂层均匀致密，孔隙和杂质很少。在喷涂过程中记录涂层沉积速率，喷涂完成后进一步测量计算涂层硬度等性能指标，涂层增厚的实测平均值为 360μm，硬度为 672HV0.3，而模型的预测值分别为 332μm 和 611HV0.3，相对误差分别为 7.8%和 9.1%。这进一步说明 BP 神经网络对于喷涂工艺参数优化问题的拟合程度较好，预测值精度较高。

在上述案例中，神经网络预测的准确性与训练数据的多少有很大关系，尤其是对于多输入、多输出的网络，如果缺乏足够多的训练数据，网络预测值往往会存在一定误差。所以，在热喷涂工业生产实践中，基于存在大量的数据样本，采用神经网络优化工艺参数提升喷涂效率和涂层性能具有科学性和可操作性。

BP 神经网络虽然具有比较强的拟合能力，但是对于一些复杂的非线性系统，如热喷涂中多工艺参数优化，简单的 BP 神经网络预测结果还是会有较大误差。这时需引入诸如遗传算法、蚁群算法等算法来优化神经网络，使其精度更高，预测更加准确。

2.5.4 人工神经网络在材料性能预测中的应用

人工神经网络已经开始应用于混凝土的主要领域。例如，混凝土的强度预测、性能设计、疲劳寿命估算、耐久性能分析、混凝土的温度预测等方面，并已获得初步的成果。在混凝土领域，强度作为主要的性能指标，长期以来一直受到人们的高度重视，而神经网络对非线性函数具有任意逼近和自学习能力，对于那些已具有大量经验基础的系统尤其有效。

中国台湾私立中华大学土木工程系的叶怡成教授等人证明了用神经网络构筑混凝土抗压强度模型，预测强度值的可能性；杨朝晖等人首次提出混凝土强度预测与配方优化设计的神经网络方法，对普通混凝土、高强混凝土等多种混凝土建立了表现混凝土强度因果规律的神经网络方法，在已有混凝土试验资料基础上，进行了强度预测，与通用的回归分析方法所得结果对比表明神经网络方法精度高、时间短等优点，通过实例给出了应用神经网络方法的强度预测结果，表明神经网络是混凝土强度，特别是高强混凝土强度预测和设计的崭新途径；韩敏等人就如何利用神经网络方法构筑一个混凝土强度模型，并通过一个实例，列举网络模型建立的过程，同时将网络预测的抗压强度值与其实验结果相比较，证明了神经网络方法可有效地应用于混凝土的研究过程；胡明玉与唐明述等人将最为广泛的 BP 网络和 RBF 网络的模型用于高强粉煤灰混凝土的强度预测和优化设计，并与线性回归进行了对比，表明神经网络方法具有较高的预测精度，在混凝土性能预测和优化设计中具有广阔的应用前景；大连理工大学的袁群等人采用 BP 神经网络方法对新老混凝土黏结劈拉强度及黏结抗折强度进行了预测，对预测模型的精度和预测的合理性也给予了必要的分析，由此表明神经网络法是解决新老混凝土黏结强度预测问题的一种较为理想的方法。同济大学建筑材料研究所的张雄教授利用 BP 神经网络算法对不同种类的矿物复合掺合料的性能及其影响因子进行建模（煤矸石水泥胶砂强度与影响煤矸石水泥胶砂强度的主要因素、矿粉-水泥体系的胶砂活性指数与其影响因子），再用非建模数据进行检验，结果预测值与实测值比较接近，相对误差不超过 2%，说明了 BP 神经网络较好地反映了复合胶凝材料特征参数到其性能的映射。利用混凝土搅拌站的数据，通过数据挖掘技术，使用人工神经网络模型，建立了混凝土配合比设计系统，实现了从数据的收集和处理、系统的构成，到结果可视化和评估的整个系统构成过程。

总之，神经网络应用于混凝土材料的性能预测方面具有以下特点：

① 通过训练网络，可学习隐藏在输入（配方与工艺条件）与输出（性能）之间的关系，建立起输入与输出之间的非线性关系，适用于最优配方的搜索；

② 容错能力强，可区分研究过程中的规律与噪声；

③ 数据利用效率高，可采用补充试验的结果对网络进一步训练，以获得更好的学习效果；

④ 神经网络采用矩阵运算，增加配方因子、试验项目或试验次数，无需进行大的结构改变，因而适用于处理多输入、多输出（即多因子、多性能）的问题。

这里，给出一个利用 BP 神经网络预测高掺量粉煤灰对混凝土强度影响的案例。众所周知，普通混凝土的强度可以用以水灰比为单因素的线性函数预测。但高掺量粉煤灰混凝土由于影响因素更为复杂，甚至存在诸多因素的交互作用，线性函数已不再适用，往往表现为特定的非线性规律，即强度影响因素与强度值之间是一个非线性本构模型。而神经网络是一种在处理与解决问题时不需要对象的精确数学模型的方法，因此，该方法为解决高掺量粉煤灰混凝土研究领域这一非线性问题提供了有效的手段。基本设计思想是：根据给出的高掺量粉煤灰混凝土组分的含量能够预测它的强度，这样可减少重复试验量，提高生产率。采用人工神经网络技术，以 BP 网络模型为基础，建立粉煤灰混凝土组分与强度之间的网络模型，开发应用软件，实现预测功能。

（1）网络相关变量和结构的确定

多层前向网络可以逼近任意连续函数和非连续函数，如果在较宽的条件下，一个 3 层前向网络能以任意精度逼近任意给定的连续函数。强度是混凝土的主要性能指标，此处用来作为网络输出。网络输入主要由组成和龄期构成。所建立的 3 层 BP 人工神经网络结构如图 2.44 所示。以此确定输入变量和输出变量的数目，即取网络的 n=7，m=2。

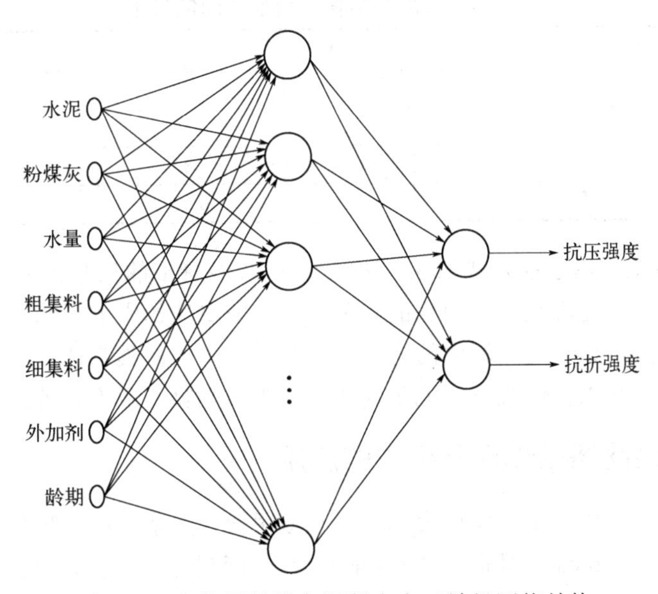

图 2.44　高掺量粉煤灰混凝土人工神经网络结构

在神经网络的各种算法中，BP 算法的发展较为成熟。最初的 BP 算法有收敛速度慢、易于陷入局部最小等缺点，经过多年发展，改进型的 BP 算法不断被推出，该案例采用的是一种附加动量因子的自适应参数变化的 BP 算法。

（2）选择传递函数、权重规则、准备输入数据

本网络算法选择易求导，能反映输入与输出间的非线性关系的传递函数，即 Sigmoid 函数，函数的下限是 0，上限是 1。在训练开始取均匀分布的小随机数置为初始权值。神经网络靠学习来记住问题应有的模式，用网络训练的数据应尽可能包含问题的全部模式。平煤集团与河南理工大学在研制高掺量粉煤灰混凝土的试验中积累了丰富的经验和数据，从中可挑选些基本符合网络训练和检验条件的数据作为输入数据。

（3）网络的训练策略和检验

将所选取的 60 组配合比及其测试结果，加工处理成训练及测试数据组。暂用 30 组作训练样本，15 组作检测样本。从样本的质和量来看，虽难以训练出高质量的网络系统，但这样能提出一种快速进行高掺量粉煤灰混凝土配合比设计的实用方法，验证其可行性。

利用 VC++开发了高掺量粉煤灰混凝土配合比设计系统（CPDS）。软件设计采用模块化和面向对象设计思想，系统主要由神经网络核心模块、数据库模块、文件模块、界面模块、总控模块构成。该系统界面清晰直观，仅需在“配合比设计”的弹出菜单上输入拟定材料的参数便可预测到所配高掺量粉煤灰混凝土的强度。采用前文阐述的网络结构及网络参数，用 40 组样本数据对 HPCC-BP 网络进行训练，训练过程中网络未出现振荡现象，网络的学习结果和试验值（实际输入值与模型输出值）非常接近，训练精度达到了 97.0%左右，最大相对误差对抗压强度为 3.01%，对抗折强度为 2.93%。另外 10 组样本数据用于检验学习后的网络对非样本的正确映射能力。部分检验结果见表 2.9。表中可以看到网络的预测结果和试验值非常接近，证明该网络的预测能力比较好，相对误差不超过 7.20%。表明正确建立了人工神经网络的预测模型。

表 2.9　强度实际值与模型预测值对比

编号	抗压实测/MPa	抗压预测/MPa	误差/%	抗折实测/MPa	抗折预测/MPa	误差/%
1	37.65	37.1	−1.46	5.79	5.98	3.28
2	34.58	37.07	7.2	5.56	5.93	6.65
3	35.47	37.1	1.04	5.82	6.02	3.43
4	38.49	39.64	2.99	6.17	6.09	−1.29

开发的预测系统采用了能反映部分高掺量粉煤灰混凝土的信息的实测数据组作训练样本和检验样本。因而，能客观地反映它的制配规律，随着新的实测训练样本的增加，网络可以不断提高配合比的设计精度与泛化能力，也就是说，本方法具有通过不断学习，提高精度和适应面的能力，这是以往传统方法配制高掺量粉煤灰混凝土所不具备的。

2.5.5　人工神经网络在光谱分析中的应用

人工神经网络（ANN）是谱学研究的一种有效手段，在紫外可见吸收光谱、核磁共振谱的研究中均有应用，K.Tanabe 等报道 ANN 能在个人计算机上快速识别红外光谱。ANN 在光谱方面的应用主要有：

（1）非线性校准

校准是在分析物的数量、浓度或其他物理或化学性质的基础上，建立它们与响应信号的相对、相关或模型的联系。在多组分同时测定时，多元非线性校准已成为分析工作者们的一个热门课题。殷龙彪等采用单隐层6神经元组成的人工神经网络红外光谱法，测定四组分混合溶液中的邻二甲苯、间二甲苯、对二甲苯与环己烷的含量，其平均回收率分别为102.3%、100.3%、101.6%和100%。他们用人工神经网络对五组分体系维生素B_1，维生素B_2，维生素B_3，维生素C及酰胺的紫外光谱数据进行处理，结构优于通常的矩阵校准方法。潘忠孝等也利用人工神经网络对多组分体系（酪氨酸，色氨酸，苯丙氨酸，二羟基苯丙氮酸）紫外光谱的定量分析进行了研究，发现合理选择网络参数，可以提高训练效率改善预报性能，而且所优化的参数可移植到其他相似体系。Long等用模拟光谱数据采用人工神经网络的方法进行校准和定量分析。神经网络采用BP网络，经大量实验得出了一组优化参数。李燕、王俊德等人采用人工神经网络对大气中四种红外光谱严重重叠的有机污染物进行了定量分析，得到了较为准确的结果，并讨论了参数对神经网络的影响。Bos等在《定量光谱分析中的人工神经网络软构模工具》一文中讨论了神经网络的性质，优化和各种算法，通过实测乳酸菌中水的含量，研究了标准反向传播算法的局限性以及各种改进型算法的效果，并讨论了定量化学分析中的神经网络数据处理问题；刘嘉和邓勃将迭代目标转换因子分析与ANN用于邻、间、对硝基甲苯的分光光度同时测定研究，结果发现ANN均优于目标转换因子分析法。用ANN和PIS测定水果中果酸混合物的紫外光谱，结果表明，ANN更适用于非线性分析。

Wang等提出一种将化学和谱图空间信息结合的局部权重回归法（LWR2），与LWR，PLS及PCR相比，LWR2法能更好地处理非线性体系。Tompson等用神经网络基于近红外光谱进行处理，在很大范围的浓度和pH值内，可以实现各个组分的同时测定。将BP-ANN应用于存在荧光熄灭现象的三组分非线性荧光分析体系，进行三组分同时测定，得到了满意的结果。作为一种多组分非线性校正工具，人工神经网络用于Fe-Cr-Ni体系的X射线荧光光谱分析，结果很好。

神经网络与卡尔曼滤波相结合，对多组分维生素体系（VB_1，VB_2，VB_5及VA）的分光光度定量分析，回收率为97.2%～103.1%。Gemperline等人以二组分和三组分体系的紫外-可见光谱数据为例，比较了主成分回归、二次主成分回归、人工神经网络与正交主成分-人工神经网络法对非线性数据的校正效果，结果表明，人工神经网络具有很强的非线性表达功能，其校正效果优于加权主成分回归和偏最小二乘法，文中还提出了一些改进人工神经网络学习收敛速度和误差精度的方法。ANN在传感器阵列信号的处理中也有广泛的应用。传感器的响应和气体浓度间呈非线性关系，用BP-ANN可以克服这一缺陷。蔡煜东等用反向传播人工神经网络的改进式模型研究了脂肪醇、醛、酸、胺以及脂肪酸酯的色谱保留行为；Watczak提出了多层前传网络反传播算法的稳健误差抑制函数。可用于高达49%界外值污染的任何数据组。在各种红外光谱和原子光谱分析等数据的校准中，ANN均显示了其优越性。

ANN法在非线性校准中也有一定的缺陷。Bos等采用前馈神经网络中BP算法和遗传算法（genetic algorithm）对多组分进行X射线荧光分析，并讨论了算法的优劣。结果表明，当学习集较大时，两种算法的预测能力是等效的；对于较小的学习集，BP算法较好，但对在训练样本范围之外的值进行预测时，两种算法的效果都不好。Blank等采用人工神经网络进行数据的非线性校正后，对罗丹明的混合物进行测量，说明虽然采用的人工神经网络具有很强的非线性校正功能，但在校正时，需要大量的数据进行训练，其模型的应用受到了限制。

（2）模式识别

模式识别本身就是个典型的非线性问题。其目的是根据光谱、色谱或混合数据发展分类方法，包括来源鉴定、气味检测或某种疾病是否存在等，ANN 是光谱分析中应用最广泛的模式识别技术。

Tanabe 等利用神经网络系统对 1129 个红外谱图进行识别，系统由两部分组成，能在 0.1s 内鉴别未知谱。Allanic 等利用 ANN 的良好的抗噪声能力鉴别二维荧光相似谱，采用了改进的 BP 算法，在解析环境混合物的红外光谱图中，ANN 比其他系统快而准确。在脉冲极谱重叠峰的解析中，张卓勇等论述了人工神经网络在光谱分析重叠信号解析中的应用。将基于计算最大差异光谱的目标转换因子分析法，用于解析混合物的红外光谱和从混合物的红外光谱中解析出纯组分光谱，得到了满意的结果。

下面，将介绍一个 BP 神经网络用于紫外分光光度法同时测定苯和甲苯的应用案例。

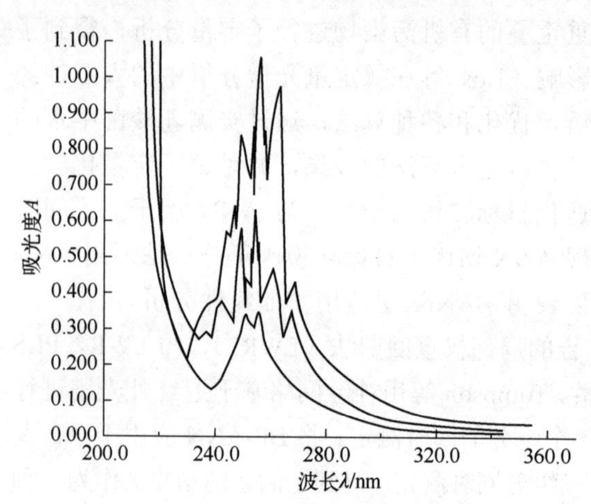

图 2.45　苯和甲苯的吸收光谱

对苯和甲苯的分析测定多采用色谱分析方法，鉴于仪器和实验条件等原因，有时难以同时测定。苯的 λ_{max} 为 254nm，甲苯的 λ_{max} 为 262nm，二者的紫外吸收光谱严重重叠。现配制苯和甲苯的标准溶液，测定在 230～270nm 波长范围内每隔 2nm 的吸光度，由图 2.45 苯和甲苯的吸收光谱，可知苯的 λ_{max} 为 254nm，甲苯的 λ_{max} 为 262nm，二者的紫外吸收光谱严重重叠。因此用神经网络方法进行计算。

在四层 BP-ANN 网络（21-32-16-2）中，用 Sigmoid 函数为传递函数。按正交设计表 $L_9(3^4)$ 配制成 9 组标准混合溶液作为训练集，另配制 3 组作为预测集。

① 传递函数导数的影响：在误差反传调整时，输出层误差由 $\delta_j^k = F'(s)(T_j^k - y_j^k)$ 修改为 $\delta_j^k = [F'(s)+0.1](T_j^k - y_j^k)$，其中，$F(s)=\left(\dfrac{1}{1+\mathrm{e}^{-s}}\right)\left(1-\dfrac{1}{1+\mathrm{e}^{-s}}\right)$，避免了训练过程中由于 $F'(s)\to 0$ 造成的麻痹现象，效果明显。

② 目标向量的线性变换：用 Sigmoid 函数，神经网络输出值在 0～1 之间，因此将目标值的浓度向量进行线性变换：

$$T_i = 0.2 + \frac{c_i}{c_{\max}\beta} \quad \beta = 1.5 \tag{2.100}$$

网络输出经线性反变换得到浓度值：

$$c_i = (T_i - 0.2)\beta c_{\max} \tag{2.101}$$

③ 收敛评价函数及网络参数的选择：在训练过程中，用 $\varepsilon_i = \dfrac{\sum_{p=1}^{N}|T_{pi} - y_{pi}|}{N}$（$i$=为输出节点；

p 为样品编号；N 为样品组数）作为评价函数，本文确定的网络参数为 α=0.618，η=0.75，学习次数为 1500 次。

用正交设计表 $L_9(3^4)$ 配制 9 组不同浓度的混合标准溶液，按实验方法测定，分析结果见表 2.10。由表可知，人工神经网络对苯和甲苯预测的准确度较高。

表 2.10 合成样品分析结果

	加入量/(mg/L)		测得量/(mg/L)		相对误差/%	
	苯	甲苯	苯	甲苯	苯	甲苯
1	359.04	390.70	359.08	388.97	0.011	0.044
2	359.04	488.38	359.72	487.29	0.19	0.22
3	359.04	651.17	357.66	648.60	−0.38	0.39
4	538.56	390.70	538.80	393.11	0.044	0.62
5	538.56	488.38	537.94	486.60	−0.12	0.36
6	538.56	651.17	535.29	652.38	−0.61	0.18
7	718.06	390.70	719.04	389.51	0.011	0.30
8	718.06	488.38	718.97	487.14	0.13	0.25
9	718.06	651.17	705.50	656.09	−1.75	0.76

取某工厂煤焦油馏分中焦化苯、焦化甲苯和轻苯三个样品，分别测定其苯和甲苯的含量，再作标准加入回收试验，分析结果见表 2.11。由表 2.11 可见，3 种化工产品中，苯和甲苯的回收率在 91.48%～104.40%之间，结果令人满意。

表 2.11 煤焦油馏分分析结果

样品	测得量/(mg/L)		加入量/(mg/L)		测得量/(mg/L)		回收率/%	
	苯	甲苯	苯	甲苯	苯	甲苯	苯	甲苯
焦化苯	119.80	1.71	359.04	406.98	481.54	405.61	100.56	99.58
焦化甲苯	2.05	166．40	269.28	325.58	283.28	506.78	104.40	103.01
轻苯	253.16	55.59	89.76	162.79	323.84	199.77	94.43	91.48

人工神经网络有着诸多的优点，它在材料科学技术中不仅仅能应用于配方设计，还能广泛地应用于其他方面，也取得了很好的应用成果。例如，可以应用于材料的破坏诊断（疲劳寿命的判断）、利用人工神经网络预测大体积混凝土内部温度场、混凝土工作性的预测等方面。

当然，神经网络也存在不足之处，就这种隐含形式的知识表示而言，将使人们无法从神经网络中选出某些神经元去认同一个目标，并且在向用户提供推理的证据和结论的解释方面，受到局限甚至完全不能工作。

将神经网络与专家系统结合起来，形成的神经专家系统是一种新型智能系统。采用神经网络构造知识库进行知识处理，实现了人工智能两个分支的结合和优势互补，解决问题的方式更接近于人类智能，其功能要比单一的专家系统或单一的神经网络系统更强大。这种系统借助计算机模拟，对知识和信息的处理、对混凝土性质的模拟，可以大大减少试验室的试配工作。将神经网络专家系统应用于混凝土配合比优化设计和质量控制，不仅可以节约材料、提高生产率，而且有助于混凝土质量的改进和提高，因而具有现实的经济意义和广阔的应用前景。

目前，人工神经网络在材料科学领域还处于起步阶段，今后的研究应以结构与性能的关系为研究线索，在深度和广度方面进一步拓展其在该领域的应用，最终实现材料设计的网络化和智能化，从而开辟材料科学技术研究的新方法。

参考文献

[1] [美]杰瑞・卡普兰. 人工智能时代[M]. 李盼, 译. 杭州: 浙江人民出版社, 2016.

[2] 佘玉梅, 段鹏. 人工智能原理及应用[M]. 上海: 上海交通大学出版社, 2018.

[3] 罗发龙, 李衍达. 神经网络信号处理[M]. 北京: 电子工业出版社, 1993.

[4] 武妍, 王守觉. 一种通过反馈提高神经网络学习性能的新算法[J]. 计算机研究与发展, 2004(9): 1488-1492.

[5] 王守觉. 仿生模式识别(拓扑模式识别)——一种模式识别新模型的理论与应用[J]. 电子学报, 2002(10): 1417-1420.

[6] 黄立威, 江碧涛, 吕守业, 等. 基于深度学习的推荐系统研究综述[J]. 计算机学报, 2018, 41(7): 1619-1647.

[7] 李德仁, 王树良, 李德毅, 等. 论空间数据挖掘和知识表现的理论与方法[J]. 武汉大学学报(信息科学版), 2002, 27(3): 221-233.

[8] 李德毅, 杜鹢著. 不确定性人工智能[M]. 北京: 国防工业出版社, 2005.

[9] 涂序彦. 人工智能及其应用[M]. 北京: 电子工业出版社, 1988.

[10] 钟义信. 人工智能: 概念・方法・机遇[J]. 科学通报, 2017, 62(22): 2473-2479.

[11] 何华灿. 泛逻辑学理论——机制主义人工智能理论的逻辑基础[J]. 智能系统学报, 2018, 13(1): 19-36.

[12] 王永庆. 人工智能原理与方法[M]. 西安: 西安交通大学出版社, 1998.

[13] 傅京孙, 蔡自兴, 等. 人工智能及其应用[M]. 北京: 清华大学出版社, 1987.

[14] 陈海虹. 机器学习原理及应用[M]. 成都: 电子科技大学出版社, 2017.

[15] 邱冠周, 王海东, 黄圣生. 人工智能在材料设计中的应用[J]. 中国有色金属学报, 1998(S2): 836-840.

[16] 袁曾任. 人工神经元网络及其应用[M]. 北京: 清华大学出版社, 1999.

[17] 张立明. 人工神经网络的模型及其应用[M]. 上海: 复旦大学出版社, 1993.

[18] 周继成, 等. 人工神经网络 第六代计算机的实现[M]. 北京: 科学普及出版社, 1993.

[19] Rumelhart D, Hinton G, Williams R. Learning representations by back-propagating errors. Nature, 1986, 323: 533-536.

[20] 朱双东. 神经网络应用基础[M]. 沈阳: 东北大学出版社, 2000.

[21] 李守丽, 李望超. 改善 BP 网络性能的策略研究——快速的 BP 算法[A]. 中国电子学会, 中国神经网络委员会. 1999 年中国神经网络与信号处理学术会议论文集[C]. 1999: 4.

[22] 李小雷, 邓寅生, 何小芳, 等. 应用人工神经网络预测高掺量粉煤灰混凝土的强度[J]. 混凝土, 2008(05): 20-22.

[23] 李丽霞, 王彤, 范逢曦. BP 神经网络设计探讨[J]. 现代预防医学, 2005(02): 128-130.

[24] 申哲, 葛广英, 田存伟. 浅析 BP 神经网络设计中的关键问题[J]. 科技信息, 2011(06): 238-240.

[25] 常晓丽. 基于 Matlab 的 BP 神经网络设计[J]. 机械工程与自动化, 2006(04): 36-37.

[26] 周春光, 梁艳春. 计算智能 人工神经网络・模糊系统・进化计算[M]. 长春: 吉林大学出版社, 2009.

[27] Teuvo Kohonen. Analysis of a simple self-organizing process[J]. Biological Cybernetics, 1982, 44(2) : 135-140.

[28] Teuvo Kohonen. Self-organized formation of topologically correct feature maps[J]. Biological Cybernetics, 1982, 43(1) : 59-69.

[29] Teuvo Kohonen. Representation Of Sensory Information In Self-Organizing Feature Maps, And Relation Of These Maps To Distributed Memory Networks[C]. Leesburg, United States, 1986.

[30] 罗峥, 张学谦. 基于思维进化算法优化 S-Kohonen 神经网络的恶意域名检测模型[J]. 信息网络安全, 2020, 20(06): 82-89.

[31] 江杰波, 陈珂, 施永贵, 等. 基于 Kohonen 网络的典型绝缘缺陷局部放电模式识别[J]. 电力工程技术, 2020, 39(05): 43-48.

[32] Carpenter Gail A. and Grossberg Stephen. ART 3: Hierarchical search using chemical transmitters in self-organizing pattern recognition architectures[J]. 1990, 3(2) : 129-152.

[33] Carpenter Gail A. and Grossberg Stephen. A neural theory of circadian rhythms: Split rhythms, after-effects and motivational interactions[J]. 1985, 113(1) : 163-223.

[34] Carpenter Gail A, et al. Computing with Neural Networks[J]. Science, 1987, 235(4793): 1226-1228.

[35] Carpenter Gail A. and Grossberg Stephen and Mehanian Courosh. Invariant recognition of cluttered scenes by a self-organizing ART architecture: CORT-X boundary segmentation[J]. 1989, 2(3): 169-181.

[36] Carpenter Gail A. and Grossberg Stephen and Rosen David B. . ART 2-A: An adaptive resonance algorithm for rapid category learning and recognition[J]. 1991, 4(4) : 493-504.

[37] Carpenter Gail A. and Grossberg Stephen and Rosen David B. . Fuzzy ART: Fast stable learning and categorization of analog patterns by an adaptive resonance system[J]. 1991, 4(6) : 759-771.

[38] Carpenter Gail A. and Grossberg Stephen. Normal and amnesic learning, recognition and memory by a neural model of cortico-hippocampal interactions[J]. 1993, 16(4) : 131-137.

[39] 施彦，韩力群，廉小亲. 神经网络设计方法与实例分析[M]. 北京：北京邮电大学出版社，2009.

[40] Hopfield J J. Neural networks and physical systems with emergent collective computational abilities[J]. Proceedings of the National Academy of Sciences, 1982, 79(8) : 2554-2558.

[41] Hopfield J J. Neurons with graded response have collective computational properties like those of two-state neurons[J]. Proceedings of the National Academy of Sciences, 1984, 81(10) : 3088-3092.

[42] John J. Hopfield, David W. Tank. Response: Computing with Neural Networks[J]. Science, 1987, 235(4793) : 1228-1229.

[43] Tank D W, Hopfield J J. Neural Computation by Concentrating Information in Time[J]. Proceedings of the National Academy of Sciences of the United States of America, 1987, 84(7) : 1896-1900.

[44] 张坤，甘小艇. 模拟退火 PSO 的神经网络的网络流量预测模型[J]. 计算机工程与设计，2012, 33(5): 2013-2016.

[45] Kirkpatrick S, Gelatt C D, Vecchi M P. Optimization by Simulated Annealing[J]. Science, 1983, 220(4598).

[46] 傅文渊，凌朝东. 布朗运动模拟退火算法[J]. 计算机学报，2014, 37(06): 1301-1308.

[47] Ruslan Salakhutdinov. An Efficient Learning Procedure for Deep Boltzmann Machines[J]. Neural Computation, 2012, 24(8).

[48] Hinton G E. Sejnowski T J. Optimal perceptual inference[C] l/Proc of the 1983 IEEE Conf on Computer Vision andPattern Recognition. Los Alarnitos, CA: IEEE ComputerSociety. 1983: 448-453

[49] Hinton G E, Sejnowski T J. Analyzingcooperative computation [C]{/Proc of the 5th Annual Congress of theCognitive Science Society. New York: ACM. 1983: 2554-2558

[50] 刘建伟，刘媛，罗雄麟. 玻尔兹曼机研究进展[J]. 计算机研究与发展，2014, 51(01): 1-16.

[51] Yonghai Cui, Hiroyuki Kita, Ken-ichi Nishiya, et al. An Application of Gaussian Machine in Neural Network to the Unit Commitment Problem[J]. The Institute of Electrical Engineers of Japan, 1998, 118(6).

[52] 古云鹏，周永正. 人工神经网络在陶瓷材料分类中的应用[J]. 内江科技，2016, 37(5): 55, 69.

[53] 连立川，刘燕妮，叶怡成. 以粒子蜂群网络建立高性能混凝土坍落度模型[J]. 福建工程学院学报，2015, 13(01): 1-9.

[54] 杨朝晖，刘浩吾，陆金池. 混凝土强度预测与设计的神经网络方法[J]. 水力发电学报，1997(01): 34-41.

[55] 韩敏，席剑辉，王立久，等. 神经网络法在混凝土强度研究中的应用[J]. 建筑材料学报，2001(02): 192-195.

[56] 胡明玉，唐明述. 神经网络在高强粉煤灰混凝土强度预测及优化设计中的应用[J]. 混凝土，2001(01): 13-17.

[57] 袁群，赵国藩. 用神经网络方法预测新老混凝土的黏结强度[J]. 建筑材料学报，2001(02): 132-137.

[58] 张永娟，张雄. 煤矸石-水泥颗粒群匹配与性能关系的人工神经元网络[J]. 硅酸盐学报，2004(10): 1314-1318.

[59] 李瑞鸽，杨国立. 基于神经网络的再生混凝土配合比设计优化[J]. 混凝土，2009(07): 117-119, 122.

[60] 潘忠孝，王拴虎，陈玮，等. 人工神经网络-紫外光谱定量多组分体系的研究[J]. 分析化学，1994, 22(9): 939-941.

[61] 李燕，王俊德，顾炳和，等. 人工神经网络及其在光谱分析中的应用[J]. 光谱学与光谱分析，1999(06): 844-849.

[62] 梁逸曾，王素国，宋新华，等. 多元非线性荧光校正的人工神经网络方法[J]. 化学学报，1997(04): 386-392.

[63] 杨振凯，王海军，刘明，等. 基于 BP 神经网络的 Fe 基合金粉末喷涂工艺参数优化[J]. 表面技术，2015(9): 1-6.

[64] 吴秀红，李井会，关永毅. 人工神经网络紫外分光光度法同时测定苯和甲苯[J]. 鞍山钢铁学院学报，2002, 25(3): 168-170.

3 模糊分析方法

模糊的概念，指的是边界不清晰、外延不确定。模糊概念在人类语义中较为常见，例如：很胖，年纪不小了，身体非常好，关系不错等。这些边界非常模糊的概念往往更符合人类的思维，也更符合实际。

但经典数学往往“不近人情”。例如，规定 25 周岁及以下是年轻人，那么年龄为 25 岁又 1 个月的，算不算年轻人？按照经典集合论的观点看：不算。但这很悖于情理，因为人类的思维往往带有模糊的特色。例如我们去机场接一个未曾谋面的客人，已知信息是这位客人身高体胖秃顶带有大胡子，以上这些信息都不能准确量化，但我们仍然可能接到这位客人，凭借的就是模糊思想。

这里就涉及精确数学的一个局限性：在现实世界中存在大量的模糊现象，事物的界限并不是非常分明的，精确数学无法描述。例如：年轻、少许、差不多、混凝土和易性好坏等。另一方面，以精确数学为基础的计算机无法用在那些复杂的学科，复杂性与精确性的矛盾使数学长期地在它门外徘徊，如生物学、心理学、医学。

在现实社会中，很多领域需要对复杂的对象进行判断、决策，往往会借助人脑的思考方式，即人工智能。在简单的领域，例如开车，司机并不会也不需要去准确测量现在车速是多少米每秒，距离前方障碍物具体有多少米，而可以简单地把速度划分成“快速、中速、慢速”，以及和前车的距离为“远、适中、近”等信息，并且根据这些信息来决定“轻踩，不踩，还是重踩”油门或刹车。从这个例子可以看出，人脑处理信息并不一定都要具体化、定量化，反而有很多是模糊的概念。目前如火如荼的人工智能研究，希望我们能够模拟人脑来处理类似这样的模糊信息，因此，模糊数学的研究也是人工智能的主要工具。

尽管模糊数学处理的对象具有模糊性概念，但需要明确指出的是：**模糊数学本身是精确的数学，它是对模糊现象精确性的描述，提供了处理不确定性问题的新方法**，也是模拟人脑处理此类模糊信息的工具。本章将从模糊数学的发展开始阐述，重点介绍模糊集合、模糊关系、模糊聚类分析和模糊决策，并提供具体应用案例供读者参考。

3.1 模糊数学概述

3.1.1 模糊数学的诞生及发展

1965 年，美国加利福尼亚大学的罗特夫-扎德教授（L.A.Zadeh）在 Information and Control

杂志上发表了“Fuzzy Sets”（中文翻译：《模糊集合》），这是一篇开创性的论文，标志着模糊数学的诞生，也奠定了查德教授“模糊数学之父”的美誉。它为人们提供了一种处理不确定性和不精确性问题的新方法，是模拟人脑处理模糊信息的工具，也是运用数学方法研究和处理模糊性现象的一门分支。模糊数学逐渐发展为一种“非经典数学方法”，在机器学习、控制论等领域有着广阔的应用前景。

国际模糊系统协会（International Fuzzy Systems Association，IFSA），是一个国际性学术组织。1984 年 7 月在美国夏威夷筹建，1985 年 7 月在西班牙成立，旨在交流和促进模糊理论及其应用在世界各国的发展。该协会的最高荣誉是国际模糊系统协会会士“IFSA Fellow”。迄今，中国有四川大学刘应明院士（2005）、清华大学陈国青教授（2009）、四川大学徐泽水教授（2017）三位教授获此殊荣（刘应明院士已于 2016 年去世）。目前国内北京师范大学、东南大学等有团队进行模糊数学的研究。

近些年，模糊数学的发展主要集中在聚类分析、模糊综合评价、模糊预测、模糊控制、模糊决策、模糊线性拓扑空间、模糊逻辑、模糊映射、模糊控制等各个方向，在工程控制、社会科学等领域都取得了广泛的应用。模糊数学的核心思路是把定性的问题转为定量的评价，其构造思路体现在：①设定评价因素；②构造隶属度函数；③对权重和隶属度矩阵进行合成。本章节后续也将从模糊集合、模糊关系、模糊聚类、模糊决策等方面依次阐述。

3.1.2 模糊数学与经典数学、统计数学的关系

人类在自然科学和人文科学中，会遇到大量的数据，这些数据可以分为两大类：确定性和不确定性，例如：商务楼一层开了一家咖啡店，每天的开门时间是确定的；但是每天的进店客人数量是不确定的。另一方面，不确定性又可以分为随机性和模糊性。还是以开咖啡店为例：通过一段时间的稳定运营，知道一天中大概有多少客人会来，但是他们各自的到达时间仍然是随机的；知道每天到店人数与是否工作日相关，工作日的客人总是多于双休日，但是具体到某个工作日或者某个双休日会有多少客人来，这种不确定性是模糊的。总之，不确定性意味着我们对一件事的发生规律不了解；其中随机性意味着我们了解事情的发生规律，但是事件以不能被完全确定的方式发生；模糊性意味着事情的发生是有规律的，但是这种规律尚不能用确定的概率分布进行描述。

处理以上三种数据，即确定性数据、不确定的随机数据、不确定的模糊数据，采用的是三种不同的方法。

第一类，我们用确定数学模型来描述确定性的数据，例如用经典数学的微分方程、差分方程来建立数学模型，描述对象之间必然的关系。

第二类，我们用随机数学模型来描述不确定的随机数，例如用统计数学的概率分布、马尔可夫模型等，描述对象之间的不确定性。

第三类，我们用模糊数学来描述不确定性中模糊性。

那么，模糊数学与统计数学的关系如何界定区分呢？

事实上，模糊数学自查德教授开创以来，发展得并不迅猛，因为模糊数学在一定程度上可以被概率替代。但模糊数学有自己的特色，即：**绕开更加复杂的概率论，用简单的代数分析方法来处理概率的内容。**

举例说明，还是以上面的咖啡店为例，咖啡店想增加卖伞的服务，需要知道明天是否会

下雨，要准备多少把雨伞售卖？按照概率论的方法，求解思路如下：① 计算明天下雨的概率；②在明天下雨概率的置信区间下确定需要雨伞的最少数量。可以看出，概率论的方法明确，理论清晰，缺点是难度较大，体现在“明天下雨的概率”计算并不容易。而采用模糊数学的方法，则直接定义明天下雨的模糊度，虽然其意义与明天下雨的概率相同，但计算量大为简化，其实质是把明天是否下雨的布尔变量改为简单的插值函数。所以，模糊数学的理论基础相比于概率论是更为薄弱的，但在应用领域会更为便捷。

综上所述，模糊数学是描述不确定性中的模糊性，仍然是精确的数学，是对模糊事物进行精确化的描述。模糊数学的推导过程中，也有一定的主观性，主要体现在：①评权重和隶属度函数时，有些情况强调了过多的主观性，客观性有被人质疑的空间；②用最大隶属度原则时，如果综合评价向量里的最大值和次大值相差不大的时候，选哪个都不合适。所以，模糊数学能解决的问题，用概率论也可以解决，但在应用领域比概率论更为便捷。因为概率描绘的是客观世界一件事发生的可能性问题，模糊描述的是客观世界一个事件的从属性问题。

3.2 模糊集合

3.2.1 查德算子和其它算子

查德算子是模糊数学中的重要算子，是模糊聚类的根本，其实就是“最大、最小”算子，是模糊聚类的基础。

最小运算，用$\wedge$或者 min( )表示；例如：$0.7\wedge 0.1 = 0.1$，或 $\min(0.7,0.1) = 0.1$。最大运算，用$\vee$或者 max( )表示；例如：$0.7\vee 0.1 = 0.6$，或 $\max(0.7,0.1) = 0.7$。

除了查德算子，模糊数学还会应用到其他算子，例如：

① 取小算子

$$a\oplus b \overset{\text{def}}{=} \min(1, a+b),\quad a\wedge b \overset{\text{def}}{=} \min(a,b)$$

② 爱因斯坦算子

$$a \overset{+}{\varepsilon} b \overset{\text{def}}{=} \frac{a+b}{1+ab},\quad a\dot{\varepsilon}b \overset{\text{def}}{=} \frac{ab}{1+(1-a)(1-b)}$$

③ 哈梅彻算子

$$\left.\begin{aligned} a \overset{+}{r} b &\overset{\text{def}}{=} \frac{a \hat{+} b-(1-r)ab}{r+(1-r)(1-ab)} \\ a\dot{r}b &= \frac{ab}{r+(1-r)(a \hat{+} b)} \end{aligned}\right\} r\in(0,+\infty)$$

④ 雅格尔算子

$$\left.\begin{aligned} aYb &\overset{\text{def}}{=} \min\{1,(a^{*}+b^{v})^{1/v}\}, \\ a\leftthreetimes b &\overset{\text{def}}{=} 1-\min\{1,[(1-a)^{v}+(1-b)^{v}]^{1/v}\}, \end{aligned}\right\} v\in[1,+\infty)$$

3.2.2 模糊集合及其表示方法

集合是具有某种明确共性的一系列对象的总和。普通集合的“界限”明确，模糊集合的边界不清晰。假设被讨论的对象的全体为论域 V，普通集合就是 V 上的子集，而模糊集合就是 V 上的一个不具有清晰边界的子集。

普通集合：只有 0 和 1 两个值；

模糊集合：可取 0～1 之间的任一连续值。

特征函数是普通集合的另一种表示方法，即

$$\chi_A(x)=\begin{cases}1 & (x\in A)\\ 0 & (x\notin A)\end{cases}$$

隶属函数是模糊集合的函数表示。隶属函数是把只有两个数的集合{0,1}推广到[0,1]闭区间。记作 $\mu(x)$，$0\leqslant\mu(x)\leqslant 1$。显然，$0\leqslant\mu(x)\leqslant 1$，特别当 $\mu(x)$只取 0、1 两个值时，隶属函数就退化成为特征函数。从这个角度上来说，它是特征函数的推广。

每一个元素对应一个数值来表征元素隶属于模糊集合 A 的程度，也就是元素隶属于 A 的隶属度。实际上是每一个元素对应一个实值函数 $\mu(u)$，我们把元素代入这个实值函数，也就是隶属函数，就能得到元素的相对于 A 的隶属度。

对任意元素 u 属于某一个模糊集合 A 的隶属度，可以用频率表示。就是说在试验次数 $n\to\infty$ 时，则 u 对 A 的隶属频率也会出现稳定值，我们把隶属频率稳定值称 u 对 A 的隶属度。记作 $\mu A(u)$或者 $A(u)$。$\mu_{\underset{\sim}{A}}(x)$ 越接近于 0，表示 x 隶属于 A 的程度越小；$\mu_{\underset{\sim}{A}}(x)$ 越接近于 1，表示 x 隶属于 A 的程度越大；$\mu_{\underset{\sim}{A}}=0.5$，最具有模糊性，是过渡点。

只要建立起隶属函数，就可以根据计算得到的隶属度大小确定对应测值的隶属范畴，这就是对模糊问题定量化的基本思想。

假设给定有限论域 $U=\{a_1,a_2,\ldots,a_n\}$，它的模糊子集 $\tilde{A}$ 可表示为：

$$\tilde{A}=\frac{\mu_{\tilde{A}}(a_1)}{a_1}+\frac{\mu_{\tilde{A}}(a_2)}{a_2}+\frac{\mu_{\tilde{A}}(a_3)}{a_3}+\ldots+\frac{\mu_{\tilde{A}}(a_i)}{a_i}+\ldots+\frac{\mu_{\tilde{A}}(a_n)}{a_n}$$

这里 $a_1\in U$，是论域 U 里的元素，$\mu_{\tilde{A}}(a_i)$ 是对 $\tilde{A}$ 的隶属函数。上面的表达式是表示一个有 n 个元素的模糊子集。

需要特别注意的是：这里的 $\dfrac{\mu_{\tilde{A}}(a_1)}{a_1}$ 不是分数，“+”也不是求和，它表示的是点 a_1 对模糊集 $\mu_{\tilde{A}}$ 的隶属度是 $\mu_{\tilde{A}}(a_n)$，**这点要千万注意！**

例 1 设论域 $U=\{x_1(140),x_2(150),x_3(160),x_4(170),x_5(180),x_6(190)\}$（单位：cm）表示人的身高，那么 U 上的一个模糊集“高个子”（A）的隶属函数 $A(x)$可定义为

$$A=\frac{0}{x_1}+\frac{0.2}{x_2}+\frac{0.4}{x_3}+\frac{0.6}{x_4}+\frac{0.8}{x_5}+\frac{1}{x_6}$$

例 2 在一次“优胜者”的选拔考试中，10 位应试者及其成绩由表给出

应试者	x_1	x_2	x_3	x_4	x_5	x_6	x_7	x_8	x_9	x_{10}
成绩	100	92	95	68	82	25	74	80	40	55

现按“择优录取”的原则来挑选。

设模糊集 A 表示“优胜者”，按个人成绩与最高分的比值作为属于 A 的隶属度：

$$A=\frac{1}{x_1}+\frac{0.92}{x_2}+\frac{0.95}{x_3}+\frac{0.68}{x_4}+\frac{0.82}{x_5}+\frac{0.25}{x_6}+\frac{0.74}{x_7}+\frac{0.8}{x_8}+\frac{0.4}{x_9}+\frac{0.55}{x_{10}}$$

当 $\lambda=0.8$ 时，$A_{0.8}=\{x_1,x_2,x_3,x_5,x_8\}$

当 $\lambda=0.9$ 时，$A_{0.9}=\{x_1,x_2,x_3\}$

例 3 如果悬浮微粒实测值为 0.31mg/m^3 和 0.30mg/m^3，则它们隶属于一级、二级、三级标准的隶属度见下表

隶属度 / 测值/(mg/m^3)	一级标准（0.15mg/m^3）	二级标准（0.30mg/m^3）	三级标准（0.50mg/m^3）
0.30	0	1	0
0.31	0	0.80	0.2

0.80 和 0.20 是主观确定的。

对于有些界限的划分问题，如果不是由某一临界值划分，而采用模糊数学的方法，使之构成一个隶属函数予以解决就比较客观了。

3.2.3 模糊集合的运算及其性质

从论域 U 到闭区间[0,1]的任意一个映射，$\tilde{A}$：$U\to[0,1]$，对任意 $u\in U$，$u\overset{\tilde{A}}{\to}\tilde{A}(u)$，$\tilde{A}(u)\in[0,1]$，那么 $\tilde{A}$ 叫做 U 的一个模糊子集，$\tilde{A}(u)$ 叫做 U 的隶属函数，也记作 $\mu_{\tilde{A}}(u)$。

$\cup$ 并

$\cap$ 交

$\subset$ A 属于 B

$\supset$ A 包括 B

$\in$ $a\in A$，a 是 A 的元素

$\subseteq$ $A\subseteq B$，A 不大于 B

$\supseteq$ $A\supseteq B$，A 不小于 B

$\varnothing$ 空集

$\tilde{A}=\varnothing\Leftrightarrow\mu_{\tilde{A}}(x)=0$

$\tilde{A}=U\Leftrightarrow\mu_{\tilde{A}}(x)=1$

$\tilde{A}\subseteq\tilde{B}\Leftrightarrow\mu_{\tilde{A}}(x)\leqslant\mu_{\tilde{B}}(x)$

$\tilde{A}=\tilde{B}\Leftrightarrow\mu_{\tilde{A}}(x)=\mu_{\tilde{B}}(x)$

$\tilde{A}\Leftrightarrow\mu_{\bar{\tilde{A}}}(x)=1-\mu_{\tilde{A}}(x)$

$\tilde{A}\cup\tilde{B}=\tilde{C}\Leftrightarrow\mu_{\tilde{C}}(x)=\max[\mu_{\tilde{A}}(x),\mu_{\tilde{B}}(x)]$

$\tilde{A}\cap\tilde{B}=\tilde{D}\Leftrightarrow\mu_{\tilde{D}}(x)=\min[\mu_{\tilde{A}}(x),\mu_{\tilde{B}}(x)]$

相等：$A=B \Leftrightarrow A(u)=B(u)$；

包含：$A \subseteq B \Leftrightarrow A(u) \leqslant B(u)$；

并：$A \cup B$ 的隶属函数为 $(A \cup B)(u)=A(u) \vee B(u)$；

交：$A \cap B$ 的隶属函数为 $(A \cup B)(u)=A(u) \wedge B(u)$；

余：A^{c} 的隶属函数为 $A^{c}(u)=1-A(u)$。

模糊集合满足幂等律、交换律、结合律、吸收律、分配律、复原律、对偶律、定常律与传递律。

3.2.4 模糊集的截集

设 $\tilde{A}$ 是论域 X 上的模糊子集，而 $A_{\lambda}=\{x \mid \mu_{\tilde{A}}(x) \geqslant \lambda, x \in X\}$，就把 A_{λ} 叫做模糊集合 A 的 λ 截集，这里 A_{λ} 是一个普通集合，$0 \leqslant \lambda \leqslant 1$。

模糊集合能较客观地反映现实中存在着的模糊概念，但在处理实际问题过程中，要最后做出判断或决策时，往往又需要将模糊集合变成各种不同的普通集合。模糊集合与普通集合相互转化中的一个重要概念是水平截集。

定义 设 $A \in F(U)$，$\lambda \in[0,1]$，分别定义

$$A_{\lambda}=\{u \mid u \in U, \ A(u) \geqslant \lambda\}$$

$$A_{\dot{\lambda}}=\{u \mid u \in U, \ A(u)>\lambda\}$$

则称 A_{λ} 为 A 的一个 λ 截集，称 $A_{\dot{\lambda}}$ 为 A 的一个 λ 强截集。λ 称为阈值（或置信水平）。A_{λ} 是一个普通集。对 $\forall u \in U$，当 $A(u) \geqslant \lambda$ 时，就说 $u \in A_{\lambda}$，意即在 λ 水平下，u 属于模糊集 A；当 $A(u)<\lambda$ 时，就说 $u \notin A_{\lambda}$，意即在 λ 水平下，u 不属于模糊集 A。

3.2.5 分解定理与扩张原则

分解定理是把模糊集合论里的问题化成普通集合的问题来解决。

λ 截集 A_{λ} 概念，实际上是把模糊集 $\tilde{A}$ 的隶属函数作以下处理：

① 如果 $\mu_{\tilde{A}}(x) \geqslant \lambda$，$x \in A_{\lambda}$，特征函数是 1；

② 如果 $\mu_{\tilde{A}}(x) \leqslant \lambda$，$x \notin A_{\lambda}$，特征函数是 0。

扩张原则是把普通集合论的方法扩展到模糊集合论里去应用；其通俗的解释就是 A 通过映射 $f(A)$的时候，规定它的隶属函数值不变。

3.2.6 确定隶属函数的方法

（1）例证法

例如：问到某人高度是否算“高”，回答时可以选用几个语言真值（就是一句话是真的程度）中的一个，如“真的”“大致真的”“似真又似假”“大致假的”“假的”；即用数字表示为 1、0.75、0.5、0.25、0。

（2）统计法

它是用统计学的方法来确定隶属函数，这种方式类似投票，其前提是赞成 x 属于 $\tilde{A}$ 的票的概率跟 $\tilde{A}$ 成正比。

模糊统计试验方法可以比较客观地反映论域中元素相对于模糊概念的隶属程度，也具有

一定的理论基础，因而是一种常用的确定隶属函数的方法。但需要指出的是，模糊统计与概率统计是有区别的:概率统计可以理解为“变动的点”是否落在“不动的圈内”，而模糊统计则可理解为“变动的圈”是否覆盖住“不动的点”。如图 3.1 所示。

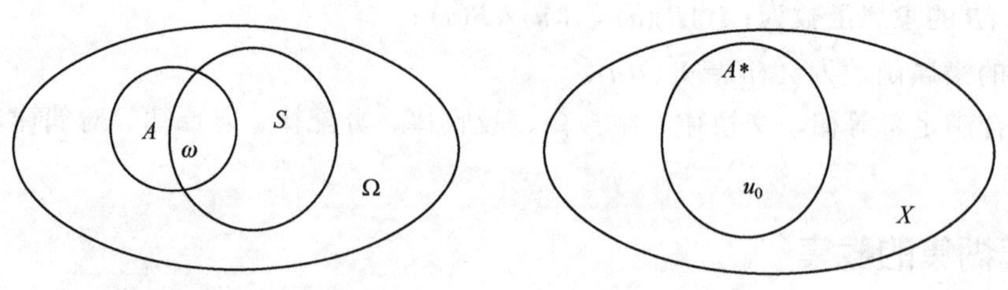

图 3.1 模糊统计与概率统计的区别示意图

例 4 以确定“青年人”的隶属函数来说明“年轻人”的年龄范围。设 U=[0,100]，取 u_0=27，求 27 岁对“青年人”的隶属度。

步骤:

① 取 129 位专家分别给出“青年人”的年龄区间段，如表 3.1 所示。

表 3.1 关于“青年人”年龄区间调查表

18-25	18-30	17-30	20-35	15-28	18-25	18-35	19-28	17-30	16-30
15-28	15-25	16-28	18-30	18-25	18-28	17-30	15-30	18-30	18-35
15-25	17-25	17-30	18-35	18-25	18-30	16-28	18-30	18-35	15-30
18-35	15-28	15-25	16-32	18-30	18-35	17-30	18-35	16-28	20-30
16-30	18-35	18-35	18-29	17-28	18-35	18-35	18-25	18-30	16-28
17-27	15-26	16-35	18-35	15-25	15-27	18-35	16-30	14-25	18-25
18-30	20-30	18-28	18-30	15-30	18-28	18-25	16-25	20-30	18-35
18-30	18-30	16-28	17-25	16-30	18-30	15-25	18-35	18-30	18-28
18-26	16-35	16-28	16-25	15-35	17-30	15-25	16-35	15-30	18-30
15-25	16-30	16-30	15-28	15-36	15-25	17-28	18-30	16-25	18-30
17-25	18-29	17-29	15-30	17-30	16-30	16-35	15-30	14-25	18-35
16-30	18-30	18-35	16-28	18-25	18-30	18-28	18-35	16-24	18-30
17-30	15-30	18-35	18-25	18-30	15-30	15-30	18-30	18-30	

② 统计区间覆盖 u_0=27 的次数，如表 3.2 所示。

表 3.2 不同样本下 u_0=27 的隶属函数

n	10	20	30	40	50	60	70	80	90	100	110	120	129
m	6	14	23	31	39	47	53	62	68	76	85	95	101
f	0.60	0.70	0.77	0.78	0.78	0.78	0.76	0.78	0.76	0.76	0.77	0.79	0.78

分别统计每个年龄段的隶属度，形成如表 3.3 所示。

③ 根据表 3.3 的数据，可作出模糊集 A=“青年人”的隶属函数曲线如图 3.2 所示。

表 3.3 论域中每个元素对 A 的隶属函数

x	11	12	13	14	15	16	17	18	19	20
$A(x)$	0	0	0	0.016	0.209	0.395	0.519	0.961	0.969	1
x	21	22	23	24	25	26	27	28	29	30
$A(x)$	1	1	1	1	0.992	0.798	0.783	0.767	0.620	0.597
x	31	32	33	34	35	36	37	38	39	40
$A(x)$	0.209	0.209	0.202	0.202	0.202	0.008	0	0	0	0
$A(x)=0$，当 $x\in[0,10]\cup[40,100]$时										

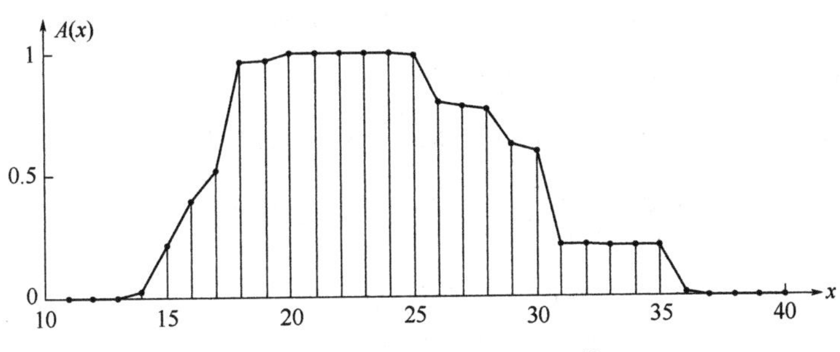

图 3.2 模糊集 A 的隶属函数

（3）蕴含解析定义法

如求气压的隶属函数，先假定隶属函数为

$$\mu_{\bar{P}}=\begin{cases}1 & (\bar{P}=900)\\ \dfrac{1}{1+e(a+bx)} & (900\leqslant\bar{P}\leqslant1000)\\ 0 & (\bar{P}=900)\end{cases}$$

$a=\bar{P}=950$，代入中间的式子，使其为 0.5，b 一般取 1，代入求出 e；假若求出的式子不满意，还可用 b 值去修正。

3.2.7 模糊性的度量

（1）距离法

① 汉明距离 $$d(\tilde{A},\tilde{B})=\sum_{i=1}^{n}|\mu_{\tilde{A}}(x_i)=\mu_{\tilde{B}}(x_i)|$$

② 相对汉明距离 $$\delta(\tilde{A},\tilde{B})=\frac{1}{n}d(\tilde{A},\tilde{B})$$

③ 欧几里得距离 $$e(\tilde{A},\tilde{B})=\sqrt{\sum_{i=1}^{n}[\mu_{\tilde{A}}(x_i)=\mu_{\tilde{B}}(x_i)]^2}$$

④ 相对欧几里得距离 $$\varepsilon(\tilde{A},\tilde{B})=\frac{1}{n}e(\tilde{A},\tilde{B})$$

一般地，取 $r_{ij}=1-c(d(x_i,x_j))^{\alpha}$，其中 c，α 为适当选取的参数，它使得 $0\leqslant r_{ij}\leqslant1$。采用的距离有：

① Hamming 距离 $d(x_i, x_j) = \sum_{k=1}^{m} | x_{ik} - x_{jk} |$

② Euclid 距离 $d(x_i, x_j) = \sqrt{\sum_{k=1}^{m} (x_{ik} - x_{jk})^2}$

③ Chebyshev 距离 $d(x_i, x_j) = \max\limits_{1\leqslant k\leqslant n} | x_{ik} - x_{jk} |$

（2）贴近度

隶属阈度值聚类原则：

通过两个隶属度的大小比较来确定属于哪个集合，如果单从隶属度的值的大小，让我们断定该因子是属于集合 $\tilde{A}$ 还是集合 $\tilde{B}$，怎么办？即 μ 为何值时 $\mu \in \tilde{A}$,为何值时 $\mu \in \tilde{B}$？

我们人为引入一个值,当 $\mu=A(u)\geqslant\lambda$ 时，规定 $\mu\in A$，即

$$A_\lambda = \{u : u \in V，A(u) \geqslant \lambda, 0 \leqslant \lambda \leqslant 1\}$$

设 $\tilde{A}$ 、$\tilde{B}$ 是论域 U 上的两个模糊子集，它们的贴近度是

$$(\tilde{A}, \tilde{B}) = \frac{1}{2}[\tilde{A} \cdot \tilde{B} + (1 - \tilde{A} \times \tilde{B})]$$

其中 $\tilde{A} \cdot \tilde{B} = \bigvee\limits_{u\in U}[\mu_{\tilde{A}}(u) \wedge \mu_{\tilde{B}}(u)]$，$\tilde{A} \times \tilde{B} = \bigwedge\limits_{u\in U}[\mu_{\tilde{A}}(u) \vee \mu_{\tilde{B}}(u)]$。

它们分别叫做 A 和 B 的“内积”和“外积”。这里的符号“$\vee$”表示取最大值，“$\wedge$”表示最小值，下标 $u\in U$ 表示取最大值和最小值的范围是论域 U 里所有的元素。

度量两个 F 集合的关系密切程度可以用两者之间的距离来描述:距离越大，关系越稀疏；距离越小，关系越密切。而度量两个 F 集合的接近程度就可以通过计算 F 集合间的“贴近度”来度量。

① 最大最小法 $r_{ij} = \dfrac{\sum_{k=1}^{m} (x_{ik} \wedge x_{jk})}{\sum_{k=1}^{m} (x_{ik} \vee x_{jk})}$

② 算术平均最小法 $r_{ij} = \dfrac{\sum_{k=1}^{m} (x_{ik} \wedge x_{jk})}{\frac{1}{2}\sum_{k=1}^{m} (x_{ik} + x_{jk})}$

③ 几何平均最小法 $r_{ij} = \dfrac{\sum_{k=1}^{m} (x_{ik} \wedge x_{jk})}{\sum_{k=1}^{m} \sqrt{x_{ik} \cdot x_{jk}}}$

④ 海明贴近度。对于离散论域，若 $U=\{u_1,u_2,\ldots,u_n\}$，则

$$N(A, B) \triangleq 1 - \frac{1}{n}\sum_{i=1}^{n} | A(u_i) - B(u_i) |$$

例 5 设 $U=\{u_1,u_2,u_3,u_4,u_5\}$，$A, B \in F(U)$，$A$=(0.5,0.3,0.8,0.2,0.4)，$B$=(0.6,0.8,0.9,0.5,0.2)，求海明贴近度 $N(A,B)$。

$$N(A, B) = 1 - \frac{1}{5}(0.1 + 0.5 + 0.1 + 0.3 + 0.2) = 0.76$$

⑤ 欧几里得贴近度。对于离散论域，若 $U=\{u_1,u_2,\ldots,u_n\}$，则

$$N(A,B)\triangleq 1-\frac{1}{\sqrt{n}}\sqrt{\sum_{i=1}^{n}(A(u_i)-B(u_i))^2}$$

例 6 设 $U=\{u_1,u_2,u_3,u_4,u_5\}$，$A,B\in F(U)$，$A=(0.5,0.3,0.8,0.2,0.4)$，$B=(0.6,0.8,0.9,0.5,0.2)$，求欧几里得贴近度 $N(A,B)$。

$$N(A,B)=1-\frac{1}{\sqrt{5}}\sqrt{0.1^2+0.5^2+0.1^2+0.3^2+0.2^2}=0.72$$

贴近度择近原则：

设有几个模糊集 $A_1,\ldots,A_n\in F(U)$，另有一被识别集 B，且 $B\in F(U)$。若问 B 应归于 $A_1,\ldots,A_n$ 中的哪一个？

应归于与 B 最贴近的一个，即

$$(B,A_i)=\max\{(B,A_1),\ldots,(B,A_n)\}$$

也就是极大化原则，这就是两个子集的择近原则。

贴近度与隶属度的区别：

① 隶属度是指一个元素与模糊子集的关系；

② 贴近度是指两个子集的相近程度。

3.3 模糊关系

3.3.1 模糊关系定义

设 X，Y 是两个非空集合，$X\times Y$ 的一个子集 R 称为 X 到 Y 的一个普通关系。当 $(x,y)\in R$ 时，称 X，Y 有关系 R；当 (x,y) 不属于 R 时，称 (x,y) 没有关系 R。

如果给定集合 X，任意 $a,b,c\in X$，又给一个关系 R。

自反性：“aRa”

对称性：“aRb，bRa”

传递性：“aRb，bRc，则 aRc”

① 让我们想一想什么叫“等价”，直觉上讲，一个元素自然和自己“等价”。所以，$(a,a)\in R$。也就说一个定义关系的集合应该包含全部“对角线元素”(a,a)。

② 另一方面，a,b 等价自然等于 b,a 等价。在等价里面，谁前谁后不重要。但是在笛卡尔积里面得说清楚。所以，我们要求一个等价关系里面 $(a,b)\in R \Rightarrow (b,a)\in R$。

③ 如果 a,b 是等价；b，c 又等价，那么我们可以肯定 a,c 等价，这也是等价应该满足的。用集合论语言描述就是 $(a,b)\in R\&(b,c)\in R \Rightarrow (a,c)\in R$。

上面三点就是一个“等价关系”应该满足的，分别叫做自反、对称和传递。

医学上有表示人的体重和身高关系的公式：体重(x 千克)=身高(y 厘米)−100。按此公式可

定义一个关系 $R=\{(x,y)|x\in X，y\in Y$ 且 $x=y-100\}$ 是 $X\times Y$ 的一个子集。普通关系既然是普通集合，当然可以用特征函数加以描述，按上述例子，若 $x\in X$，$y\in Y$，$(x,i)\in R$，则有 $\mu R(x,y)=1$，否则 $\mu_R(x,y)=0$。

普通关系只能描述二元素要么有关，要么无关系。二者必居其一，且仅其一。但客观事物之间除了绝对的有关系或无关系之外，还可能存在着“有些关系”，“关系密切”等模糊概念，上例中体重和身高的关系除了绝对发育正常（满足公式）和不正常外，还可能有“发育得比较正常”等。要表达这样的关系就必须引入模糊关系。

实际上很多关系很难用“有”和“没有”来衡量，必须考虑有这种关系的程度，这种关系就叫做模糊关系，例如：“相似关系”。

设给定论域 $U=(u_1,u_2,\ldots,u_m)$，$V=(v_1,v_2,\ldots,v_n)$，若考虑 U，V 两因素，则可由 U，V 中任意搭配的 u，v 元素构成一个 Fuzzy 子集，记为

$$U\times V=\{(u,v)|u\in U,v\in V\}v_1,v_2\cdots v_n)$$

所谓从 U 到 V 的 Fuzzy 关系 R 是指其中一个子集，它的隶属函数 $\mu_R(u,v)$ 表示具有关系 R 的程度。

当 μ_R 取 $\{0,1\}$ 时，就是普通关系，模糊关系和普通关系的区别在于普通关系只描述元素之间是否有关系，模糊关系描述元素之间的关系程度是多少。

3.3.2 模糊关系表示方法

（1）矩阵法

设 $U=(u_1,u_2,\ldots,u_m)$，$V=(v_1,v_2,\ldots,v_n)$

$$R=\begin{bmatrix}\mu_R(u_1,v_1) & \mu_R(u_1,v_2) & \ldots & \mu_R(u_1,v_n)\\ \mu_R(u_2,v_1) & \mu_R(u_2,v_2) & \ldots & \mu_R(u_2,v_n)\\ \vdots & \vdots & & \vdots\\ \mu_R(u_m,v_1) & \mu_R(u_m,v_2) & \ldots & \mu_R(u_m,v_n)\end{bmatrix}=[r_{ij}]_{n\times m}$$

（2）表格法

将矩阵前面的符号连同等号去掉，与表格一一对应（表 3.4）。

例如，设大气层高度论域为 $U=\{20,30,80,110,140\}$，飘尘浓度的论域为 $V=\{10.64,8.05,5.12,3.42,2.16\}$，用模糊关系表示大气层高度与飘尘浓度之间的关系。

表 3.4　高度与飘尘相关关系表

u_i \ R \ v_j	10.64	8.05	5.12	3.42	2.16
20	1	0.7	0.5	0.3	0.1
50	0.7	1	0.7	0.5	0.3
80	0.5	0.7	1	0.7	0.5
110	0.3	0.5	0.7	1	0.7
140	0.1	0.3	0.5	0.7	1

3.3.3 模糊关系的性质

普通关系具有传递性，即若 a 与 b 有关，b 与 c 有关，则 a 与 c 也一定有关。

而模糊关系一般不满足传递性，不满足传递关系的矩阵是不能直接进行分类的。使其变为传递矩阵的方法叫传递闭包：

$$R \to R^2 \to R^4 \to \ldots \to R^{2k} = R^*$$

$$\begin{cases}\text{满足自反性和对称性} \Rightarrow \text{相似矩阵} \\ \text{满足自反性，对称性，且满足传递性} \Rightarrow \text{等价关系矩阵}\end{cases}$$

传递闭包，即在数学中，在集合 X 上的二元关系 R 的传递闭包是包含 R 的 X 上的最小的传递关系。例如，如果 X 是（生或死）人的集合而 R 是关系“为父子”，则 R 的传递闭包是关系“x 是 y 的祖先”。

再比如，如果 X 是空港的集合而关系 xRy 为“从空港 x 到空港 y 有直航”，则 R 的传递闭包是“可能经一次或多次航行从 x 飞到 y”。

定理 1：设模糊矩阵 $A \in \mu_{n\times n}$，则 A 的传递闭包 $t(A)$是

$$t(A) = A \cup A^2 \cup \ldots \cup A^n \cup \ldots = \bigcup_{k=1}^{\infty} A^k$$

定理 2：设模糊矩阵 $A \in \mu_{n\times n}$，则

$$t(A) = \bigcup_{k=1}^{\infty} A^k$$

其中，$t(A)$ 是传递闭包。

定理 2 说明，当 R 是 n 阶方阵时，至多用 n 次并运算，就可以得到 R 的传递闭包。定理 2 极大地简化了传递闭包的计算。

定理 3：相似矩阵 $R \in \mu_{n\times n}$ 的传递闭包是等价矩阵，且 $t(R) = R^n$。

证明：只需证明自反性和对称性

① R 自反 $\Rightarrow I \subseteq R \subseteq R^2 \subseteq \ldots \subseteq R^n \Rightarrow t(R)=\bigcup_{k=1^n} R^k = R^n$ 是自反的。

② 对称性。$R=RT \Rightarrow (R^n)^T=(R^T)^n=(R^n)$

定理 4：设 $R \in \mu_{n\times n}$ 为相似矩阵，则对于任意自然数 $m \geqslant n$,都有 $t(R)=R^m$。

证明：R 自反 $\Rightarrow I \subseteq R \subseteq R^2 \subseteq \ldots \subseteq R^n$，$t(R)=R^n \subseteq R^m \subseteq \bigcup_{k=1^\infty} R^k = t(R)$

定理 5：设 $R \in \mu_{n\times n}$ 是模糊相似矩阵，则存在最小自然数 $k(k \leqslant n)$，使得传递闭包 $t(R)=R^k$，对于任何自然数 $b \geqslant k$，都有 $R^b=R^k$，此时，$t(R)$是模糊等价矩阵。

3.4 模糊聚类分析

3.4.1 模糊聚类分析概述

聚类分析：实际上是将集合 X 按一定规则分成若干个子集 A，每个子集称为一类。聚类分析是根据在数据中发现的描述对象及其关系的信息，将数据对象分组。目的是，组内的对

象相互之间是相似的（相关的），而不同组中的对象是不同的（不相关的）。组内相似性越大，组间差距越大，说明聚类效果越好。

我们很多时候逛电商网站都会收到一些推销活动的通知，但是我们之前也没关注过那个商品，这些电商网站为什么决定给我们推销这个商品呢?这是因为电商网站，可以根据用户的年龄、性别、地址以及历史数据等信息，将其分为“年轻白领”“一家三口”“家有一老”“初得子女”等类型，然后你属于其中的某一类，电商网站根据这类用户的特征向其发出不同的优惠活动信息。在利用用户的这些数据将用户分为不同的类别时，就会用到聚类分析。

模糊聚类分析：在实际系统中，由于体系内部的复杂性，使分类的尺度具有某种相对性和模糊性，需要用模糊数学的方法规则对系统进行分类。

3.4.2 模糊聚类分析方法

（1）选取聚类指标

设有 n 个样本，记为 $X=\{x_1,x_2,\dots,x_i,\dots,x_n\}$。若每个样本有 m 项聚类指标，则对其中每个样本可表示为：

$$X=\{x_1,x_2,\dots,x,\dots,x_n\} \quad i=1,2,\dots,n$$

为了获得好的分类效果，应根据聚类结果选取具有实际意义，有较强分辨性和代表性的统计指标作为聚类特征指标。

（2）聚类特征指标标准化

标准化的方法很多，选用极值标准化公式：

$$X'_{ij}=\frac{X_{ij}-X_{j\min}}{X_{j\max}-X_{j\min}}$$

式中，X_{ij} 是第 i 个元素第 j 项聚类特征指标；$X_{j\min}$ 和 $X_{j\max}$ 是 X 中所有元素第 j 项特征指标的最小值和最大值，X'_{ij} 是将 X_{ij} 标准化后的数值，显然 $X'_{ij}\in[0,1]$，这种标准化的优点在于保证每个元素的各项指标在[0,1]上取值，有利于后面进行分析和比较。

（3）各元素相似关系的标定

以相关系数法为例，其计算公式如下：

$$r(I,J)=\frac{\sum_{i=1}^{m}|(X_i(L)-X_i)(X_j(L)-X_j)|}{\sum_{i=1}^{m}(X_i((L))-X_i)^2\sum_{i=1}^{m}(Y_i(L)-Y_i)^2}$$

式中，$X_i(L)$ 表示第 L 项特征指标第 i 个采样点；m 表示聚类特征指标总数；X_i 和 Y_j 是第 i 个样本及第 j 个样本 m 项统计指标的均值；$r(I,J)$ 表示第 i 个采样与第 j 个采样间的相似程度。

（4）确定相似矩阵 $\boldsymbol{R}$

$$\boldsymbol{R}=\begin{pmatrix} r(1,1) & r(1,2) & \dots & r(1,N) \\ r(2,1) & r(2,2) & \dots & r(1,N) \\ \vdots & \vdots & \vdots & \vdots \\ r(N,1) & r(N,2) & \dots & r(N,N) \end{pmatrix}$$

其中 $r(I,J)\in[0,1]$，$\boldsymbol{R}$ 为 $n\times n$ 阶矩阵。

相似矩阵的定义：设 $\boldsymbol{A}$，$\boldsymbol{B}$ 都是 n 阶矩阵，若有可逆矩阵 $\boldsymbol{P}$，满足 $\boldsymbol{P}^{-1}\boldsymbol{AP}=\boldsymbol{B}$，则称 $\boldsymbol{B}$ 是 $\boldsymbol{A}$ 的相似矩阵，或说 $\boldsymbol{A}$ 和 $\boldsymbol{B}$ 相似。

例如我坐在第一排看电影（图 3.3）。

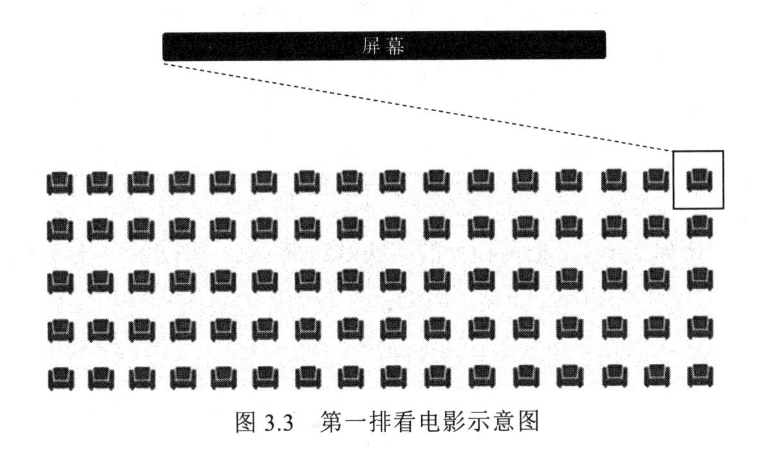

图 3.3 第一排看电影示意图

而你坐在最后一排看电影（图 3.4）：

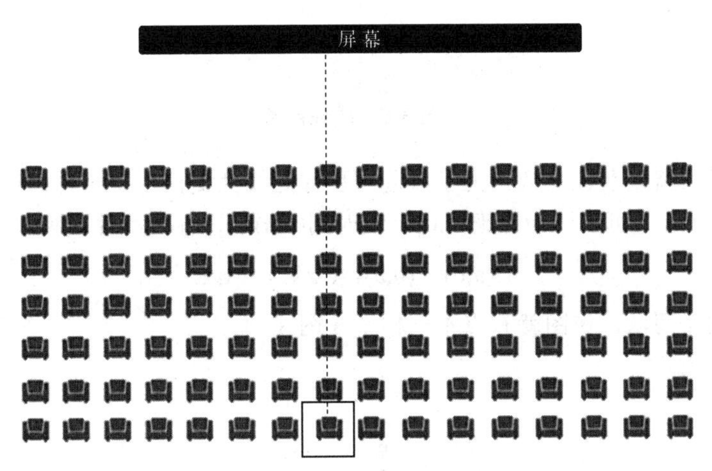

图 3.4 最后一排看电影示意图

我们看的是同一部电影，但是我们各自眼中看到的电影却因位置不同而有所不同（比如清晰度、角度），所以说，“第一排看到的电影”和“最后一排看到的电影”是“相似”的。

那么，每个观众看到的电影都是“相似”，什么是不变的呢?

是线性变换。

什么是线性变换?让我们从函数说起。

函数我们很早就接触了，直观地讲，就是把 x 轴上的点映射到曲线上[下面是函数 $y=\sin(x)$ 把 x 轴上的点映射到了正弦曲线（图 3.5）上]：

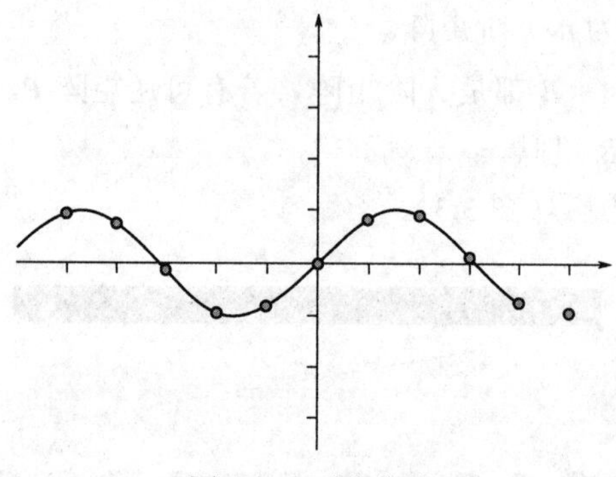

图 3.5　正弦曲线

还有的函数，比如 $y=x$，是把 x 轴上的点映射到直线上（图 3.6），称为线性函数：

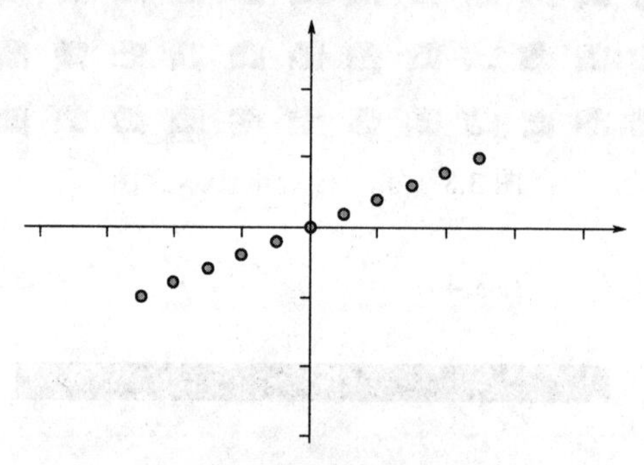

图 3.6　线性函数

线性函数其实就是线性变换，为了看起来更像是线性变换，换一种标记法。

比如之前的 $y=x$，可以认为是把$(a,0)$点映射到$(0,a)$点，称为线性变换 T，记作：

$$T:(a,0)\to(0,a),\ a\in\mathbb{R},\ b\in\mathbb{R}$$

不过按照这个写法，作图就有点不一样了（图 3.7）：

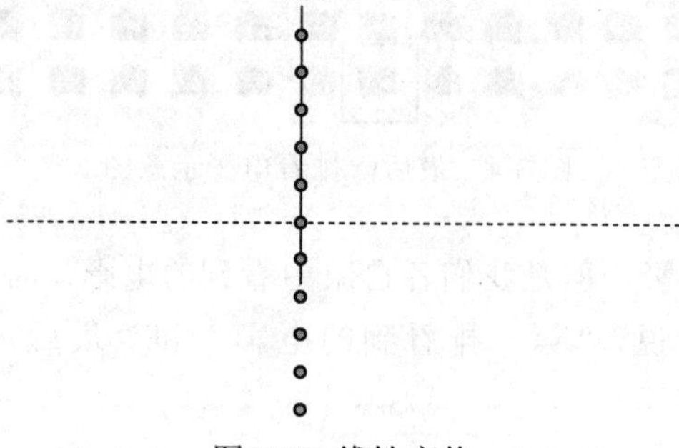

图 3.7　线性变换

矩阵的形式显然如下

$$\begin{pmatrix}0\\a\end{pmatrix}=\begin{pmatrix}0&1\\1&0\end{pmatrix}\begin{pmatrix}a\\0\end{pmatrix}$$

这样做最直接的好处是，可以轻易地摆脱 x 轴的限制。只要替换（a,0）为平面内所有的点（a,b），就可以对整个平面做变换，改线性变换记作：

$$\text{T}:(a,b)\rightarrow(b,a)$$

进而可以写作矩阵的形式：

$$\begin{pmatrix} b \\ a \end{pmatrix}=\begin{pmatrix} 0 & 1 \\ 1 & 0 \end{pmatrix}\begin{pmatrix} a \\ b \end{pmatrix}$$

为了示意整个平面的点都被变换了，用图 3.8 中的网格来表示这个线性变换（这个变换实际上是镜面反转，为了方便观察增加一个参考点 $\vec{x}$ 以及虚线表示的反转对称轴）。

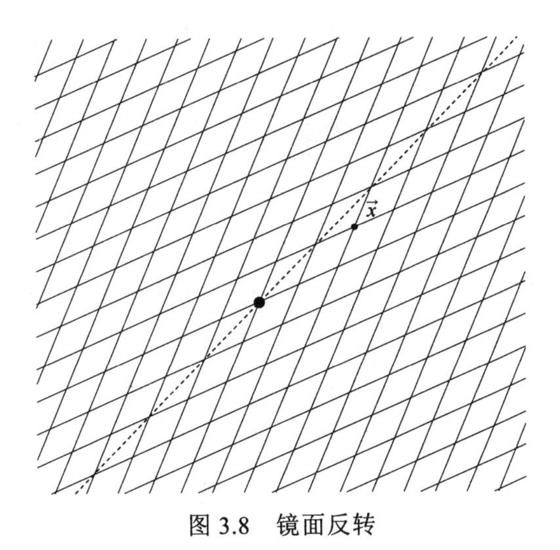

图 3.8　镜面反转

我们记：

$$\vec{y}=\begin{pmatrix} b \\ a \end{pmatrix} \qquad \vec{x}=\begin{pmatrix} a \\ b \end{pmatrix} \qquad A=\begin{pmatrix} 0 & 1 \\ 1 & 0 \end{pmatrix}$$

可以得到更简便的记法（这种形式看起来也更像线性方程 $y=ax$）：

$$\vec{y}=A\vec{x}$$

$\vec{y}$，$\vec{x}$ 都是指代平面上所有的点，更简化点，认为线性变换通过矩阵 $\boldsymbol{A}$ 来表示，而 $y=x$ 不过是这个 $\boldsymbol{A}$ 的一种特殊情况。

刚才的结论其实是不完整的，还少了一个信息。

$y=x$ 是基于直角坐标系的，通过这个转换：

$$y=x\rightarrow A=\begin{pmatrix} 0 & 1 \\ 1 & 0 \end{pmatrix}$$

得到的 A 也是基于直角坐标系的。

只是在线性变换中，我们不称为直角坐标系，而是叫做标准正交基。标准正交基是 $\left\{\vec{i}=\begin{pmatrix} 1 \\ 0 \end{pmatrix},\vec{j}=\begin{pmatrix} 0 \\ 1 \end{pmatrix}\right\}$。

知道了线性变换，回到看电影的隐喻。线性变换就是电影院中播放的电影，不同的基坐在不同的位置观看。同一部“电影”，不同基“看到”的就是不同的矩阵。同一个线性变换，不同基下的矩阵，称为相似矩阵。

（5）模糊矩阵合成

为了达到聚类目的，相似矩阵必须满足自反性、对称性和传递性，但上面计算出来的 R 一般不满足这三个要求。对 R 进行合成运算，即可满足这三个要求，使相似矩阵成为一个模糊等价关系。合成运算的方法是：

$$R \to R^2 = R \circ R \to R^4 = R^2 \circ R^2 \to R^{2m}$$

如此下去，定存在一个 K，使得 $\lim\limits_{m\to\infty} R^{2m} = R^k$，$R^k$ 便是一个模糊等价关系，利用 R^k 就可以进行模糊聚类。

定义：设 Q，R 为模糊关系，所谓 Q 对 R 的合成,就是从 U 到 W 的一个模糊关系，记作 $Q \circ R$。其定义为：

$$Q \circ R = \vee_{k=1}^{l}(q_{ik} \wedge kj)$$

注：这里表示 Q 的每行先与 R 的每列对应取小，再对这一组取大，得到该位置的元素。其操作方式与矩阵乘法类似。

特别地，记：

$$R^2 = R \circ R，R^n = R^{n-1} \circ R$$

例：设模糊关系

$$Q = \begin{pmatrix} 0.3 & 0.7 & 0.2 \\ 1 & 0 & 0.9 \end{pmatrix}，R = \begin{pmatrix} 0.8 & 0.3 \\ 0.1 & 0.8 \\ 0.5 & 0.6 \end{pmatrix}$$

记：

$$Q \circ R = \begin{pmatrix} s_{11} & s_{12} \\ s_{21} & s_{22} \end{pmatrix}$$

由模糊关系合成的定义：

$$s_{11} = (0.3 \wedge 0.8) \vee (0.7 \wedge 0.1) \vee (0.2 \wedge 0.5) = 0.3$$

$$s_{12} = (0.3 \wedge 0.3) \vee (0.7 \wedge 0.8) \vee (0.2 \wedge 0.6) = 0.7$$

$$s_{21} = (1 \wedge 0.8) \vee (0 \wedge 0.1) \vee (0.9 \wedge 0.5) = 0.8$$

$$s_{22} = (1 \wedge 0.3) \vee (0 \wedge 0.8) \vee (0.9 \wedge 0.5) = 0.6$$

则

$$Q \circ R = \begin{pmatrix} 0.3 & 0.7 \\ 0.8 & 0.6 \end{pmatrix}$$

（6）模糊聚类

模糊聚类分析过程是一个动态过程，随阈值 λ 的由小到大集合 X 的分类也越来越细。

例：设 $X=\{x_1,x_2,x_3,x_4,x_5,x_6\}$，规定任意 $\lambda(0\leqslant\lambda\leqslant1)$，称之为阈值，使矩阵中元素：

$$r_{ij}=\begin{cases}1 & 若\ r_{ij}\geqslant\lambda \\ 0 & 若\ r_{ij}<\lambda\end{cases}$$

模糊聚类分析程序框图（图 3.9）：

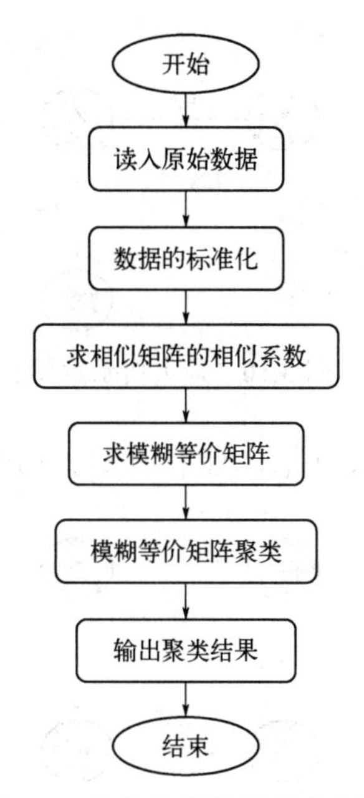

图 3.9　模糊聚类分析程序框图

3.4.3　最大树聚类分析法

所谓最大树法，就是画出以被分类元素为顶点，以相似矩阵 $\boldsymbol{R}$ 的元素 r_{ij} 为权重的一棵最大的树，取定 $\lambda\in[0,1]$，砍断权重低于 λ 的枝得到一个不联通的图，各个连通的分枝便构成了在水平 λ 上的分类。

优点：不必进行传递变换就可以直接聚类。

下面介绍求最大树的 Kruskal 法

设 $U=\{x_1,x_2,x_3,x_4,x_5]$,先画出所有顶点 $x(i=1,2,\ldots,n)$,从模糊相似矩阵 $\boldsymbol{R}$ 中按 r_{ij} 从大到小的顺序依次画枝，并标出权重，要求不产生圈，直到所有顶点连通为止，这就得到一棵最大树（最大树可以不唯一）。

例 7　论域 $U=\{x_1,x_2,x_3,x_4,x_5\}$，设该论域中的 5 个元素对 4 个要素所得的模糊相似矩阵为

$$\boldsymbol{R}=\begin{bmatrix}1 & 0.1 & 0.8 & 0.5 & 0.3 \\ 0.1 & 1 & 0.1 & 0.2 & 0.4 \\ 0.8 & 0.1 & 1 & 0.3 & 0.1 \\ 0.5 & 0.2 & 0.3 & 1 & 0.6 \\ 0.3 & 0.4 & 0.1 & 0.6 & 1\end{bmatrix}$$

试用最大树法做出这 5 个元素的分类。

画出最大树如图 3.10 所示：

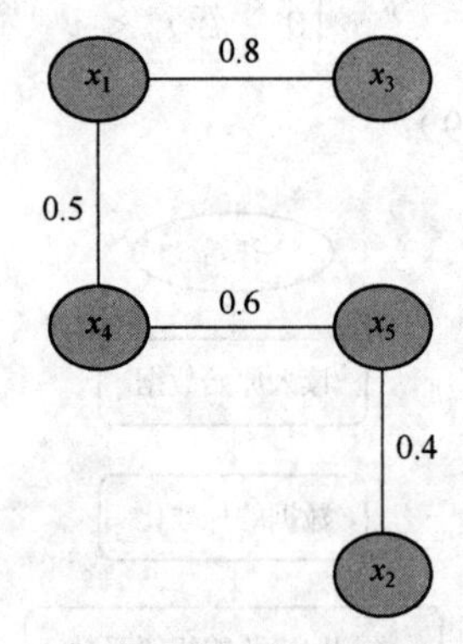

图 3.10　最大树示意图

取 $\lambda=1$，得 5 类：$\{x_1\}$，$\{x_2\}$，$\{x_3\}$，$\{x_4\}$，$\{x_5\}$，如图 3.11 所示：

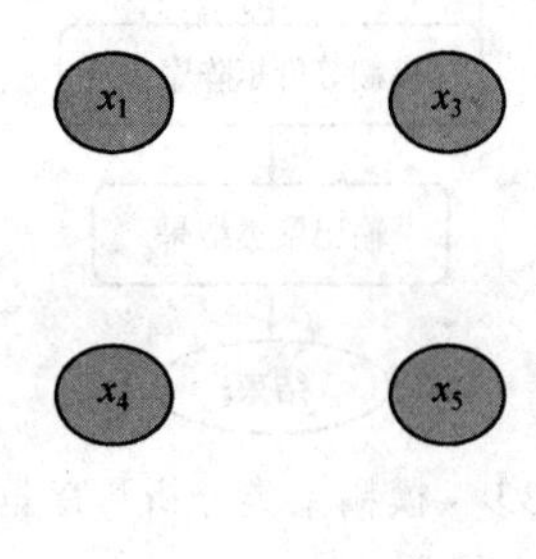

图 3.11　在 $\lambda=1$ 水平上的分类

取 $\lambda=0.8$，得 4 类：$\{x_1,x_3\}$，$\{x_2\}$，$\{x_4\}$，$\{x_5\}$，如图 3.12 所示：

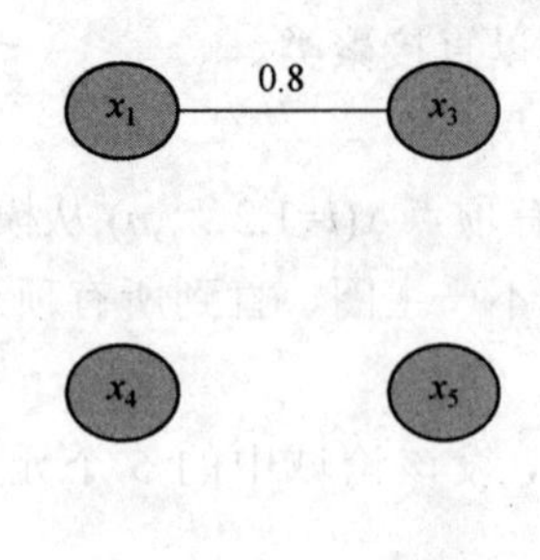

图 3.12　在 $\lambda=0.8$ 水平上的分类

取 $\lambda=0.6$，得 3 类：$\{x_1,x_3\}$，$\{x_2\}$，$\{x_4,x_5\}$，如图 3.13 所示：

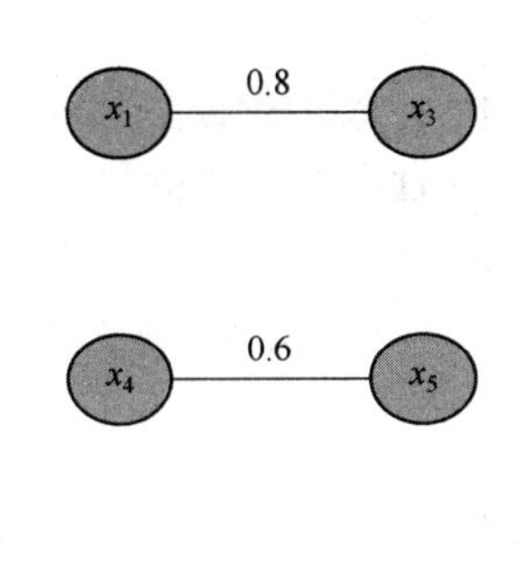

图 3.13　在 $\lambda=0.6$ 水平上的分类

取 $\lambda=0.5$，得 2 类：$\{x_1,x_3,x_4,x_5\}$，$\{x_2\}$，如图 3.14 所示：

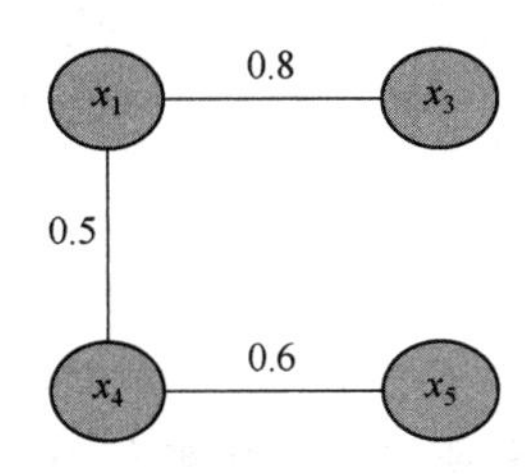

图 3.14　在 $\lambda=0.5$ 水平上的分类

取 $\lambda=0.4$，得 1 类：$\{x_1,x_2,x_3,x_4,x_5\}$，如图 3.15 所示：

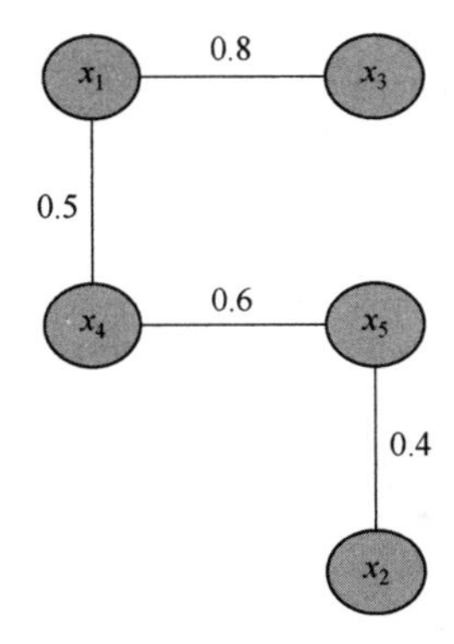

图 3.15　在 $\lambda=0.4$ 水平上的分类

综合上述，砍去最大树权重低于 λ 的枝，即得在 λ 水平上的分类。

取 $\lambda=1$，得 5 类：$\{x_1\}$，$\{x_2\}$，$\{x_3\}$，$\{x_4\}$，$\{x_5\}$，如图 3.11 所示；

取 $\lambda=0.8$，得 4 类：$\{x_1,x_3\}$，$\{x_2\}$，$\{x_4\}$，$\{x_5\}$，如图 3.12 所示；

取 $\lambda=0.6$，得 3 类：$\{x_1,x_3\}$，$\{x_2\}$，$\{x_4,x_5\}$，如图 3.13 所示；

取 $\lambda=0.5$，得 2 类：$\{x_1,x_3,x_4,x_5\}$，$\{x_2\}$，如图 3.14 所示；

取 $\lambda=0.4$，得 1 类：$\{x_1,x_2,x_3,x_4,x_5\}$，如图 3.15 所示。

再用最大树方法进行聚类，具体画法是先确定一个点，再直接从矩阵 $\tilde{R}$ 里按照 r_{ij}（这就是“权数”）从大到小的顺序连线，并且不产生“圈最后直到 11 个点都被连通为止线旁边注上权数。这样就得到一棵最大树（图 3.16）。

然后取 λ 截集确定分类。如果取 λ=0.600，那么如图 3.17 所示，论域被分为四类：{1,2,4,7,8,9,10,11}，{3}，{5}，{6}。

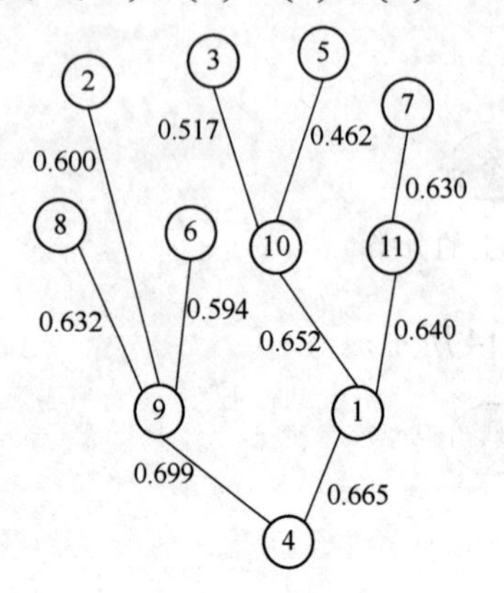

图 3.16　最大树

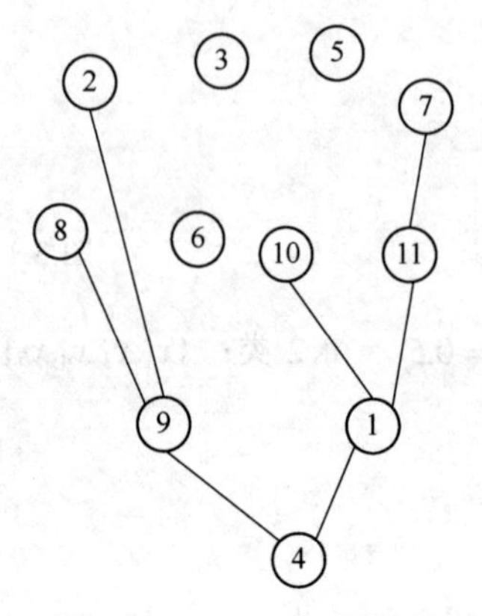

图 3.17　λ=0.600 论域分类

如果取 λ=0.630，那么如图 3.18 所示，论域被分为五类：{1,4,7,8,9,10,11}，{2}，{3}，{5}，{6}。

如果取 λ=0.640，那么如图 3.19 所示，论域被分为六类：{1,4,9,10,11}，{2}，{3}，{5}，{6}，{7}，{8}。

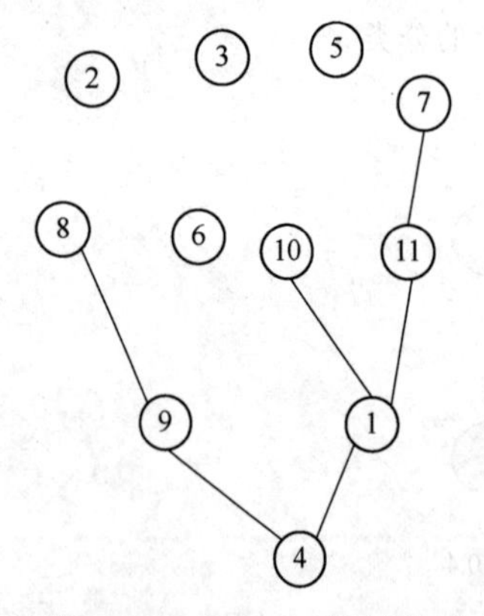

图 3.18　λ=0.630 论域分类

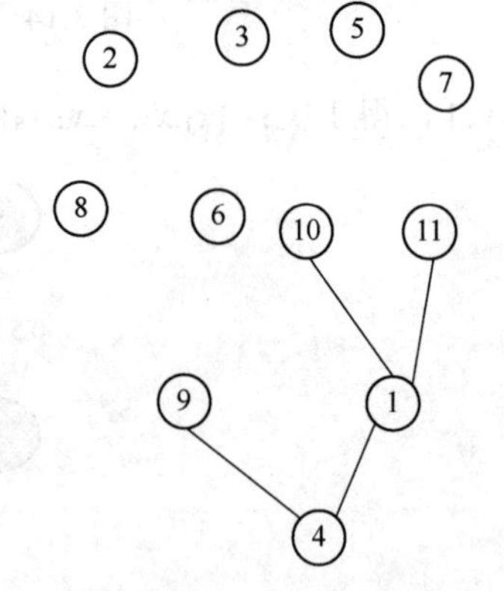

图 3.19　λ=0.640 论域分类

3.4.4　系统聚类分析法

$$
\begin{array}{c} \\ \underset{\sim}{R}= \end{array}
\begin{array}{c}
\begin{matrix} 父 & 子 & 女 & 邻 & 母 \end{matrix} \\
\begin{bmatrix}
1 & 0.8 & 0.6 & 0.1 & 0.2 \\
0.8 & 1 & 0.8 & 0.2 & 0.85 \\
0.6 & 0.8 & 1 & 0 & 0.6 \\
0.1 & 0.2 & 0 & 1 & 0.83 \\
0.2 & 0.85 & 0.6 & 0.83 & 1
\end{bmatrix}
\end{array}
\begin{matrix} 父 \\ 子 \\ 女 \\ 邻 \\ 母 \end{matrix}
$$

不用求等价矩阵，求出相关矩阵后，大于 λ 的记为#，小于 λ 的去掉

$$\underset{\sim}{R}\cdot\underset{\sim}{R}=\underset{\sim}{R}^2=\underset{\sim}{R}^4=\begin{bmatrix}1 & 0.8 & 0.8 & 0.2 & 0.8\\0.8 & 1 & 0.8 & 0.2 & 0.85\\0.8 & 0.8 & 1 & 0.2 & 0.9\\0.2 & 0.2 & 0.2 & 1 & 0.2\\0.8 & 0.85 & 0.9 & 0.2 & 1\end{bmatrix}$$

当 λ=0.8 时，u_1,u_2,u_3,u_5 可归为一类，即认为他们是一家人，u_4 自成一类，即分为两类：

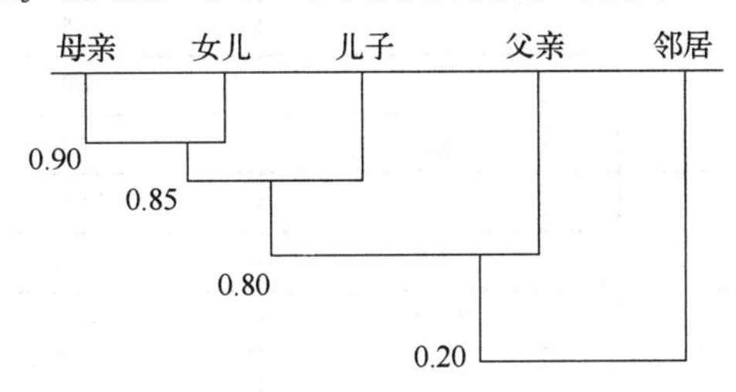

3.4.5 模糊聚类分析在材料科学分类中的应用

聚类分析以后，凡是同一类水泥，*AF* 减水剂用量在 0.6%以下，就水泥用量、水灰比、坍落度、相对强度四个因素来说，适应性相同，可以相互代替。施工单位就可以就近选取厂家，以节省长途运输费；或者选用同一厂家而价格比较便宜的一种水泥型号，以节约基建资金。

［案例］考察不同水泥对同一种减水剂的适应性

现以 AF 型号的混凝土减水剂作为例子，对全国六家大型水泥厂生产的几种型号的水泥的适应性进行实验测定，把数据处理后用模糊聚类分析方法对各种型号水泥进行分类，为合理选择水泥型号和厂家提供参考。

所选用的水泥编号❶如下：

1：A 水泥厂 425 普通水泥

2：A 水泥厂 325 矿渣水泥

3：B 水泥厂 525 普通水泥

4：B 水泥厂 425 矿渣水泥

5：C 水泥厂 525 硅酸盐水泥

6：C 水泥厂 425 矿渣水泥

7：D 水泥厂 525 普通水泥

8：D 水泥厂 425 火山灰水泥

9：E 水泥厂 525 普通水泥

10：E 水泥厂 425 矿渣水泥

11：F 水泥厂 425 普通水泥

即数学表达就是论域 U={1,2,3,4,5,6,7,8,9,10,11}

AF 减水剂的用量都固定在 0.6%，实验测得的数据如表 3.5。

---

❶ GB 175—2007 已采用新的水泥编号，本例仍采用旧编号。

表 3.5　实验数据

	x_1	x_2	x_3	x_4
1	315	66	5.0	122
2	350	55	6.0	129
3	315	54	5.0	134
4	350	50	5.0	142
5	315	56	7.0	132
6	350	59	5.0	138
7	315	64	5.5	140
8	350	59	6.0	119
9	274	62	14.0	132
10	335	56	21.0	135
11	322	48.1	17.0	128
$\overline{x}_k$	326.5	57.2	8.8	131.9
s_k	22.54	5.27	5.48	6.79

注：x_1—水泥用量，kg/m；x_2—水灰比，%；x_3—坍落度，cm；x_4—相对强度，%；n=11；$\overline{x}_k=\frac{1}{n}\sum_{i=1}^{n}x_{ki}$；$s_k=\sqrt{\frac{1}{n}\sum_{i=1}^{n}(x_{ki}-\overline{x}_k)^2}$

根据公式 $x'_{ki}=\dfrac{x_{ki}-\overline{x}_k}{s_k}$ 进行标准化得到表 3.6。

表 3.6　标准化后的数据

	x_1	x_2	x_3	x_4
1	−0.510	1.670	−0.693	−1.427
2	1.043	−0.417	−0.511	−0.427
3	−0.510	−0.607	−0.693	0.309
4	1.043	−1.366	−0.693	1.487
5	−0.510	−0.228	−0.328	0.015
6	1.043	0.342	−0.693	0.898
7	−0.510	1.290	−0.602	1.193
8	1.043	0.342	−0.511	−1.900
9	−2.329	0.911	0.949	0.015
10	0.377	−0.228	2.226	0.457
11	−0.200	−1.727	1.496	−0.574
$x'_{k,\max}-x'_{k,\min}$	3.372	3.397	2.919	3.387

再根据公式 $x''_{ki}=\dfrac{x'_{ki}-x'_{k,\min}}{x'_{k,\max}-x'_{k,\min}}$ 进行进一步标准化，使 x''_{ki} 值都在[0,1]内，得到表 3.7。

表 3.7　进一步标准化后的数据

	x_1	x_2	x_3	x_4
1	0.539	1	0	0.130
2	1	0.386	0.62	0.435

续表

	x_1	x_2	x_3	x_4
3	0.539	0.330	0	0.652
4	1	0.106	0	1
5	0.539	0.441	0.125	0.565
6	1	0.609	0	0.826
7	0.539	0.888	0.031	0.913
8	1	0.609	0.062	0
9	0	0.777	0.563	0.565
10	0.802	0.441	1	0.696
11	0.631	0	0.750	0.391

现对表 3.7 进行标定，这里采用欧几里得距离法：

$$r_{ij}=\begin{cases}1, & i=j\\ \sqrt{\dfrac{1}{m}\sum_{k=1}^{m}(x''_{ki}-x''_{kj})^2} & i\neq j\end{cases}$$

按照这一公式逐一求得各个 r_{ij} 值就得到模糊关系矩阵 $\tilde{\boldsymbol{R}}$

$$\tilde{\boldsymbol{R}}=\begin{vmatrix}1 & 0.414 & 0.425 & 0.665 & 0.360 & 0.461 & 0.396 & 0.311 & 0.460 & 0.652 & 0.640\\ & 1 & 0.258 & 0.317 & 0.243 & 0.227 & 0.417 & 0.244 & 0.600 & 0.498 & 0.436\\ & & 1 & 0.310 & 0.094 & 0.283 & 0.308 & 0.424 & 0.451 & 0.517 & 0.432\\ & & & 1 & 0.364 & 0.266 & 0.456 & 0.561 & 0.699 & 0.558 & 0.520\\ & & & & 1 & 0.285 & 0.287 & 0.375 & 0.386 & 0.462 & 0.395\\ & & & & & 1 & 0.273 & 0.414 & 0.594 & 0.521 & 0.561\\ & & & & & & 1 & 0.530 & 0.420 & 0.560 & 0.630\\ & & & & & & & 1 & 0.632 & 0.598 & 0.532\\ & & & & & & & & 1 & 0.491 & 0.517\\ & & & & & & & & & 1 & 0.308\\ & & & & & & & & & & 1\end{vmatrix}$$

3.5 模糊决策

3.5.1 决策及其过程

从狭义上讲就是抉择,即为解决当前或未来可能发生的问题从若干行动方案中选择最佳方案的过程。比如，一个企业面对激烈的市场竞争，对一项新产品要不要投产也要有关人员进行认真的调查研究后作出决策。

决策的两种原则，即最优性准则与满意性准则。最优性准则，是指在理想条件下，达到最优的目标。但实际上理想条件往往是不存在的，有时最优目标根本无法实现，因此常常放弃最优性而追求满意的结果，这就是满意性准则。决策的过程如图 3.20 所示。

问题识别：在决策之前，对要解决的问题进行认识。

确定目标与约束：根据实际问题确定决策目标与选择约束条件，使得在该约束条件下，备择方案中的每一方案都是可行的。

模型构造：构造数学模型，使满足于约束条件的备择方案与目标相联系。

预测：对输出结果的科学预测，为决策提供科学依据。

方案选择：从可行解方案集中选择一个最佳方案。

实施：把选择的方案付诸实施。

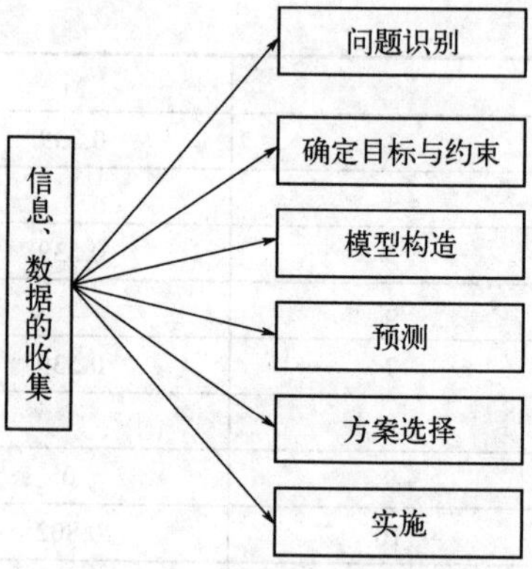

信息、数据的收集

问题识别

确定目标与约束

模型构造

预测

方案选择

实施

图 3.20　决策的过程

3.5.2　模糊决策方法

模糊综合决策的一般方法如下：

① 确定因素集 $U=\{u_1,u_2,\ldots,u_n\}$。因素集又称为指标集，它的元素是研究对象的 n 种因素或指标，一般都是很明确的。如一种材料的{强度极限、塑性极限、弯曲持久极限、扭转持久极限、材料硬度}。

② 确定评判集 $V=\{v_1,v_2,\ldots,v_m\}$。评判集又称为评语集、评价集、决策集等，该集的元素个数和名称由评判者根据实际问题确定。如抉择集{45#,40Cr,40CrNi,30CrMnTi}。

③ 确定模糊评判矩阵 $\boldsymbol{R}=(r_{ij})m\times n$。即隶属函数 $\mu_R=r_{ij}(u_i\in U,v_j\in V)$。一旦已知 U，V，$\boldsymbol{R}$ 三要素，就可以对各种对象进行综合评判，所以称（$U,V,\boldsymbol{R}$）为模糊综合评判模型。U：指标集，V：决策集，$\boldsymbol{R}$：隶属函数。

④ 综合评判。对研究对象做模糊综合评判还要将各个单因素的模糊评判做信息集中。由于模糊评判的评判集是模糊的，模糊综合评判也应该是评判集 $V=\{v_1,v_2,\ldots,v_m\}$上的一个模糊子集。故综合评判还依赖各个单因素的权重。

⑤ 最大可能评判。

3.5.3　模糊决策的实际应用

［案例 1］水污染模糊综合评价

某市水质评价分级情况见表 3.8。在 58 号检测点实测数据是酚 0.0019mg/L，氰 0.0004mg/L，砷 0.004mg/L，铬 0.004mg/L，汞 0mg/L，试用模糊综合评判来评价该市的工业污染对地下水质的影响程度。

表 3.8　某市水质评价分级情况

评价指标 污染级别	酚/(mg/L)	氰/(mg/L)	砷/(mg/L)	铬/(mg/L)	汞/(mg/L)
微污染	0.00000	0.00000	0.01000	0.00130	0.00025
轻污染	0.00050	0.00250	0.02000	0.00250	0.00050
中污染	0.00200	0.01000	0.04000	0.05000	0.00100
重污染	0.00300	0.01500	0.06000	0.07500	0.00150
严重污染	0.00400	0.02000	0.08000	0.10000	0.00200

解：

① 因素集（评价指标集）是 $U=\{u_1,u_2,\ldots,u_5\}$={酚，氰，砷，铬，汞}。

② 评判集（污染级别集）是 $V=\{v_1,v_2,\ldots,v_5\}$={微污染，轻污染，中污染，重污染，严重污染}。

③ 确定模糊评判矩阵 $\boldsymbol{R}=(r_{ij})m\times n$。首先，用隶属函数表示污染程度，仅举出 58 号检测点关于酚隶属函数如表 3.9。

表 3.9　58 号检测点关于酚隶属函数

污染级别＼评价指标	酚/(mg/L)
微污染	0.00000
轻污染	0.00050
中污染	0.00200
重污染	0.00300
严重污染	0.00400

v_5 级：

$$\mu_{v_5}(x)=\begin{cases}0(x\leqslant 0.003)\\1000(x-0.003)(0.003<x<0.004)\\1(x\geqslant 0.004)\end{cases}$$

v_4 级：

$$\mu_{v_4}(x)=\begin{cases}-1000(x-0.002)(0.002<x<0.003)\\1(x=0.003)\\-1000(x-0.004)(0.003<x<0.004)\end{cases}$$

v_3 级：

$$\mu_{v_3}\left(x\right)=\begin{cases}-666.67(x-0.0005)(0.0005<x<0.002)\\1(x=0.002)\\-1000(x-0.003)(0.002<x<0.003)\end{cases}$$

v_2 级：

$$\mu_{v_2}(x)=\begin{cases}2000x(0<x<0.0005)\\1(x=0.0005)\\-666.67(x-0.002)(0.0005<x<0.002)\end{cases}$$

v_1 级：

$$\mu_{v_1}(x)=\begin{cases}1(x=0)\\-2000(x-0.0005)(0<x<0.0005)\\0(x\geqslant 0.0005)\end{cases}$$

将 58 号检测点所测酚（u_1）的检测值 x_1=0.0019 代入上述 5 个隶属函数得检测值 x_1=0.0019。归属 5 个污染级别的隶属度，即对指标酚（u_1）的模糊评判为 $f(u_1)=(r_{11},r_{12},\ldots,r_{15})=(\mu_1(0.0019),\mu_2(0.0019),\ldots,\mu_5(0.0019))=(0,0.067,0.938,0,0)$。

类似地，可以分别求得氰、砷、铬、汞的隶属度并计算出 58 号检测点所测氰、砷、铬、汞的检测值的隶属度（略）。从而构成模糊矩阵。

$$\underset{\sim}{\boldsymbol{R}}=\begin{bmatrix}0 & 0.067 & 0.933 & 0 & 0\\0.84 & 0.16 & 0 & 0 & 0\\1 & 0 & 0 & 0 & 0\\1 & 0 & 0 & 0 & 0\\1 & 0 & 0 & 0 & 0\end{bmatrix}$$

④ 计算指标权重。记 x_i 为第 i 指标实测值，$(x_1,x_2,\ldots,x_5)=(0.0019,0.0004,0.004,0.004,0)$，$p_i$ 为该指标在水质评价分类表中 5 个数据的平均值，$(p_1,p_2,\ldots,p_5)=(0.0019,0.0095,0.042,0.0526,0.00105)$。第 i 指标权重为：

$$\omega_i=\frac{\dfrac{x_i}{p_i}}{\sum\limits_{k=1}^{5}\left(\dfrac{x_k}{p_k}\right)}$$

从而得 U 上表示权重的模糊子集：

$$W=(\omega_1,\omega_2,\ldots,\omega_5)=(0.824,0.035,0.078,0.063,0)$$

⑤ 模糊矩阵乘法运算。表示权重的模糊子集 W 与表示隶属度的模糊矩阵 $\boldsymbol{R}$ 作乘法，从而获得模糊综合评价。

$$W\circ\boldsymbol{R}=(0.0824,0.035,0.078,0.063,0)\circ\begin{bmatrix}0 & 0.067 & 0.093 & 0 & 0\\0.84 & 0.16 & 0 & 0 & 0\\1 & 0 & 0 & 0 & 0\\1 & 0 & 0 & 0 & 0\\1 & 0 & 0 & 0 & 0\end{bmatrix}$$

$$=(0.078,0.067,0.824,0,0)$$

⑥ 最大可能评判。$\max(0.078,0.067,0.824,0,0)=0.824$。可见 v_3 级的隶属度 0.824 最大。所以，58 号点最大可能评价为中污染水质。

［案例 2］优选材料

某工厂欲设计一减速器的高速轴，其工作载荷中等、工作环境为常温，选择过程如下。

① 设常用材料为备择集 $V=\{v_1,v_2,\ldots,v_4\}=\{45\#,40Cr,40CrNi,30CrMnTi\}$

② 将各种材料性能指标强度极限、塑性极限、弯曲持久极限、扭转持久极限、材料硬度作为着眼因素 $U=\{u_1,u_2,\ldots,u_5\}=\{\sigma_b,\sigma_s,\sigma_{-1},\tau_{-1},HB)$

强度极限 σ_b 愈高，说明脆性材料抵抗变形的能力就愈强。

塑性极限 σ_s 愈高，则表明材料的弹性范围就愈大。

弯曲持久极限 σ_{-1}，是材料经受无限次应力循环而不发生破坏的最大应力值，在同样循环次数的条件下材料的 σ_{-1} 愈大，其所承受的载荷就愈大。

扭转持久极限 τ_{-1} 与弯曲持久极限意义相似。

材料硬度 HB 愈高，材料愈耐磨，脆性愈大。

③ 构造模糊子集：根据重要性程度系数(材料的用途不同则选择重要性程度系数也不同)构造模糊子集。由于该材料用途是用于轴，其主要破坏形式是弯曲疲劳破坏，故 σ_{-1} 的权重系数取大些；τ_{-1} 取小些；再者轴的材料多数采用钢材，故 σ_b 权重系数取小些；而材料的塑性极限 σ_s 的权重系数取得稍大些，在实际工作中都希望零件有一定的耐磨性，因此模糊子集定为：

$$A=\{0.09,0.2,0.5,0.01,0.2\}$$

④ 构造隶属度矩阵 $\boldsymbol{R}$：由参考文献可查得各种材料的性能指标，并将此进行归一化处理后得到表 3.10。

表 3.10 归一化处理后数据

	σ_b	σ_s	σ_{-1}	τ_{-1}	HB
45#	0.4163	0.2844	0.1809	0.1085	0.0124
40Cr	0.3867	0.3223	0.1762	0.1031	0.0116
40CrNi	0.3886	0.3168	0.1774	0.1056	0.0114
30CrMnTi	0.3882	0.3207	0.1755	0.1046	0.0108

由 $r_{ij}=0.1+\dfrac{f_{i\max}-f_{ij}}{d}$， $d=\dfrac{f_{i\max}-f_{i\min}}{0.1}$

由此构造隶属度矩阵 $\boldsymbol{R}$

$$\boldsymbol{R}=\begin{Bmatrix} 0.1 & 0.2 & 0.1929 & 0.1944 \\ 0.2 & 0.1 & 0.1145 & 0.1058 \\ 0.1 & 0.187 & 0.1648 & 0.2 \\ 0.1 & 0.2 & 0.1537 & 0.7222 \\ 0.1 & 0.15 & 0.1625 & 0.2 \end{Bmatrix}$$

⑤ 利用模糊评判进行工程材料选择。采用加权平均模型对方案进行评价：

$$B=A*\boldsymbol{R}=\{b_1,b_2,\ldots,b_m\}=\{0.1200,0.1635,0.1628,0.1859\}$$

其中，$\max(bj)=0.1859$ 对应的材料 30CrMnTi 为首选材料。

参考文献

[1] Zadeh L A . Fuzzy sets[J]. Information & Control, 1965, 8(3): 338-353.
[2] 王立新. 模糊系统与模糊控制教程[M]. 北京：清华大学出版社, 2003.
[3] 谢季坚，刘承平. 模糊数学方法及其应用[M]. 3 版. 武汉：华中科技大学出版社, 2006.
[4] [美]Jerry M.Mendel. 基于不确定规则的模糊逻辑系统：导论与新方向. 张奇业，谢伟献，译. 北京：清华大学出版社, 2013.
[5] 马同学. 如何理解相似矩阵?[OL] Available: https://zhuanlan.zhihu.com/p/31003468
[6] 赵鹏飞，王娴明. 模糊数学在混凝土构件耐久性评定中的应用初探[J]. 工业建筑, 1997(05): 8-11, 63.

4 灰色系统分析与建模方法

4.1 灰色系统理论概述

4.1.1 灰色系统理论的形成与发展

1982 年，北荷兰出版公司出版的 Systems & Control Letters 杂志刊载了我国学者邓聚龙教授的第一篇灰色系统论文《灰色系统的控制问题》；同年，《华中工学院学报》刊载了邓聚龙教授的第一篇中文灰色系统论文《灰色控制系统》。这两篇开创性论文的公开发表，标志着灰色系统理论这一新兴横断学科问世。邓聚龙教授创立的灰色系统理论，是一种研究“小数据”“贫信息”不确定性问题的新方法。灰色系统理论以“部分信息已知，部分信息未知”的“小样本”“贫信息”不确定性系统为研究对象，主要通过对“部分”已知信息的生成、开发，提取有价值的信息，实现对系统运行行为、演化规律的正确描述和有效监控。灰色系统模型对试验观测数据没有什么特殊的要求和限制，因此应用领域十分宽广。这一新理论刚一诞生，就受到国内外学术界和广大实际工作者的关注，不少著名学者和专家给予了充分肯定和大力支持，许多中青年学者纷纷加入灰色系统理论研究行列，并以极大的热情开展理论探索及在不同领域中的应用研究工作。尤其是它在众多科学领域小的成功应用，赢得了国际学术界的肯定和关注。

1989 年，英国 Research Information 公司创办的国际期刊《灰色系统学报》(The Journal of Grey System)，已成为《英国科学文摘》(SA)、《美国数学评论》(MR) 和《科学引文索引》(SCI) 等重要国际文摘机构的核心期刊;1997 年在中国台湾创办的中文版学术刊物《灰色系统学刊》，2004 年改为英文版，刊名为“Journal of Grey System”；2010 年 2 月，英国著名期刊出版集团 Emerald 支持南京航空航天大学灰色系统研究所创办新的国际期刊“Grey Systems: Theory and Application”。截至 2015 年，全世界有千余种学术期刊能够接受、刊登灰色系统论文。与此同时，国内外许多著名大学不仅开设了灰色系统理论课程，还招收、培养灰色系统专业方向的博士研究生和博士后研究人员，一批新兴边缘学科如灰色水文学、灰色地质学、灰色育种学、区域经济灰色系统分析、灰色哲学等也应运而生。国家及各省、市科学基金积极资助灰色系统研究，每年都有一大批灰色系统理论或应用研究项目获得各类基金资助，2002 年，我国灰色系统学者刘思峰教授获系统与控制世界组织奖。

2004 年以来，中国共召开了 15 次全国灰色系统理论及应用学术会议，其中多次会议受到中国高等科学技术中心资助，极大地促进了灰色系统理论的发展。同时，许多重要国际会议，如不确定性系统建模国际会议、系统预测控制国际会议、国际一般系统研究会年会、系统与控制世界组织年会、IEEE 系统、人与控制国际会议、计算机与工业工程国际会议等把灰色系统理论列为讨论专题。2007～2013 年，第 1～4 届 IEEE 灰色系统与智能服务国际会议分别在南京和澳门召开。2008 年初，IEEE 灰色系统委员会正式成立。2012 年，英国 DE Montfort 大学资助并组织召开了欧洲灰色系统研究协作网第一届会议，12 个欧盟成员国的代表出席了会议。

经过几十年的发展，灰色系统理论作为一门新兴学科以其强大的生命力自立于科学之林。

4.1.2 灰含义与灰现象

（1）灰含义

“白”指信息完全确知；“黑”指信息完全不确知；“灰”则指信息部分确知，部分不确知，或者说是信息不完全。这是“灰”的基本含义。类似的还可列举不少，但就其基本含义而言，“灰”是信息不完全性与非唯一。信息不完全性与非唯一性在人们认识与改造客观世界的过程中是会经常遇到的。对不同问题，在不同场合，“灰”可以引申为别的含义。如：从表象看：“明”是白；“暗”是黑，那么“半明半暗或若明若暗”则是灰。从态度看：“肯定”是白；“否定”是黑，那么“部分肯定，部分否定”则是灰。从性质看：“纯”是白；“不纯”是黑，那么“多种成分”则是灰。从结果看：“唯一”是白；“无数”是黑，那么“非唯一”则是灰。从目标看：“单目标”是白；“无目标”是黑，那么“多目标”则是灰。

（2）灰现象

生产资料多种所有制属经济系统的灰现象；抽象派的画，意境朦胧是文化艺术中的灰现象；货币从价值角度看，因人、因地、因时而变化，这是经济尺度中的灰现象。军事系统更是充满灰现象的系统。正如克劳塞维茨指出的那样：“战争中一切情况都很不确定，这是一种特殊的困难。因为一切行动都仿佛是在半明半暗的光线下进行的，而且，一切往往都像在云雾里和月光下一样……”。这段文字充分说明了战场是个灰色的王国，战争充满着灰色性。作战系统的主要信息是军事情报，而军事情报的不完全和伪假现象是常见的，一条主要的军事情报，往往要付出相当大的代价才能得到。要通过多渠道校核它是很困难的，甚至是不可能的。因此它的灰色性是很突出和不可避免的。在军事力量的估计、战略战术的决策与对策中，不论通过何种手段，往往无法获得全部的信息，而只能得到一部分信息。可以说，一切军事决策、战略部署、指挥行动都是在部分信息已知，部分信息未知的情况下作出的。因此军事系统是个充满灰现象的系统，或者说是个灰度很大的系统。

4.1.3 白色、黑色和灰色系统

（1）白色系统

客观世界是物质的世界，也是信息的世界。可是，在工程技术、社会、经济、农业、生态、环境、军事等各种系统中经常会遇到信息不完全的情况，如参数（或元素）信息不完全；结构消息不完全；关系（指内、外关系）信息不完全；运行行为信息不完全等。

信息完全明确的系统称为白色系统。如：一个家庭，其人口、收入、支出、父子、母女

的关系等完全明确；一个商店，在人员、资金、损耗、销售等信息完全明朗的情况下，可算出该店的盈利、库存额，判断商店的销售态势、资金的周转速度等；一个工厂，其职工、设备、技术条件、产值、产量等信息均完全明确，像家庭、商店、工厂这样的系统是白色系统。

（2）黑色系统

信息完全不明确的系统称黑色系统。如遥远的某个星球，其体积、重量、是否存在生命等等全然不确知，这样的一类系统是黑色系统。还有飞碟、太平洋群岛的奇迹、星体异常现象等目前也只能看作黑色系统。

（3）灰色系统

介于上述两者之间的，即信息部分明确，部分不明确的系统称为灰色系统。比如，人体，其身高、体重、年龄等外部参数和血压、脉搏、体温等内部参数是已知的，这是明确的信息。但人体穴位的多少、生物信息的传递、温度场、意识流等尚未确知或知道不透彻。因此，这是灰色系统。灰色系统有时简称为灰系统。

由于灰色系统理论的研究对象信息不完全，准则具有多重性，从前因到后果，往往是多-多映射，因而表现为过程非唯一性。具体表现是解的非唯一，辨识参数的不唯一，模型非唯一，决策方法、结果非唯一等。例如，非唯一性在决策上的体现是灰靶思想。灰靶是目标非唯一与目标可约束的统一，是目标可接近、信息可补充、方案可完善、关系可协调、思维可多向、认识可深化、途径可优化的表现。又如，非唯一性在建立 GM 模型上的表现为参数非唯一、模型非唯一、建模步骤方法非唯一等。

非唯一性的求解过程，是定性和定量的统一。面对许多可能的解，可通过信息补充、定性分析确定一个或几个满意的解。定性方法与定量分析相结合，是灰色系统的求解途径。

4.1.4 灰数、灰元、灰关系与灰度

灰数、灰元、灰关系是灰现象的特征，是灰色系统的标志。

（1）灰数

灰数指信息不完全的数，即只知大概范围而不知道其确切值的数。灰数不是一个数，而是一个数集，一个数的区间，记为$\otimes$。这里$\otimes$表示灰或灰色。

如说“某人的年龄 18 岁左右”，这“18 岁左右”便是灰数，是由于对某人确实的出生年月缺乏信息。“某商品的价格在 10 元以下”，这“10 元以下”也是灰数。

灰数有以下几类：

① 仅有下界的灰数。有下界而无上界的灰数记为$\otimes \in [\underline{a},\infty)$或$\otimes \in (\underline{a})$，其中$\underline{a}$为灰数$\otimes$的下确界，它是一个确定的数。我们称$[\underline{a},\infty)$为$\otimes$的取数域，简称$\otimes$的灰域。

一棵生长着的大树其重量便是有下界的灰数，因为大树的重量必大于零，但不可能用一般手段知道其准确的重量，若用$\otimes$表示大树的重量，便有$\otimes \in [0,\infty)$。

② 仅有上界的灰数。有上界而无下界的灰数记为$\otimes \in [-\infty,\overline{a})$或$\otimes(\overline{a})$，其中$\overline{a}$是灰数$\otimes$的上确界，是确定的数。

一项投资工程，要有个最高投资限额，一件电器设备要有个承受电压或通过电流的最高临界值。工程投资、电器设备的电压、电流容许值都是有上界的灰数。

③ 区间灰数。既有下界$\underline{a}$又有上界$\overline{a}$的灰数称为区间灰数，记为$\otimes \in [\underline{a},\overline{a})$。

海豹的质量在 20～25kg 之间，某人的身高在 1.8～1.9m 之间，可分别记为$\otimes_1 \in [20,25]$,

$\otimes_2 \in [1.8,1.9]$。

④ 连续灰数与离散灰数。在某一区间内取有限个值或可数个值的灰数称为离散灰数，取值连续地充满某一区间的灰数称为连续灰数。

某人的年龄在30～35岁之间，此人的年龄可能是30，31，32，33，34，35这几个数，因此年龄是离散灰数。人的身高、体重等是连续灰数。

⑤ 黑数与白数。当$\otimes \in (-\infty,+\infty)$或$\otimes \in (\otimes_1,\otimes_2)$，即当$\otimes$的上、下界皆为无穷或上、下界都是灰数时，称$\otimes$为黑数。

当$\otimes \in [\underline{a},\overline{a}]$，且$\underline{a} = \overline{a}$时，称$\otimes$为白数。

为讨论方便，将黑数和白数看成特殊的灰数。

⑥ 本征灰数与非本征灰数。本征灰数是指不能或暂时还不能找到一个白数作为其“代表”的灰数，比如一般的事前预测值、宇宙的总能量、准确到秒或微秒的“年龄”等都是本征灰数。

非本征灰数是指凭先验信息或某种手段，可以找到一个白数作为其“代表”的灰数。我们称此白数为相应灰数的白化值，记为$\tilde{\otimes}$，并用$\otimes(a)$表示以a为白化值的灰数。如托人代买一件价格100元左右的衣服，可将100作为预购衣服价格$\otimes(100)$的白化数，记为$\tilde{\otimes}(100)=100$。

从本质上看，灰数又可以分为信息型、概念型、层次型三类。

a．信息型灰数。称暂时缺乏信息而不能肯定其取值的灰数，为信息型灰数。

如，预计某人今年的收入为3000～4000元，记为$\otimes \in [3000,4000]$。到年终时即可确定灰数的白化值。

b．概念型灰数。由人们的某种观念、意愿形成的灰数为概念型灰数。如，利润越大越好。

c．层次型灰数。认识层次改变后形成的灰数为层次型灰数。如，某人身高为1.65m，全班人的身高为1.5～1.7m，因此身高为灰数。

（2）灰元

灰元指信息不完全的元素。比如货币有两种功能，无论作为流通手段或是价值尺度，都是不确定的。10元钱代表多少商品并不确定，它会因时、因地、因情况而异；10元钱代表多少工资也不确定，它可因人、因时、因地而异。除了货币之外，还有如商标、古文物、邮票等也都是灰元。总之，那些经过某种命名之后，才有某种特殊价值、特殊功能的元素，都是信息不完全的元素，是灰元。

（3）灰关系

灰关系指信息不完全的关系。比如多种经济成分并存的经济关系，一种商品价格浮动导致其他商品价格波动的“撞击关系”等均为灰关系。

（4）灰变量和灰过程

① 灰变量。变量x，其值在区间h内变动，称为灰变量，记为$\otimes(x)$。$\otimes(x)=h\subset R$

当$h=[a,b]\subset R$，$a\geqslant 0$时，称$\otimes(x)$为全闭区间灰变量；

当$h=[a,\infty]\subset R$，$a\geqslant 0$时，称$\otimes(x)$为右序拓扑灰变量。

离散灰变量

$$\otimes(x)=\{h_i \mid i\in I(\text{时间集、空间集或指标集}),h_i\in R\}$$

若 I 有限，则称为一般离散灰变量。若 I 无限，则称为无限离散灰变量。灰变量的四则运算仍为灰变量。

灰数与灰变量的区别：灰数是灰变量的一般化和抽象化，即抽去了变量内涵的灰变量。

② 灰过程。$\otimes(x)$ 为灰变量，若其取值随时间（参数）t 而变化，则称之为灰过程，记为 $\otimes(x,t)$。

$\otimes(x,t)$ 的白化值记为 $\otimes(x,(t))$ 或 $\otimes(x(t))=x(t)$。

（5）灰度

任何事物或事物的状态，都是有序与无序在不同程度的辩证统一，这种统一的测度就是灰度。在灰色系统中，“灰度”代表系统“灰”的程度。

在不同的领域，灰度有不同的内涵和名称。如热力学中“熵”是灰度，熵越大，灰度就越大；磁铁中偶极子的取向一致程度是灰度，偶极子趋向越一致，灰度越小，磁通量越大。

显然，灰色系统中往往包含灰数、灰元、灰关系和灰度。

4.1.5 灰量的白化权函数

一般来说，任何一个 $\otimes(x)$ 都是围绕某个 x 组成的，因而可认为 x 在 $\otimes(x)$ 中的地位最重要，权最大。而 $\otimes(x)$ 中其它的值，则不一定都是最重要的，权也不是相等的。

考虑区间灰数 $\otimes_1$、$\otimes_2$，$\otimes_1\in[a,b],\otimes_2\in[c,d]$，将其白化值表示为

$$\begin{aligned}\tilde{\otimes}_1&=\alpha a+(1-\alpha)b,\alpha\in[0,1]\\ \tilde{\otimes}_2&=\beta c+(1-\beta)d,\beta\in[0,1]\end{aligned}\tag{4.1}$$

当 $\alpha=\beta$ 时，称 $\otimes_1$ 与 $\otimes_2$ 取数一致；当 $\alpha\neq\beta$ 时，称 $\otimes_1$ 与 $\otimes_2$ 取数非一致。

如果用 $f(x)$表示 $\otimes(x)$ 上不同 x 的数，则称 $f(x)$为 $\otimes(x)$ 的白化函数或白化权函数。

称 $f(x)$为典型的白化权函数，$f(x)\in[0,1]$

如果满足

$$f(x)=\begin{cases}L(x) & \text{单调增} \quad x\in[a_2,b_1]\\ R(x) & \text{单调减} \quad x\in[b_2,c_1]\\ 1 & \text{峰值（最大值）} \quad x\in[b_1,b_2]\end{cases}$$

其图形如下：

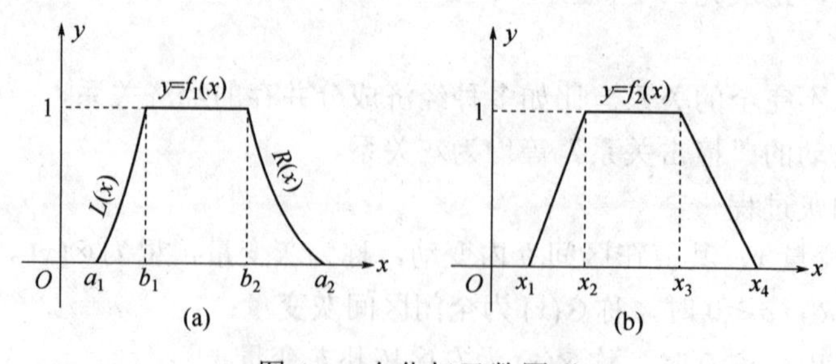

图 4.1 白化权函数图形

称 $L(x)$为左增函数，$R(x)$为右降函数，$[b_1,b_2]$为峰区，a_2为起点，c_1为终点，b_1，b_2为转折点。

一般地，$L(x)$和 $R(x)$取直线，如图 4.1（b），直线的斜率及 $f(x)$的峰区视实际情况而定。

但对有些研究对象，$L(x)$和 $R(x)$不能取直线而取其它曲线，这种情况，一般可由研究问题的性质、特点等来确定。

灰量的白化权函数

令 $f(x)$为 x 的单调函数，若

① x 为灰量，如大、中、小等；

② $f(x) \in [0,1]$

则称 $f(x)$为 x 的灰量白化权函数。白化权函数一般有如图 4.2 所示的几种形状，其中图 4.2（e）为灰量白化权函数。

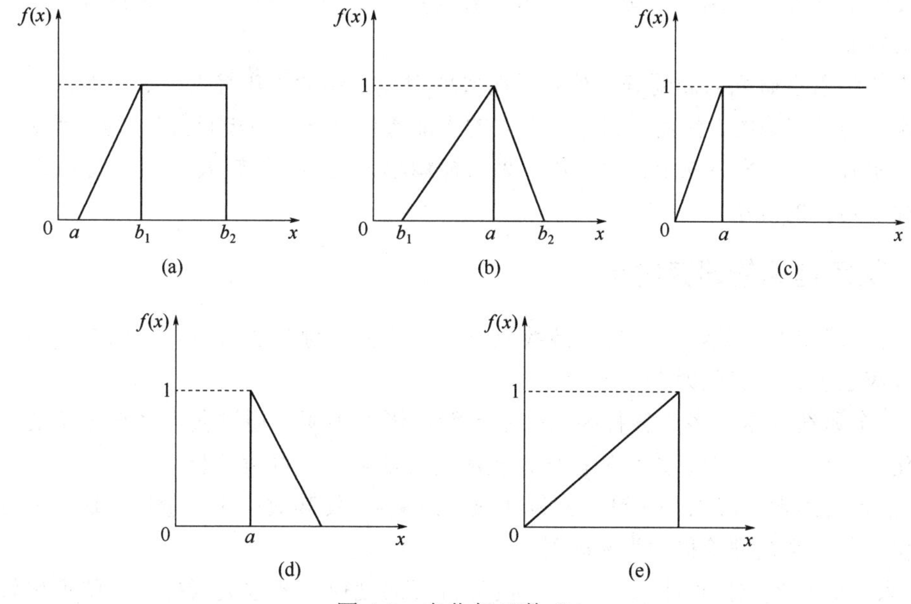

图 4.2 白化权函数 $f(x)$

在有些情况可以直接给出白化数，例如设论域为[0,10]，则最差——0；极差——1；很差——2；较差——3；较好——4；好——5；有点好——6；不很好——7；很好——8；极好——9；最好——10。

这种白化方法可类推到对满意等的白化上。

4.1.6 本征灰系统与非本征灰系统

（1）本征灰系统

本征灰系统包括社会、经济、农业、生态等。这类系统虽然可以量化、模型化、实体化，或者说，可以用白色参数、白色元素、白色结构等方式出现，但这仅仅是按人们的某种观念、某种逻辑思维、某种推理得到的“相似”系统、“同构”系统，并不是真正的原系统。也就是说，这类系统没有物理原型，缺乏建立确定关系的信息，系统的基本特征是多个相互依存、相互制约的部门、元素，按照一定序关系组合，且具有一种或多种功能。像这样的系统，是客观存在的抽象系统，可视为主观的本征性灰色系统，简称为本征灰系统。

（2）非本征灰系统

与本征灰系统相对应，具有客观实体的、实际的物理系统，若有些信息暂时还不明确，

尚未获得，则称其为非本征灰色系统，简称非本征灰系统。

4.1.7 灰色系统与模糊数学

灰色系统与模糊数学方法的区别，主要在于对系统内涵与外延的处理态度不同；研究对象内涵与外延的性质不同。

灰色系统着重研究内涵不明确、外延明确的对象。例如“这个人的年龄在18岁左右”。这是灰色系统的命题。因为是指“这个人”，而不是指“其他人”，所以外延是明确的。然而对这个人确切的出生日期又不清楚，这表明内涵不明确。在研究方法上，灰色系统采取补充信息转化性质的方法。比如，对“这个人”补充出生日期的消息，便可将此人灰的内涵，转化为白的内涵。

模糊数学着重研究内涵明确，外延不明确的对象。例如“年轻人”这个概念，人人都明确，因此内涵是明确的。然而，到底多少岁的人能算作“真正的年轻人”，则很难划分，这表明外延不明确。在研究方法上，模糊数学采取模糊集来描述“年轻人”，而不是采取补充信息使命题性质转化的方法。

4.1.8 灰色理论的研究内容

① 对不确定的灰数，按白化权函数取一个确定值，称为灰数白化。以灰数白化为基础的方法有灰色统计、灰色聚类。

② 一个系统因素很多，各种因素关系不清，影响不明，通过灰色系统理论的方法使其关系量化、序化，这是因素关系的白化，相应的方法称为关联度分析方法。

③ 抽象的因素、现象，通过对应量（或映射量），使其数据化、量化，这称为抽象到数量的白化，灰色系统理论称此为灰映射。

④ 系统的行为数据可能杂乱无章，没有直观的规律，通过数据处理，整理出较明显的规律，这是数字序列的白化，灰色系统理论称为生成。

⑤ 经过处理后的数据列，虽然有了初步的规律，但不一定能够用数学关系做出更为精确的表达。灰色系统理论将这些加工后的数据列，建立数学关系，这是模型的白化，相应的模型称为灰色模型，这个建模过程称为灰色建模。

⑥ 情况不够明确，对策不够完善，在这种情况下作出决策，这是局势的白化，相应的决策称为灰色决策。

⑦ 对未来发展，通过模型作定量预测，这是发展的白化。相应的预测称为灰色预测。

概括起来，灰色系统理论的研究内容，包括关联分析、生成、灰色建模、灰色预测、灰色决策和灰色控制等。

4.2 灰色生成

4.2.1 生成与生成数

将原始数列$\{x^{(0)}\}$中的数据$x^{(0)}(k)$按某种要求作数据处理（或数据变换），即生成。

灰色理论对灰量、灰过程的处理，不是找概率分布，求统计规律，而是用“生成”的方法，求得随机弱化、规律性强化了的新数列，此数列的数据称为生成数。利用生成数建模，这是灰色理论的重要特点之一。

4.2.2 灰色生成分类

（1）按要求分类

①整体生成：将整个数列进行某种变换（或处理）；②局部生成：将数列中某部分数据作某种变换（或处理）。

（2）按用途分类

①建模生成：主要用于灰色建模；②关联生成：主要用于灰色建模；③决策生成：主要用于灰色决策。

（3）按性质特点分类

①累加生成；②累减生成；③初值化生成；④均值化生成；⑤归一化生成；⑥插值生成；⑦灰数生成；⑧灰量白化函数生成等多种。

4.2.3 累加生成

累加生成是使灰过程由灰变白的一种方法，它在灰色系统理论中占有极其重要的地位。通过累加可以看出灰量积累过程的发展态势，使离乱的原始数据中蕴涵的积分特性或规律充分显露。如一个家庭的支出，若按日计算，可能没有什么明显的规律，若按月计算，支出的规律性就可能会显现出它大体与月工资收入成某种关系。

如果对一原始数列作如下的处理：原始数列中的第一个数据维持不变，作为新数列的第一个数据，新数列的第二个数据是原始的第一个与第二个数据相加，新数列的第三个数据是原始的第一个、第二个与第三个相加，依此类推。这样得到的新数列，称为累加生成数列，这种处理方式称为累加生成。累加生成能使任意非负数列、摆动的与非摆动的，转化为非减的、递增的数列。换言之，通过累加生成后得到的生成数列，其随机性弱化了，规律性增强了。

可以证明，对原始非负数列$\{x^{(0)}\}$作 1-AGO 后得到的生成数列$\{x^{(1)}\}$具有近似的指数规律，称为灰指数规律。$\{x^{(0)}\}$的光滑度越大，则$\{x^{(1)}\}$的灰度越小，即指数律越白。如果对$\{x^{(0)}\}$作 i-AGO 后已获得较白的指数律，则不必再作$(i+1)$-AGO，否则指数律的灰度不但不会减小，反而会增加。因为指数律的灰度与 AGO 的次数没有比例关系。

4.2.4 累减生成

累减生成是在需要获得增量信息时常用的生成，同时累减生成对累加生成起还原作用。累减生成与累加生成是一对互逆的序列算子。

将原始数列中前后相邻的两个数据相减，这种生成称为累减生成。所得的数据为累减生成值。因为累减生成是累加生成的逆运算，所以常记为 IAGO。

当对 r-AGO 进行 r-IAGO 时，则得原始数据，此所谓还原。

例：设某灰数按年统计的数据序列为 $x^{(0)}=(x^{(0)}(1),x^{(0)}(2),\ldots,x^{(0)}(n))$

若按年分月统计，则第 k 年的数据序列为

$$x^{(0)}(k)=(x^{(0)}(1,k),x^{(0)}(2,k),\dots,x^{(0)}(12,k))$$

若按年分月逐日统计，则第 k 年第 j 月的数据序列为

$$x^{(0)}(j,k)=(x^{(0)}(1,j,k),x^{(0)}(2,j,k),\dots,x^{(0)}(30,j,k))$$

若按年分月逐日划时统计，则第 k 年第 j 月第 i 日的数据序列为

$$x^{(0)}(i,j,k)=(x^{(0)}(1,i,j,k),x^{(0)}(2,i,j,k),\dots,x^{(0)}(24,i,j,k))$$

其中 $x^{(0)}(h,i,j,k)$，（h=1,2,…,24）为第 k 年第 j 月第 i 日第 h 时的数据。

显然有

$$x^{(0)}(k)=\sum_{j=1}^{12}x^{(0)}(j,k)$$

$$x^{(0)}(j,k)=\sum_{i=1}^{30}x^{(0)}(i,j,k)$$

$$x^{(0)}(i,j,k)=\sum_{h=1}^{24}x^{(0)}(h,i,j,k)$$

$$x^{(0)}(k)=\sum_{j=1}^{12}\sum_{i=1}^{30}\sum_{h=1}^{24}x^{(0)}(h,i,j,k)$$

这是分层累加，而不是我们定义的累加生成（时序累加）。

4.2.5 均值生成

在搜集数据时，常常由于一些不易克服的困难导致数据序列出现空缺（也称空穴）。也有一些数据序列虽然数据完整，但由于系统行为在某个时点上发生突变而形成异常数据，给研究工作带来很大困难，这时如果剔除异常数损，就会留下空穴。因此，如何有效地填补空穴，自然成为数据处理过程中首先遇到的问题。均值生成是常用的构造新数据、填补老序列空穴、生成新序列的方法。

均值生成分为邻均值生成与非邻均值生成两种。

所谓邻均值生成，就是对于等时距的数列，用相邻数据的平均值构造新的数据。即若有原始数列$\{x\}=(x(1),x(2),\dots,x(n))$

记 k 点的生成值为 $z(k)$，且

$$z(k)=0.5x(k)+0.5x(k-1)$$

则称 $z(k)$为邻均值生成值。显然，这种生成是相邻值的等权生成。所以也称为邻值等权生成。

所谓非邻均值生成，是对于非等时距数列，或者虽为等时距数列，但剔除异常值之后出现空穴的数列，用空穴两边的数据求平均值构造新的数据以填补空穴。即若数列$\{x\}=(x(1),x(2),\dots x(k-1),y(k),x(k+1),\dots x(n))$，这里 $y(k)$为空穴，记 k 点的生成值为 $z(k)$，且

$$z(k)=0.5x(k-1)+0.5x(k+1),$$

则称 $z(k)$为非邻均值生成值，显然，这种生成是空穴前后信息的等权生成。

4.3 灰色关联分析

4.3.1 灰色关联分析的目的

在系统分析中，为了研究系统的结构和功能，明确而具体地表达出系统的工作特性，就要建立适当的数学模型去描述系统。而这样做时，首要的工作就是要分析各种因素，弄清因素间的关系，这样，才能抓住影响系统的主要矛盾、主要特征、主要关系，从而为分析研究提供必要的基础。一般地，构成现实问题的实体因素是多种多样的，因素间的实体关系也是多种形式的。因而，想知道因素和因素间的全部关系是不可能的，也是不必要的，特别是在本征性系统中，在这种情况下，只需着眼与决策者的目的相关联的主要因素和关系。在系统分析中，常用的定量方法是数理统计法，如回归分析、方差分析、主成分分析、主分量分析等，尽管这些方法解决了许多实际问题，但它们往往要求大样本，且要求只有典型的概率分布，而这在实际中却很难实现。

灰色系统理论提出的灰色关联分析方法则可不受这些局限，这种分析方法可在不完全的信息中，对所要分析研究的各因素，通过一定的数据处理，在随机的因素序列间，找出它们的关联性，发现主要矛盾，找到主要特性和主要影响因素。即所谓灰色关联分析是基于行为因子序列的微观或宏观几何接近，以分析和确定因子间的影响程度或因子对主行为的贡献测度而进行的一种分析方法。灰色关联（简称灰关联）是指事物之间不确定性关联，或系统因子与主行为因子之间的不确定性关联。

寻求系统中各因素间的主要关系，找出影响目标值的重要因素，从而掌握事物的主要特征，促进和引导系统迅速而有效地发展。

4.3.2 灰色关联分析方法

它是对一个系统发展变化态势的定量描述和比较的方法。发展态势的比较，依据空间理论的数学基础，按照规范性、偶对对称性、整体性和接近性这四条原则，确定参考数列（母数列）和若干比较数列（子数列）之间的关联系数和关联度。

灰关联分析的基本思想是根据序列曲线几何形状的相似程度来判断其联系是否紧密。曲线越接近，相应序列之间的关联度就越大，反之就小。

关联分析可用于确定主要矛盾、主行为因子，评估，识别，分类，预测，构造多因素控制器，检验 GM 模型的精度，灰色决策中的效果测度等。

4.3.3 关联度与关联系数

（1）关联度的概念

两个系统或两个因素间关联性大小的量度，称为关联度。关联度描述了系统发展过程中，因素间相对变化的情况，也就是变化大小、方向与速度等的相对性。如果两者在发展过程中，相对变化基本一致，则认为两者的关联度大，反之，两者关联度就小。

灰关联分析的步骤是：

① 确定比较数列和参考数列；

② 求关联系数；

③ 求关联度；

④ 关联度按大小排序。

（2）关联系数计算

若记经数据变换的母数列为$\{x_0(t)\}$,子数列$\{x_i(t)\}$,则在时刻 $t=k$ 时，$\{x_0(k)\}$与$\{x_i(k)\}$的关联系数 $\xi_{0i}(k)$用下式计算：

$$\xi_{0i}(k)=\frac{\Delta_{\min}+\rho\Delta_{\max}}{\Delta_{0i}(k)+\rho\Delta_{\max}} \tag{4.2}$$

式中 $\Delta_{0i}(k)$——k 时刻两个序列的绝对差，即

$$\Delta_{0i}(k)=|x_0(k)-x_i(k)| \tag{4.3}$$

式中 $\Delta_{\min},\Delta_{\max}$——各时刻的绝对差中的最大值与最小值。因为进行比较的序列在经数据变换后互相相交，所以一般 $\Delta_{\min}=0$；

ρ——分辨系数，其作用在于提高关联系数之间的差异显著性。在一般情况下取 0.1～0.5，通常取 0.5。

（3）关联度计算

从关联系数的计算来看，我们得到的是各比较数列与参考数列在各点的关联系数值，结果较多，信息过于分散，不便于比较，因此有必要将每一比较数列各个时刻（或指标、空间）的关联系数集中体现在一个值上，这一数值就是灰关联度。

关联度分析的实质，是对时间序列数据进行几何关系的比较。若两个序列在各个时刻点都重合在一起，即关联系数为 1，那么两序列的关联度也必等于 1。同时，两比较序列任何时刻也不可能垂直，所以关联系数均大于 0，故关联度也都大于 0。因此，两序列的关联度可用两比较序列各时刻的关联系数之平均值（反映全过程的关联程度）。即

$$r_{0i}=\frac{1}{N}\sum_{K=1}^{N}\xi_{0i}(k) \tag{4.4}$$

式中 r_{0i}——子序列 i 与母序列 0 的关联度；

N——序列的长度即数据个数。

显然，关联度与下列因素有关：

① 母序列 x_0 不同，则关联度不同。

② 子序列 x_i 不同，则关联度不同。

③ 数据变换不同（即参考点 0 不同），则关联度不同。

④ 数列长度不同（即数据个数 N 不同），则关联度不同。

⑤ 分辨系数 ρ 不同，则关联度不同。

由此可见，关联度不是唯一的。关联度满足等价“关系”三公理，即自反性、对称性、传递性。

（4）灰关联度排序

对参考数列 X_0 与比较数列 $X_i(i=1,2,\ldots,m)$，其关联度分别为 $\gamma_i(i=1,2,\ldots,m)$，从大到小排序，即得灰关联排序。

若设灰关联序为 $\gamma_1>\gamma_2>\ldots\gamma_m$，表明 X_1 与 X_0 最接近，或对 X_0 的影响最大，X_2 次之……。

4.3.4 数据变换

（1）问题的提出

由于系统中各因素的物理意义不同，导致数据的量纲也不一定相同，如劳动力为人，产值为万元，产量为吨等。而且有时数值的数量级相差悬殊，如人均收入为几百元，粮食亩产为几千斤，而费用为几十万元，产业产值有的几万元，有的却达百亿元等。这样在比较时就难以得到正确的结果，为了便于分析，保证各因素具有等效性和同序性，因此需要对原始数据进行处理，使之无量纲化和规一化，这就提出了数据变换的问题。

（2）在灰关联分析中进行数据变换的常用方法

① 初值化处理。对一个数列的所有数据均用它的第一个数去除，从而得到一个新数列的方法叫初值化处理。这个新数列表明原始数列中不同时刻的值相对于第一个时刻值的倍数。该数列有共同起点，无量纲，其数据值均大于 0。

② 均值化处理。对一个数列的所有数据均用它的平均值去除，从而得到一个新数列的方法叫均值化处理。这个新数列表明原始数列中不同时刻的值对平均值的倍数。该数列无量纲，其数据值大于 0。

③ 区间值化处理。对于指标数列或时间数列，当区间值的特征比较重要时，采用区间值化处理。

区间值化处理分为纵向区间值化处理和横向区间值化处理。

④ 归一化处理。在非时间序列中，同一序列有许多不同的物理量，且其数值大小相差过分悬殊，为避免造成非等权情况，对这些数列作归一化处理。

例如，某市 1985 年的整体情况若用几个主要指标描述，则组成非时间序列：

X={总人口，社会总产值，财政收入，人均国民收入，人均生活费}

={42，65231，1868，741，441}。

上述指标中各数据的大小相差很大，如 42 与 65231 相差 3 个数量级，为了使各指标数量级相同，特作如下归一化处理：

总人口除以 10，则 42 转化成 4.2；

社会总产值除以 10000，则 65231 转化成 5.5231；

财政收入除以 1000，则 1868 转化成 1.868；

人均国民收入除以 100，则 741 转化成 7.41；

人均生活费除以 100，则 441 转化成 4.41。

由此 X 转化成

$$X=\{4.2，6.5231，1.868，7.43，4.41\}$$

显然，使非时间序列中各指标数量级相同的方法是很多的，如也可得到：

$$X=\{42，65.231，18.68，74.1，44.1\}$$

4.3.5 灰色系统关联分析

灰色系统关联分析的具体计算步骤如下：

① 确定反映系统行为特征的参考数列和影响系统行为的比较数列。反映系统行为特征的数据序列，称为参考数列。影响系统行为的因素组成的数据序列，称比较数列。

② 对参考数列和比较数列进行无量纲化处理，由于系统中各因素的物理意义不同，导致数据的量纲也不一定相同，不便于比较，或在比较时难以得到正确的结论。因此在进行灰色关联度分析时，一般都要进行无量纲化的数据处理。

③ 求参考数列与比较数列的灰色关联系数 $\xi(X_i)$。所谓关联程度，实质上是曲线间几何形状的差别程度。因此曲线间差值大小，可作为关联程度的衡量尺度。对于一个参考数列 X_0，有若干个比较数列 $X_1,X_2,\ldots,X_n$，各比较数列与参考数列在各个时刻（即曲线中的各点）的关联系数 $\xi(X_i)$可由式（4.2）算出：

④ 求关联度 r_i。因为关联系数是比较数列与参考数列在各个时刻（即曲线中的各点）的关联程度值，所以它的数不止一个，而信息过于分散不便于进行整体性比较。因此有必要将各个时刻（即曲线中的各点）的关联系数集中为一个值，即求其平均值，作为比较数列与参考数列间关联程度的数量表示，关联度 r_i 公式如式（4.4）所示。

⑤ 排关联序。因素间的关联程度，主要是用关联度的大小次序描述，而不仅是关联度的大小。将 m 个子序列对同一母序列的关联度按大小顺序排列起来，便组成了关联序，记为$\{x\}$，它反映了对于母序列来说各子序列的“优劣”关系。若 $r_{0i}>r_{0j}$，则称$\{x_i\}$对于同一母序列$\{x_0\}$优于$\{x_j\}$，记为$\{x_i\}>\{x_j\}$。

4.3.6 灰色关联分析应用

［案例］粉煤灰颗粒群分布与其流变性能相互关系的灰色关联分析

以水泥浆的屈服值 τ、黏度 η 为母序列，水泥中粉煤灰各粒径范围颗粒含量为子序列，以粉煤灰掺量为50%，分别对原状灰和磨细灰进行灰色关联分析计算，结果见表 4.1～表 4.3。

表 4.1　母序列与子序列

试样		Y01	Y02	Y1	Y2	Y3	Y4	Y5
		τ	η	0～5μm	5～10μm	10～20μm	20～45μm	>45μm
原状灰	S1	12.8	0.23	29.3	30.9	24.4	14.2	1.20
	S2	12.6	0.21	33.9	33.7	18.3	12.9	1.20
	S3	12.3	0.19	36.1	34.5	17.4	10.5	1.50
	S4	12.1	0.16	38.5	35.3	12.9	11.4	1.90
磨细灰	S5	24.7	0.42	29.6	28.6	26.5	13.3	2.00
	S6	25.9	0.46	30.7	29.9	25.6	12.3	1.50
	S7	26.7	0.48	33.8	30.3	21.8	12.9	1.20
	S8	26.3	0.49	36.5	33.6	18.7	10.1	1.10

表 4.2　归一化母序列与子序列

试样		Y01	Y02	Y1	Y2	Y3	Y4	Y5
		τ	η	0～5μm	5～10μm	10～20μm	20～45μm	>45μm
原状灰	S1	1.03	1.16	0.85	0.92	1.34	1.16	0.83
	S2	1.01	1.06	0.98	1.00	1.00	1.05	0.83
	S3	0.99	0.96	1.05	1.03	0.95	0.86	1.03
	S4	0.97	0.81	1.12	1.03	0.71	0.93	1.31

续表

试样		Y01	Y02	Y1	Y2	Y3	Y4	Y5
		τ	η	0～5μm	5～10μm	10～20μm	20～45μm	>45μm
磨细灰	S5	0.95	0.91	0.91	0.93	1.14	1.09	1.38
	S6	1.00	0.99	0.94	0.98	1.11	1.12	1.03
	S7	1.03	1.04	1.04	0.99	0.94	1.06	0.83
	S8	1.02	1.06	1.12	1.10	0.81	0.83	0.76

表 4.3　粒径分布与水泥浆流变性的关联度

母序列（流变性）		子序列				
		Y1	Y2	Y3	Y4	Y5
		0～5μm	5～10μm	10～20μm	20～45μm	>45μm
原状灰	τ	−0.69	−0.82	+0.67	+0.76	−0.55
	η	−0.51	−0.57	+0.70	+0.79	−0.43
磨细灰	τ	+0.83	+0.87	−0.61	−0.72	−0.56
	η	+0.90	+0.90	−0.59	−0.70	−0.54

由表 4.3 关联度值可以知道：原状灰 0～10μm 及＞45μm 粒径范围的颗粒含量与水泥浆的流变性呈负关联，即增加该粒径范围的颗粒可以使水泥浆体的屈服值与黏度下降，从而提高水泥浆体的流动度。

而磨细灰的关联度值与原状灰有很大差异（见表 4.3），在＜10μm 粒径范围内，粉煤灰颗粒含量与水泥浆的流变性呈正关联，即增加该粒径范围的颗粒使水泥浆体的屈服值与黏度上升，从而使水泥浆体的流动度下降。而＞10μm 的颗粒含量与水泥浆的流变性呈负关联，即增加该粒径范围的颗粒可以使水泥浆体的屈服值与黏度下降，从而提高水泥浆体的流动度。

4.4　灰色建模

4.4.1　灰色模型建模机理

灰色理论基于关联空间、光滑离散函数等概念，定义了灰导数和灰微分方程，进而用离散数据列建立了微分方程型的动态模型。它是本征灰系统的基本模型，而且模型非唯一，故称为灰色模型，记为 GM。

灰色理论所以能建立微分方程模型是基于下述概念、观点、方法和途径。

① 灰色理论将随机量当作在一定范围变化的灰色量；将随机过程当作在一定时区变化的灰色过程。

② 灰色理论将无规律的原始数据生成为较有规律的生成数列再建模。

③ 灰色理论针对符合光滑离散函数条件的数列建模，而一般原始数据经累加生成后可得到光滑离散函数。

④ 灰色理论在光滑离散函数收敛性与关联空间极限概念的基础上，定义了灰导数。

⑤ 灰色理论认为微分方程是背景值与各阶灰导数的某种组合。

⑥ 灰色理论通过灰数的不同生成、数据的不同取舍、不同级别的残差 GM 模型的补充、

调整、修正，提高模型精度。

⑦ 灰色理论对 GM 模型一般采用三种方法检验和判断模型精度。即残差检验、后验差检验。

⑧ 通过 GM 模型得到的数据，需经过生成作还原后才能用。

⑨ 灰色理论对高阶系统建模，采取一阶 GM 模型群建立状态方程的方法解决。

⑩ 灰色模型在考虑残差 GM 模型的补充后，变成了差分微分模型。

⑪ 灰色理论根据关联子空间某种特定义联映射下的关联收敛来选择参考模型。关联收敛是一种有限范围的近似收敛。

4.4.2 灰微分方程

构成一个微分方程要考虑三个条件：

① 信息浓度无限（由$\frac{\mathrm{d}x}{\mathrm{d}t}$定义体现）；

② 背景值为灰（由 $x \in \{x(t), x(t+\Delta t)\}$ 体现）；

③ 背景值与$\frac{\mathrm{d}x}{\mathrm{d}t}$满足平射关系。

一个普通的微分方程即白微分方程，上述三条件均充分满足。但在灰色建模中，由于数据列的离散性，以及信息时区内出现空集（不包含信息的时区），因此，只能按近似的微分方程条件建立近似的、不完全确定的微分方程，称为灰微分方程。

4.4.3 灰色模块

（1）模块

所为“模块”，实际上就是经过一定方式生成后的时间数列（生成数列，生成函数）。将数据时间序列

$$\{x^{(r)}(t)\}, t \in (1,2,\ldots)$$

在横坐标为 t，纵坐标为 $X^{(r)}(t)$的二维平面内作“折线”，以该折线的包络线为底所包围的区间，就称为“模块”。如图 4.3（a）所示。原始数据作生成的目的有两个：

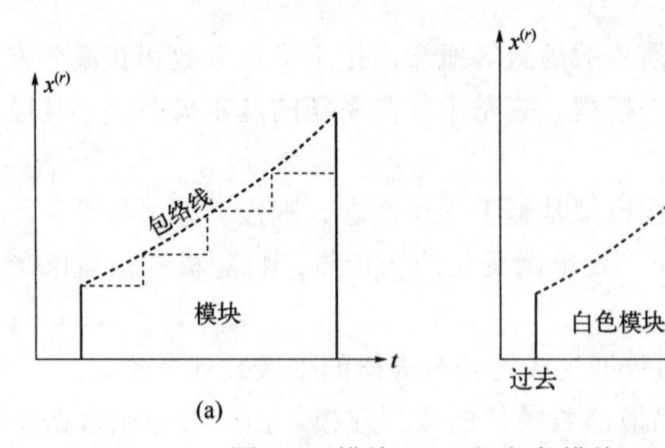

图 4.3 模块（a）与灰色模块（b）

① 弱化其随机性，强化其规律性；

② 为建模提供中间信息。

灰色模块理论是微分拟合方法的基础，它为微分拟合提供处理过的中间数据。

（2）白色模块与灰色模块

由白色数据构成的模块，称为白色模块。而由白色模块外推到未来的模块，即由预测值构成的模块，称为灰色模块。如图 4.3（b）所示。

（3）三种典型的灰色模块

不同类型的白色模块，有相应不同的灰色模块。下面是三种典型的灰色模块。

① 零增长型。若已知预测对象累积量 $x^{(1)}(k)$的连续时间模型为 $x^{(1)}(t)$，设现有时刻 $t=N$，有

$$x^{(1)}(t)=x^{(1)}(N)$$

而在 $t\in(N+1,N+2,\ldots)$ 的未来时刻，预测对象的原始表征量为 0，即

$$x^{(0)}(k)=0,\ \ k\in(N+1,N+2,\ldots)$$

那么，累加数列从过去、现在到将来，可表示为：

$$x^{(1)}=(x^{(1)}(1),x^{(1)}(2),\ldots x^{(1)}(N-1),x^{(1)}(N),x^{(1)}(N+1),\ldots)$$

这时的模块，如图 4.4 所示，即

$$x^{(1)}(t)=x^{(1)}(N)=\text{const}$$

我们称 $t>N$ 的这种方块形的灰色模块为零增长型模块。或者说，当构成白色模块的函数，随着时间的增加，出现稳定的趋势（即没有增长）时，其灰色模块称为零增长型模块。

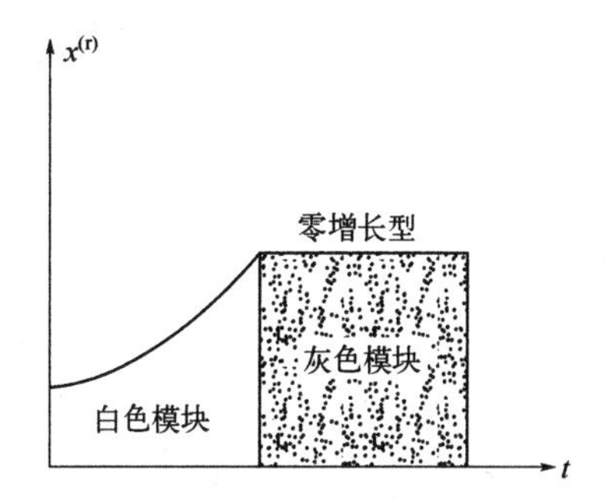

图 4.4 零增长型模块

② 边界性。如果在 $t>N$ 的未来时别，系统表征量 $x^{(0)}(t)$ 的最小值（即下界）为 $\sigma_{\min}$，也即

$$x^{(0)}(t)=\sigma_{\min},t\in(N+1,N+2,\ldots)$$

则从，$t=N+1$ 起有

$$x^{(1)}(N+1)=\sum_{k=1}^{N+1}x^{(0)}(k)=\sum_{k=1}^{N}x^{(0)}(k)+x^{(0)}(N+1)=\sum_{k=1}^{N}x^{(0)}(k)+\sigma_{\min}$$

$$x^{(1)}(N+2)=\sum_{k=1}^{N+2}x^{(0)}(k)=\sum_{k=1}^{N}x^{(0)}(k)+x^{(0)}(N+1)+x^{(0)}(N+2)=\sum_{k=1}^{N}x^{(0)}(k)+2\sigma_{\min}$$

同理可得

$$x^{(1)}(N+n)=\sum_{k=1}^{N}x^{(0)}(k)+n\sigma_{\min}$$

若记

$$x^{(1)}(N+n)=f_1(t)$$

$$\sum_{k=1}^{N}x^{(0)}(t)=b$$

$$n=t$$

则有

$$f_t(t)=b+\sigma_{\min}t \tag{4.5}$$

这一结果表明在$t\in(N+1,N+2,\ldots)$时，累加量是时间 t 的线性函数，其斜率为$\sigma_{\min}$，如图 4.5（a）。在图 4.5（a）中，由$f_1(t)$表达的包络线与横坐标轴之间的模块，称为下边界模块。

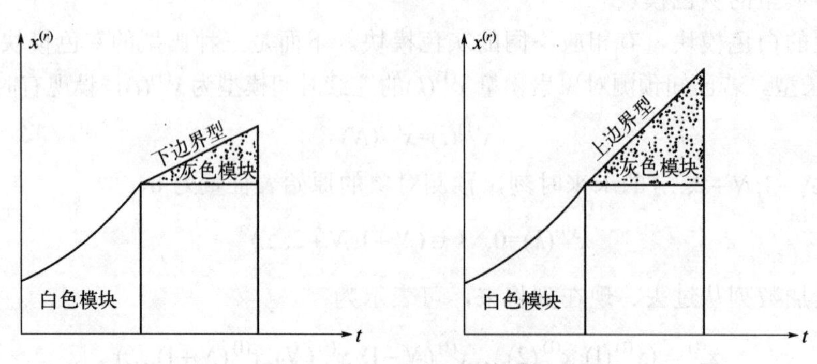

图 4.5　边界型灰色模块

类似地，若在$t\in(N+1,N+2,\ldots)$有

$$x^{(u)}(t)=\sigma_{\min},t\in(N+1,N+2,\ldots)$$

则有上边界时间函数

$$f_2(t)=b+\sigma_{\min}t \tag{4.6}$$

见图 4.5（b）所示，此模块则称上边界模块。

上边界与下边界模块同属边界型模块。它们都是直线外延后得到的模块。显然，未来发展的可能范围，必处于上、下届之间的喇叭形区间，此区间通常称为灰平面。它是系统表征量（原始数列）发展的可能平面。如图 4.6（a）所示。

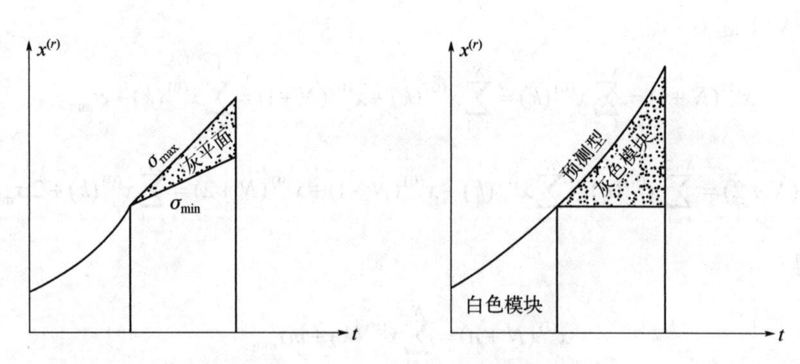

图 4.6　灰平面（a）及预测型灰色模块（b）

③ 预测模块。白色模块为某种函数，灰色模块为该函数的直接外推引申后得到的函数，即预测函数。以此函数为边界的模块称为预测型模块。如图 4.6（b）所示。

4.4.4　微分拟合建模方法

如何由已知的白色模块来确定灰色模块，称为灰色模块的求解。

微分方程拟合法，就是灰色模块求解法。拟合的基本步骤：

（1）考察原始数列是否满足建模条件

① 序列的非负性；

② 序列的动态随机性；

③ 序列的产生是能量转化、积累、释放的结果，所以它是反映能量系统内在规律的有用信息。

（2）模型类型选择

GM(n,h)模型为 n 阶 h 个变量的微分方程，不同的 n 与 h 的 GM 模型，有不同的意义和用途，要求不同的数据。大体可归纳为三类：

① 作为预测模型，常用 GM(n,1)模型，即只要一个变量的 GM 模型。这是因为对社会、经济、农业等系统的效益（效果、产量、产值……）的发展变化进行分析和预测时，只需要研究一个变量，即“效果”的数据序列。至于阶数 n 一般不超过 3 阶，因为 n 越大，计算越复杂，且精度也未必就高。通常为计算简单，取 n=1,因此，从预测的角度来建模，一般选用 GM(1,1)模型。

② 作为状态模型，常用 GM(1,h)模型。因为它可以反映 h−1 个变量对于某一个变量的一阶导数的影响。当然，这需要 h 个时间序列，并且事先必须作尽可能客观的分析，以确定哪些因素的时间序列应计入这 h 个变量中。

③ 作为静态模型，一般是 GM(0,h)模型，即 n=0，表示不考虑变量的导数，所以是静态。

（3）进行数据处理

求出

$$x_i^{(1)}(t)=\sum_{k=1}^{t}x_i^{(0)}(k) \tag{4.7}$$

（4）构造 B 和 y_N

对于不同的 GM 的模型，有不同的表达式。

（5）作最小二乘计算

这一步是建模的关键一步，其参数辨识算式都是一样的。

$$\hat{a}=(B^{\mathrm{T}}B)^{-1}B^{\mathrm{T}}y_N$$

当然参数列 $\hat{a}$ 对不同的模型代表不同的意义，参数个数也不相同。

（6）建立时间相应函数

就是求白化形式微分方程的解。其方法是将求得的 $\hat{a}$ 的各个分量代入所构造的微分动态模型，然后按一般微分方程进行求解。如对 GM(1,1)，其微分方程为

$$\frac{\mathrm{d}x^{(1)}}{\mathrm{d}t}+ax^{(1)}=u$$

求解得其时间相应函数应为：

$$\hat{x}^{(1)}(t)=\left(x^{(1)}(0)-\frac{u}{a}\right)\mathrm{e}^{-at}+\frac{u}{a} \tag{4.8}$$

（7）时间相应函数离散化

考虑到从 $x^{(0)}(1)$到 $x^{(0)}(5)$有 4 个时间间隔，如下所示：

$$\underbrace{x^{(0)}(1),x^{(0)}}_{k}\underbrace{(2),x^{(0)}}_{k}\underbrace{(3),x^{(0)}}_{k}\underbrace{(4),x^{(0)}(5)}_{k}$$

将第 1 个数据 $x^{(0)}(1)$作为第 0 个数据的前提下，应看作经过 4 个时间间隔才到达 $x^{(0)}(5)$，或者说，经过 $k-1$ 个时间间隔才到达 $x^{(0)}(k)$，为此，GM(1,1)的解有

$$\hat{x}^{(1)}(k)=\left(x^{(1)}(0)-\frac{u}{a}\right)\mathrm{e}^{-a(k-1)}+\frac{u}{a}$$

若进行外推并取 $x^{(1)}(0)=x^{(0)}(1)$，则有

$$\hat{x}^{(1)}(k+1)=\left(x^{(0)}(1)-\frac{u}{a}\right)\mathrm{e}^{-ak}+\frac{u}{a} \tag{4.9}$$

对于其他类型的动态模型的时间响应函数，可按同样方法进行离散化。

（8）模型精度检验

上述模型只是个初始模型，还不能肯定它就一定能反映序列的客观规律，因此，需要对它进行诊断性检验，以考核模型的合理性。考核模型的方法称为精度检验，一般采用下述三种方法。

① 残差检验：这是一种逐点检验方法。以 $q(k)$记，即

$$x_i^{(0)}(k)-\hat{x}_i^{(0)}(k)=q(k) \tag{4.10}$$

式中 $\hat{x}_i^{(0)}$——模型计算值还原数据；

$x_i^{(0)}$——实际值原始数据。

② 关联度检验。这是模型曲线形状与参考曲线形状接近程度的检验。通常以 $\hat{x}^{(1)}(t)$ 的导数（累差）作为参考数列与 $x^{(0)}$进行关联分析。

③ 后验差检验：即残差分布统计特征的检验。

4.4.5 GM(1,1)、GM(1,n)、GM(2,1)模型

GM(1,1)灰微分方程的白化方程是

$$\frac{\mathrm{d}x^{(1)}}{\mathrm{d}t}+ax^{(1)}=b \tag{4.11}$$

若有原始数列

$$x^{(0)}=(x^{(0)}(1),x^{(0)}(2),\ldots x^{(0)}(n))$$

其 1-AGO 生成数列

$$x^{(1)}=(x^{(1)}(1),x^{(1)}(2),\ldots x^{(1)}(n))$$

且 $x^{(0)}$与 $x^{(1)}$均满足灰微分方程条件，则 $x^{(0)}$与 $x^{(1)}$中各时刻数据满足

$$y_N=B\hat{a} \tag{4.12}$$

式中

$$y_N=\begin{pmatrix}x^{(1)}(2)\\x^{(0)}(3)\\\vdots\\x^{(0)}(n)\end{pmatrix};\quad B=\begin{bmatrix}-Z^{(1)}(2),1\\-Z^{(1)}(3),1\\\vdots\quad\vdots\\-Z^{(1)}(n),1\end{bmatrix};\quad \hat{a}=\begin{bmatrix}a\\b\end{bmatrix}$$

通称 $\hat{a}$ 为参数列，B 为数据矩阵，y_N 为数据向量。而且 $\hat{a}$ 满足下述关系

$$\hat{a}=(B^{\mathrm{T}}B)^{-1}B^{\mathrm{T}}y_N \tag{4.13}$$

此关系式则为参数 $\hat{a}$ 的辨识算式。

GM(1,1)白化方程的离散响应函数式为

$$\hat{x}^{(1)}(k+1)=\left(x^{(0)}(1)-\frac{b}{a}\right)\mathrm{e}^{-ak}+\frac{b}{a} \tag{4.14}$$

式中，a 称为发展系数，它反映 $\hat{x}^{(1)}$ 及 $\hat{x}^{(0)}$ 的发展态势；b 称为灰作用量，它的大小反映数据的变化关系。

4.4.6　五步建模思想与方法

在本征灰色系统中，包括哪些变量？变量间有什么关系？人们并不很清楚，因而建立模型很困难。对此，灰色理论采用定性分析与定量分析相结合的方法。即建模时，不仅运用控制理论的数学模型，而且还直接利用经验判断知识，综合概括为一个“五步建模”的过程。

所谓“五步建模”即将建模分为几个阶段，每个阶段都用一定的方式加以表达，这些表达式称为阶段模型。所处的阶段不同，模型的性质也不同。这五个阶段模型分别称为语言模型、网络模型、量化模型、动态模型、优化模型。通过这五步建模，就可逐步得到系统中各因素间、前因与后果间、作用与响应间等关系。这是一个由定性到定量，由粗到细、由灰变白的建模过程。

第一步：建立语言模型。

通过思想开发，形成概念，明确系统的目的、目标、方向、途径、条件等，然后用准确简练的语言表达出来，便构成语言模型。它是对系统主要环节及运行特征的高度概括，如从土地综合农业区划提出“发挥技术优势，抓工业促农业，翻两番达小康”，某市总体规划提出“城乡一体，双向开拓，联合四城，开拓三边，谋求区域共同发展”的战略。

第二步：建立网络模型。

根据语言模型，进行因素分析、对比、找出影响系统发展的前因与后果，并用框图表示出来。以对前因后果构成一个环节。如

后果		前因
输出 y ←	环节	← z 输入
产出		投入

一般的，系统是多因素间相互关联的整体，因而有许多环节。有时，同一量既是上一环节的后果，又是下一环节的前因，有时还会相互穿插、交替影响。

将所有关系明确后，便可构成一个相互关联的多环节框图。这样的总体模型就称为网络模型。此框图也称网络图。如某作物的生产过程，其网络模型如图 4.7 所示。

以上两步为定性分析阶段。定性是定量的基础，只有定性准确才能搞好定量，如果定性错了，定量就可能变成数学游戏。

第三步：建立量化模型。

将网络模型中各环节的前因与后果加以量化，明确它们之间的数量关系。把网络图中所有环节的量化关系都填上，使得到量化模型。如若 z_i 表示第 i 个前因，y_i 表示第 i 个后果，两者间是比例关系，共比值为 k_i（k_i 为常数），即

$$\frac{y_i}{z_i} = k_i \tag{4.15}$$

则可把此填入框内的第 i 个环节，即第 i 个环节已量化了。

$$y_i \leftarrow k_i \leftarrow z_i$$

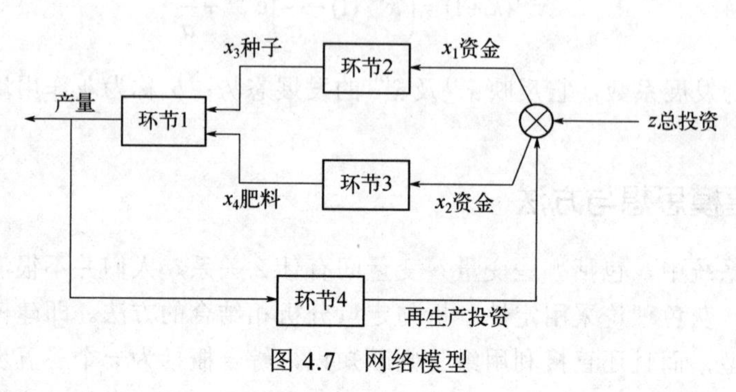

图 4.7 网络模型

第四步：建立动态模型。

在复杂系统中，各环节的输入、输出都是一组时间序列数据，即

$$\{z_i^{(0)}(t)\}, t = 1,2,\ldots,N$$

$$\{y_i^{(0)}(t)\}, t = 1,2,\ldots,N$$

应找出它们之间随时间而变化的关系，需要建立 GM 模型，并将模型用 Laplace 关系填入框内，如：

$$y_i(s) \leftarrow \boxed{\frac{b}{a+s}} \leftarrow z_i(s)$$

框内为传函，记为

$$\omega_i(s) = \frac{y_i(s)}{z_i(s)} = \frac{b}{a+s} = \frac{\frac{b}{a}}{1+\frac{s}{a}} \tag{4.16}$$

将系统所有环节的传函都填入框内，便构成动态模型。

第五步：建立优化模型。

动态模型反映系统的结构机制和动态特征，但不一定令人满意，即系统功能不一定是最佳。因此需要采取措施，按 GM 分析系统的动态品质，通过调整与修改系统结构和参数，使系统功能尽可能达最优。这样处理后得到的模型称为优化模型。

4.5 灰色预测

4.5.1 灰色预测概述

预测就是借助于对过去的探讨去控测、了解未来。一切正确的预测都必须建立在对客观事物的过去和现状进行深入研究和科学分析的基础上进行。科学的预测一般有以下途径：

① 因果分析，通过研究事物的形成原因来预测事物未来发展变化的必然结果；

② 类比分析，即通过类比来预测事物的未来发展；

③ 统计分析，通过一系列的数学方法，对事物过去和现在的数据资料进行分析，去伪存真，由表及里，揭示出历史数据背后隐藏的必然规律，给出事物的未来变化趋势。

预测步骤大体分为四步：

① 预测对象分析；

② 预测模型的建立；

③ 预测模型的应用；

④ 预测精度分析。

在用模型进行趋势外推时，一般来说，最重要的问题是预测的超前时间。很多预测学者认为，预测的超前时间应等于占有可靠的统计数据的时间。而有的学者则认为，预测的超前时间不应超过占有数据时间的三分之一。

一般来说，预测精度大于或等于 85%，则可认为预测是成功的。目前预测值的精度分级见表 4.4。

表 4.4　预测值的精度分级

预测值相对误差绝对值的平均/%	等级
＜10	高精度预测
10～20	好的预测
20～50	可行的预测
＞50	错误的预测

灰色预测通过原始数据的处理和灰色模型的建立发现、掌握系统发展规律，对系统的未来状态作出科学的定量预测。其特点是：

① 预测模型不是唯一的；

② 一般预测到一个区间，而不是一个点；

③ 预测区间的大小与预测精度成反比，而与预测成功率成正比。

灰色预测，不仅是指系统中含有灰元、灰数时的预测，而且是从灰色系统的建模、关联度及残差辨识的思想出发所获得的关于预测的概念、观点和方法。简言之，就是基于灰色动态模型（grey dynamic model，简称 GM）的预测。

一般预测模型是因素模型。但是客观世界是一个整体，各因素之间总存在着某种直接或间接的联系，若按因素的变化来预测系统的行为，则由于因素又含有因素，最后分析者将坠入因素的“海洋”而不能自拔。所以灰色理论主张用单因素模型 GM(1,1)做预测。于是有人把基于 GM(1,1)的模型预测称为灰色预测。

灰色预测按作用与特征可分为下述五种：

① 数列预测。它是指 GM(1,1)对系统行为特征值的发展变化进行的预测。

② 灾变预测。它是对行为特征值中的奇异点发生的时刻进行的估计。

③ 季节灾变预测。它对在特定时区发生的事件，作未来时间分布的计算。

④ 拓扑预测。它对杂乱波形的未来态势与波形，作整体研究。

⑤ 系统预测。它对系统多个因子的动态关联，进行 GM(1,1)与 GM(1,N)的配合研究。

迄今为止，五种预测均得到了具体应用，其中以灰色数列预测最为广泛。

4.5.2 数列预测

对系统行为特征值大小的发展变化所进行的预测，称为系统行为数据列的变化预测，简称为数列预测。例如粮食产量的预测，商品销售量的预测，人口数量的预测；交通运输量的预测；银行存款量的预测等均属于数列预测。这种预测一是需要确定未来的时间，二是需要预测未来时间行为特征量（产量、销售量、存款量……）的大小。

严格地讲，数列预测不只是要得到一个预测模型，一串预测值，而应该是要得到一群预测模型，一群预测数列。有了一群预测数列后，再通过定性分析，确定一个合适的预测模型，以便取定一串合适的预测值。为此，有下面的基本问题。

（1）基本模型

设 $x^{(0)}$为 t=1 到 t=n 的离散函数

$$x^{(0)}=(x^{(0)}(1),x^{(0)}(2),\ldots,x^{(0)}(n))$$

(X,F_{-1})为关联子空间，f_{-1} 为其特定映射。$x^{(1)}$为 $x^{(0)}$的 1-AGO，而 $z^{(1)}$为 $x^{(1)}$的均值生成。当 $x^{(0)}$为 f_{-1} 下的光滑离散函数，gm 为 f_{-1} 下的一种建模映射（简称建模）时，有

$$\text{AGO: } x^{(0)}=x^{(1)}$$

$$\text{gm: } \{x^{(1)}\}\rightarrow\{\hat{x}^{(1)}\}$$

$$\hat{x}^{(1)}(k+1)=\left(x^{(0)}(1)-\frac{b}{a}\right)e^{-ak}+\frac{b}{a} \tag{4.17}$$

则 gm 称为 $x^{(0)}$的一种 GM(1,1)建模。

若 supA=infA 即 m(A)=0，发展系数灰度为零，那么

$$\text{GM: } \{x_i^{(0)}\}\rightarrow\{\hat{x}_i^{(0)}\}$$

表明是对 GM(1,1)邻域系建模，即所建立 GM(1,1)模型结果都相同，或者说所有邻域系中各个 GM(1,1)模型均重合，这种现象称为预测聚焦，称具有这种性质的原始数列为聚焦数列，称相应的系统为净化系统，称相应的预测灰数为预测的唯一白化数。

由上可知，数列预测实际上是光滑灰过程的建模问题。

（2）建立灰平面

因为数列预测是系统行为特征量未来发展变化的预测，所以估计未来发展的可能范围，是数列预测的必要步骤。

因为现有的已知单因素数列 $x^{(0)}$只包含已有各种因素对系统的影响，不可能包括本来各时刻环境对系统的干扰；不可能包括未来出现新因素的作用；不可能包括系统内部机制与结构变化所带来的影响，以及参数变动对系统行为的影响等，所以只能估计行为特征量未来发展的可能范围。

为了估计未来发展的可能范围，灰色理论建立了灰平面。建立灰平面的途径一般有三种：

① 按未来发展的上界与下界建立喇叭形的灰区间。

② 根据原始数列的上沿与下沿点，建立上下包络区间。

③ 从 GM(1,1)模型的拓扑选择小，挑出发展幅度最大的 GM(1,1)作为上界，幅值最小的 GM(1,1)作为下界，按上、下界 GM(1,1)，建立拓扑的邻域区间。

图 4.8 中 GM_i 为模型

$$GM_i = GM\{x^{(0)}(i),\dots x^{(0)}(n)\}$$

所得到的曲线构成邻域族 GM(1,1)的上沿，而图中 GM_j 为由

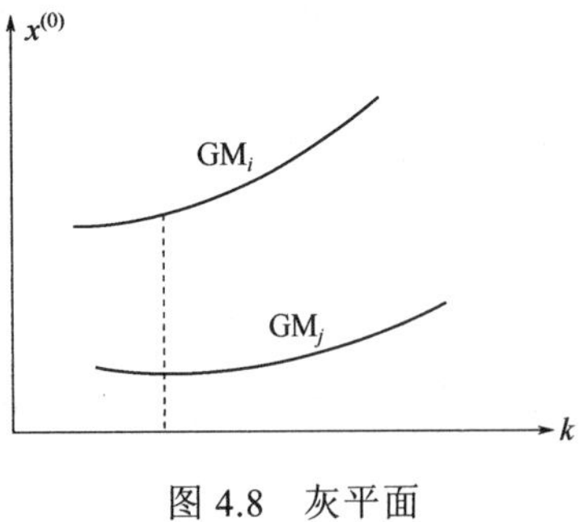

图 4.8　灰平面

$$GM_j = GM\{x^{(0)}(j),\dots x^{(0)}(n)\}$$

所得到的曲线构成邻域族 GM(1,1)的下沿，则 GM_i 与 GM_j 之间的平面为邻域区间。建立灰平面，不仅可以对预测值所对应的行为特征进行宏观控制，而且有助于目标评价指标的制定。

（3）特点

数列预测的特点有：

① 对于数列预测，预测的范围越大，则互补的因素越多，主观因素就越少。换言之，灰度越大，预测精度就越高。所以就水泥预测来说，全国的要比省的精度高，而全省的又比地区的精度高，地区的则比县的精度高。比如以预测 2003 年水泥产量的精度为例：

全国（99.6%）＞安徽省（99.03%）＞安徽芜湖地区（98.13%）＞芜湖县（92.9%）。类似的，像山西、青海、河北、河南等地的水泥产量预测情况，也都证实了上述论断。这是符合客观规律的，预测范围越大，互补情况就越好，精度就越高，否则就差一些。总之，范围越大，互补性越好，一般精度就高些。

② 数列预测的思想不同于一般回归预测，它不建立因素数据模型，而是利用时间序列数据来建立模型，预测未来。比如用粮食产量时间数据列来预测粮食产量；用人才时间数据列来预测人才需求量；用汽车产量时间数据列来预测汽车产量等。

③ 数列预测建立的是指数型模型，代表生产力的发展变化。一个量受多因素综合作用，如果这些因素在同一年内都处于最佳状态，则该灰色量的实际值可能大于预测值，相反，则小于预测值。而大多数情况，则是部分因素好，部分因素差，大部分因素中等，这时预测值与实际值很接近，这是符合客观规律的。

④ 数列预测建立的模型曲线，可以反映干扰情况及社会经济变化的实际情况。比如对苏联经济的预测表明：1961 年到 1965 年间，实际值低于预测值。这是由于当时进行所谓“市场社会主义”的批判，改变了有利于农业发展的经济政策。

而 1966 年到 1970 年间却出现了实际值高于预测值的情况。这是由于当时采取了比较稳健的策略，在经济上对管理体制进行了改革，使经济产生了一些活力的结果。

⑤ 数列预测模型的时间越靠近现实时间区段，预测精度就越高。比如利用 1994 年以前的时间数列建立模型进行预测，则靠近现实的 2004 年和 2005 年的精度会高于远离现实的 1995 年和 1996 年的精度。这当然是符合客观规律的。

与一般预测方法相比，数列预测需要的原始数据少，计算简单，无需因素数据，有多种检验方法等。当然数列预测也有其局限性，它只限于用时间序列预测，模型不能反映预测对

象的特点，反映对象在各个发展阶段的特征或趋势。

（4）步骤

① 选择子数列。给出原始数列

$$x^{(0)}=(x^{(0)}(1),x^{(0)}(2),\dots,x^{(0)}(n))$$

N 为数据的个数，最后一个数据 $x^{(0)}(n)$ 称为原点。从 $x^{(0)}$ 中分别选取不同长度的包含原点在内的数列，可组成若干个新的数列，如

$$x_1^{(0)}=(x^{(0)}(2),x^{(0)}(3),\dots,x^{(0)}(n))$$

$$x_2^{(0)}=(x^{(0)}(3),x^{(0)}(4),\dots,x^{(0)}(n))$$

由于 GM(1,1)建模要求 $n\geqslant4$,所以可有 $n-3$ 个新数列，这些数列 $x_i^{(0)}(i=1,2,\dots,n-3)$ 是从 $x^{(0)}$中分别舍去一些数据后构成的，故称 $x_i^{(0)}$ 为 $x^{(0)}$的子数列，而 $x^{(0)}$称为母数列。当然实际应用中 $x^{(0)}$也常作为特殊的子数列。

② 对子数列建立 GM(1,1)模型。这一步的详细过程与 GM(1,1)建模相同，即给定 $x^{(0)}$；对 $x^{(0)}$作 1-AGO 得 $x^{(1)}$；构造 B 和 y_N；计算参数列 $\hat{a}=[a,u]^{\mathrm{T}}=(B^{\mathrm{T}}B)^{-1}B^{\mathrm{T}}y_N$；建立模型

$$\hat{x}^{(1)}(k+1)=\left(x^{(0)}(1)-\frac{u}{a}\right)\mathrm{e}^{-ak}+\frac{u}{a} \tag{4.18}$$

③ 对 $\hat{x}^{(1)}$ 求导还原或作 1-IAGO 还原得

$$\hat{x}^{(0)}(k+1)=-a\left(x^{(0)}(1)-\frac{u}{a}\right)\mathrm{e}^{-ak} \tag{4.19}$$

利用还原模型进行预算。

④ 对模型进行检验

计算：残差

$$q^{(1)}(k)=x^{(1)}(k)-\hat{x}^{(1)}(k)$$

$$q^{(0)}(k)=x^{(0)}(k)-\hat{x}^{(0)}(k) \tag{4.20}$$

相对误差

$$e(k)=q^{(0)}(k)/x^{(0)}(k) \tag{4.21}$$

⑤ 确定预测区间。因为对每一个子序列均可建立 GM(1,1)模型，得到一对参数 $\hat{a}$，所以有

$$\hat{x}_i=[a_i,u_i]^{\mathrm{T}},i=1,2,\dots,n-3 \tag{4.22}$$

相应可得一组预测值 $\hat{x}_i^{(0)}(n+k),k\geqslant1$

根据以上计算结果可确定出 a,u 及 $\hat{x}^{(0)}$ 的区间。

（5）举例

设

$$x^{(0)}=\{x^{(0)}(k)\mid k=1,2,\dots,6\}=\{5.081,4.611,5.1177,9.3775,11.057,11.3524\}$$

试预测 $k=7$ 时刻的值。

第一步，取原始数列 $x^{(0)}$；

第二步，以 $x^{(0)}(5)$为参考点，取邻域：

$$x^{(0)} = \{x^{(0)}(k) \mid k = 1,2,\ldots,6\}$$

$$x_2^{(0)} = \{x^{(0)}(k) \mid k = 1,2,\ldots,5\}$$

$$x_3^{(0)} = \{x^{(0)}(k) \mid k = 3,4,5,6\}$$

第三步，建立邻域 GM(1,1)模型；

$$A = \{a_i \mid^i = 1,2,3\} = \{-0.2201,-0.3147,-0.0911\}$$

$$U = \{u_i \mid^i = 1,2,3\} = \{3.4712,2.1242,8.7409\}$$

第四步，确定时间响应函数，分别为

$$\hat{x}_1^{(1)}(k+1) = \left(x_1^{(1)}(1) - \frac{u_1}{a_1}\right)\mathrm{e}^{-ak} + \frac{u_1}{a_1}$$

$$= \left(5.081 + \frac{3.4712}{0.2201}\right)\mathrm{e}^{0.2201k} - \frac{3.4712}{0.2201}$$

$$= 20.852013\mathrm{e}^{0.2201k} - 15.771013$$

$$\hat{x}_2^{(1)}(k+1) = 11.83092\mathrm{e}^{0.3147k} - 6.7499205$$

$$\hat{x}_3^{(1)}(k+1) = 101.0667\mathrm{e}^{0.0911k} - 95.948408$$

第五步，确定原始数列 k=7 时刻的预测值。

对 $x_1^{(1)}(k+1)$，k=6，有 $x_1^{(0)} = 15.4$；

对 $x_2^{(1)}(k+1)$，k=6，有 $x_2^{(0)} = 15.4121$；

对 $x_3^{(1)}(k+1)$，k=4，有 $x_3^{(0)} = 12.67$

则 k=7 时刻的预测值区间为[12.67,15.4121]。

4.5.3 灰色预测优化的必要性及途径

（1）改进的必要性

灰色预测具有要求样本数据少、原理简单、运算方便、短期预测精度高、可检验等优点，因此得到了广泛的应用，取得了令人满意的效果。但是，它和其他预测方法一样，也存在一定的局限性，主要不适合于长期预测，或者说 GM(1,1)模型虽然可以作为长期预测模型，但真正具有实际意义，精度较高的预测值，仅仅是最近的一两个数据。而其他更远的数据则只反映趋势值或称规划值。正如邓聚龙教授所说的：“作为 GM(1,1)模型，有预测意义的仅仅是 $x^{(0)}(n)$以后的一两个数据，越往未来发展，GM(1,1)计算的预测数据，其预测意义越小”。为什么会这样呢？

由于 GM(1,1)模型是以灰色模块为基础的。在灰色模块中，由未来预测值的上界和下界间所夹的灰平面成喇叭型展开，即未来时刻越远，预测值的灰区间越大。因而作为 GM(1,1)模型，有预测意义的数据仅仅是现实数据列后的少数几个数据，而其他更远的数据则只反映趋势。要想提高预测精度就必须缩小灰平面，即在充分利用已知信息的同时，不断补充新的信息，以提高灰平面的白色度。为了解决这个问题，有必要对灰色预测做必要的改进。

（2）改进的途径

① 改造原始数列；

② 选取初值；

③ 改进模型；

④ 改进方法。

4.6 灰色系统分析与建模方法在材料领域中的应用

4.6.1 灰色关联分析在材料研究中的应用——碳纤维布加固混凝土短柱受剪承载力灰色关联分析

4.6.1.1 选择关联因子

根据试验和文献所提供的实测参数和试验结果，选择试件混凝土强度等级 f_{cu}、剪跨比 λ、碳纤维配箍特征值 λ_{CFS}、配箍特征值 λ_v、轴压比 n 作为影响碳纤维布加固钢筋混凝土短柱的斜截面受剪承载力 V_u 的关联因子。以 11 个试件的受剪承载力 V_u，作为系统参考序列$\{x_0(k)|k=1,2,\ldots,11\}$，以试件实测参数 f_{cu}、λ、λ_{CFS}、λ_v、n 作为比较参考序列$\{x_o(k)|k=1,2,\ldots,11;i=1,2,\ldots,5\}$。试件所测数据序列列入表 4.5。

表 4.5 试件实测参数与抗剪承载力

k	$x_0(k)$	$x_1(k)$	$x_2(k)$	$x_3(k)$	$x_4(k)$	$x_5(k)$
1	301.00	31.30	1.60	0.00	0.165	0.41
2	362.00	31.30	1.60	2.13	0.165	0.41
3	417.00	31.60	1.60	2.12	0.161	0.48
4	451.50	32.10	1.60	2.10	0.158	0.52
5	343.00	31.30	1.60	2.13	0.165	0.41
6	147.30	48.20	2.00	0.00	0.100	0.13
7	177.46	48.20	2.00	0.39	0.100	0.13
8	181.49	48.20	2.00	0.78	0.100	0.34
9	195.51	32.10	1.50	1.46	0.125	0.16
10	164.11	48.20	2.50	0.78	0.100	0.34
11	126.27	48.20	3.00	0.39	0.100	0.13

4.6.1.2 原始数据均值化处理

以各因子序列的平均值去除各因子的所有数据，得到无量纲的序列。经过均值化处理后，使原始数据具有可比性。各序列数据的平均值 $\overline{x}(k)$ 用下面的公式计算

$$\overline{x}(k)=\frac{1}{n}\sum_{k=1}^{n}x(k) \quad k=1,2,\ldots,11 \tag{4.23}$$

各序列中各数据的均值象 $x'(k)$为

$$x'(k)=\frac{x(k)}{\overline{x}(k)} \quad k=1,2,\ldots,11 \tag{4.24}$$

由此可得生成序列$\{x_0(k)\}$、$\{x_1(k)\}$、$\{x_2(k)\}$、$\{x_3(k)\}$、$\{x_4(k)\}$和$\{x_5(k)\}$所对应的均值序列$\{x_0(k)\}$、$\{x_1(k)\}$、$\{x_2(k)\}$、$\{x_3(k)\}$、$\{x_4(k)\}$和$\{x_5(k)\}$。其计算结果见表 4.6。

表 4.6 各数据的均值象

k	$x_1'(k)$	$x_2'(k)$	$x_3'(k)$	$x_4'(k)$	$x_5'(k)$
1	1.1550	31.30	1.60	0.00	0.41
2	1.3891	31.30	1.60	2.13	0.41
3	1.6001	31.60	1.60	2.12	0.48
4	1.6001	32.10	1.60	2.10	0.52
5	1.3162	31.30	1.60	2.13	0.41
6	0.5652	48.20	2.00	0.00	0.13
7	0.6810	48.20	2.00	0.39	0.13
8	0.6964	48.20	2.00	0.78	0.34
9	0.7502	32.10	1.50	1.46	0.16
10	0.6297	48.20	2.50	0.78	0.34
11	0.4845	48.20	3.00	0.39	0.13

①应用灰色系统理论，对碳纤维布加固钢筋混凝土短柱的斜截面受剪承载力及其关联因子进行灰色关联分析，分析结果表明，对碳纤维布加固钢筋混凝土短柱的斜截面受剪承载力影响最大的因子是轴压比 n，其次是配箍特征值 λ_v、碳纤维配箍特征值 λ_{CFS}、剪跨比 λ，影响最小的因子是混凝土强度等级 f_{cu}。②提出了碳纤维加固钢筋混凝土短柱斜截面受剪承载力的计算方法，与试验结果相比较，能够较好地吻合，可供工程设计应用参考。

4.6.2 材料体系性能的灰色预测——不同颗粒群匹配时粉煤灰-水泥复合体系的强度预测模型

在矿物组成和结晶状态相同的条件下，一般认为制约水泥或其它辅助胶凝材料（如：矿渣、粉煤灰、煤矸石等）的强度发展、流动性、泌水性等宏观性能的主要因素是细度。这方面工作首先是针对水泥展开的，随后对粉煤灰等辅助胶凝材料也进行了广泛研究。随着混凝土技术的发展，引入了超细矿物掺合料的概念。现在，超细矿物掺合料已成为高强、高性能混凝土不可缺少的第六组分。工程应用的实践及大量研究结果表明:掺入超细矿物掺合料对混凝土的工作性能、强度、耐久性都有极大的改善。当超细矿物掺合料与超塑化剂共同加入混凝土中大大改善混凝土和易性及强度的原因，一般认为是超细组分所起的填充作用改善了粉体的颗粒群分布，减少了孔隙率。超细组分的加入，使原先填充孔隙的自由水得以释放，从而改善了混凝土的工作性。从化学活性角度考虑，小颗粒组分具有更高的活性。根据我们近年来对矿粉、煤矸石等与其活性灰色关联分析的研究表明：只有当微粉颗粒粒径小于某一粒径值时，才能对强度起积极的作用。

尽管人们已经意识到提高辅助胶凝材料的细度可以提高其活性并能改善混凝土的工作性能等,但到底细度该细到何种程度还不得而知。笔者以为,辅助胶凝材料通常都是作为水泥混合材或混凝土矿物掺合料与水泥复合使用的,所以研究辅助胶凝材料——水泥复合体系颗粒群匹配更具有实际意义。而对于这一问题,至今人们未给予充分的重视。本节在对粉煤灰-水泥颗粒群匹配进行大量试验基础上,提出了粉煤灰-水泥复合体系颗粒群匹配的一种优化设计方法。

4.6.2.1 基本思路

本研究应用 Origin 软件，以宏观性能指标为立面指标，水泥与粉煤灰颗粒群的细度匹配为平面指标，进行三维区域图分析，给出性能指标与复合体系颗粒群匹配的相互关系分布趋势。

试验研究表明：水泥粉煤灰颗粒群的细度匹配有化学活性匹配和物理细度匹配两层含义。细度匹配是指两者匹配后的颗粒群堆积状况，复合胶凝体系粉体的堆积密实程度除对其净浆、砂浆和混凝土的一系列性能有影响外，对其硬化强度也将产生一定的因果关系。化学活性匹配则是指水泥的水化反应速度（习惯上称一次水化反应）与辅助胶凝材料水化反应速率（习惯上称二次水化反应）的匹配，对组成一定的水泥和煤矸石复合体系，化学活性的匹配则就是各自颗粒群分布的匹配。

一定的水泥-粉煤灰复合体系颗粒群匹配与其宏观活性的相互关系，是其化学活性匹配和物理细度匹配的综合反映。可以选择一定的量化指标，如以复合体系早期水化反应速率（水化结合水）来表征该体系化学活性匹配的优劣;以复合体系颗粒群分布的堆积密实度来表征物理细度匹配的优劣。

至于化学活性匹配和物理细度匹配对该体系活性的影响程度可通过灰色关联分析予以确定。灰色关联数学分析的一个极好的优点就是能以少量的样本数考察复杂系统内某一行为特征的影响因子，并以灰色关联度值的大小衡量这些影响因子对该行为特征的贡献程度。因此，本研究以少量样本组成的复合体系宏观活性指标（胶砂强度）为母序列，以组成这些样本的水泥-煤矸石复合体系化学活性的匹配指标（水化结合水所表征的水化速度）、物理细度匹配的密实程度指标为子序列，进行灰色关联分析。灰色关联度值的大小则反映两者对复合体系宏观活性的影响程度。基于这一基本原理，通过一定的经验公式进行权值计算，从而得到两者对强度贡献的量化配分。

4.6.2.2 实验内容

本研究选用的粉煤灰、纯硅酸盐水泥分别选自上海吴泾电厂和海螺牌 P.I 型硅酸盐水泥。粉煤灰占复合胶凝材料体系（水泥+粉煤灰）为 40%。表 4.7 列出用勃氏透气法测定的比表面积数据，表 4.8 为粉煤灰的化学成分。

表 4.7 水泥和粉煤灰比表面积测试结果

水泥		粉煤灰	
编号	比表面积/(m^2/kg)	编号	比表面积/(m^2/kg)
C1	392	H1	479
C2	489	H2	526
C3	587	H3	572
		H4	615

表 4.8 粉煤灰化学成分质量分数

单位：%

$w(SiO_2)$	$w(Al_2O_3)$	$w(Fe_2O_3)$	$w(CaO)$	$w(MgO)$	$w(K_2O)$	$w(SO_3)$	$w(TiO_2)$	$w(Na_2O)$	$w(MnO)$	烧失量
51.34	25.40	5.63	8.39	1.29	0.98	1.23	—	1.03	—	2.88

（1）复合体系净浆早期水化反应速率测试

对粉煤灰与水泥的匹配体系进行净浆（水胶比=0.5）从 1h 至 3d 各龄期的早期水化龄期化学结合水测定,经过大量的试验分析,表明从水化开始至 12h，随龄期增长结合水与胶砂活性的灰色关联度值逐渐增大，但随后则趋于稳定。故本研究均以各复合体系 12h 水化龄期的结合水表征化学活性匹配指标。表 4.9 为 12h 水化龄期的结合水测试结果。

表 4.9 复合体系各试样 12h 水化反应结合水测试结果

试样	C1H1	C1H2	C1H3	C1H4	C2H1	C2H2	C2H3	C2H4	C3H1	C3H2	C33	C3H4
结合水质量分数/%	5.66	5.44	6.71	6.6	7.06	6.99	6.88	7.52	7.8	7.55	8.06	7.62

注：试样代号 C1H1 是指以表 4.7 中的 C1 试样与 H1 试样复合，其它类推。

（2）各匹配试样的堆积密实程度测定

本研究按下列方法测试各复合体系的堆积密度:将充分混合均匀的粉体试样 100g 装入标有体积的量具内，在振动台上振动 1min 后取下，用压板以恒定的力压 10 次，根据量具标示的体积、试样质量可以得到该复合体系的堆积密度 M_c，根据水泥和辅助胶凝材料的密度以及质量比，可以得到计算密度 M_j，以 $k=M_c/M_j$ 表征复合体系堆积密实程度。表 4.10 为测试结果。

表 4.10 复合体系颗粒群堆积密实程度 *k* 测试结果

试样	C1H1	C1H2	C1H3	C1H4	C2H1	C2H2	C2H3	C2H4	C3H1	C3H2	C3H3	C3H4
M_c	1.19	1.21	1.02	1.01	1.25	1.12	1.43	1.75	1.24	1.39	1.36	1.53
M_j	2.91	2.91	2.91	2.91	2.91	2.91	2.91	2.91	2.91	2.91	2.91	2.91
k	0.41	0.42	0.35	0.35	0.43	0.38	0.49	0.60	0.43	0.48	0.47	0.53

表 4.11 为复合体系胶砂 28d 抗压强度检测结果。

表 4.11 复合体系胶砂 28d 抗压强度检测结果

试样	C1H1	C1H2	C1H3	C1H4	C2H1	C2H2	C2H3	C2H4	C3H1	C3H2	C3H3	C3H4
强度/MPa	43.2	45.9	42.8	43.6	46.8	46.7	49.7	49.9	45.7	45.8	46.7	46.2

4.6.3 材料体系的灰色聚类及灰色评估

［**案例**］某公司有 3 个企业：

聚类对象：Ⅰ企业甲；Ⅱ企业乙；Ⅲ企业丙

聚类指标：$1^{\#}$年产值；$2^{\#}$年利率；$3^{\#}$全员劳动生产率

聚类灰数：1 高效益；2 中等效益；3 低效益

解：第一步，确定 d_{ij}，设为

$$\begin{array}{c} \quad\quad 1^{\#}\ \ 2^{\#}\ \ 3^{\#} \\ \hline d=\begin{pmatrix} 7 & 5 & 2 \\ 6 & 4 & 5 \\ 3 & 3 & 1 \end{pmatrix}\begin{matrix} \text{Ⅰ} \\ \text{Ⅱ} \\ \text{Ⅲ} \end{matrix} \end{array}$$

第二步，确定$f_j^k(\cdot)$。

（1）设指标1#、2#、3#的高效益灰数为$f_1^1[6,\infty);f_2^1[7,\infty);f_3^1[4,\infty)$

相应的白化函数为

$$f_1^1=\begin{cases}x/6 & 0\leqslant x\leqslant 6\\ 1 & x\geqslant 6\end{cases}$$

$$f_2^1=\begin{cases}x/7 & 0\leqslant x\leqslant 7\\ 1 & x\geqslant 7\end{cases}$$

$$f_3^1=\begin{cases}x/4 & 0\leqslant x\leqslant 4\\ 1 & x\geqslant 4\end{cases}$$

（2）设指标1#、2#、3#的中效益灰数为

$$f_1^2\left[4-\sum 4+\sum\right];f_2^2\left[5-\sum 5+\sum\right];f_3^2\left[3-\sum 3+\sum\right]$$

相应的白化函数为

$$f_1^2=\begin{cases}x/4 & 0\leqslant x\leqslant 4\\ (8-x)/4 & 4\leqslant x\leqslant 8\\ 0 & x\geqslant 8\end{cases}$$

$$f_2^2=\begin{cases}x/5 & 0\leqslant x\leqslant 5\\ (10-x)/5 & 5\leqslant x\leqslant 8\\ 0 & x\geqslant 8\end{cases}$$

$$f_3^2=\begin{cases}x/3 & 0\leqslant x\leqslant 3\\ (6-x)/3 & 3\leqslant x\leqslant 6\\ 0 & x\geqslant 6\end{cases}$$

（3）设指标1#、2#、3#的低效益灰数为$f_1^2[0,2];f_2^2[0,3];f_3^2[0,2]$

相应的白化函数为

$$f_1^3=\begin{cases}1 & x\leqslant 2\\ (4-x)/2 & 2\leqslant x\leqslant 4\\ 0 & x\geqslant 4\end{cases}$$

$$f_2^3=\begin{cases}1 & x\leqslant 3\\ (6-x)/3 & 3\leqslant x\leqslant 6\\ 0 & x\geqslant 6\end{cases}$$

$$f_3^3=\begin{cases}1 & x\leqslant 2\\ (4-x)/2 & 2\leqslant x\leqslant 4\\ 0 & x\geqslant 4\end{cases}$$

给定$\lambda_1^1=6,\lambda_2^1=7,\lambda_3^1=4,\lambda_1^2=4,\lambda_2^2=5,\lambda_3^2=3,\lambda_1^3=2,\lambda_2^3=3,\lambda_3^3=2$

第三步，求标定聚类权。

$1^{\#}$和效益 1 的权为

$$\eta_1^1 = \frac{\lambda_1^1}{\sum_{i=1^{\#}}^{3^{\#}} \lambda_i^1} = \frac{6}{6+7+4} = 0.35$$

同理有

$$\eta_2^1 = 0.41, \eta_3^1 = 0.23$$

$$\eta_1^2 = 0.34, \eta_2^2 = 0.41, \eta_3^2 = 0.25$$

$$\eta_1^3 = 0.28, \eta_2^3 = 0.42, \eta_3^3 = 0.28$$

第四步，求 σ_i^k。

Ⅰ对高、中、低效益的聚类系数分别为

$$\sigma_1^1 = 0.76, \sigma_1^2 = 0.66, \sigma_1^3 = 0.28$$

Ⅱ对高、中、低效益的聚类系数分别为

$$\sigma_2^1 = 0.81, \sigma_2^2 = 0.58, \sigma_2^3 = 0$$

Ⅲ对高、中、低效益的聚类系数分别为

$$\sigma_3^1 = 0.41, \sigma_3^2 = 0.75, \sigma_3^3 = 0.84$$

第五步，构造聚类向量。由第四步得

$$\sigma_1 = (0.76, 0.66, 0.28)$$

$$\sigma_2 = (0.81, 0.58, 0)$$

$$\sigma_3 = (0.41, 0.75, 0.84)$$

第六步，决策。

$$\sigma_1^1 = 0.76, \sigma_2^1 = 0.81, \sigma_3^3 = 0.84$$

即企业甲为第一类，企业乙为第一类，企业丙为第三类。

参考文献

[1] 刘思峰. 走向世界的灰色系统理论[J]. 市场周刊(财经论坛), 2003(01): 1-3.
[2] 刘思峰. 灰色系统理论及其应用[M]. 北京：科学出版社, 2010.
[3] 邓聚龙. 灰色控制系统[M]. 武汉：华中科技大学出版社, 1993.
[4] 曾波，李树良，孟伟. 灰色预测理论及其应用[M]. 北京：科学出版社, 2020.
[5] 李学全，李松仁，韩旭里. 灰色系统理论研究(Ⅰ)：灰色关联度[J]. 系统工程理论与实践, 1996(11): 92-96.
[6] 司守奎，孙玺菁. 数学建模算法与应用[M]. 北京：国防工业出版社, 2011.

5 材料体系建模方法的综合应用

5.1 神经网络与模糊系统的综合应用

5.1.1 神经网络与模糊系统的异同

表 5.1 给出了神经网络与模糊系统基本信息。

表 5.1 神经网络与模糊系统基本信息参数

项目	神经网络	模糊系统
参数组成	多个神经元	模糊规则
知识获取	样本、算法实例	专家知识、逻辑推理
知识表示	分布式表示	隶属函数
推理机制	学习函数的自控制、并行计算、速度快	模糊规则的组合、启发式搜索、速度慢
推理操作	神经元的叠加	隶属函数的最大—最小
自然语言	实现不明确，灵活性低	实现明确，灵活性高
自适应性	通过调整权值学习，容错性高	归纳学习，容错性低
优点	自学习自组织能力，容错，泛化能力	可利用专家的经验
缺点	黑箱模型，难于表达知识	难于学习，推理过程中模糊性增加

（1）知识获取方式

模糊系统的规则靠专家提供或设计，难于自动获取。而神经网络的权系数可由输入输出样本中学习，无需人来设置。

（2）映射集及映射精度

神经网络是用点到点的映射得到输入与输出的关系，它的训练是确定量，因而它的映射关系也是一一对应的；模糊系统的输入、输出都是经过模糊化的量，不是用明确的数来表示的，其输入输出已模糊为一个隶属度的值,一样映射一个非线性函数。神经网络和模糊系统都可以对一个非线性系统进行映射，但它们的映射曲面不一样，神经网络是用点到点映射的方法，因此它的输出与输入间的关系曲线较光滑,而模糊系统则是区域间的映射，如果区域分得较粗，则映射输出的表面较粗糙，每一条规则如梯形台阶。因此对于精度较高的映射，用神经网络较好。模糊系统可以表达人的经验性知识，便于理解，而神经网络只能描述大量数据之间的复杂函数关系，难于理解。

（3）知识存储方式

模糊系统将知识存在规则集中，神经网络将知识存在权系数中，都具有分布存储的特点。

神经网络的基本单元是神经元，对映射所用的多层网络间是用权连接的，因此学习的知识是分布在存储的权中间的，而模糊系统则以规则的方式来存储知识，因此在隶属函数形式上,区域的划分大小和规则的制定上人为因素较多。

（4）联结方式

神经网络的联结，以前馈式网络为例，一旦输出的隐层确定了，则联结结构就定了，通过学习后，几乎每一个神经元与前一层神经元都有联系，因此，在控制迭代中，每迭代一次，各权都要学习。而在模糊系统中，每次输入可能只与几条规则有关，因此联结不固定，每次输入输出联系的规则都在变动，而每次联结的规则少，运算简单方便。

（5）计算量的比较

模糊系统和神经网络都具有并行处理的特点，模糊系统同时激活的规则不多，计算量小，而神经网络涉及的神经元很多，计算量大。人工神经网络的计算方法需要乘法、累加和指数运算，而模糊系统的计算只需两个量的比较和累加，又由于每次迭代的规则不多，因此在实时处理时，模糊系统的速度比神经网络快。但是当模糊输入与输出变量很多的时候，模糊规则仅靠一张表已不能描述多变量间的关系，且规则的控制存在一定困难,此时人为的先验指数变得较少，那么隶属函数、规则本身都要通过学习得到，因此它的计算量也会增加。

5.1.2 模糊系统与神经网络的结合

（1）二者结合的必然性

从以上的分析看到，模糊集理论和神经网络虽都属于仿效生物体信息处理机制以获得柔性信息处理功能的理论，但两者所用的研究方法不同。神经网络着眼于大脑的微观网络结构，通过学习、自组织化和非线性动力学理论形成并行分析方法，可处理无法语言化的模式信息，而模糊集理论则着眼于可用语言和概念作为代表大脑的宏观功能，按人为引入的隶属度函数，逻辑处理包含有模糊性的语言信息。模糊逻辑具有模拟人脑抽象思维的特点,而神经网络具有模拟人脑形象思维的特点，对二者结合将有助于从抽象和形象思维两方面模拟人脑的思维特点，是目前实现智能控制的重要形式。

模糊理论创始人 Zadeh 教授在介绍模糊理论时曾经举过一个停车的例子，即便是一个新手在练习几次后也可以轻易地把一辆车停在两辆车之间，而利用擅长求精确值的计算机却要建立一个大费周折的模型。在实际生产生活中，经常有大量的模糊问题，高速运转的计算机固然可以解决一些问题，但是大量不精确的控制，往往通过模糊判断、经验、推理就可以简单解决，传统的基于精确数学模型的解决方案有着天然的缺陷。模糊理论和人工神经网络就是为解决这些问题应运而生的。二者的结合可实现人脑结构和功能，实现优势互补，拓宽了神经网络的处理信息的范围和能力。使模糊系统成为一种自适应的系统。神经网络与模糊系统相结合的理论基础，神经元的阈值函数为 S 型，与模糊系统的隶属度函数是相似的。在模糊推理中，规则前提部分的极小运算相当于神经元输入信号与加权系数的乘积，由推理规则的结论部分获得最后推理值的极大运算相当于神经元输入信号求和。将两者结合起来，在处理大规模的模糊应用问题方面将表现出优良的效果。

（2）二者的结合方式

① 模糊神经网络：这是模糊系统向神经网络的结合，把模糊逻辑插入到神经网络中，使神经网络具有逻辑推理功能，利用模糊逻辑提高神经网络的学习速度。

② 神经模糊系统：这是神经网络向模糊系统的结合，把神经网络的学习功能赋予模糊系统，使模糊系统能自动从学习中获取模糊规则。

利用神经网络的自学习和函数逼近功能，可提高模糊逻辑系统的自适应能力，改善模糊模型的精度。利用模糊逻辑系统来增强神经网络的信息处理能力。神经网络和模糊逻辑系统协同工作。将模糊控制技术引入传统神经网络的学习过程,动态调整网络学习参数。

目前，模糊系统理论和神经网络结合主要应用于商业及经济估算、自动检测和监视、机器人及自动控制、计算机视觉、专家系统、语音处理、优化问题、医疗应用等方面，并可推广到工程、科技、信息技术和经济等领域。

5.1.3 模糊神经网络

5.1.3.1 模糊神经网络简介

模糊神经网络的概念如图 5.1 所示。

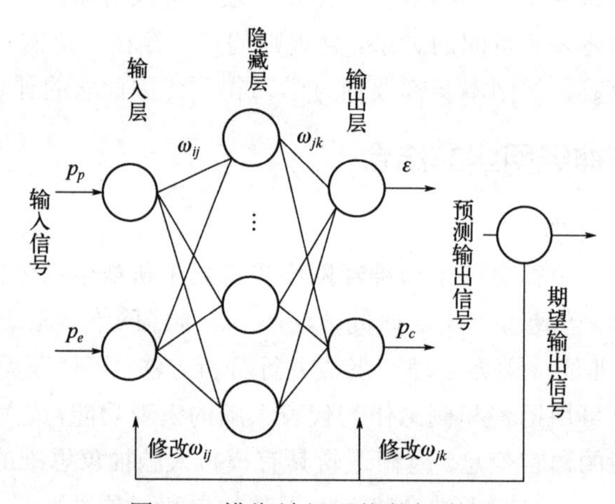

图 5.1 模糊神经网络的概念图

模糊神经网络将模糊系统和神经网络相结合，其本质是将神经网络的输入经过模糊系统处理后变为模糊输入信号和模糊权值，并将神经网络的输出反模糊化，称为直观的有效数值。具体来说，就是在模糊神经网络中，神经网络的输入、输出表示模糊系统的输入、输出，将模糊系统的隶属函数、模糊规则加入神经网络的隐含节点中，充分发挥神经网络的并行处理能力和模糊系统的推理能力。

模糊神经网络将模糊系统和神经网络相结合，充分考虑了二者的互补性，集逻辑推理、语言计算、非线性动力学于一体，具有学习、联想、识别、自适应和模糊信息处理能力等功能。

本质：就是将常规的神经网络输入模糊输入信号和模糊权值。

输入层：模糊系统的输入信号

输出层：模糊系统的输出信号

隐藏层：隶属函数和模糊规则

模糊神经网络是具有模糊权系数或者输入信号是模糊量的神经网络，模糊神经网络有如下三种形式：

① 逻辑模糊神经网络；

② 算术模糊神经网络；

③ 混合模糊神经网络。

三种形式的模糊神经网络中所执行的运算方法不同。此系统结合了模糊理论与人工神经网络，充分发挥各自的优点，弥补对方的缺点，在处理大规模模糊应用问题方面，展现出了优秀的能力。

模糊神经网络无论作为逼近器，还是模式存储器，都是需要学习和优化权系数的。学习算法是模糊神经网络优化权系数的关键。对于逻辑模糊神经网络，可采用基于误差的学习算法，也即监视学习算法。对于算术模糊神经网络，则有模糊 BP 算法，遗传算法等。对于混合模糊神经网络，目前尚未有合理的算法；不过，混合模糊神经网络一般是用于计算而不是用于学习的。

5.1.3.2 模糊神经网络的基本结构及原理

利用神经网络的学习方法，根据输入输出的学习样本自动设计和调整模糊系统的设计参数，实现模糊系统的自学习和自适应功能。结构上像神经网络，功能上是模糊系统，这是目前研究和应用最多的一类模糊神经网络。

（1）网络模型

模糊神经网络的模型如图 5.2 所示。

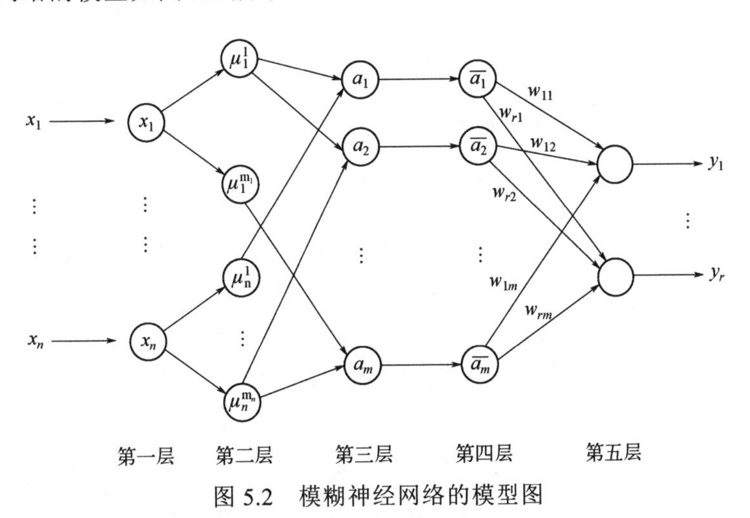

图 5.2 模糊神经网络的模型图

第一层为输入层，各个点直接与输入向量的几个分量 x_i 相连，将输入值传送到下一层。该层的节点数 n 为输入向量维数即样本特征数。

$$u_{ij} = e^{\frac{-(x_i - c_{ij})^2}{\sigma_{ij}^2}} \tag{5.1}$$

式中，c_{ij} 和 σ_{ij} 分别表示隶属函数的中心值和宽度值。该层的节点总数为

$$N_2 = \sum_{i=1}^{n} m_i \tag{5.2}$$

第三层的各节点均代表一条模糊规则，作用是用来匹配模糊规则的前件，计算出每条规则的实用度。第二层中有 n 个分组的隶属函数不重复地从每个分组中取一个隶属函数组合在一起，形成第三层的节点，即

$$a_j = \mu_1^{i_1} \mu_2^{i_2} \ldots \mu_n^{i_n} \quad i_1 \in \{1,2,\ldots m_1\}, i_2 \in \{1,2,\ldots m_2\} \ldots i_n \in \{1,2,\ldots m_n\} \tag{5.3}$$

该层总节：

$$N_3 = \prod_{i=1}^{n} m_i = m \tag{5.4}$$

对于给定的输入，只有在输入点附近的那些语言变量值才有较大的隶属度值，远离输入点的语言变量值的隶属度或者很小（高斯型隶属函数）或者为 0（三角形隶属度函数）。当隶属度函数很小（例如小于 0.05）时近似取为 0，因此在 a 中只有少量节点输出为非 0，而多数节点的输出为 0，这一点与局部逼近网络类似。

第四层节点数与第三层相同，即它对每条规则的适用度进行归一化计算，即：

$$\overline{a}_j = \frac{a_j}{\sum_{i=1}^{m} a_i}, \quad j = 1,2,\ldots m \tag{5.5}$$

该层也只有少量节点输出有较大的数值，而多数节点的输出接近于零。

第五层是输出层，实现清晰化的计算：

$$y_i = \sum_{j=1}^{m} w_{ij} \overline{a}_j, \quad i = 1,2,\ldots,r \tag{5.6}$$

这里的 w_{ij} 相当于 y_i 的第 j 个隶属函数的中心值，写成向量形式为：

$$Y = W\overline{a}$$

$$Y = \begin{bmatrix} y_1 \\ y_2 \\ \vdots \\ y_r \end{bmatrix} W = \begin{bmatrix} W_{11} & W_{12} & \cdots & W_{1m} \\ W_{21} & W_{22} & \cdots & W_{2m} \\ \vdots & \vdots & \ddots & \vdots \\ W_{r1} & W_{r2} & \cdots & W_{rm} \end{bmatrix} \overline{a} = \begin{bmatrix} \overline{a_1} \\ \overline{a_2} \\ \vdots \\ \overline{a_r} \end{bmatrix} \tag{5.7}$$

（2）学习算法

模糊神经网络模型结构的许多量需要预先设定，例如，每个输入分量的模糊分级个数；隶属函数形式的选取（正态分布，三角形分布，梯形分布……）等。需要学习的参数主要是最后一层的连接权以及第二层的隶属度函数的中心值和宽度。BP 模糊神经网络本质上也是一种多层前馈网络,所以可仿照 BP 网络用误差反传的方法来设计调整参数学习算法。为导出误差反传的迭代算法,需对每个神经元的输入输出关系加以形式化的描述。

图 5.3 表示模糊神经网络中第 q 层第 j 个节点。其中节点的纯输入为

$$f^q(x_1^{(q-1)},x_2^{(q-1)},\ldots,x_{n_{q-1}}^{(q-1)};w_1^{(q)},w_2^{(q)},\ldots,w_{n_{q-1}}^{(q)}) \tag{5.8}$$

节点的输出为

$$x_i^{(q)}=g^{(q)}(f^{(q)}) \tag{5.9}$$

对一般的神经元节点，通常有：

$$f^{(q)}=\sum_{i=1}^{n_{q-1}}w_{ji}^q x_i^{q-1} \tag{5.10}$$

$$x_j^q=g^q(f^q)=\frac{1}{1+\mathrm{e}^{-\mu f^{(q)}}} \tag{5.11}$$

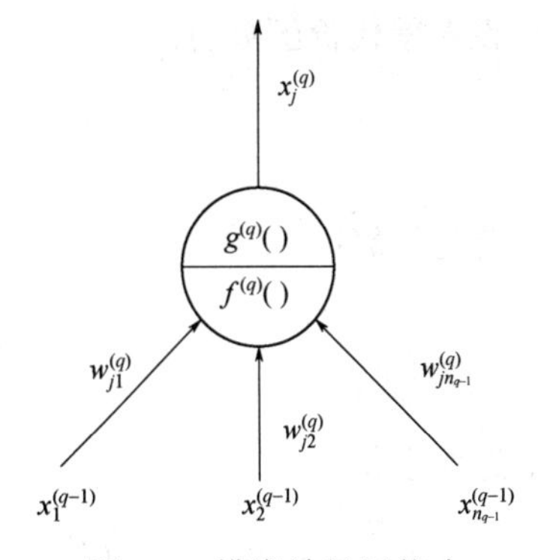

图 5.3 模糊神经网络中第 q 层第 j 个节点

对于 BP 模糊神经网络，其神经元节点的输入输出函数具有较为特殊的形式，选取高斯函数作为隶属函数，下面具体给出它每一层的节点函数。

用误差反传算法来计算：

第一层：

$$f_i^{(1)}=x_i^{(0)}=x_i \tag{5.12}$$

$$x_i^{(1)}=g_i^{(1)}=f_i^{(1)} \quad i=(1,2,\cdots n) \tag{5.13}$$

第二层：

$$f_{ij}^{(1)}=-\frac{(x_i^{(1)}-c_{ij})^2}{\sigma_{ij}^2} \tag{5.14}$$

$$x_{ij}^{(2)}=\mu_i^j=g_{ij}^{(2)}=e^{f_{ij}^{(2)}}=\mathrm{e}^{-\frac{(x_i^{(1)}-c_{ij})^2}{\sigma_{ij}^2}} \tag{5.15}$$

第三层：

$$f_j^{(3)}=\min\{x_{1i_1}^{(2)},x_{2i_2}^{(2)},\ldots,x_{ni_n}^{(2)}\}=\min\{\mu_1^{(i_1)},\mu_2^{(i_2)},\ldots,\mu_n^{(i_n)}\} \tag{5.16}$$

或者

$$f_j^{(3)}=x_{1i_1}^{(2)}x_{2i_2}^{(2)}\ldots x_{ni_n}^{(2)}=\mu_1^{i_1}\mu_2^{i_2}\mu_n^{i_n} \tag{5.17}$$

$$x_j^{(3)}=a_j=g_j^{(3)}=f_j^{(3)} \tag{5.18}$$

第四层：

$$f_j^{(4)}=x_j^{(3)}/\sum\nolimits_{i=1}^m x_i^{(3)}=a_j/\sum\nolimits_{i=1}^m a_i \tag{5.19}$$

$$x_j^{(4)}=\overline{a_j}=g_j^{(4)}=f_j^{(4)} \tag{5.20}$$

第五层：

$$f_j^{(5)}=\sum\nolimits_{j=1}^m w_{ij}x_j^{(4)}=\sum\nolimits_{j=1}^m w_{ij}\overline{a_j} \tag{5.21}$$

$$x_i^{(5)}=y_i=g_j^{(5)}=f_j^{(5)} \tag{5.22}$$

设误差代价函数为：

$$E=\frac{1}{2}\sum_{i=1}^{r}(y_{di}-y_i)^2 \tag{5.23}$$

首先计算：

$$\delta_i^{(5)}=-\frac{\partial E}{\partial f_i^{(5)}}=-\frac{\partial E}{\partial y_i}=y_{di}-y_i \tag{5.24}$$

进而求得：

$$\frac{\partial E}{\partial w_{ij}}=\frac{\partial E}{\partial f_i^{(5)}}\frac{\partial f_i^{(5)}}{\partial w_{ij}}=-\delta_i^{(5)}x_j^{(4)}=-(y_{di}-y_i)\overline{a}_j \tag{5.25}$$

再计算

$$\delta_i^{(4)}=-\frac{\partial E}{\partial f_i^{(4)}}=-\sum_{i=1}^{r}\frac{\partial E}{\partial f_i^{(5)}}\frac{\partial f_i^{(5)}}{\partial g_i^{(4)}}\frac{\partial g_i^{(4)}}{\partial f_i^{(4)}}=\sum_{i=1}^{r}\delta_i^{(5)}w_{ij} \tag{5.26}$$

$$\delta_i^{(3)}=-\frac{\partial E}{\partial f_i^{(3)}}=-\frac{\partial E}{\partial f_i^{(4)}}\frac{\partial f_i^{(4)}}{\partial g_i^{(4)}}\frac{\partial g_i^{(4)}}{\partial f_i^{(3)}}=\delta_j^{(4)}\sum_{i=1,i\neq j}^{m}x_i^{(3)}/(\sum_{i=1}^{m}x_i^{(3)})^2=\delta_j^{(4)}\sum_{i=1,i\neq j}^{m}a_i/(\sum_{i=1}^{m}a_i)^2 \tag{5.27}$$

$$\delta_i^{(2)}=-\frac{\partial E}{\partial f_i^{(2)}}=-\sum_{k=1}\frac{\partial E}{\partial f_k^{(2)}}\frac{\partial f_k^{(3)}}{\partial g_{ij}^{(2)}}\frac{\partial g_{ij}^{(2)}}{\partial f_{ij}^{(2)}}=\sum_{k=1}\delta_k^{(3)}s_{ij}\mathrm{e}^{f_{ij}^{(2)}}=\sum_{k=1}\delta_k^{(3)}s_{ij}\mathrm{e}^{-\frac{(x_i-c_{ij})^2}{\sigma_{ij}^2}} \tag{5.28}$$

当 $f^{(3)}$ 采取最小运算函数时，则当 $g_{ij}^{(2)}=\mu_i^j$ 是第 k 个规则点的最小值时：

$$s_{ij}=\frac{\partial f_k^{(3)}}{\partial g_{ij}^{(2)}}=\frac{\partial f_k^{(3)}}{\partial \mu_j^{(j)}}=1 \tag{5.29}$$

否则：

$$s_{ij}=\frac{\partial f_k^{(3)}}{\partial g_{ij}^{(2)}}=\frac{\partial f_k^{(3)}}{\partial \mu_j^{(j)}}=0 \tag{5.30}$$

当 $f^{(3)}$ 采取相乘函数时，则当 $g_{ij}^{(2)}=\mu_i^j$ 是第 k 个规则点的最小值时：

$$s_{ij}=\frac{\partial f_k^{(3)}}{\partial g_{ij}^{(2)}}=\frac{\partial f_k^{(3)}}{\partial \mu_j^{(j)}}=\prod_{i=1,i\neq j}^{N}\mu_i^j \tag{5.31}$$

否则

$$s_{ij}=\frac{\partial f_k^{(3)}}{\partial g_{ij}^{(2)}}=\frac{\partial f_k^{(3)}}{\partial \mu_j^{(j)}}=0 \tag{5.32}$$

从而可得一阶梯度为：

$$\frac{\partial E}{\partial c_{ij}}=\frac{\partial E}{\partial f_{ij}^{(2)}}\frac{\partial f_{ij}^{(2)}}{\partial c_{ij}}=-\delta_{ij}^{(2)}\frac{2(x_i-c_{ij})}{\sigma_{ij}^2} \tag{5.33}$$

当网络实际输出与理想输出一致时，表明训练结束，否则通过误差反向传播，修正各层参数，直至误差降到要求范围内。

5.1.4 神经模糊系统

5.1.4.1 神经模糊系统简介

自适应神经模糊系统是将模糊逻辑和神经元网络有机结合的新型的模糊推理系统结构。J-S.R.Jang 提出的自适应神经模糊推理系统是一种将模糊逻辑和神经元网络有机结合的新型的模糊推理系统结构，采用反向传播算法和最小二乘法的混合算法调整前提参数和结论参数，并能自动产生 If-Then 规则。基于自适应神经网络的模糊推理系统 ANFIS（adaptive network-based fuzzy inference system）将神经网络与模糊推理有机地结合起来，既发挥了二者的优点，又弥补了各自的不足。

5.1.4.2 神经模糊系统的基本结构及原理

ANFIS 是一种基于 Takagi-Sugeno 模型的模糊推理系统，它将模糊控制的模糊化、模糊推理和反模糊化 3 个基本过程全部用神经网络来实现，利用神经网络的学习机制自动地从输入输出样本数据中抽取规则，构成自适应神经模糊控制器，通过离线训练和在线学习算法进行模糊推理控制规则的自调整，使其系统本身朝着自适应、自组织、自学习的方向发展。

（1）网络模型

为简单起见，假定所考虑的模糊推理系统有 2 个输入 x 和 y，单个输出 z。对于一阶 Takagi-Sugeno 模糊模型，如果具有以下 2 条模糊规则：

规则 1：

$$\text{if } x \text{ is } A_1 \text{ and } y \text{ is } B_1 \text{ then } f_1 = p1x + q1y + r_1 \tag{5.34}$$

规则 2：

$$\text{if } x \text{ is } A_2 \text{ and } y \text{ is } B_2 \text{ then } f_2 = p2x + q2y + r_2 \tag{5.35}$$

一阶 T-S 模糊推理系统的 ANFIS 网络结构如图 5.4。

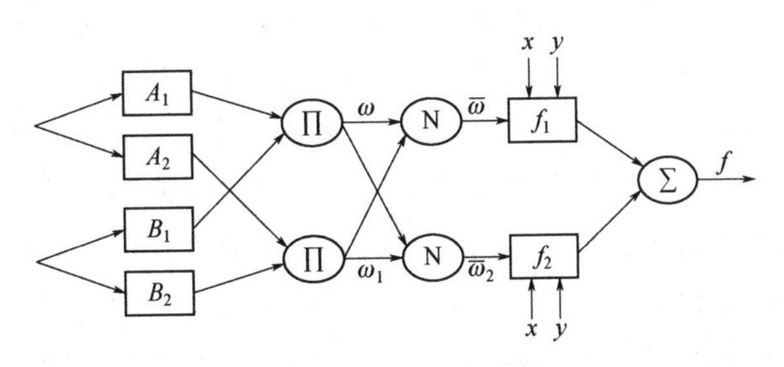

图 5.4 ANFIS 网络结构图

ANFIS 控制器由于采用了 Sugeno 型模糊规则和加权求和法计算总输出，省去了常规模糊系统用重心法进行清晰化的大量计算工作，使得数据处理最大限度地简化。

各个节点的重要功能如下：

第 1 层：将输入变量模糊化，输出对应模糊集的隶属度所以可以称为模糊化层。该层的每个结点 i 是一个有结点函数的自适应结点。

第 2 层：实现前提部分的模糊集的运算。在这一层中的每个结点都是固定结点，它的输出是所有输入信号的代数积。每个结点的输出表示一条规则的激励强度，本层的结点函数还可以采用取小、有界积或强积的形式。

第 3 层：将各条规则的激励强度归一化，该层中的结点也是固定结点。

第 4 层：这一层的每个结点 i 是一个有结点函数的自适应结点，计算出每条规则的输出。

第 5 层（输出层）：这一层的单结点是一个固定结点，它计算所有传来信号之和作为总输出。

（2）学习算法

神经模糊控制器的主要作用是应用神经网络自学习能力，寻求和调整神经模糊控制系统的参数和结构。模糊控制器需要两种类型的调整：结构调整和参数调整。结构调整包括变量数目、输入输出变量论域的划分、规则的数目等。一旦获得了满意的结构后，就需要对参数进行调整。参数调整包括与隶属函数有关的参数，如中心、宽度、斜率等。ANFIS 的学习算法实际上只是对控制器的参数进行学习，因为网络结构已经确定，只需调整前提参数和结论参数即可。

有四种方法用来更新参数，按照复杂的程度表述如下：

① 所有参数都用梯度下降法进行更新。

② 最小二乘法仅用一次，即只在最开始时用以得到初始的结论参数，然后就只用梯度下降法来更新所有的参数。

③ 梯度下降法和最小二乘法。

④ 仅用递推（近似）最小二乘法。

选择哪种方法，应综合考虑计算的复杂度和所要达到的性能。

5.1.5 神经网络-模糊系统在材料领域中的应用

5.1.5.1 模糊神经网络技术在材料加工领域中的应用

在材料加工领域中，实现工艺方案的优化以及精确的控制是降低零件制造成本和提高产品质量的一个有效途径。目前，采用有限元进行模拟、预测和优化的方法在材料成形过程中已得到广泛的应用，但针对一些难以用精确的数学表达式来描述的非力学关系问题，例如锻造、轧制、超塑成形、热处理等过程中组织演变与工艺参数间的关系就难以用数学表达式定量描述，因而很难采用有限元的方法来进行模拟预测，只能凭经验或反复试制过程来控制工艺参数，缺少预见性，这也是造成目前材料加工行业中废品率较高、成本居高不下的一个重要原因。如果将模糊神经网络技术引入到材料加工领域，结合专家知识就可以对产品的性能进行预测，达到控制工艺参数的目的，或直接将模糊神经网络耦合到工艺参数的控制系统中，动态地控制产品的加工过程。

（1）网络变量的确定

现以超塑性成形为例来具体说明模糊神经网络技术在材料加工领域中的应用。在超塑性成形过程中，成形后零件的晶粒尺寸、空洞体积分数等对产品质量影响很大，而这些指标是可以通过控制变形温度、应变速率、应变程度等工艺参数来控制的。因此，可以将这些影响产品质量的指标作为模糊神经网络的输出变量来进行预测，将变形工艺参数作为网络的输入变量，在它们之间建立起一个预测系统。

（2）输入变量区间套的划分和隶属函数的选取

根据工艺参数对结果指标影响的复杂性以及所要预测的精度来确定输入变量的区间套数。工艺参数对结果指标的影响越复杂，要预测的精度越高，输入变量就应划分得越细。隶属函数可统一取为高斯型函数，隶属函数的初始均值和方差的选取应尽量合理体现变量在区间套中的隶属度，譬如，对于某个工艺参数的最大值，应使它落在最大的区间的隶属度接近1；落在最小的区间的隶属度接近0。这样可加快网络的收敛。另外，用来网络训练的工艺参数的实验数据应覆盖所需要预测的工艺参数的范围，当预测的范围超过训练样本范围之外时，网络精度会大大下降。

（3）网络结构的选择

根据输入变量的多少和变量区间套的划分情况来选择模糊神经网络的结构。对于输入变量不超过4个，区间套不超过3个的网络可采用P-sigma模糊神经网络更为简单，因为P-sigma模糊神经网络不需结构的学习，其规则数为以区间套的数量为底数，输入变量的个数为指数的幂次方。在参数的学习上与上述混合型的模糊神经网络相类似，采用梯度下降法，只是比混合型的模糊神经网络多一个参数的学习。其网络程序的编制要比混合型模糊神经网络的简单，且效果也很好。对于更多变量和更细的区间套划分的网络可采用上述混合型的模糊神经网络结构，采用该网络可避免规则数呈指数级增加，且在结构学习过程中它可以通过竞选劣汰掉部分数据生成的规则，适合于关系比较复杂的系统。此外，根据所要预测的结果指标的数量来决定选择网络单输出或多输出结构。

（4）参数的学习

对于上述混合型模糊神经网络和P-sigma模糊神经网络均可采用梯度下降学习算法来优化调整参数。其中学习速率η、β的选择对网络的收敛影响甚大，η、β取值太大，网络一般不会收敛，同时，计算机会因产生溢值而终止训练；η、β取值太小收敛会很慢，应在网络训练中根据具体情况调试，找到合适的η、β值。如果网络的误差值在训练过程中下降到某一值后，就在此值来回波动，没有再下降的趋势，说明该网络已无法收敛，这时调整η、β值作用已不大，可以采用细划区间套的方法来解决。

5.1.5.2 模糊神经网络（FNN）在高强混凝土强度预测与配合比设计中的应用

［**案例**］从《混凝土》等杂志上搜集56个高强粉煤灰混凝土数据点，表5.2中X_1列为粉煤灰在胶凝材料中所占的比例，X_2列为胶凝材料用量（kg/m^3），X_3列为灰水比，D列为混凝土28天实测强度（MPa），即期望输出；Y_{I}为规则结论为数值的FNN预测的强度值，Y_{II}为规则结论为线性函数的FNN预测的强度值。

（1）网络计算

对表5.2中的输入X和期望输出D进行归一化处理：

$$x_i=\frac{X_i-X_{i\min}}{X_{i\max}-X_{i\min}},\quad d=\frac{D-D_{\min}}{D_{\max}-D_{\min}} \tag{5.36}$$

式中，$X_{i\min}$、$X_{i\max}$为X_i列的最大值和最小值；$D_{\max}$、$D_{\min}$为D列的最大值和最小值。x_i、d为归一化后的输入、输出数据。归一化后的3个输入变量（x_1,x_2,x_3）的论域均为[0,1]。

表 5.2　样本数据及计算结果

序号	X_1	X_2	X_3	D	Y_{I}	Y_{II}	序号	X_1	X_2	X_3	D	Y_{I}	Y_{II}
1	0.400	490	2.9412	52.1	52.1159	52.0735	29	0.420	540	3.0303	60.5	60.1317	60.6233
2	0.400	600	3.5714	69.8	69.8114	69.7560	30	0.230	600	4.3478	77.5	77.5906	78.7685
3	0.143	525	2.7701	65.0	65.0201	65.3162	31	0.100	600	3.5714	70.2	70.1625	70.2446
4	0.143	577	3.0395	67.5	66.9318	67.7033	32	0.231	650	4.5455	89.6	89.6068	88.6484
5	0.090	550	3.5461	67.3	67.3222	67.2075	33	0.500	558	301250	58.5	58.8855	58.7734
6	0.182	682	3.5971	80.2	80.1787	80.2796	34	0.200	583	3.3333	64.6	64.2849	64.8199
7	0.500	522	3.1250	53.8	53.6532	53.3874	35	0	450	2.500	59.0	58.9959	59.0454
8	0.090	600	4.1322	82.4	82.3869	82.0432	36	0.103	580	2.8571	65.1	65.0688	63.6131
9	0.115	610	3.1250	69.4	69.0424	69.5109	37	0.091	550	3.4483	66.1	67.2983	66.3299
10	0.167	600	3.8168	75.4	75.5931	77.6222	38	0.170	600	3.7736	77.3	76.7754	77.1195
11	0.100	583	3.3333	66.9	66.4543	66.9032	39	0.500	544	3.0303	58.1	57.7602	57.8702
12	0.300	533	3.3333	59.8	59.9273	59.3449	40	0.300	600	4.3101	74.3	74.2918	74.6632
13	0.400	590	3.2258	65.3	65.3451	65.1370	41	0.100	600	3.3333	68.1	68.5164	68.2085
14	0.220	459	2.2222	54.7	54.7003	54.3317	42	0.400	563	301250	60.9	60.9869	60.9616
15	0.143	630	3.3223	71.0	71.0293	70.0008	43	0.300	583	3.3333	63.7	63.7133	63.6624
16	0.107	560	3.5714	67.9	67.4382	67.3737	44	0.200	533	3.3333	62.8	62.9330	62.6935
17	0	600	3.7736	80.2	80.2239	80.3229	45	0.119	590	3.2258	66.5	66.4014	66.8499
18	0.500	522	2.8571	52.8	52.9709	52.9698	46	0.100	533	3.3333	65.5	65.2909	65.5418
19	0.170	600	4.2194	81.4	81.2544	80.7914	47	0.230	600	3.7736	76.3	76.6292	74.1862
20	0.085	590	2.8571	60.7	60.7634	61.9511	48	0.250	533	3.3333	61.2	61.221	61.1816
21	0.167	600	4.2194	81.4	81.3995	81.5193	49	0.167	600	3.8760	78.3	78.2633	78.1106
22	0.150	583	3.3333	65.2	66.2705	65.9639	50	0	583	3.3333	68.6	68.2140	68.8601
23	0.400	563	3.1250	60.9	60.9869	60.9616	1′	0.500	558	3.1250	58.9	58.8855	58.7734
24	0.300	600	3.7736	70.1	70.0251	70.4154	2′	0.150	533	3.3333	64.2	64.9096	64.2239
25	0	505	2.5000	64.1	64.1043	64.0257	3′	0	520	2.5000	65.1	64.8945	64.3883
26	0.088	570	3.1250	67.4	67.4295	67.0352	4′	0.250	583	3.3333	65.3	62.7262	63.8568
27	0.123	570	3.5714	67.5	67.4513	67.4017	5′	0.100	600	3.1250	66.8	68.5077	68.6629
28	0.090	600	3.7736	78.7	78.6258	78.6819	6′	0.167	600	4.2194	79.8	81.3994	80.9260

对规则结论为数值的 FNN,在每个输入变量的论域上各定义 5 个模糊子集“大、稍大、中、稍小、小”(简记为“B、B−、M、S+、S”)，其隶属函数中心的初值 $C_{ij}(0)$分别取{1,0.75,0.5,0.25,0}，隶属函数宽度的初值 $\sigma_{ij}(0)$=0.2,（i=1,2,3；j=1,2,…,5）。对输入数据进行 5 种模糊分割后，发现只用 30 条模糊规则就可覆盖表 5.2 中的整个样本空间。这 30 条规则结论的初值 $f_k(0)$和最终值 $f_k(N)$列于表 5.3。30 条规则数大大少于按一般情况所计算出的 53×125 条规则数。因此，这里所设计的规则结论为数值的 FNN 是一个较优化的网络结构。

表 5.3　规则结论为数值的 FNN 规则层与输出层间的权值对照表

序号	1	2	3	4	5	6	7	8	9	10	11	12	13	14	15
规则	145	245	345	445	355	444	244	144	344	133	512	543	233	243	223
$f_k(0)$	82.4	80.9	77.5	74.3	89.6	70.1	77.0	79.4	76.3	67.3	52.1	67.5	67.0	69.0	64.9
$f_k(N)$	83.5	86.5	75.8	73.6	102.2	68.1	79.2	80.1	77.2	68.2	47.1	70.0	72.2	68.1	63.2
序号	16	17	18	19	20	21	22	23	24	25	26	27	28	29	30
规则	323	423	253	433	333	532	232	222	242	522	311	121	132	142	111
$f_k(0)$	62.0	60.0	80.2	63.7	65.0	59.0	66.3	65.0	68.0	55.7	54.7	64.6	67.4	60.7	59.0
$f_k(N)$	56.4	57.2	81.3	61.7	64.9	60.0	65.3	65.4	67.9	51.5	54.7	65.8	64.6	55.3	58.9

对规则结论为线性函数的 FNN，在输入变量的论域上各定义 3 个模糊子集“大、中、小”（简记为“B、M、S”），其隶属函数中心的初值 $C_{ij}(0)$分别取{1,0.5,0}，隶属函数宽度的初值 $\sigma_{ij}(0)=0.4$，（$i=1,2,3$；$j=1,2,3$）。对输入数据进行 3 种模糊分割后，发现只用 12 条模糊规则就可覆盖表 5.2 中的整个样本空间。12 条规则数也少于按一般情况所计算出的 33×27 条规则数。因此，本书所设计的规则结论为线性函数的 FNN 也是一个较优化的网络结构。下面介绍一种简单的确定模糊规则结论部分线性函数系数初值的方法。

将表 5.2 中的 56 个样本数据对（X,d）按 K 均值聚类或自组织方法分成 12 类，并保证每类不少于 5 个数据对。若某一类少于 5 个数据对，则从相近的规则中引入相应的数据对。各类中允许有部分相同的数据对。然后由各类中的数据对组成误差方程：

$$V_k = X_k \cdot P_k(0) + d_k,\quad (k=1,2,\ldots,12) \tag{5.37}$$

x_i为第 k 类中的输入数据，n_k为第 k 类样本数据对的数目，x_0为各分量均等于 1 的 n_k维列向量；$P_k(0)=[p_k^0,p_k^1,p_k^2,p_k^3]^{\mathrm{T}}$=为待估计的参数向量；$d_k=[d(1),d(2),\ldots,d(n_k)]^{\mathrm{T}}$为第 k 类中的期望输出数据；$V_k=[v(1),v(2),\ldots,v(n_k)]$，利用式（5.37）可得最小二乘意义下的$P_k(0)$，它就是第 k 条规则结论部分线性函数系数的初值。12 条规则的$P_k(0)$和网络训练后的$P_k(N)$列于表 5.4。对规则结论为数值和结论为线性函数的 FNN，有了上述参数后，就可运用带动量和自学习率的 BP 算法训练网络。可以从表 5.2 的 56 个样本数据点中随机抽出 6 个作为测试样本,其余 50 个作为训练样本。将训练样本 x_i、d 分别输入规则结论为数值的 FNN（结构为 3×15×30×1）和结论为线性函数的 FNN（结构为 3×9×12×1）学习，网络收敛后再将测试样本 x_i、d 分别输入两网,对网络进行测试。

表 5.4　规则结论为线性函数的 FNN 结论部分线性函数系数对照表

	序号	1	2	3	4	5	6	7	8	9	10	11	12
	规则	HBB	SBB	HHH	SBH	HSH	SHH	BHH	BSS	SSS	SHS	HSS	SSH
$P_k(0)$	P_k^0	12.45	0	0	17.4	0	26.86	34.14	31.96	4.44	66.62	24.74	60.79
	P_k^1	55.13	23.94	19.50	35.99	29.60	19.96	15.59	46.41	15.92	12.77	23.09	27.00
	P_k^2	0.093	0.074	0.065	0.129	0.148	0.043	0.128	0.187	0.089	0.073	0.059	0.061
	P_k^3	11.40	9.52	9.40	3.66	3.12	5.27	9.31	3.73	5.88	14.19	3.97	11.99
$P_k(N)$	P_k^0	19.73	0	0	1.61	0	25.79	29.89	28.72	3.03	58.20	22.34	55.21
	P_k^1	47.71	19.55	20.03	47.68	29.30	17.90	16.01	48.06	14.04	11.42	22.37	28.48
	P_k^2	0.098	0.081	0.058	0.106	0.153	0.053	0.117	0.190	0.080	0.062	0.070	0.029
	P_k^3	11.91	8.49	10.69	2.62	3.81	3.76	9.97	2.30	8.02	14.94	2.54	8.68

（2）结果初步分析

① 网络预测精度。规则结论为数值的 FNN 对归一化后的训练样本学习 1000 次后，网络输出的均方差为 0.0000697；原始训练样本输出（表 5.2 中 D 列与 Y_{I}列之差）的均方差为 0.0980。测试样本最大绝对误差（$E=\max|D-Y_{\mathrm{I}}|$）为 2.5738（MPa），最大相对误差（$E/D\times100$）为 3.9%。

规则结论为线性函数的 FNN 对归一化后的训练样本学习 1000 次后，网络输出的均方差为 0.000274；原始训练样本输出的均方差为 0.3854。测试样本最大绝对误差为 1.8629（MPa），最大相对误差为 2.8%。

从两种 FNN 输出的均方差、泛化能力即预测精度看，2 种 FNN 在高强混凝土性能预测方面均有很好的效果。从网络结构看,结论为数值的 FNN 的规则数明显多于结论为线性函数的 FNN 的规则数，所以，从一般意义上讲，前者的泛化能力优于后者。但是，从规则层与输出层间的权值看（见表 5.3、表 5.4）,前者的权值直观、易于理解。因此，从这个角度讲，高强混凝土性能预测中应优先使用模糊规则结论为数值的 FNN。

② 网络权值。表 5.3 中的 $f_k(0)$是按各自的规则相对独立地给出的“初步”结论，然而，$f_k(N)$则是通过神经网络把那些相对独立的规则绞合在一起，从所给样本的整体上提炼出的具有共同规律的“结论”集合。与 $f_k(0)$相比，$f_k(N)$具有质的飞跃。如从表 5.3 中 $f_k(0)$与 $f_k(N)$的数值对比看，$f_k(0)$与 $f_k(N)$最大差为 12.6MPa，平均差为 2.42MPa，最大差发生在第 5 条规则“中、大、大”所对应的模糊推理结论中。说明当混凝土配合比为(0.231,650,4.5455)时，混凝土强度还有提高的可能。另外，从 f_k 值为最小的第 11 条规则“大、小、稍小”看，表 5.2 中样本数据总体上看，当混凝土配合比为（0.4,490,2.9412）时，混凝土强度难以达到 52.1MPa。但是应注意到，混凝土强度不仅受粉煤灰掺量、胶凝材料用量及灰水比 3 个因素影响，还受胶凝材料种类、骨料种类及级配、养护条件等诸多因素的影响。这也从另一个侧面说明，在预测混凝土性能时，仅考虑 3 个输入变量将会使预测结果有一定的误差。

③ 配合比设计。规则结论为数值和线性函数的 2 种 FNN 不仅可用于混凝土强度预测,而且可用于混凝土配合比设计。

如某工程需配制 28 天强度为 75MPa 的高强混凝土，期望粉煤灰掺量为 15%。为此,进行混凝土材料试验前需确定灰水比、胶凝材料用量等配合比参数的最佳可能值。先参考表 5.2 已有的试验数据，考虑配合比设计原则,初步确定粉煤灰掺量为 15%，胶凝材料用量为 610kg/m^3，灰水比为 3.3333。将这些数据分别输入训练好的 2 种 FNN 中，可得两个神经网络模型预测的混凝土强度分别为 69.0MPa 和 68.1MPa。调整配合比，当输入调整为（0.15,610,3.65）时，两个神经网络模型的输出分别为 76.2MPa 和 75.1MPa，基本上满足要求。当然，这需要试凑几次才行。若要更直观、更准确地确定混凝土最佳配合比，文献给出了较好的方法。当然通过 FNN 所设计的配合比和预测的强度还需要实际试验证实。但可减少试验次数、降低能耗、提高工作效率。

5.1.5.3 模糊神经网络在粉煤灰混凝土强度预测中的应用

［案例］粉煤灰混凝土强度的建模与预测

（1）样本数据及计算结果

在连云港广厦商品混凝土有限公司供应某工程的粉煤灰混凝土配合比数据中，有文献收集到 50 个粉煤灰混凝土数据点。这些数据点在选择时主要考虑其原材料质量、原材料来源等生产条件及工艺条件基本一致，这样可保证神经网络的学习效果及训练效果。在 50 个数据点中，40 个作为训练样本（见表 5.5），10 个作为测试样本（表 5.6）。

（2）神经网络的训练

将训练样本 X_i、D 分别输入模糊神经网络（结构为 3×15×30×1）和 BP 神经网络（结构为 3×11×1）学习，网络收敛后再将测试样本 X_i、D 分别输入两网，对网络进行测试。

首先采用 BP 神经网络算法（结构为 3×11×1），整个训练过程在 Pentium Ⅲ计算机上进行仿真计算。将网络中间层数目设为 11，训练 1000 次后，网络的目标误差（设为 0.001）未达到要求，网络训练后的均方误差为 0.00218525。然后，输入检测样本集进行检测，得到绝

表 5.5 某工程训练样本数据

序号	X_1	X_2	X_3	D	序号	X_1	X_2	X_3	D
1	0.1538	455	2.5852	56.8	21	0.1793	446	2.5485	61.1
2	0.1515	495	2.7348	53.8	22	0.1750	400	2.0100	44.1
3	0.1685	445	2.5428	60.1	23	0.1428	490	2.5128	45.4
4	0.2500	320	1.6161	34.3	24	0.1616	433	2.3155	56.0
5	0.1807	415	2.2432	53.4	25	0.2028	345	1.7250	28.7
6	0.1500	500	2.6737	63.9	26	0.1794	390	1.9211	47.2
7	0.1764	425	2.3097	54.2	27	0.1714	420	2.400	56.5
8	0.1648	455	2.600	57.0	28	0.1600	500	2.6315	59.3
9	0.1500	500	2.777	57.9	29	0.3928	300	1.4893	24.8
10	0.1538	455	2.6453	43.6	30	0.1489	470	2.3500	54.3
11	0.1685	445	2.5284	57.9	31	0.1794	390	2.0103	42.8
12	0.1704	440	2.5142	56.7	32	0.1923	390	1.9211	48.1
13	0.1851	405	2.2500	56.01	33	0.1807	415	2.2432	51.6
14	0.1582	455	2.5277	54.3	34	0.0909	352	1.6372	36.6
15	0.1692	455	2.5561	60.4	35	0.1377	450	2.3076	51.5
16	0.1525	459	2.6686	63.5	36	0.1506	365	1.7136	35.1
17	0.1541	454	2.7185	60.7	37	0.200	325	1.6414	41.2
18	0.1502	466	2.4919	60.4	38	0.1784	353	1.7135	42.9
19	0.2307	325	1.6331	33.3	39	0.21311	305	1.7836	41.4
20	0.1707	451	2.5055	58.6	40	0.1506	365	1.7548	40.5

表 5.6 某工程测试样本数据及预测结果

样本号	X_1	X_2	X_3	R_1	R_2	D
1	0.2131	305	1.7630	31.0928	29. 3262	31.3
2	0.1379	435	2.2538	49.9949	45.4158	49.0
3	0.2058	340	1.7258	39.3764	39.5479	37.3
4	0.2307	325	1.6414	32.5232	407809	34.2
5	0.2089	335	1.6834	40.0308	38.7462	42.0
6	0.1379	435	2.2422	47.4546	43.9033	46.9
7	0.2539	315	1.5671	29.6293	25.4836	28.3
8	0.2153	325	1.6250	28.2142	29.8443	28.8
9	0.1363	440	2.2564	49.2982	52.0142	50.1
10	0.1176	425	2.2727	52.1859	50.7319	54.9

对值最大绝对误差为 6.5809MPa，绝对值最大相对误差为 19.2%。作者又尝试应用多种改进的 BP 算法如变学习率、变作用函数、调整误差函数等方案，训练误差有所减小，但仍难以摆脱局部最小。作者再应用模糊神经网络（结构为 3×15×30×1），迭代仅 750 次，网络目标误差就达到要求，网络训练后的均方误差为 0.000993055。然后，输入检测样本集进行检测，得到绝对值最大绝对误差为 2.7141MPa，绝对值最大相对误差为 4.9%。这些数据证明该模糊神经网络预测模型预测精度较高，能满足实际生产的强度预测要求。

（3）结果分析

为了比较模糊神经网络和传统的 BP 神经网络在性能上的优劣，将两者预测结果列于表 5.7

及表 5.8 进行比较，并绘出模糊神经网络与 BP 神经网络预测强度的绝对误差比较图（图 5.5）。通过对连云港广厦商品混凝土有限公司供应某工程的粉煤灰混凝土配合比试验数据的处理及分析比较表明：基于模糊神经网络算法可以减少总体误差值，其预测值与实测值结果符合性更高而且较大程度地提高了预测的精度，是对经典 BP 神经网络算法的改进。

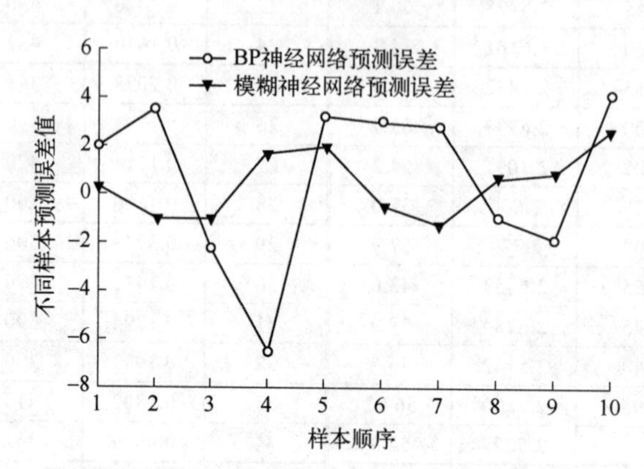

图 5.5 模糊神经网络与 BP 神经网络预测强度的绝对误差比较

表 5.7 BP 神经网络算法及模糊神经网络算法的对比仿真试验结果

序号	算法名称	迭代次数	均方误差	绝对值最大绝对误差/MPa	绝对值最大相对误差/%
1	BP 神经网络	1000	0.00218525	6.5809	19.2
2	模糊神经网络	1000	0.000993055	2.7141	4.9

表 5.8 BP 神经网络算法及模糊神经网络算法的预测误差比较

样本号	模糊神经网络算法预测误差	BP 神经网络预测误差	样本号	模糊神经网络算法预测误差	BP 神经网络预测误差
1	0.2702	1.9738	6	−0.5546	2.9967
2	−0.9949	3.5842	7	−1.3293	2.8164
3	−1.0764	−2.2579	8	0.5858	−1.0443
4	1.6768	−6.5809	9	0.8018	−1.9142
5	1.9692	3.2538	10	2.7141	4.1681

这里提出了一种全新的粉煤灰混凝土强度预测方法，即将模糊理论与神经网络相结合，综合利用二者的优点，进行粉煤灰混凝土强度的建模与预测。实践表明，此种算法是高效可行的，具有操作简便、预测精度高、适应性强等特点。综合利用上述方法建立的粉煤灰混凝土强度预测模型，不但可以简化实验室及施工现场的混凝土强度试验工作，而且还能为结构设计及施工提供更加准确和及时的数据。

5.1.5.4 自适应模糊神经推理系统在混凝土强度评定中的应用

（1）ANFIS 的结构

第 1 层：将输入变量模糊化，输出对应模糊集的隶属度 $\mu A_i(x)$（或 $\mu B_i(y)$），根据所选择的隶属度函数的形式，得到相应的参数集，称为条件参数集。

例如采用高斯隶属函数：

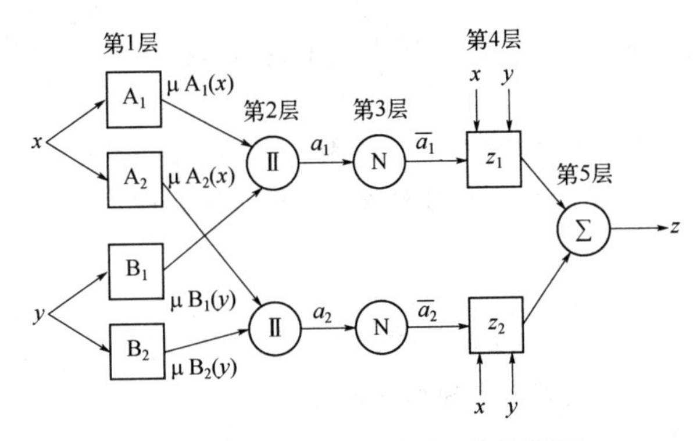

图 5.6 自适应模糊神经网络结构图

$$\mu_{Ai}(x) = \exp^{\left(-\frac{(x-c_i)^2}{q^2}\right)} \tag{5.38}$$

第 2 层：每个节点代表 1 条规则，输出对应的每条规则的适应度，通常采用乘法：

$$a_i = \mu_{Ai}(x) \times \mu_{Bi}(y) \tag{5.39}$$

第 3 层：对每条规则的适应度进行归一化计算，即：

$$\overline{a}_i = a_i / \sum_{i=1}^{2} a_i \tag{5.40}$$

第 4 层：计算每条规则对应的输出，输出采用 T-S 规则，即每个节点的传递函数为线性函数：

$$\overline{a}_i z_i = \overline{a}_i (p_i x + q_i y + r_i) \tag{5.41}$$

其中所求$\{p_i, q_i, r_i\}$组成的参数集成为结论参数集。

第 5 层：采用质心法计算所有规则的输出：

$$z = \sum_{i=1}^{2} \overline{a}_i z_i = \sum_{i=1}^{2} a_i z_i / \sum_{i=1}^{2} a_i \tag{5.42}$$

以上步骤构成了具有 T-S 规则的 ANFIS 系统。

（2）混合学习算法

从图 5.6 可见，在整个 ANFIS 系统中只有第 1 层和第 4 层带有可调参数。第 1 层中的可调参数是条件参数集$\{c_i,\sigma_i\}$；第 4 层中的可调参数是结论参数集$\{p_i,q_i,r_i\}$。ANFIS 系统的参数学习也就是对条件参数与结论参数的调整。

对 ANFIS 参数采用混合算法进行训练和确定。条件参数$\{c_i,\sigma_i\}$采用反向传播算法，而结论参数$\{p_i,q_i,r_i\}$采用最小二乘法进行求解。每一次迭代时输入信号首先沿网络正向传递至第 4 层，保持条件参数不变，采用最小二乘估计算法调节结论参数;然后，信号继续沿网络正向传递至输出层，再将获得的误差信号沿网络反向传播，然后调节条件参数。采用混合学习算法，对于给定的条件参数，可以得到结论参数的全局最优点，这样不仅可以降低梯度法中搜索空间的维数，通常还可以大大提高参数的收敛速度。

（3）建立基于 ANFIS 的混凝土强度评定模型

在混凝土强度检测系统中，回弹法以其操作简单、适用面广的特点，至今仍然是我国应用最广泛的混凝土强度检测方法之一。由于混凝土表面的碳化深度可以反映出龄期、混凝土原材料性能、构件所处环境等多种因素对回弹测强精度的影响，为了提高精度，考虑以回弹推定值（R）和碳化深度（D）作为输入变量。另外，钻芯法不需要进行某种物理量与混凝土强度之间的换算，所以钻芯值可认为是被测混凝土的真实强度，因此，考虑以钻芯值（F）作为输出变量。

（4）数据预处理

根据专家经验，回弹值（R）、碳化深度（D）与钻芯值（F）之间存在关系，可以以 $\lg R$、D 分别作为模型的输入 x、y，$\lg F$ 作为模型的输出 z，建立模型。

（5）实验

为了建立1个适合于青岛地区的混凝土强度检测系统，从青岛各区、县采集了大量的实际工程检测样本，每组样本包括混凝土强度回弹值、碳化深度及钻芯值，选出380组典型且有代表性的样本作为建模样本。回弹值（R）的范围为：20～50，碳化值（D）的范围为：0～6mm，钻芯值（F）的范围为：7～60MPa；以 $\lg R$，D 作为模型的输入 x，y，$\lg F$ 作为模型的输出 z；考虑到回弹值、碳化值对测强结果精度的影响程度不同，以平均分割法，对2个输入变量 x，y 的输入区间分别初始等分为4等分和3等分，共形成12条模糊规则；采用钟型隶属度函数建立ANFIS模糊神经系统。经过500次迭代，得到图5.7、图5.8所示的训练结果。

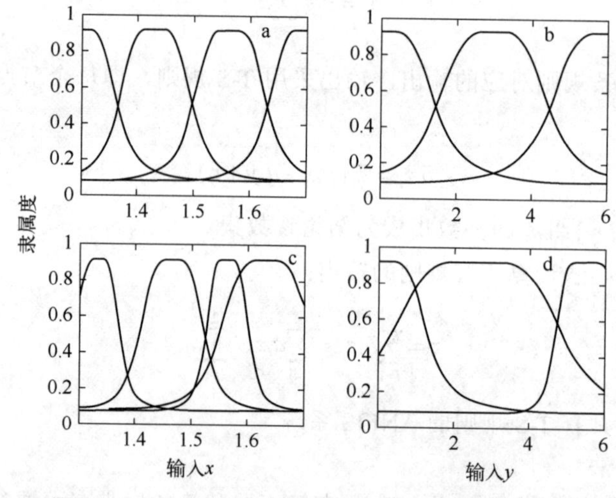

图5.7　输入变量 x/y 训练前后的模糊隶属度函数

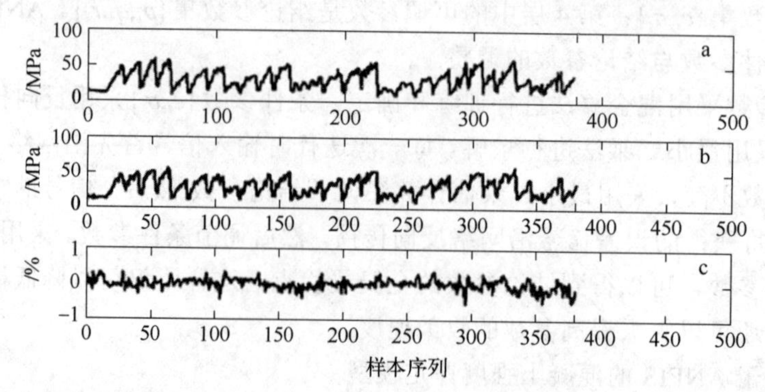

图5.8　混凝土强度的真实值（钻芯值）、混凝土强度的ANFIS输出及其相互间的相对误差

图 5.7 给出了输入变量 x，y 训练前、后的模糊隶属度函数，图 5.8 给出混凝土强度的真实值（钻芯值）、混凝土强度的 ANFIS 输出及它们之间的相对误差。实验结果表明，模型的平均相对误差为 10.316%，相对标准差为 12.895%。

作为比较，在模型其余参数不变的情况下，将回弹值（R）、碳化值（D）直接作为模型的输入 x，y，钻芯值（F）直接作为模型的输出 z，进行系统建模。经过 500 次迭代，得到此时模型预测结果的平均相对误差为 10.634%，相对标准差为 13.07%。结果表明，分别将回弹值和钻芯值取常用对数之后，再作为模型的输入、输出，可以提高模型的精度。

目前,常用的混凝土无损检测强度评定数据建模是基于多元回归方法的。为了证明 ANFIS 模型的优越性，利用同样的 380 组样本进行非线性回归。采用文献推荐的幂函数方程，可得到以下回归方程：

$$F = 0.020203R^{2.1071}10^{-0.02D} \tag{5.43}$$

该回归模型的平均相对误差为 11.94%，相对标准差为 14.70%。结果表明 ANFIS 方法的预测精度优于回归分析方法。这是由于回归分析方法尽管简单易行，但是全局性太强，函数波动大，对于复杂的非线性关系很难得到较好的逼近精度。ANFIS 方法简单易行、可解释性强，可以较好地实现模型局部性和全局性之间的平衡，能够表达足够复杂的非线性关系，因此，具有较高预测精度。

（6）模型验证

基于已建立的 ANFIS 模糊和非线性回归模型式，对试验所得的 12 组样本进行混凝土强度评定，2 种方法的评定结果见表 5.9。由表可知，ANFIS 法的混凝土强度推定精度高于常规回归方法的混凝土强度推定精度。

表 5.9 ANFIS 法和常规回归方法推定结果比较

回弹值	碳化值	钻芯值	ANFIS 推定值	常规回归推定值
36.4	1.5	37.9	37.95	36.7
42.6	0.1	49.1	49.18	54.5
49.4	0	57.8	57.94	74.9
34.5	0.5	34.7	35.17	34.3
31.9	1	26	28.03	28.4
32.4	1	35.9	31.10	29.4
26.4	1	15.6	18.52	19.1
25.7	0	20.4	18.17	18.0
29.6	3	16.7	18.91	22.2
21.8	0	15.1	13.93	13.4
45	0	56.2	52.94	61.5
40.3	0	55.1	49.16	48.7

本例采用 1 种基于 ANFIS 的混凝土强度综合评定方法。充分利用了回弹法和钻芯法 2 种混凝土测强方法的优点。考虑到回弹值、钻芯值近似满足幂函数的专家经验，将混凝土回弹值的常用对数和碳化深度值作为输入变量，将钻芯值的常用对数作为输出变量，同时模型参数采用 1 种混合算法确定，可以有效提高学习速度。通过建模和验证，表明所建立的 ANFIS 模型可以有效地映射出钻芯、回弹和碳化深度之间复杂的非线性关系，计算精度高于传统的回归综合法。

ANFIS 的特点是随着样本数目的增加，可以最新样本空间的映射关系进行自学习，通过调整原有参数使网络的输出值更加接近新样本，从而提高其预测精度和模型应用范围。它的现实意义是，如果对某一地区混凝土结构进行大量采样，建立并训练 1 个 ANFIS 模型，那么在今后的分析中只需输入回弹值和碳化深度值，就可以得到相应的钻芯推定值。ANFIS 模型类似于一条地区专用测强曲线，当然该曲线的函数关系是隐含的。

5.1.5.5 自适应神经模糊推理系统在脉冲电解加工中的应用研究

（1）自适应神经模糊推理系统模型生成

自适应神经模糊推理系统是一种结合了模糊控制和神经网络的新型机器学习系统。它基于模糊控制模型，应用神经网络的结构，通过神经网络自带的反向传播和最小二乘算法，来调整模糊隶属函数，并能自动产生模糊控制规则。相比于传统的神经网络，它的初始权是建立在模糊规则之上的。并且传统的神经网络，计算过程类似一个“黑箱”，而 ANFIS 系统是可见的，生成的未知规则方便人们进行研究，系统的能观性也尤为重要。在脉冲电解加工过程中电压、脉冲宽度、脉冲频率、进给速度、电解液流速 5 个因素对加工精度和效率有很大的影响。本实验选取电压、脉冲宽度、脉冲频率、进给速度、电解液流速 5 个因素作为系统输入，工件表面粗糙度和材料去除速度两项分别作为系统输出。建立两个五输入单输出的自适应神经模糊系统。分别将 5 个输入划分成−2、−1、0、+1、+2 五个等级，如表 5.10 所示。

表 5.10 试验参数及等级

参数	等级				
	−2	−1	0	1	2
进给速度/(mm/min)	0.03	0.07	0.11	0.15	0.19
电解液压/MPa	0.15	0.25	0.35	0.45	0.55
电压/V	7	9	11	13	15
脉冲宽度/ms	2.3	2.9	3.5	4.1	4.7
脉冲频率/Hz	42	46	50	54	58

实验电源选用 5～18V 连续可调脉冲电源；阴极材料为不锈钢，阳极材料为 HT200，加工前将工件表面磨平；阴极直径 17mm，高 25mm,圆柱中心钻一个圆孔，电解液从孔内流入加工区域；电解液浓度为 8%$NaNO_3$ 水溶液；初始间隙为 30μm。由实验得到 40 组训练数据，10 组测试数据，如表 5.11、表 5.12 所示将数据导入 MatLab 中的 FIS 模块，系统选择的隶属函数类型为高斯型，系统残差为 1.24243×10^{-6}。

表 5.11 训练集参数

编号	进给速度/(mm/min)	电解液压/MPa	电压/V	脉冲宽度/ms	频率/Hz	材料电解速率/(g/min)	粗糙度/μm
1	−2	0	1	1	0	0.1221	2.0113
2	−1	1	0	2	1	0.1607	2.2307
3	−1	−1	0	1	2	0.1319	1.8387
4	1	−1	0	0	0	0.1920	1.7121
5	1	1	0	−2	1	0.1991	1.2089
6	0	−1	2	0	−1	0.1770	1.7433
7	1	2	−1	−1	2	0.2208	1.3105

表 5.12 测试集参数

编号	进给速度/(mm/min)	电解液压/MPa	电压/V	脉冲宽度/ms	频率/Hz	材料电解速率/(g/min)	粗糙度/μm
1	−1	0	1	0	0	0.1432	1.5188
2	−1	−1	0	2	−1	0.1337	2.0525
3	1	0	1	−1	2	0.2473	1.3401

（2）分析输入输出之间的关系

① 电解液压力-电压-加工速度。如图 5.9 所示，随着电压增加，极间电流密度增加，从而增加材料溶解速度。电解液压力过高会使氢气泡减少，电导率提升，材料加工速度随之提升。过低的电解液压力会使极间升温，电导率会随着温度而升高，从而提高电流密度，加快加工速度。从斜率上可以看到，电解液压力对加工速度的影响比电压小得多。

② 电解液压力-脉宽-加工速度。如图 5.10 所示，随着脉宽增加，电解加工速度增加。因为更长的脉宽意味着加工时间增加，从而使加工速度增加。观察曲线变化趋势，可以推断电解液压力与脉宽对加工速度的影响程度相当。

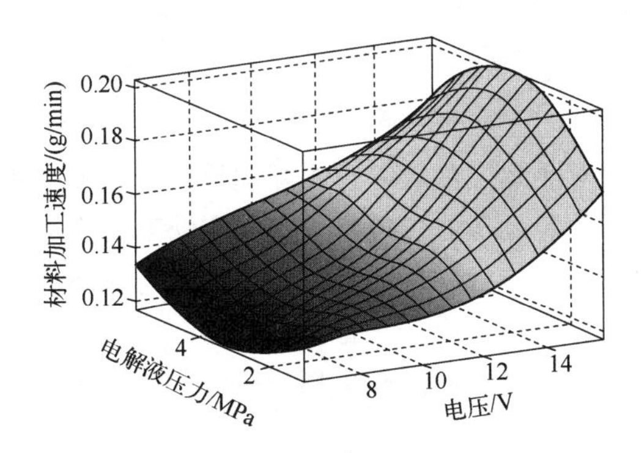

图 5.9 加工速度-电解液压力-电压关系图

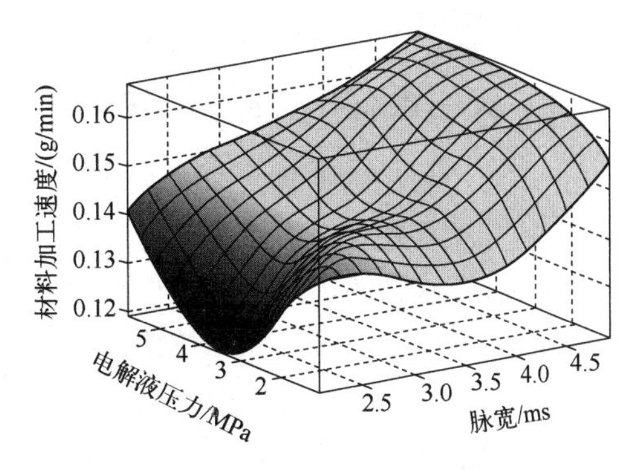

图 5.10 加工速度-电解液压力-脉宽关系图

③ 进给速度-频率-加工速度。如图 5.11 所示，随着进给速度增加，材料加工速度增加。因为增加进给速度可以减小极间间隙，使工件表面带电离子流动速度增加，从而获得高的材料去除速度。频率在高频与低频段对电流密度会产生共性的效应，而电流密度是影响加工速度的直接原因。产生共性的原因应该与电解液压力类似，不同频率产生不同的压力波强度，较强的压力波可以改善极间环境，从而提高加工速度，而较弱的压力波会造成恶劣的加工环境并造成极间升温，从而导致加工速度增加。由于频率变化范围不大，所以对加工速度的影响远不及进给速度。

④ 脉宽-进给速度-粗糙度。如图 5.12 所示，脉宽和双电容充放电时间常数与电力线的长度成一定的比例关系，间隙内电力线长度最短，较短的脉宽有利于间隙内电容反复充放电，而距离较远的区域无法充放电，从而降低了杂散腐蚀的影响。同时随着脉宽增加，T_{on} 增加，T_{off} 随之减少。极间热量增加，从而使间隙工作环境恶化，导致粗糙度升高。并且随着 T_{off} 减少，周期内电解反应产物不易排出，造成恶劣的加工环境，使粗糙度升高。高的进给速度可以降低粗糙度，因为高的进给速度使极间间隙减小，这样可以获得高的复制精度和粗糙度。相比之下，脉宽对粗糙度的影响比进给速度大。

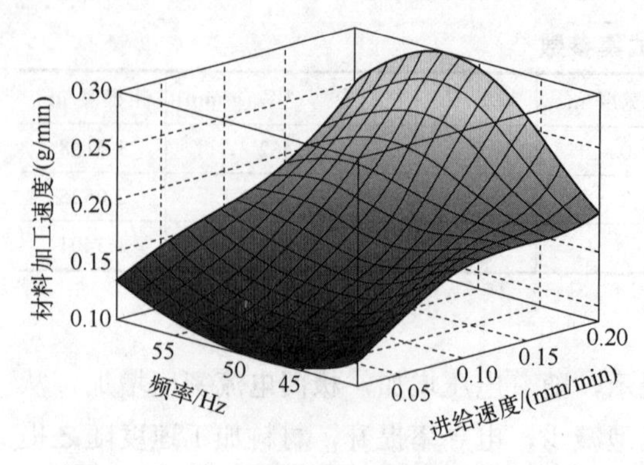

图 5.11 加工速度-频率-进给速度关系图

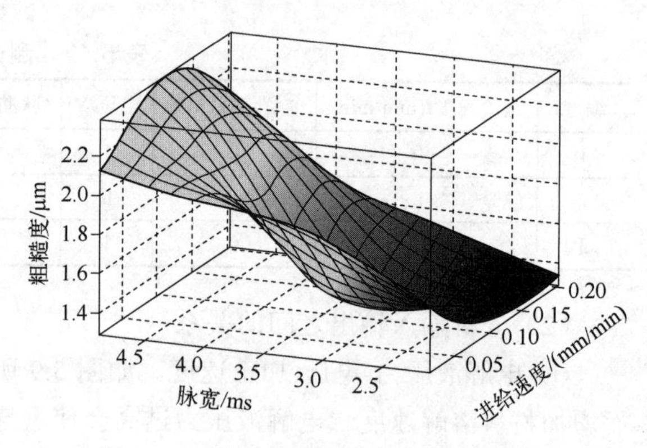

图 5.12 粗糙度-脉宽-进给速度关系图

5.2 灰色神经网络

灰色神经网络是将灰色系统方法与神经网络方法有机地结合起来，对复杂的不确定性问题进行求解所建立的模型。

5.2.1 灰色系统与神经网络的关系

由于单个数据挖掘算法功能有限，不可避免会有不足之处。灰色模型建模具有所需样本数据少、无须考虑其分布规律及变化趋势、建模简单、运算方便等特点，但它缺乏自学习、自组织和自适应能力，对非线性信息的处理能力较弱。神经网络的模型特点恰好能对灰色方法进行补充。于是将多个数据挖掘算法结合起来，构成组合模型进行组合预测。新的模型吸收单个模型的优点，克服单个模型的缺点，取长补短，有更好的模型预测性能，现已成为数据挖掘领域一个重要的研究方向。

灰色神经网络是一种典型的组合预测模型，它将灰色预测模型和神经网络预测模型组合，根据这两个单个模型的特点对建立的组合模型进行改进和优化，使新模型具有更好的预测性能。灰色模型的“贫信息”、建模简单及非线性处理能力弱等特征与神经网络模型的“大样本”、非线性处理能力及学习能力等特征可以相互弥补,并能有机结合。组合而成的灰色神经网络模型能克服灰色预测模型不能进行自我反馈调节、神经网络模型易陷入局部极小且收敛速度慢的缺点，具有更好的预测效果。

5.2.2 灰色系统与神经网络的结合方式

神经网络和灰色系统两者在信息的表现上存在一定的相似性，是可以进行融合的。首先神经网络的输出对于系统而言，其输出结果可以以某个精度逼近于一个固定的值，但是由于误差的存在，使得输出结果会以某个值为中心上下波动，另外按照灰色系统理论中灰数的定义可知，神经网络的输出实际上是灰数。由此可知，神经网络本身就包含有灰色内容。因此可以用灰色系统理论来对神经网络进行考察，同时也可以用神经网络技术来研究灰色系统。神经网络技术与灰色系统的融合研究包括如下方面:

① 神经网络与灰色系统简单结合。在复杂系统中，可同时使用灰色系统方法和神经网络方法，对于灰色特征明显且没有分布并行计算的部分使用灰色系统方法来解决，而对于无灰色

特征且属于黑箱的部分用神经网络来解决，两者之间无直接关系。

② 串联型结合。灰色模型与神经网络在系统中按串联方式连接，即一方的输出成为另一方的输入，用于复杂系统容错分析预测。

③ 用神经网络增强灰色系统。灰色系统建模的宗旨是将数据列建成微分方程模型，由于信息时区内出现空集（即不包括信息的时区），因此只能按近似的微分方程条件，建立近似的、不完全确定的灰微分方程，而在实际应用中难以直接使用灰色微分方程，因此要对灰微分方程进行白化，可以构造一个 BP 网络对灰微分方程的灰参数进行白化。在构造 BP 网络中考虑灰微分方程的参数，使其能够包含在网络中，从灰色系统已知的数据中提取样本对 BP 网络进行训练，当 BP 网络收敛时，可从中提取出白化的灰微分方程参数，这样就可得到满足一定精度的确定的微分方程，实现系统的连续建模。

④ 用灰色系统辅助构造神经网络。由于灰色系统的信息结构分为确定性信息与不确定性信息，在用神经网络技术求解灰色系统时，可以用灰色系统中的确定性信息来辅助构造神经网络，由确定性信息来指导神经网络的结构，改进神经网络的学习算法。

⑤ 神经网络和灰色系统的完全融合。神经网络与灰色系统的完全融合即灰色神经网络，灰色神经网络的构成对不同的神经网络采取不同的方式。

5.2.3 灰色模型的神经网络建模

根据灰色系统与神经网络的融合方法，可将灰色神经网络模型分为串联型、并联型和嵌入型 3 种结构。并联型灰色神经网络首先采用灰色模型、神经网络分别进行处理，而后对处理结果加以组合;串联型对多个灰色模型计算的结果使用神经网络进行组合;嵌入型在神经网络的输入端、输出端分别增加一个灰化层和白化层而构成。用神经网络对灰微分方程进行白化构成的灰色神经网络属于嵌入式融合。研究不同的灰色模型与不同的神经网络模型，按合适的方式进行组合，建立适应不同用途的灰色神经网络模型。

如灰色 BP 网络模型，是一种嵌入型融合。在一般神经网络的基础上，按照灰色系统动力学特征及其中确定性信息，在其前加上一个灰化层对灰色系统的输入信息进行灰化处理，其后加上白化层对经处理的灰色输出信息进行白化。研究神经网络的结构，灰色系统动力学特征及其中确定性信息对隐层节点数的影响，找出其中的规律。主要建立 6 种灰色 BP 神经网络模型，即 GNNM(1,1)、GNNM(2,1)、GNNM(1,2)、GNNM(1,3)、GNNM(1,4)及 DNNM(1,4)。这 6 种模型分别定义了一维或多维灰色问题的信息处理过程及计算方法，前 2 种模型是针对一维灰色问题所建立的模型，后面 4 种模型则是分别针对二维、三维和四维灰色问题所建立的模型，它们所适用的对象（灰色不确定性复杂问题）所具有的主行为因素是不一样的。

5.2.4 灰色系统的神经网络白化方法

利用神经网络对灰色模型参数的提取及灰色系统的灰微分方程参数进行白化，从而弥补灰色系统在进行参数白化时的不足。根据灰微分方程的结构、参数特征及灰色问题的确定性信息，构造灰色神经网络。研究如何使灰微分方程的参数作为灰色神经网络的一部分，从灰色问题的已知数据或经适当变换后的数据，抽取用于训练的样本，对神经网络进行训练，但灰色神经网络经训练后处于稳定态时，可从中直接提取白化后的参数，从而得到白化后的灰微分方程，即得到一个确定的微分方程。通过映射找到灰微分方程中的辨识参数与神经网络中的权值和阈值的关系，从而可以用网络训练后所获得的权值和阈值来白化灰微分方程中的参数，研究用于灰微分方程进行白化的灰色神经网络的结构和相应的算法。钟珞等利用 BP 神经网络对灰色系统的灰微分方程参数进行白化，取得了良好的效果。

5.2.5 灰色神经网络模型的优化

灰色神经网络模型的优化是灰色神经网络模型研究的一个难点，其研究还不够深入。目前的研究现状仅限于对神经网络本身的优化，并未对灰色神经网络模型进行优化。作者认为可从如下 3 个方面展开研究:

① 对神经网络与灰色系统的关键参数进行深入分析，一方面，引入智能算法（如遗传算法、模拟退火算法等）优化神经网络中心参数，并训练权值获得该模型的待定参数。另一方面，利用合适的算法优化灰色系统的模型参数。再将神经网络与灰色系统模型进行融合，可进一步提高灰色神经网络模型处理的精度和实用性。

该研究提出用遗传算法针对不同的项目数据对灰色系统参数进行动态寻优，在一定程度上强化了灰色模型的数据处理能力。实验表明，利用遗传算法优化的灰色预测模型在性能的稳定性和预测的精确度上是明显优于改进前的模型的。

② 对神经网络技术与灰色系统特征进行深入研究，主要针对灰色神经网络模型的网络结构进行优化（如引入支持向量机的结构风险函数，优化灰色神经网络预测模型)，以提高灰色神经网络的模型性能（包括计算速度、计算精度等)。

该研究针对灰色神经网络也具有神经网络的缺点:其优化的目标是基于经验风险最小化原则，不能保证网络的泛化能力且容易陷入局部最优。而支持向量机基于结构风险最小化原则，从而保证了学习机的泛化能力。其核心就是利用支持向量机训练利用灰色预测方法得到的一组结果的残差，得到若干个支持向量，将这些支持向量作为核函数的中心训练神经网络。

③ 灰色神经网络学习算法的优化。灰色神经网络的学习算法，由于采用了灰色神经元、灰色系统的特征及灰色问题中确定性信息，因此灰色神经网络的学习算法与传统的神经网络学习算法不同，研究多种适应于不同灰色神经网络的学习算法。

5.2.6 灰色神经网络在材料领域中的应用

目前灰色神经网络预测模型应用较为广泛。有案例提出了用灰色神经预测模型，对风响应时程数据进行预测，对混凝土特性进行分析等。另有学者利用并联型、串联型和嵌入型 3 种灰色神经网络模型用于对京石高速公路断面机动车实时交通量进行预测，对滑坡变形位移进行预测，还有提出多因素影响的灰色神经网络组合预测模型，对某地区电力负荷，建立对应的优化组合预测模型。另有学者将灰色预测与神经网络预测方法相结合，提出了预测宏观经济指标的新方法，应用范围广泛，本书以材料领域应用展开论述。

5.2.6.1 灰色系统及神经网络在混凝土裂缝研究中的应用

混凝土裂缝问题是一个十分复杂的工程问题，造成混凝土开裂的因素众多，在工程实际中很难用公式来预测和控制混凝土裂缝，对于建立混凝土开裂系统的数学模型也十分困难。

但正是这些特点使灰色系统和神经网络在混凝土裂缝预测中的应用具有可能性和必要性。应用灰色系统的关联度分析可以在影响混凝土开裂的众多因素中分析出不同因素的权重。

运用灰色系统的 GM(1,1)模型和神经网络可以实现混凝土开裂的长期预测和短期预测以及裂缝的初步控制，其步骤大致为：

① 对混凝土裂缝的长期预测对象是同一工程时，使用灰色系统 MG(1,1)模型进行预测。

② 对混凝土裂缝的长期预测对象是不同工程时，使用 GM 模型进行预测有一定的困难，故用神经网络。

③ 短期裂缝的预测使用神经网络中的 BP 网络模型。

在满足工程要求的预测精确基础上，该案例中灰色系统和神经网络在混凝土裂缝控制中应用的主要思路是：

① 将软件预测的混凝土裂缝值与该工程要求的最小裂缝值做对比，判断预测值是否满足工程要求。

② 如果不满足工程要求,则要根据关联度计算的结果找出影响开裂的主要因素，然后调整这些因素的参数值。

③ 将调整后的值再用预测软件进行计算。

④ 若预测值仍不能满足工程要求，则重复第②、③步，直到满足要求为止。

以上应用灰色系统和神经网络对混凝土裂缝进行控制的步骤可用图 5.13 表示。

⑤ 为使一般混凝土工作者在使用软件时,能进行混凝土的裂缝控制，软件中根据不同的开裂原因，给出了目前较为通用的裂缝控制措施，以及对已开裂的裂缝的处理方法。

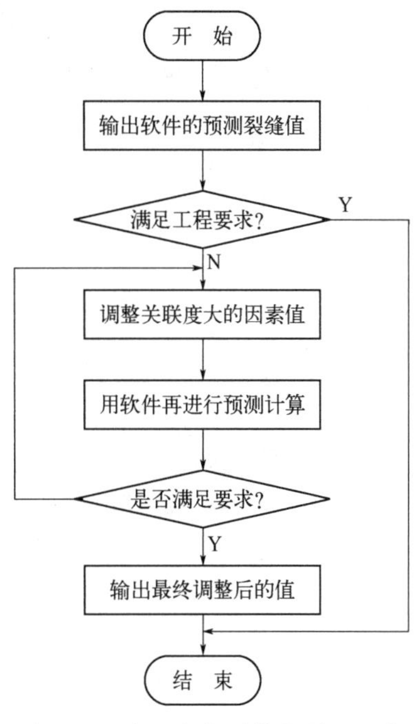

图 5.13 应用灰色系统与神经网络进行裂缝控制流程图

5.2.6.2 灰色神经网络在混凝土结构徐变预测中的应用

由图 5.14（b）可知，单一的 GM(1,1)模型部分预测结果与试验结果吻合不够理想，原因是灰色预测采用了较低的阶数，在遇到部分随机性较大的数据时（图中第 4 至第 5 个实测值出现斜率较大情况）表现出预测精度不高的欠缺。与之后的长期预测结果比较可知，随着试验数据的丰富，提高预测阶数将使该问题得到较好的解决。对于现阶段预测，精度较低的灰预测值作为神经网络的训练样本，能提高网络的容错和自适应能力，达到对灰色预测值进行修正的目的。

3 组测试结果中，GM(1,1)模型预测值与试验值的平均相对误差为 1.6%，预测精度等级为二级。组合模型预测值与试验值的平均相对误差为 0.6%，预测精度等级为一级。

以相同的方法对 sc-4a 梁和 sc-4b 梁进行短期预测，结果见图 5.14（b）及图 5.14（c）。通过对比可见，组合模型具有更高的预测精度，其效果优于单一的灰色模型。

以下分别建立 GM(1,1)和灰色神经网络组合模型对 sc-1b 梁进行长期预测，并检验预测精度。根据试验值数据序列中序号为 1～9 的数据，建立 GM(1,1)模型。模拟值（序号 1～9）及预测值见表 5.13。建立 BP 神经网络模型，网络仿真结果及精度检验见表 5.14 和图 5.14（d）。

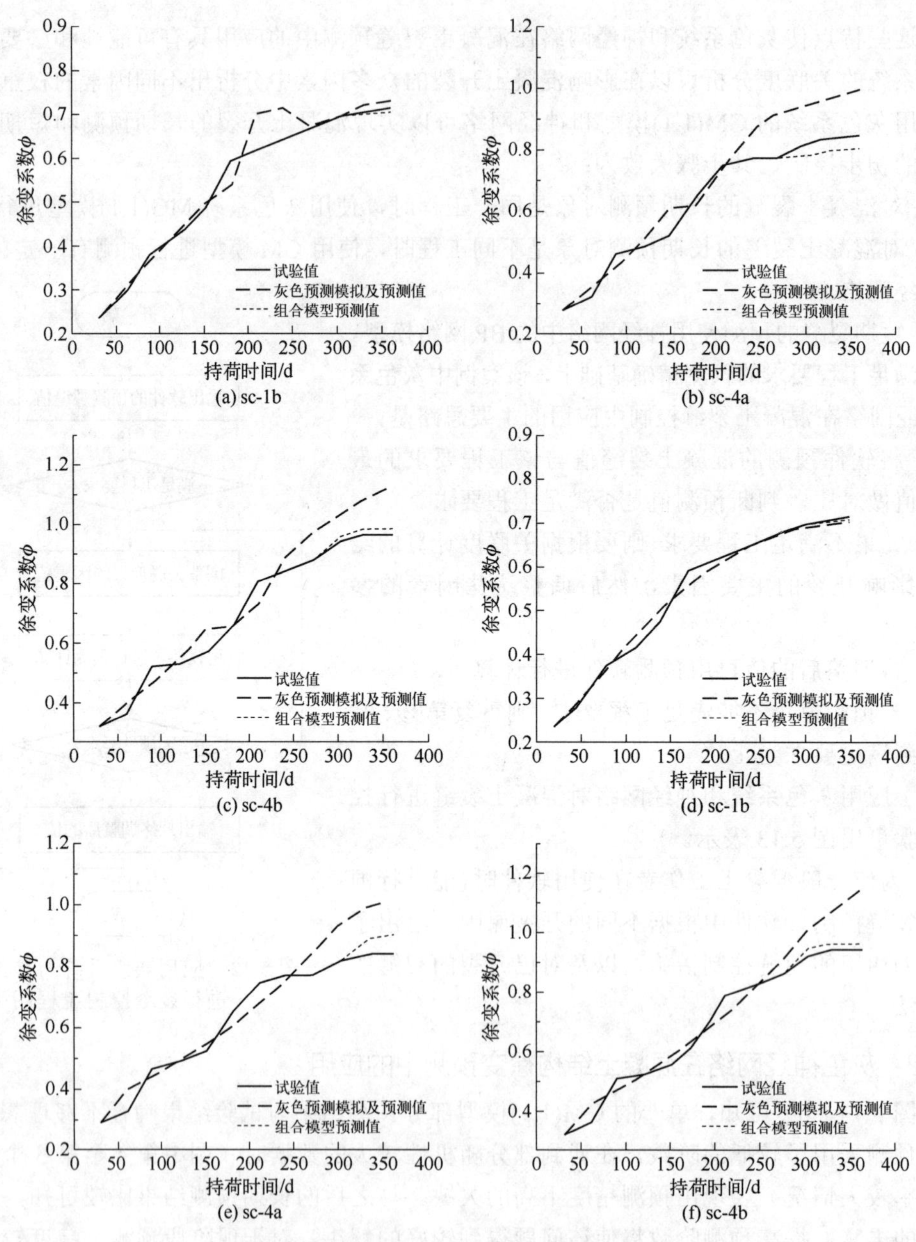

图 5.14 徐变系数计算值与试验值的比较

表 5.13 试验值、GM(1,1)模拟及预测值

序号	1	2	3	4	5	6
持荷时间/d	30	60	90	120	150	180
$\psi(0)(k)$试验值	0.231	0.292	0.378	0.415	0.479	0.563
$\psi(0)(k)$模拟及预测值	0.231	0.298	0.369	0.441	0.506	0.563
序号	7	8	9	10	11	12
持荷时间/d	210	240	270	300	330	360
$\psi(0)(k)$试验值	0.619	0.645	0.666	0.696	0.702	0.718
$\psi(0)(k)$模拟及预测值	0.609	0.644	0.670	0.689	0.702	0.711

表 5.14 预测结果及精度检验

序号	持荷时间/d	$\psi(0)(k)$试验值	$\psi(0)(k)$预测值		相对误差/%	
			GM(1,1)	组合模型	GM(1,1)	组合模型
10	300	0.696	0.689	0.691	1.0	0.7
11	330	0.708	0.702	0.710	0.8	0.3
12	360	0.718	0.711	0.723	1.0	0.7

由表 5.14 知，GM(1,1)的预测值与试验值的平均相对误差为 0.9%，预测精度等级为一级。说明当数据序列变化趋势较为平缓，且预测阶数较高时，GM(1,1)模型具有理想的预测精度，是混凝土结构徐变预测的可靠方法。但由于影响徐变的因素众多，特别是室外梁的徐变问题，不稳定的数据会使灰色预测方法表现出容错和适应能力的欠缺。神经网络所具备的优点能够对其给予补充。

由本算例可以看出，组合模型预测值与试验值的平均相对误差仍然能降低为 0.6%。以相同的方法对 sc-4a 梁和 sc-4b 梁进行长期预测，结果见图 5.14（e）及图 5.14（f）。可见，组合模型对单一的灰色模型进行了修正和优化，使计算结果更加逼近试验值。

结论：

① 灰色神经网络算法应用在混凝土结构的徐变预测中，短期和长期组合模型的预测值均具有较高的精度，该算法可以作为混凝土结构徐变预测的有效工具。

② 影响徐变问题的因素众多，神经网络能够对灰色理论的预测值进行修正，克服单一的灰色模型在解决数据不稳定问题上的欠缺。

③ 灰色模型通过新老信息更替，使得短期组合模型能够反映目前系统的特征，因而能够维持较高的预测质量，可以推广到混凝土桥梁施工控制等领域，发挥其短期预测精度较高的优势。

5.2.6.3 基于灰色关联分析-BP 神经网络的冻融土壤蒸发预报模型

近年来快速发展的人工智能方法在土壤物理特性预测方面具有广泛的应用，特别是具有较强信息综合能力的 BP 神经网络非常适合处理影响因子复杂的系统，为高度非线性动态关系的时间序列预测和评判提供了一条有效的依据。学者们采用 BP 神经网络方法对非冻期土壤水分、土壤水盐动态、土壤水热动态、土壤水盐空间分布等土壤水分运动特性进行了研究，也在冻融期土壤水盐空间变异、土壤冻结温度及未冻水含量、土壤蒸发等方面进行了探索研究。

但考虑到冻融土壤蒸发影响因子之间的复杂性，单纯地运用定性或定量评价都难以做到准确、客观。所以先将冻融期土壤蒸发影响因子进行筛选，再利用 BP 神经网络进行预报模拟。Feng 等利用主成分分析方法对冻融期土壤蒸发影响因子进行了分析，但是主成分分析方法的解释及其含义具有一定的模糊性，不及原始变量的含义清楚和确切，而灰色关联分析方法很好地解决了主成分分析方法的含义模糊的解释问题，它的原理是利用不同序列曲线几何形状的相似程度来判断子序列和主序列的联系是否紧密，相似程度越大，联系就越紧密。因此，本文利用灰色关联分析方法，针对冻融期土壤蒸发影响因子提取出主要的影响因子，再将其作为 BP 模型的输入，建立冻融土壤蒸发量的灰色关联-BP 预报模型，并对冻融土壤蒸发模型的效果进行分析。

（1）材料与方法

① 研究区概况。试验区位于山西省太谷均衡试验站，地理位置为 112°30′E、37°26′N，海拔高度 777.0m，属温带大陆性半干旱季风气候，冬春干旱少雪。多年平均气温 9.9℃，多年平均降水量 415.2mm，主要集中在 6～9 月份，年水面蒸发量为 1630mm，多年平均相对湿度约 70%，多年平均风速 0.9m/s，全年无霜期 200d。

② 试验监测项目。2017 年 11 月至 2018 年 3 月进行了田间深耕裸地土壤蒸发试验，监测了土壤蒸发量和冻融环境要素。试验站地面气象观测站观测项目有:气压、太阳辐射、气温、风速、相对湿度，降水量及水面蒸发量，其中气温、风速、气压和相对湿度观测时间为每天 8:00、14:00 和 20:00。地表土壤含水率采用烘干法测量；地表土壤温度采用预埋热敏电阻方法测定；土壤蒸发量使用自制的微型蒸发器监测，并采用电子秤称重法（精度为 0.01g）测定;地表土壤温度、地表土壤含水率和土壤蒸发量同步监测，监测频率为次/7d，监测时间均为上午 8:00—9:00，冻融期共监测 17 次。

③ 样本数据来源。选择 2017 年 11 月至 2018 年 3 月监测的地表土壤温度 x_1，地表土壤含水率 x_2，气压 x_3，相对湿度 x_4，水面蒸发量 x_5，降水量 x_6，日平均气温 x_7，风速 x_8，太阳辐射 x_9 9 个影响因子的样本数据对冻融期土壤日蒸发量 y 进行分析。其中日平均气温、风速、气压和相对湿度采用的是每日监测的 3 次数据的平均值。由于冻融期土壤蒸发量、地表土壤温度和地表土壤含水率的样本数据是以周为单位监测，样本数量较少，若直接采用 BP 神经网络进行模型训练，实现不了精确建模。因此，采用线性内插法生成每日的数据（共 130 组），以满足冻融期土壤蒸发建模的需求。灰色关联分析-BP 神经网络样本数据见表 5.15。

表 5.15　冻融土壤蒸发样本数据

日期	x_1/℃	x_2/%	x_3/hPa	x_4/%	x_5/mm	x_6/mm	x_7/℃	x_8/(m/s)	x_9/(kJ/cm^2)	y/mm
2017-11-12	3.13	6.18	935.00	76.00	0.57	0.00	3.03	0.53	0.71	0.26
2017-11-13	1.13	5.99	937.70	56.50	2.46	0.00	2.23	1.25	0.74	0.27
⋮	⋮	⋮	⋮	⋮	⋮	⋮	⋮	⋮	⋮	⋮
2018-03-19	12.50	4.37	936.87	40.50	3.70	1.00	9.13	0.89	1.02	0.69
2018-03-20	14.80	4.54	934.45	48.25	2.10	0.80	7.15	0.92	1.35	0.62
2018-03-21	11.10	4.62	929.83	60.25	2.40	0.80	9.43	1.47	1.07	0.60

（2）灰色关联分析－BP 网络模型的建立

① 灰色关联分析模型的建立。灰色关联度分析用于影响程度分析时主要包括主序列、子序列和关联度 3 个要素。本案例选取 2017－2018 年冻融期 17 组土壤蒸发量及影响土壤蒸发的因子等数据进行灰色关联分析，选取关联度较大的子序列作为影响冻融期蒸发的主要影响因子。

第一步：主序列和子序列的确定。本文以冻融期间土壤日蒸发量为主序列，记为 $Y=\{y(k)|k=1,2,\dots,n\}$，以影响冻融期土壤蒸发量的 9 个因子作为子序列，记为 $X_i=\{x_i(k)|i=1,2,\dots,m;k=1,2,\dots,n\}$，其中 $m=9$；$n=17$。

第二步：数据归一化。由于数据量纲会影响主序列和子序列的曲线几何形状的比较，所以需要对数据进行归一化处理，即无量纲处理，使其转化为[0,1]的数据样本。得到的冻融土壤蒸发影响因子的灰色关联系数见表 5.16。

表 5.16 冻融期土壤蒸发影响因子关联系数表

日期	x_1/℃	x_2/%	x_3/hPa	x_4/%	x_5/mm	x_6/mm	x_7/℃	x_8/(m/s)	x_9/(kJ/cm^2)
2017-11-19	0.87	0.52	0.48	0.93	0.95	0.56	0.90	0.76	0.82
2017-11-25	0.60	0.87	0.42	0.78	0.73	0.64	0.69	0.59	0.70
2017-12-02	0.71	0.58	0.50	0.51	0.78	0.64	0.83	0.64	0.89
2017-12-09	0.72	0.49	0.46	0.78	0.73	0.78	0.71	0.48	0.97
2017-12-22	0.79	0.62	0.41	0.68	0.86	0.97	0.92	0.51	0.76
2017-12-30	0.52	0.49	0.44	0.49	0.86	0.90	0.76	0.52	0.99
2018-01-13	0.76	0.41	0.54	0.41	0.63	0.85	0.72	0.72	0.67
2018-01-20	0.90	0.50	0.68	0.54	0.93	0.84	0.72	0.58	0.86
2018-01-28	0.99	0.88	0.44	0.44	0.85	0.95	0.90	0.44	0.99
2018-02-03	0.64	0.96	0.34	0.91	0.72	0.91	0.91	0.37	0.65
2018-02-09	0.56	0.65	0.53	0.62	0.58	0.92	0.78	0.55	0.58
2018-02-14	0.82	0.80	0.58	0.70	0.45	0.95	0.70	0.33	0.63
2018-02-22	0.44	0.96	0.72	0.39	0.56	0.96	0.53	0.68	0.47
2018-02-28	0.57	0.46	0.92	0.41	0.37	1.00	0.42	0.60	0.41
2018-03-07	0.46	0.58	0.91	0.38	0.49	0.94	0.44	0.64	0.5
2018-03-13	0.37	0.85	0.74	0.69	0.42	0.74	0.37	0.65	0.37
2018-03-21	0.58	0.65	0.42	0.63	1.00	1.00	0.73	0.65	0.61

第三步：计算关联度 r_i：

$$r_i = \frac{1}{n}\sum_{i=1}^{n}\xi_i(k) \tag{5.44}$$

第四步：判断序列相似度。按大小对关联度进行排序，如果 $r_i < r_{i+1}$，则表示主序列与子序列 X_{i+1} 更相似。

按上述步骤得冻融期各影响因子的关联度，结果见表 5.17。可见，关联度均大于 0.5，表示其均与冻融期土壤蒸发量相关，关联度排序为 $x_6>x_7>x_5>x_9>x_1>x_2>x_4>x_8>x_3$，对冻融期日蒸发量影响最大的是降水量，其次是日平均气温、水面蒸发量、太阳辐射及地表土壤温度和地表土壤含水率。由于日平均气温和太阳辐射属于同一类气象因子，为了保证各变量之间相对独立性，选择关联度较大的日平均气温作为表征气象因子的主要影响因子。因此，最终确定降水量、日平均气温、水面蒸发量、地表土壤温度及地表土壤含水率共 5 个主要影响因子作为影响冻融期土壤蒸发的主要子序列。

表 5.17 冻融期土壤蒸发影响因子关联度计算表

子序列	x_1/℃	x_2/%	x_3/hPa	x_4/%	x_5/mm	x_6/mm	x_7/℃	x_8/(m/s)	x_9/(kJ/cm^2)
关联度	0.7219	0.7197	0.6180	0.6640	0.7576	0.9124	0.7652	0.6286	0.7553

降水是土壤主要的水分来源，降水后地表土壤水分易于蒸发，从而增加土壤的蒸发量。整个冻融期，气温整体上呈逐渐降低再逐渐增大的趋势，气温的变化影响着冻融土壤水热耦合迁移的过程，但气温降低引起土壤蒸发速率的下降，从而减少土壤蒸发量。水面蒸发量是表征整个冻融期气象因素的综合结果，水面蒸发量越大，表明当前的气象条件越利于土壤蒸发。地表土壤含水率是决定土壤蒸发的另一重要影响因素，地表土壤含水率越高，土壤蒸发量越大。地表土壤温度影响地气水分交换强度和土壤冻结的密实性，从而影响土壤蒸发。

② BP 神经网络的构建

第一步：输入、输出因子的确定以及预处理。通过上述灰色关联度分析的结果，选定关联度较大的 5 个影响因子：降水量、日平均气温、水面蒸发量、地表土壤温度和地表土壤含水率作为冻融土壤蒸发主要影响因子，将其作为 BP 网络的输入，土壤日蒸发量作为 BP 网络的输出。采用 MATLAB 中自带的 premnmx 函数进行数据归一化处理，将数据的大小处理到[0,1]。

第二步：训练集、测试集、验证集的确定。根据 2017～2018 年冻融期 130 组土壤蒸发数据样本，选取其中 110 组数据当做训练样本，其余 20 组数据作为测试样本以验证模型的泛化功能。

第三步：设计 BP 网络结构。将训练样本输入新建立的 BP 神经网络，按照 BP 网络的一般设计结构，设定三层 BP 网络结构：输入层，隐含层和输出层。根据灰色关联法确定的 BP 网络的输入参数为 5 个，输出参数为 1 个，故 BP 网络输入神经元个数为 5 个，输出神经元个数为 1 个。而隐含层神经元个数需要经过多次网络训练和计算才可确定。

③ 网络训练及模型的建立。采用 MATLAB，经反复的训练和检验，最终确定隐含层神经元个数为 15 个，输入层到隐含层的传递函数和隐含层到输出层的传递函数均为双曲正切型函数 tansig 函数，网络训练函数为学习速度与单次迭代误差最小的 trainlm 函数，网络权值学习函数为 learngdm，性能函数为 MSE，学习率为 0.1，允许的最大迭代次数为 1000，附加动量因子为 0.95，最大误差设定为 0.001。最终得到神经网络训练结果为：

$$E = \text{tansig}\{IW_2(\text{tansig}(IW_1 \times P + B_1)) + B_2\}$$

$$P = [x_6, x_7, x_1, x_2, x_5] \tag{5.45}$$

式中，E 为土壤日蒸发量；IW_1 为输入层到隐含层的权值；B_1 为输入层到隐含层的阈值；IW_2 为隐含层到输出层的权值；B_2 为隐含层到输出层的阈值。

输入层到隐含层及隐含层到输出层的权值及阈值见表 5.18。

表 5.18　BP 神经网络模型权值及阈值

隐含层神经元	IW_1					B_1	IW_2	B_2
	x_6/mm	x_7/℃	x_1/℃	x_2/%	x_5/mm			
1	−1.4906	−1.6427	0.4064	−0.7309	−0.6918	2.3639	−0.3688	
2	−0.2632	0.9366	−0.3168	1.9188	−0.2083	−2.6934	1.0631	
3	1.1090	1.1815	−0.5502	0.8204	1.1542	−2.1608	0.1832	
4	−0.0902	−0.0951	−0.8085	−1.0799	−1.7646	2.0431	−0.1229	
5	1.6588	2.1520	−0.0008	0.0530	−1.446	−0.8760	−1.0008	
6	0.7194	3.1324	0.3461	1.6576	−0.7126	0.0209	1.0610	
7	0.6157	1.9511	1.4082	0.2954	1.1000	−0.8689	−0.4616	
8	−0.6357	−1.3087	−0.4735	1.1451	−0.2249	−0.3927	−0.3156	−0.1368
9	−0.5092	−1.4630	0.0105	0.1344	0.5513	−1.0779	−0.2136	
10	0.0842	−0.1977	−0.9453	−2.3503	1.5157	0.6376	−0.5742	
11	−1.6376	−1.6553	−1.7851	2.2572	−1.1074	−1.6227	0.5563	
12	−0.8409	−1.0250	0.7272	0.8571	1.5184	−1.7015	−0.1392	
13	−0.2732	1.2395	−1.0902	0.9280	−1.3184	−1.5292	−0.1817	
14	−1.5165	−0.7329	1.3443	0.6907	0.8705	−2.1909	0.1600	
15	0.7208	0.5106	0.8056	1.5815	1.0843	3.7814	11.4858	

（3）结果与分析

为了揭示实测值和预测值的关系，模型拟合结果优劣采用相对误差和决定系数 R2 来判别。相对误差越小，说明模型拟合数据精确度越高，R2 越大，表明模型拟合效果越好。

① 模型训练结果。根据模型训练分析结果，可见模型模拟值与实测值的平均相对误差为 18.0978%，小于允许误差 20%，表明建模型模拟精度符合要求。模型决定系数为 0.9390，说明模型模拟结果与实测值具有较好的一致性。结果表明所建立的灰色关联分析-BP 神经网络模型可对冻融土壤蒸发进行模拟。

② 模型预测结果。为了验证模型的泛化性能和预报精度，将其余 20 组数据进行预测，将模型预测值与实测值结果进行对比，结果见图 5.15。

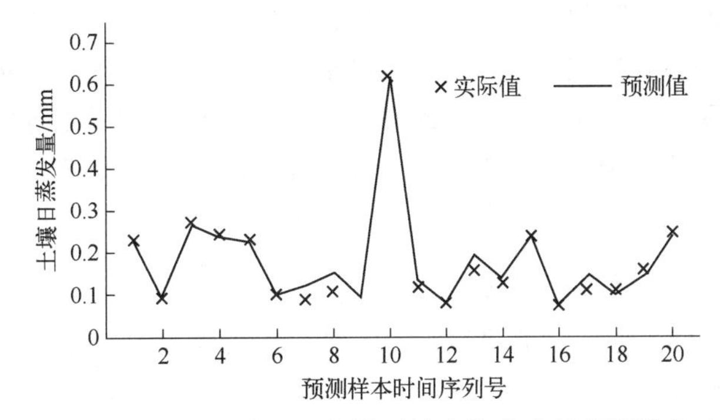

图 5.15　灰色关联分析-BP 神经网络模型的土壤蒸发量预测值与实测值对比

由图 5.15 可以看出，模型模拟预测值与实测值呈现出相同的变化趋势，且两者相差较小，可见模型预测的相对误差平均值为 9.9078%，模型预测值与实测值的决定系数为 0.9300，说明所建模型合理可行，可用于冻融土壤蒸发预报。

（4）结语

① 以日平均气温、太阳辐射、相对湿度、降水量、风速以及实测的地表土壤温度和地表含水率等 9 个影响因子作为灰色关联分析的子序列，以冻融期土壤日蒸发量为主序列，采用灰色关联分析，最终选择出与冻融土壤蒸发量关联度较高的 5 个子序列（降水量、日平均气温、水面蒸发量、地表土壤温度及地表含水率）作为 BP 神经网络的输入层，从而建立了拓扑结构为 5-15-1 的网络结构模型。

② 灰色关联分析-BP 神经网络训练结果与实测值之间的决定系数为 0.9390，平均相对误差为 18.0978%；测试结果与实测值之间的决定系数为 0.9300，平均相对误差为 9.9078%。决定系数均大于 0.90，平均相对误差均小于 20%，说明建立的灰色关联分析-BP 神经网络模型是合理可行的。

③ 利用灰色关联分析-BP 神经网络模型对冻融期土壤蒸发预测精度较高，可为干旱半干旱区冻融土壤蒸发预报和冬春季节农田灌溉管理提供技术依据。

5.3　综合建模方法在材料科学中的应用案例

本章完整地列举了前几章介绍的建模方法在材料科学中的综合应用，以加深读者的理解。

5.3.1 黄麻纤维分级的灰色模糊逻辑方法

黄麻纤维在印度经济中占有重要地位。由于各种原因，黄麻纤维的质量各不相同，因此，对黄麻纤维进行分类分级，并在此基础上确定黄麻价格。传统上主要采用主管的“手眼法”对黄麻纤维进行质量评估和分级，由于主观原因，这种评估方法因人而异。为了消除人为评估的误差，在对某些关键纤维参数进行实验评估的基础上，采用了一些科学的方法。BIS 方法是印度标准局于 1969 年引入的一种科学分级系统。在现代较为科学的 BIS 系统中，使用黄麻纤维的束强度、根含量、缺陷、纤维细度、纤维颜色和堆积密度等六个物理参数对黄麻纤维进行分级。根据这六个物理参数或属性，确定了八种黄麻等级。目前的 BIS 黄麻等级主要是根据 ISO：271—2003 标准并结合上述六种纤维参数的评分系统进行的，其中每个等级规定了不同的评分标记（印度标准局 2003）。Choudhuri（2014）将上述六个黄麻纤维参数视为六个决策标准，并借助乘法层次分析法（MAHP）提出了一种黄麻纤维等级或排名方法，通过将模糊逻辑与灰色关联分析相结合，提出了一种新的 MCDM 方法来解决黄麻分级问题，并随后用早期方法评估了其效果，减少了评估中的主观性。

5.3.1.1 模糊逻辑与灰色分析的融合

灰色关联分析（GRA）方法是解决复杂的多目标决策问题的较为有效工具，通常情况下，这些问题由多个决策标准组成，这些决策标准往往在本质上相互冲突，但在 GRA 中，将决策标准分类为“越大越好”的效益类型，与“越小越好”类型的无效益类型，在一定程度上暗示了所得到的最优解决方案的不确定性与模糊性，这就是模糊逻辑发挥作用的地方。为了处理 GRA 方法固有的不确定性，将模糊逻辑集成其中，从而提高了导出解的质量和精度。模糊逻辑系统的基本组成部分是模糊器、数据库、模糊隶属函数、模糊规则库、模糊推理引擎和解模糊器。输入数据的模糊化是由模糊器完成的。模糊推理系统有助于根据一组通过人类推理制定的模糊语言规则推断结果，从而有助于生成语言的模糊化的值，然后通过解模糊器将语言信息转换为清晰可理解的灰色模糊推理等级（GFRG）（Chakraborty, Chatterjee 和 Das 2019）的数值。在各种“去中心”（如质心、极大值均值、左右极大值等）、“去模糊化”的方法中，去质心方法被广泛使用。

理论上，如果有 n 个输入变量，1 个语言级别，那么决策标准的总数是 l^n 。但一个有效的模糊系统的决策标准数量越多，系统的复杂性越高。

两种最流行的模糊推理系统是 Mamdani 和 Sugeno。前者采用去模糊化技术将模糊输出转换为清晰输出，后者采用加权平均技术。Mamdani 推理系统考虑输出隶属度函数，而 Sugeno 系统不考虑。结合黄亚麻分级问题及评估问题，通过灰色模糊逻辑方法处理所涉及的主要步骤总结如下：

步骤 1：定义模糊隶属函数

首先定义不同形式的隶属函数，得到不同的模糊灰色关联系数（GRC）值。根据问题中出现的属性总数，声明输入模糊变量总数，实际表示对应属性的 GRC 值，输出一个 GFRG 值。

步骤 2：模糊 IF-THEN 规则的制定

通过构造一组由 IF-THEN 子句组成的模糊语言规则，建立输入 GRC 和输出 GFRG 值之间的模糊推理关系。

步骤 3：使用模糊推理进行模糊化

在这一步中，Mamdani 推理机根据模糊 IF-THEN 规则进行模糊推理，生成一个模糊输出值 $\mu_{C_o}(G)$。

步骤 4：去模糊化，生成 GFRG 的清晰值

在最后阶段，模糊输出 $\mu_{C_0}(G)$使用质心去模糊化方法转换为清晰的 GFRG(G_0)输出，如式（5.46）所示。

$$G_0 = \frac{\sum G\mu_{C_0}(G)}{\sum \mu_{C_0}(G)} \tag{5.46}$$

当一种属性的 GFRG 值越高，则我们越倾向于选择它。因此，GFRG 值最高的方案将是最佳选择。

5.3.1.2 材料与方法

（1）数据收集与分析

九个黄麻纤维样品的 6 种黄麻纤维属性的测试结果，即束强度（韧性）、根含量、缺陷、纤维细度、纤维颜色和堆积密度，以及自美国国立黄麻及相关纤维研究所收集的基于 BIS 分级系统的纤维分级见表 5.19。

表 5.19 原始数据集和 BIS 等级（Choudhuri，2014）

样品标号	韧性/(g/tex)	根成分/%	不合格品/%	细度/%	颜色	密度	BIS 级别
1	24.2	10	1.5	2.9	中上（3）	中等（2）	TD4+60%
2	26.5	8	1.5	3.2	中上（3）	中等（2）	TD4+80%
3	23.1	8	1.5	3.0	中上（3）	中等（2）	TD4+65%
4	24.1	8	2.0	3.3	中上（3）	中等（2）	TD4+20%
5	27.1	8	2.0	2.9	中等（2）	中等（2）	TD4+35%
6	21.0	15	1.5	3.0	中等（2）	中等（2）	TD4
7	18.8	10	2.0	3.5	中等（2）	中等（2）	TD5+20%
8	22.4	10	2.0	3.1	中等（2）	中等（2）	TD5+80%
9	15.5	15	1.0	2.6	中等（2）	较重（3）	TD4+60%

Choudhuri 也通过 MAHP 方法使用了相同的数据集。

在 BIS 分级系统中，通常对纤维颜色、堆积密度等属性进行主观评价。然而，为了数值计算，我们将一些主观评价标准赋予了数值。比如，“中上”和“中等”颜色属性分别被赋予数值 3 和 2，而两个密度属性，即“中等”和“较重”分别被赋予数值 2 和 3，如表 5.19 中小括号内的相应属性所示。赋值策略保持与 Choudhuri 所遵循的相同，以保持原始数据集相同。

（2）黄麻纤维分级的灰色模糊逻辑方法

分级问题由 9 个黄麻纤维品种组成，根据 6 个黄麻纤维属性或参数进行评估，即束强度（BS）、纤维颜色（FC）、堆积密度（BD）、根含量（RC）、纤维缺陷（FD）和纤维细度（FF）。表 5.20 给出了该梯度问题的相关决策矩阵。通过表 5.20 这些黄麻纤维评价属性值，来得出候选黄麻纤维品种的品质值（GFRG）。

表 5.20 黄麻分级问题的决策矩阵

样品标号	RC	FD	FF	BS	FC	BD
1	10	1.5	2.9	24.2	3	2
2	8	1.5	3.2	26.5	3	2
3	8	1.5	3.0	23.1	3	2
4	8	2.0	3.3	24.1	3	2
5	8	2.0	2.9	27.1	2	2
6	15	1.5	3.0	21.0	2	2
7	10	2.0	3.5	18.8	2	2
8	10	2.0	3.1	22.4	2	2
9	15	1.0	2.6	15.5	2	3

5.3.1.3 结果与讨论

在黄麻纤维的六种属性中，BS、FC 和 BD 是越大越好的类型，即效益标准；其余三种是越小越好的类型，即无效益或成本标准。根据所考虑的评价准则，建立了归一化决策矩阵，如表 5.21 所示。利用 0 至 1 之间的归一化数据，计算出对应的 GRC 值和灰色关联度（GRG）值。

表 5.22 显示了所有九种黄麻纤维样品的 GRC 和 GRG 值，并根据 GRG 值进行排序。根据 GRG 值排序，样本编号为 2 的样品是黄麻行业最优先的选择，其次是样品号 9。而最不受欢迎的黄麻纤维样品 7，它能满足需求的能力有限。我们采用模糊逻辑方法，对排名分级结果进行微调，并减少数据集和灰色关联分析中内置的模糊性。

表 5.21 黄麻分级问题准则归一化决策矩阵

样品标号	RC	FD	FF	BS	FC	BD
1	0.7143	0.5	0.6667	0.75	1	0
2	1	0.5	0.3333	0.9483	1	0
3	1	0.5	0.5556	0.6552	1	0
4	1	0	0.2222	0.7414	1	0
5	1	0	0.6667	1	0	0
6	0	0.5	0.5556	0.4741	0	0
7	0.7143	0	0	0.2845	0	0
8	0.7143	0	0.4444	0.5948	0	0
9	0	1	1	0	0	1

表 5.22 灰色关联等级和灰色模糊关联等级与排名

样品标号	RC	FD	FF	BS	FC	BD
1	0.6364	0.5	0.6	0.6667	1	0
2	1	0.5	0.4286	0.9062	1	0
3	1	0.5	0.5294	0.5294	1	0
4	1	0.3333	0.3913	0.3913	1	0
5	1	0.3333	0.6	0.6	0	0
6	0.3333	0.5	0.5294	0.4741	0	0
7	0.6364	0.3333	0.3333	0.2845	0	0
8	0.6364	0.3333	0.4737	0.5948	0	0
9	0.3333	1	1	0	0	1

整个分析使用的是 MATLAB 2015 编程环境下自行开发的“GFRG Plus”软件，并在其模糊逻辑工具箱的帮助下得到的 GFRG 值。在模糊逻辑系统中，输入的是黄麻纤维六个参数的 GRC 值，即 RC、FD、FF、BS、FC、BD，通过用了五个三角隶属函数，输出 GFRG 值，模糊子集为最低（LT）、低（L）、中（M）、高（H）和最高（HT）。第 5 个输入参数 FC 被赋予了 5 个三角隶属函数，其模糊子集为“平均”“平均上”“相对好”“好”和“很好”，并给第 6 个输入参数 BD 赋予了 3 个三角隶属函数，其模糊子集为低（L），输出 GFRG 值表示三角隶属函数输出的模糊子集，分别为最低（LT）、极低（VL）、低（L）、中低（ML）、中高（MH）、高（H）、极高（VH）和最高（HT）。

图 5.16～图 5.18 为输入 GRC 的模糊隶属度函数，图 5.19 为输出 GFRG。这个黄麻分级问题的体系结构，它基本上是一个六输入一输出的模糊逻辑单元。目前，针对黄麻纤维分级问题，已开发了 9 个模糊规则，包括 6 个输入参数和 9 个黄麻纤维替代参数。这样制定的规则建立了输入参数的 GRC 值和输出 GFRG 值之间的关系。其中一个模糊语言规则如：如果（RC=中）和（FD=低），（FF=中）和（BS=中），（FC=很好）和（BD=低），则（GFRG=很好）。

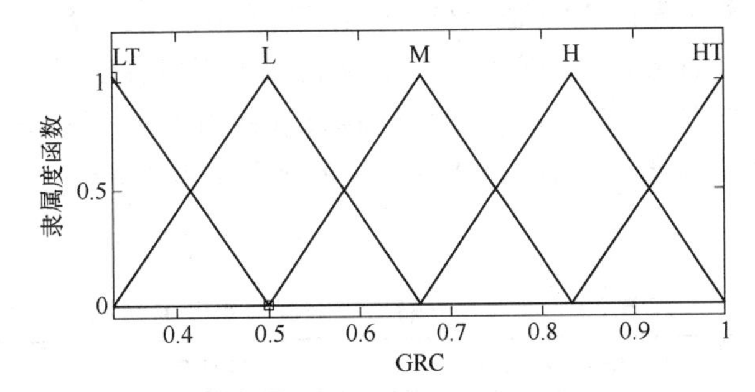

图 5.16　输入 RC, FD, FF 和 BS 的模糊隶属度函数

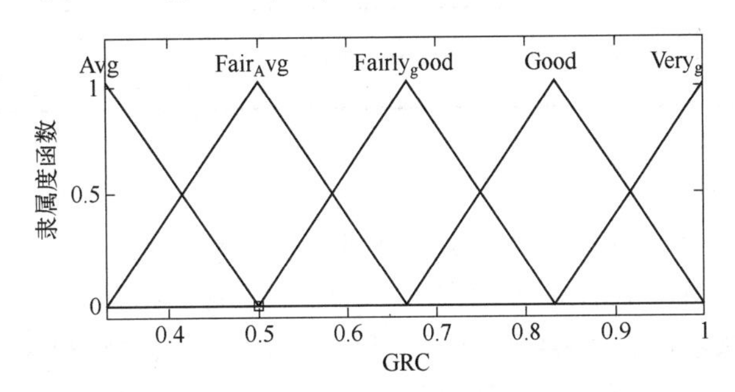

图 5.17　输入 FC 的模糊隶属度函数

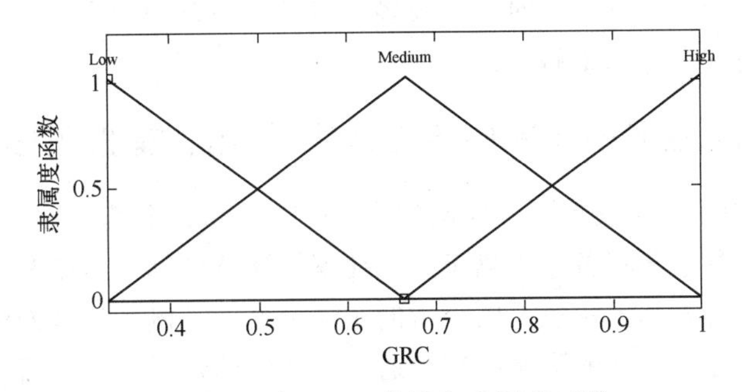

图 5.18　输入 BD 的模糊隶属度函数

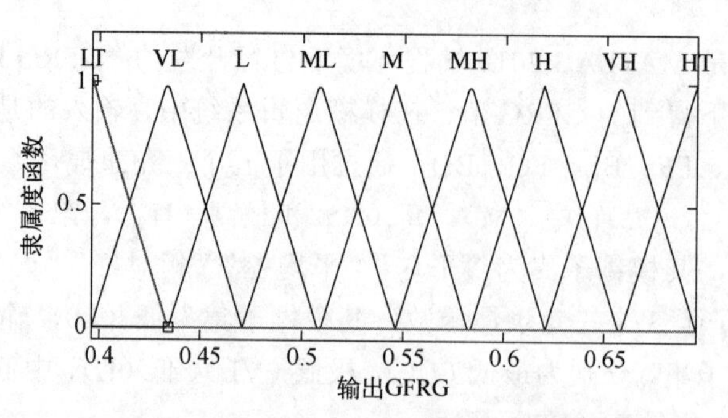

图 5.19 输出 GFRG 模糊隶属度函数

对应模糊集的模糊隶属度，当 GRC 值为 RC=0.628，FD=0.535，FF=0.689，BS=0.683，FC=0.906，BD=0.506 时，输出 GFRG 为 0.62。同样，对所有 9 个候选黄麻纤维品种的 GFRG 值进行了评估，结果如表 5.22 中所示。

从表 5.22 可以看出，样品编号为 2 的 GFRG 值最高，为最优选择；样品号为 7 的 GFRG 值最低为最差选择。这与基于 GRG 值获得的排名完全匹配。但二者之间又存在一些差异。

为了检验所提模型的正确性和有效性，将灰色模糊逻辑方法得到的排名模式与现有的 BIS 评分系统和 MAHP 方法进行比较。采用 Spearman 秩相关分析进行比较，如表 5.23 所示。从 Spearman 的排名相关系数可以看出，上述方法的排名结果与其他方法较为一致，且存在很强的相关性。

表 5.23 六输入一输出模糊逻辑单元的结构

方法	BIS 分级系统	MAHP	灰色模糊逻辑
BIS 分级系统	0.6364	0.5	0.6
MAHP	1	0.5	0.4286
灰色模糊逻辑	1	0.5	0.5294

5.3.1.4 结论

基于对候选黄麻纤维品种的深加工适用性进行排序或分级问题，提出了一种将模糊逻辑与灰色关联分析相结合的 MCDM 技术方法，同时尽量减少灰色关联分析中的模糊性或不确定性。通过该综合方法获得的黄麻纤维等级与现有的 BIS 分级系统和 MAHP 方法有很好的一致性。该灰色模糊逻辑分类法，是一种简单而有效的基础数学工具，不受附加参数的影响。该方法同样可以应用于纺织行业。对于涉及多个模糊、不精确数据且评价标准相互冲突的问题，都可以灵活运用这个方法来解决。

5.3.2 用序列相似性分析研究原料与水性聚氨酯性能的相关性

以聚丙二醇（PPG）、异氟尔酮二异氰酸酯（IPDI）和二甲基丙酸（DMPA）为原料，采用改性预聚物异氰酸酯工艺制备了阴离子型水性聚氨酯分散体（PUD）。制备了 A 组和 B 组两个系列聚氨酯，并引入基于灰色关联分析的预测模型，预测了原料对聚氨酯固相含量、黏度、酸值和电解稳定性等性能的影响顺序。通过设计的演示实验，发现该模型能够成功预测原材料对性能的影响。此外，预测模型的结果表明，DMPA 在黏度、偏酸值和电解稳定性方面起着关键作用。

水性聚氨酯分散体（PUD）是一种用途非常广泛的高分子材料，可用于各种纤维的涂料、替代基材的黏合剂、金属的底漆、嵌缝材料、不同单体的乳液聚合介质、涂料添加剂、消泡剂、相关增稠剂、颜料膏和纺织染料。在工业中，低成本合成性能优良的聚氨酯具有重要意义。目前主要通过对结构和原料两方面来探究对聚氨酯性能的影响。

结构对性能影响的研究主要集中在软段和硬段、相分离和结晶度等方面。根据以往的研究，聚氨酯的体结构决定了聚氨酯的性能，特别是聚氨酯的应用性能。经典公认的研究方法是“原料→结构→性能”。但是，结构与性能的直接关联并不适合工业生产，这里主要考虑的是原料配比，而不是工业中的结构设计。此外，一种材料可能对结构有多种影响，如二异氰酸酯决定了相分离、结晶度、硬段和软段比值等。这种多重影响肯定会对聚氨酯的性能产生较为复杂的交叉影响，这也是研究人员和生产商重点关注的问题。原料的用量、量比决定，包括不同种类的二异氰酸酯、低聚物多元醇、扩链剂、二甲基丙酸（DMPA）会直接决定聚氨酯的体结构。因此，目前更主流的方法是根据“原料→性能”的新设计路线，以排除结构对聚氨酯性能的多重影响。

通常来讲，固体含量、黏度、酸值（AN）等这些性能对于聚氨酯的应用是至关重要的，例如，酸值是油墨工业中最重要的黏合剂性能之一，酸值大会导致油墨黏度增强，而酸值小则会导致黏合剂对颜料的润湿性差，油墨的流动性能和光泽度差。因此，在聚氨酯的制备和使用过程中，我们需要了解如何应用性能的预测并控制。PUD 主要由至少五种原料合成，这些原料都可能对聚氨酯分散体的性能产生直接或间接的影响，因此需要同时考虑到所有原材料对一种性能的产生的多方面协同效应的影响。在配方设计中，一味强调 PUD 的某一特性，难以实现协同增效。因此，需要重点研究不同原料对 PUD 某一性能的影响。

灰色关联模型是基于几何相似序列分析和灰色序列之间的关联度量，量化不同层次的多个序列相对于某一层次的相关性。在数学理论中，它是反映离散序列空间临近性的几何分析，灰色关联模型的基本思想是确定设计因子之间的相关性并对其排序。

采用灰色关联模型来预测原料与 PUD 性能之间的关系。通过该模型，可以分析灰色系统中多个序列之间的接近性，识别出不同层次之间相对于某一层次的关系。这种接近度称为灰色关联度，关联度越高，说明样本序列与比较序列之间的关系越密切。在本研究中，PUD 的性质考虑了样本序列，采用灰色系统理论中的灰色关联分析来预测聚氨酯原料与分散体之间的相对影响。

根据前人的研究来定义并计算了灰色关联系数（$\xi_i(k)$）、识别系数（ρ）、灰色关联度（r_i）等参数。然后，通过比较 r_i 值，得到样本序列与比较序列之间的相对关系，用于预测样品的固体含量、Brookfield 黏度、酸值和 NaCl 消耗体积值，见表 5.24。所有样品均表现出较高的固体含量和较低的黏度，有利于干燥，也可用于颜料黏结剂和分散剂。

表 5.24　A 组固体含量、Brookfield 黏度、NaCl 消耗体积值和酸值的相关性预测

样品	固体含量/%	Brookfield 黏度/mPa·s	电解稳定性/mL NaCl	酸值/(mg KOH/g)
A1	33.5	21.5	5.5	7.323
A2	33.6	21.4	8.5	7.101
A3	36.5	55.4	10.3	8.655

由表 5.24 可知，黏度随着硬段与软段的摩尔比值小于 4 而逐渐降低，酸值由 DMPA 的含量决定，随着硬段与软段的摩尔比值（摩尔比为 3,4,5）的增加而增加。所有样品的酸值均在 7～9 mg KOH/g 范围内，适用于水性油墨黏结剂。通过灰色关联分析，可以明确各原料对应用性能的直接和间接影响因素。首先将 A1 样品的原料和性能值定义为样品序列（序列 ϑ_0），然后将 A2 和 A3 样品的数据定义为比较序列（序列 ϑ_1 和 ϑ_2）。对实验原始数据序列进行处理，通过式（5.47）得到标准化序列。

$$y_i^0 = \vartheta_i(k) / \vartheta_0(k) \tag{5.47}$$

其中，$y_i^0(i)$ 为标准化序列的值。为了得到固体含量与原料之间的关系，将样品的固体含量与原料的标准化序列数据按如下顺序排列，还可以将各原料性质与原料的数据设置为新的序列，进行关系分析，其中 $x_0(k)$ 序列表示每种性质。x_0=(1,0.001,1.080)，x_1=(1,1.337,1.013)，x_2=(1,1.013,1.008)，x_3=(1,1.111,1.211)，x_4=(1,2.706,4.372)，x_5=(1,1.022,1.120)，x_6=(1,1.109, 1.198)。

要计算灰色关联度值，应确定 ρ 和 ω_k 的值。根据前人的研究，ρ 取 0.5，ω_k 值为 k 值的倒数。r_i 值适用于预测原料对 PUD 各项性能的影响。r_i 值越高，说明一种原料对水性聚氨酯性能的影响越大。同时，影响因素可分为直接影响因素和间接影响因素。通过 r_i 的取值和影响因子的分类，可以得到影响因子的序列。各原料固体含量 r_i 值顺序为：r_6(TEA) > r_2(PPG-2000) > r_4(NMP) > r_3(DMPA) > r_1(IPDI) > r_5(BDO)。

采用三乙醇胺（TEA）作为中和剂，其沸点为 89.5℃，在 PUD 中反应不完全的残余 TEA 在固含量测定时容易挥发。因此，该项可以作为固体含量的间接影响因素。同时，在聚氨酯合成过程中，TEA 会与 DMPA 离子基团反应，所以 DMPA 也可以被认为是间接影响因素，其他原料是固体含量的直接影响因素。各原料直接影响因子对固相含量的影响顺序为：r_2(PPG-2000) > r_4(NMP) > r_1(IPDI) > r_5(BDO)，间接影响因子为 r_6(TEA) > r_3(DMPA)。对于电解稳定性，各原料的 r_i 值依次为：r_1(IPDI) > r_3(DMPA) > r_4(NMP) > r_6(TEA) > r_2(PPG2000) > r_5(BDO)。由于 DMPA 中阴离子的存在，使 PUD 具有一定的离子强度。因此，一定量的强电解质可导致 PUD 凝固。

以往研究得出结论，随着 DMPA 含量的增加，电解阻力增加。因此 DMPA 是直接影响因素，间接影响因素对电解稳定性的影响顺序为：r_1(IPDI) > r_4(NMP) > r_6(TEA) > r_2(PPG-2000) > r_5(BDO)。对于酸值，各原料的 r_i 值依次为：r_6(TEA) > r_4(NMP) > r_3(DMPA) > r_2(PPG-2000) > r_1(IPDI) > r_5(BDO)。而使用 NMP 作为共溶剂，对酸值没有影响。因此，NMP 在影响顺序上可以忽略不计。

在本研究中，DMPA 提供羧酸离子（—COOH），主要消耗 KOH。即，DMPA 是酸值的决定因素，其他原料可能是间接因素。对酸值的影响顺序为 r_6(TEA) > r_2(PPG-2000) > r_1(IPDI) > r_5(BDO)。但由于存在各种复杂因素，因此对黏度的影响因素难以预测。本研究以原料为切入点，尝试探讨不同因素对黏度的影响程度。显然，NMP 作为助溶剂是影响黏度的直接因素之一：助溶剂越多，黏度越低。根据 O. Lorenz 的双层理论，黏度的变化主要是由双层电滞效应引起的，其中 PUD 胶体颗粒的亲水性基团吸附形成弥漫性双层。亲水性基团和阳离子分别由 DMPA 和 TEA 引入。因此，在本关联分析中，DMPA 和 TEA 应被视为直接影响因素，其影响顺序为：r_3(DMPA) > r_6(TEA) > r_4(NMP)。其他原料可能是间接影响因素，其影响顺序为：r_5(BDO) > r_2(PPG-2000) > r_1(IPDI)。BDO、PPG 和 IPDI 基本决定了 NCO/OH 的值，NCO/OH 对聚氨酯的分子量有关键影响。分子量的变化对黏度有间接的影响。

为了验证灰色关联分析在聚氨酯分散体中应用的适用性和预测的准确性，又进行了 6 组实验。B 组实验样品的固体含量、Brookfield 黏度、酸值和 NaCl 消耗体积值如图 5.20 所示。将 B1 样品的原料和性能值定义为样品序列（90），将图 5.20 中其他样品的数据定义为比较序列（91,92,...95）。

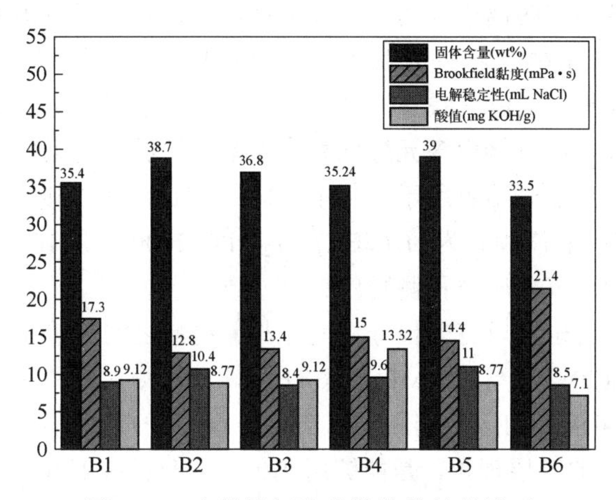

图 5.20　水性聚氨酯分散体的性能演示

将样品 B1 的原料和性能值定义为样品序列，计算所有 PUD 的数据，可以得到性能和原材料的标准化序列，标准化序列为 $x_1(k)$，其中 $x_0(k)$表示 PUD 的每种特性，$x_1(k)$～$x_6(k)$表示每种原料序列。

$$x_0=(1,1.093,1.040,0.995,1.102,0.948),\ x_1=(1,1.310,1,1,1,1),\ x_2=(1,1,1,1,1.200,1),\ x_3=(1,0.699,0.699,0.699,0.699,0.699),\ x_4=(1,1,1,1,1,1),\ x_5=(1,1,1.641,1,1,1),\ x_6=(1,1,1,1.583,1,1)$$

ρ 和 ω_k 值与预测值一致，如表 5.25 所示，r_i 值适用于原材料对 PUD 各性能影响的预测。为了证明之前的预测，可以对表 5.25 中的数据进行排序，以确认演示顺序与预测顺序相同。对于固体含量，各原料对固体含量的直接影响因子依次为：r_2(PPG-2000) > r_4(NMP) > r_1(IPDI) > r_5(BDO)，间接影响因子依次为 r_6(TEA) > r_3(DMPA)。论证顺序与预测顺序吻合较好。说明灰色关联分析可以有效地分析固体含量与原料之间的关系。在水性聚氨酯配方中，TEA 和 DMPA 正是影响固相含量的间接因素。因此，要获得高固含量的 PUD，最有效的方法是增加多元醇低聚物的含量。

表 5.25　B 组实验中以 b1-b6 为样本进行论证的灰色关联度值 r_i

性能	IPDI	PPG-2000	DPMA	NMP	FC	TEA
固体含量/%	0.844	0.875	0.563	0.874	0.782	0.764
Brookfield 黏度/mPa • s	0.704	0.706	0.783	0.736	0.682	0.671
电解稳定性/mL NaCl	0.808	0.853	0.577	0.802	0.714	0.734
酸值/(mg KOH/g)	0.753	0.768	0.650	0.817	0.714	0.868

电解稳定性方面，除 DMPA 外，原料的数值顺序为：r_2(PPG-2000) > r_1(IPDI) > r_4(NMP) > r_6(TEA) > r_5(BDO)，前文中电解稳定性的预测顺序略有不同。差异是由聚氨酯软段 PPG-2000

造成的。软段是聚氨酯的主链。提出 PUD 的确定离子强度是由 PPG 的阳离子结构与 DMPA 的阴离子反离子之间的相互配位决定的。

因此，我们可知分类结构的软段应是直接影响因素。直接影响电解稳定性的预测顺序为 r_3(DMPA) > r_2(PPG-2000)，而显示顺序则相反，即 r_2(PPG-2000) >r_3(DMPA)。

根据灰色关联分析可知，DMPA 和 PPG-2000 对电解稳定性的影响因子不确定。

再考虑到阳离子结构与阴离子反离子的互配性，其影响因子可由 PPG-2000 与 DMPA 的含量比决定。预测和论证对电解稳定性间接影响的顺序完全相同：r_1(IPDI) > r_4(NMP) > r_6(TEA) > r_5(BDO)。因此，灰色关联分析可以有效地分析电解稳定性与原料之间的关系。

综上所述，电解稳定性直接由多元醇低聚物和亲水扩链剂的组成决定，间接取决于二异氰酸酯和硬段。根据预测部分结果所示，其中酸值、DMPA 为直接影响因素，忽略 NMP 的影响，其他原料对酸值的取值顺序为：r_6(TEA) > r_2(PPG-2000) > r_1(IPDI) > r_5(BDO)，如表 5.25 所示。间接影响因素的示范顺序与预测顺序完全一致。

因此，灰色关联分析也可以有效地分析酸值与原材料之间的关系。演示中黏度直接影响因素的影响顺序为：r_3(DMPA) > r_4(NMP) > r_6(TEA)。与预测捕获的顺序相比，差异是由共溶剂 NMP 引起的，差异可能是由于预测和演示实验中 NMP 的剂量不同造成的。DMPA 和 TEA 的影响表明，O. Lorenz 的双层理论，是能够用灰色关联分析来解释黏度的变化。其中，黏度间接影响因素的影响顺序为：r_2(PPG-2000) > r_1(IPDI) > r_5(BDO)。这种差异是由用作扩链剂的 BDO 引起的，它可以决定聚氨酯的分子量。本研究不打算解释 BDO 造成的差异。PPG 和 IPDI 的影响顺序在预测和论证中是一致的。因此，需要对灰色关联分析进行适当的修正，使其能够准确预测原料与黏度之间的关系。

总结可知，该基于灰色关联分析的例子，是建立了原料与 PUD 某些应用性能之间关系的预测模型。通过对实验数据的预测和论证，本研究的模型可以成功预测原料对应用性能的影响顺序。通过模型分析发现 DMPA 对应用性能起关键作用，是本研究中影响应用性能最大的决定因素。然而，我们得出结论，提高多元醇低聚物含量是获得高固含量 PUD 的最有效方法。电解稳定性直接取决于多元醇低聚物和亲水扩链剂的组成，间接取决于二异氰酸酯和硬段。此外，PUD 分散体的黏度受多种因素的影响，只能通过模型进行粗略的预测。

5.3.3 灰色模糊逻辑在 CFRP 复合材料多性能参数优化中应用

碳纤维增强塑料（CFRP）复合材料具有广泛的应用前景。在机械加工中，本质上需要钻孔来连接不同的结构。但碳纤维布钻孔造成了许多问题，降低了孔的质量。采用田口 L27 正交阵列对 CFRP 复合材料板进行钻孔。为了提高钻孔质量，采用灰色关联分析的方法选择了钻进参数的最优组合。钻井参数的灰色模糊优化是基于 5 种不同的输出性能特征，即推力、扭矩、入孔分层、出孔分层和偏心。为了最小化上述所有性能特征的值，需要输入钻井参数的最佳组合。采用灰色模糊逻辑对钻井参数进行优化，以最小化钻井过程中造成的破坏。方差分析用于寻找对高质量产品有重要影响的钻井参数。

5.3.3.1 实验描述

实验使用的材料是采用碳纤维和树脂手工铺层工艺制成的 CFRP 板，其性能如表 5.26 所示。

表 5.26 CFRP 材料性能

样品标号	RC
抗拉强度/GPa	3.5
拉伸模量/GPa	230
密度/(g/cm^3)	1.75
比强度/GPa	2.00
环氧材料的性能	EPON 树脂 8132
黏度（平衡悬浊）	5～7
单位环氧化物的重量	192～215
密度/(lb/gal)	9.2

板的厚度为 3mm，钻孔均匀直径 6mm。本实验所用的钻具是由高速钢制成的，高速钢麻花钻采用三种不同的点角制作，如表 5.27 所示。主轴转速和进给速度的三级变化情况也见表 5.27。

表 5.27 三个因素和三个等级

因素	一级	二级	三级
主轴转速 v/(r/min)	1000	2000	3000
角度 Θ /(°)	100	118	135
进给速度 f/(mm/min)	100	300	500

本研究使用的实验装置如图 5.21 所示。在 ARIX VMC100 数控机床上进行钻孔实验，并设置预先设定的切削条件。所有 27 个实验的推力和扭矩均采用压电 Kistler 测功机测量。使用尼康 D-200 相机对钻孔板进行拍照，并将钻孔图像输入 coreldraw 软件，测量钻孔损伤区的最大直径。使用通用测量机（UMM）和高速扫描探头扫描孔的外围以测量偏心距。图 UMM 机器分辨率为 0.2μm，转盘精度为 0.5。探头头部将有电磁夹紧系统，以保持探头组合。这就消除了每次将探针组合放在机器上时的校准。图 5.22 显示了从测功机测得的推力的一个样本。

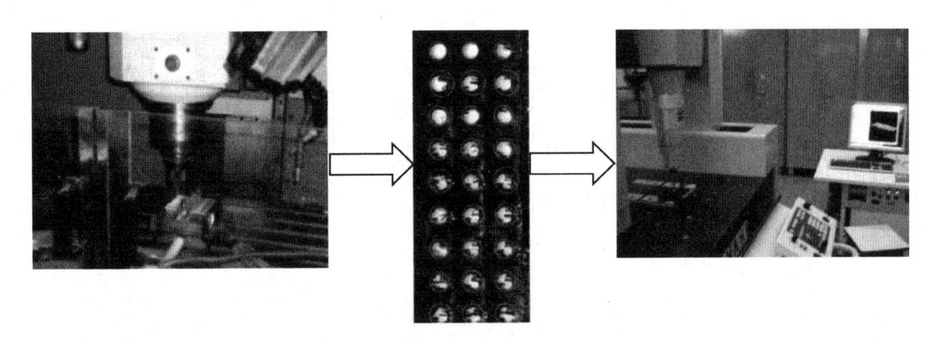

图 5.21 实验设备建立

在入口和出口处的分层值由下式计算：

$$F_d = \frac{D_{\max}}{d} \tag{5.48}$$

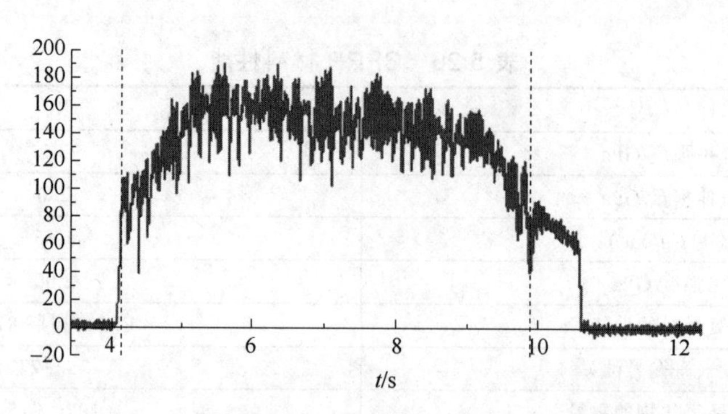

图 5.22 从基斯特勒测功机得到的推力图

式中，F_d 为分层因子；$D_{\max}$ 为破坏区观测到的最大直径；d 为钻头直径。分层因子分别在钻头的入口和出口一侧计算，分别称为入口分层和出口分层。上述 5 种性能特征，即推力、扭矩、进出口分层因素、离心率，连同输入的钻削参数，即主轴转速、角度、进给速度，均列在表 5.28 中。表 5.28 中所示的数值是输入钻井参数各组合下钻 3 个孔的平均值.

表 5.28 输入钻井参数和五种性能特征

主轴转速 /(r/min)	角度/(°)	给进速度 /(mm/min)	推力/N	转矩/N·m	进口分层因素	出口分层因素	离心率/mm
1000	100	100	99.6900	0.73	1.3418	1.4378	0.0728
1000	100	300	165.2033	0.84	1.3759	1.6373	0.0619
1000	100	500	198.3633	1.12	1.4368	1.5410	0.0609
1000	118	100	156.2500	0.99	1.3921	1.2628	0.0517
1000	118	300	253.2933	1.34	1.4400	1.4658	0.0431
1000	118	500	310.4667	1.37	1.5211	1.4137	0.0619
1000	135	100	155.4333	1.37	1.3398	1.1851	0.0437
1000	135	300	261.2300	1.52	1.3587	1.3692	0.0302
1000	135	500	310.0600	1.87	1.4756	1.2739	0.0251
2000	100	100	92.3667	0.48	1.3900	1.4455	0.0623
2000	100	300	154.0100	0.68	1.3439	1.5100	0.0815
2000	100	500	192.8733	0.87	1.3817	1.3607	0.1113
2000	118	100	140.1767	0.57	1.4287	1.4000	0.0652
2000	118	300	231.5233	0.92	1.4300	1.4562	0.0821
2000	118	500	271.8100	0.93	1.4474	1.3794	0.0799
2000	135	100	150.7533	0.64	1.4021	1.3296	0.0671
2000	135	300	234.7800	0.94	1.3798	1.3585	0.0655
2000	135	500	299.1833	0.95	1.4110	1.4500	0.0671
3000	100	100	84.2300	0.39	1.4287	1.4100	0.0156
3000	100	300	152.3867	0.47	1.3974	1.3807	0.0322
3000	100	500	165.8133	0.60	1.3600	1.1688	0.0588
3000	118	100	130.6167	0.40	1.4347	1.3534	0.0308
3000	118	300	191.8567	0.54	1.4098	1.5100	0.0342
3000	118	500	270.3867	0.70	1.4224	1.4000	0.0411
3000	135	100	143.6367	0.48	1.4601	1.4400	0.0448
3000	135	300	226.0333	0.55	1.4264	1.5100	0.0601
3000	135	500	283.0000	0.78	1.4018	1.4774	0.0770

5.3.3.2 灰色关联分析

本算例采用灰色关联分析的方法，对复合加工工艺优化中的多重性能特征进行了研究。通过以下步骤对钻井参数进行优化。首先将实验结果归一化，包括所有五种不同的性能特征，称为数据预处理，再计算各性能特征的灰色关联系数，并对相应的灰色关联系数求平均值，计算灰关联等级，然后运用灰色关联度和方差统计分析对实验结果进行分析，最终选择出最优工艺参数水平。

5.3.3.3 灰色模糊逻辑

灰色关联度是根据每个多重响应的“越低越好”“越高越好”或“名义越好”的特征来计算的，因此得到的最优结果也仍然存在一定程度的不确定性。模糊逻辑理论提供了一种方法来表示问题的模糊性、不确定性。

一个模糊集由无限个隶属函数组成，这些隶属函数将一个集合（比如 X）映射到单位区间[0,1]上。因此，灰色关联度中的不确定性可以用模糊逻辑方法处理，从而发展了一种多种性能特征的模糊推理，被称为灰色模糊系统。该优化过程可以针对单个灰色模糊推理等级执行，而不是复杂的多个性能特征。

模糊逻辑方法包括对输入数据进行模糊化、规则推理和去模糊化，以获得清晰的值。通过将输入数据与解模糊后的输出数据进行比较，获得较好的预测精度值。模糊化是利用语言变量使一个清晰的量变得模糊的过程。去模糊系统使用这些模糊化的数据解决不精确和模糊的问题，并给出结果的准确度。

把隶属度值分配给模糊变量有多种方法，有直观的分配过程，也有基于一些算法或逻辑分配方法。文献中可用的各种方法有直觉、推理、排序、角度模糊集、神经网络、遗传算法、归纳推理和模糊统计等。通常使用的隶属函数的例子有三角形、梯形、高斯等函数。

规则推理系统根据去模糊系统或直觉所构建的一组规则来推导或推断出一个结论。其规则总结为：如果“前提”，那么“结论”。

利用模糊蕴涵运算可以获得任意模糊关系的隶属度函数值，本算例采用了 Mamdani 的蕴涵推理方法。该方法用于产生模糊规则的聚合，称为最大-最小推理方法。模糊逻辑方法的下一步是去模糊化，可以使用各种方法进行，如最大隶属度法、质心法、加权平均法、平均最大隶属度法等。质心法是所有方法中较为普遍和具有物理吸引力的方法。

模糊逻辑方法提供了改进的灰色关联等级，其不确定性输出明显小于单独的灰色关联方法。因此，灰色模糊推理等级（模糊逻辑系统输出的灰色等级）必须大于灰色关联等级。这种改进灰色模糊等级的优势也在各算例中应用。

5.3.3.4 结果与讨论

（1）灰色关联分析

利用表 5.28 所示的实验数据，得到 5.3.3.1 所述的灰关联系数。表 5.29 显示了所有五个性能特征的预处理数据。表 5.30 给出了五种绩效特征的灰关联系数以及灰关联等级的排序。灰色关联等级的最高值为 0.7995，即钻井参数的最佳组合为实验 19，推力、扭矩、进出处的分层因素和离心率为最小值。前两个性能特征的灰色关联系数是统一的，具有准确的参考值。

表 5.29 数据预处理

出口序号	推力	转矩	进入分层因素	出口分层因素	离心率
1	0.9317	0.7703	0.9893	0.4258	0.402
2	0.6421	0.6959	0.8007	0.0000	0.516
3	0.4955	0.5068	0.4651	0.2056	0.527
4	0.6817	0.5946	0.7118	0.7995	0.623
5	0.2527	0.3581	0.4473	0.3661	0.712
6	0.0000	0.3378	0.0000	0.4774	0.516
7	0.6853	0.3378	1.0000	0.9653	0.706
8	0.2176	0.2365	0.8958	0.5723	0.847
9	0.0018	0.0000	0.2508	0.7758	0.901
10	0.9640	0.9392	0.7232	0.4095	0.512
11	0.6916	0.8041	0.9776	0.2718	0.311
12	0.5198	0.6757	0.7689	0.5904	0.000
13	0.7527	0.8784	0.5098	0.5066	0.481
14	0.3489	0.6419	0.5025	0.3866	0.305
15	0.1709	0.6351	0.4065	0.5506	0.328
16	0.7060	0.8311	0.6567	0.6568	0.462
17	0.3345	0.6284	0.7796	0.5952	0.478
18	0.0499	0.6216	0.6073	0.3999	0.462
19	1.0000	1.0000	0.5098	0.4852	1.000
20	0.6987	0.9459	0.6821	0.5477	0.827
21	0.6394	0.8581	0.8887	1.0000	0.548
22	0.7950	0.9932	0.4764	0.6061	0.841
23	0.5243	0.8986	0.6140	0.2718	0.806
24	0.1772	0.7905	0.5441	0.5066	0.733
25	0.7374	0.9392	0.3366	0.4212	0.695
26	0.3732	0.8919	0.5221	0.2718	0.535
27	0.1214	0.7365	0.6579	0.3413	0.358

表 5.30 五种不同绩效特征的灰关联系数及灰关联等级

出口序号	推力灰度数	转矩灰度数	进入分层因素灰度数	出口分层因素灰度数	离心率灰度数	灰色关联等级	排序
1	0.8798	0.6852	0.9790	0.4655	0.4556	0.6930	5
2	0.5828	0.6218	0.7150	0.3333	0.5080	0.5522	16
3	0.4978	0.5034	0.4831	0.3863	0.5138	0.4769	25
4	0.6110	0.5522	0.6344	0.7138	0.5700	0.6163	9
5	0.4009	0.4379	0.4750	0.4409	0.6349	0.4779	23
6	0.3333	0.4302	0.3333	0.4890	0.5081	0.4188	27
7	0.6137	0.4302	1.0000	0.9350	0.6297	0.7217	3
8	0.3899	0.3957	0.8275	0.5390	0.7661	0.5836	14
9	0.3337	0.3333	0.4002	0.6904	0.8344	0.5184	20
10	0.9329	0.8916	0.6436	0.4585	0.5061	0.6865	6
11	0.6185	0.7184	0.9572	0.4071	0.4206	0.6244	8
12	0.5101	0.6066	0.6839	0.5497	0.3333	0.5367	19
13	0.6691	0.8043	0.5050	0.5033	0.4909	0.5945	13
14	0.4344	0.5827	0.5012	0.4491	0.4183	0.4771	24

续表

出口序号	推力 灰度数	转矩 灰度数	进入分层因素 灰度数	出口分层因素 灰度数	离心率 灰度数	灰色关联等级	排序
15	0.3762	0.5781	0.4572	0.5266	0.4266	0.4730	26
16	0.6297	0.7475	0.5929	0.5930	0.4817	0.6089	11
17	0.4290	0.5736	0.6940	0.5526	0.4894	0.5477	17
18	0.3448	0.5692	0.5601	0.4545	0.4815	0.4820	22
19	1.0000	1.0000	0.5050	0.4927	1.0000	0.7995	1
20	0.6240	0.9024	0.6113	0.5251	0.7425	0.6811	7
21	0.5810	0.7789	0.8180	1.0000	0.5254	0.7407	2
22	0.7092	0.9867	0.4885	0.5593	0.7582	0.7004	4
23	0.5124	0.8315	0.5644	0.4071	0.7202	0.6071	12
24	0.3780	0.7048	0.5231	0.5033	0.6520	0.5522	15
25	0.6557	0.8916	0.4298	0.4635	0.6207	0.6122	10
26	0.4437	0.8222	0.5113	0.4071	0.5182	0.5405	18
27	0.3627	0.6549	0.5937	0.4315	0.4380	0.4962	21

然而，对于 19 号实验的其他性能特征，没有得到相同的参考值。因此，必须采用灰色关联度来获得最优参数，以使误差最小。

表 5.31 为灰色关联度的响应表。这是通过计算每个输入钻井参数（预处理数据）在相应级别的平均值得到的。最大值-最小值列表示进给量是三个输入变量中最显著的因素。为了产生最优输出，从响应表中确定的参数的最佳组合表明，主轴转速必须保持在 3 级和 1 级的角度和进给速度。

表 5.31　灰色关联度响应表

钻井参数	一级	二级	三级	最大值-最小值
主轴转速 v/(r/min)	0.5621	0.5590	0.6367	0.0777
角度 Θ /(°)	0.6434	0.5464	0.5679	0.0970
进给速度 f/(mm/min)	0.6704	0.5657	0.5217	0.1487

图 5.23 显示了为计算出的灰色关联度绘制的响应图。图表说明了 3 个输入钻井参数的灰色关联度均在 0.5 以上。图中曲线的斜率随进给量增大而增大，表明进给量是影响最大的参数。在该图中，x 轴上的符号 v_1， v_2， v_3 对应于主轴转速的三个等级。同样，符号 Θ_1， Θ_2， Θ_3 和 f_1， f_2， f_3 分别对应于角度和进给速度的三个等级。为了提高输出质量并降低数据的不确定性，采用了模糊逻辑方法。

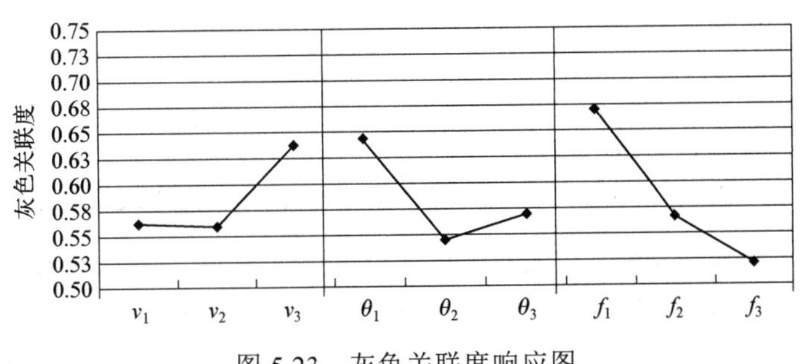

图 5.23　灰色关联度响应图

（2）灰色模糊推理分析

利用 MATLAB 工具得到灰色模糊输出。对推力、扭矩、入口分层、出口分层、偏心量这 5 个灰色系数均采用三角隶属函数，各有 3 个隶属函数。将灰色输出结果划分为 9 个隶属函数。给定激活模糊推理系统（FIS）的规则，并对 FIS 系统进行评估，以预测 27 个实验的灰色模糊推理等级。

表 5.32 是由 FIS 的预测值得到的灰色模糊推理等级及其顺序。对比表 5.30 和表 5.32 的结果，可以明显看出，灰色模糊推理等级的值有所提高，从而降低了数据的不确定性。同时，验证了 19 号实验具有最优的输入钻井参数组合。

表 5.32　灰色模糊推理等级及其排序

出口序号	灰色模糊等级	排序
1	0.7986	6
2	0.6918	14
3	0.5584	22
4	0.6929	13
5	0.5216	25
6	0.4298	27
7	0.7338	10
8	0.5689	20
9	0.5625	21
10	0.8003	5
11	0.7354	9
12	0.6503	17
13	0.7076	12
14	0.5448	23
15	0.5175	26
16	0.7305	11
17	0.6563	16
18	0.5412	24
19	0.8191	1
20	0.8051	3
21	0.8013	4
22	0.8115	2
23	0.7373	8
24	0.6625	15
25	0.7552	7
26	0.6390	18
27	0.5719	19

表 5.33 灰色模糊推理等级响应表对应的响应图如图 5.24 所示。在灰色模糊方法中，为了产生最佳输出，响应表中确定的参数的最佳组合表明，主轴转速必须保持在水平 3 和水平 1 的点角和进给速度。从图 5.24 的曲线可以看出，与图 5.23 相比有了明显的改善。

表 5.33 灰色模糊推理评分响应表

钻井参数	一级	二级	三级	最大值-最小值
主轴转速 v/(r/min)	0.6176	0.6538	0.7336	0.116
角度 Θ/(°)	0.74	0.6251	0.6399	0.1149
进给速度 f/(mm/min)	0.7611	0.6556	0.5884	0.1727

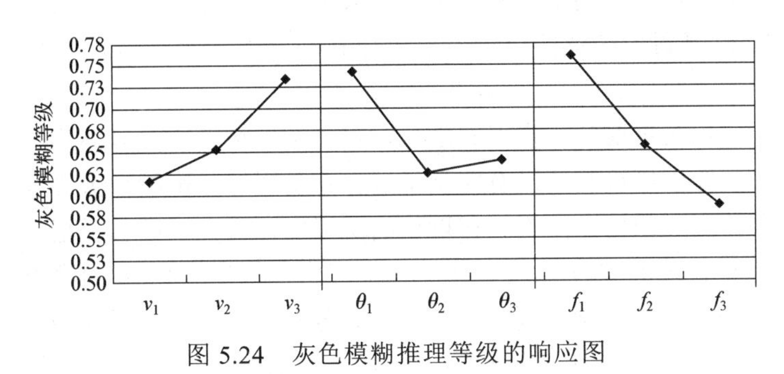

图 5.24 灰色模糊推理等级的响应图

5.3.3.5 结论

通过以主轴转速、点角、进给速率为输入钻削参数进行 CFRP 复合材料的钻削，得到的响应为推力、扭矩、孔入口和出口的分层量和偏心率。为了保证 CFRP 复合材料的孔质量，采用灰色模糊分析，从多个性能方面对钻孔参数进行了优化。最后经过分析可知，主轴转速为 3000r/min，角度为 100°，进给速度为 100 mm/min，是钻进参数的最优组合，其灰色模糊推理等级为 0.8191，接近参考值。通过该算例的分析，可知该方法可显著提高 CFRP 复合材料钻孔质量，也可应用于同类生产实际。

5.3.4 基于机器学习的钢材疲劳强度预测及机理分析

在过去的几十年里，新材料开发和材料制造技术研究的主要方法都是基于多次实验和模拟。这类工作不仅工作量大，而且非常耗时。目前，材料科学研究人员的主要任务是提高材料研究和开发的效率，缩短新材料被研发出来的周期。著名的材料基因组计划（materials genome initiative，MGI），在努力实现开发先进材料的目标，即发现、开发、制造和部署先进材料的速度至少是现在的两倍，而且成本只有现在的一小部分。为了实现这一目标，需要满足以下三个条件：①对物理机制与材料结构和性能之间关系的理论认识；②有足够的计算能力训练工业数据；③实验数据库的建立。MGI 的项目推动了材料信息学的快速发展，其本质是信息技术在材料科学领域的应用。

为了实现上述材料基因组计划，必须从工业过程和实验结果中收集、存储、管理、分类和检索数据。近年来，随着材料信息科学领域的迅速发展，各个科研团队创建出越来越多材料数据库。通过数据库可以对这些数据进行各种材料机器学习，也为后续深入研究提供了良好的基础。例如，利用支持向量机，通过改变二元金属合金的组成，建立了二元金属合金玻璃形成能力（GFA）的预测模型。根据现有的实验结果表明，探索新型金属玻璃的重要且有效的方法之一是训练机器学习模型。且深度神经网络与传统方法相比，可以获得更好的预测材料缺陷性能及其结果。

关于机器学习以及神经网络在材料领域的应用，Ward 等人开发了一个通用机器学习框架，以预测无机材料的性质。这种将一系列相似材料汇总成数据集并训练的方法，已有效地用于预测晶体和非晶材料的各种性能。在另一项相关研究中，Sendek 等人利用基于机器学习的方法，为超过 12000 个实验合成样本，且具有许多不同的结构和组成的样本材料空间，创建了一种搜索数据集。根据该模型的训练结果，基于该模型的预测精度是完全随机猜测的 0.5 倍。此外，基于该模型的能力甚至超过了人类专家。除此之外，机器学习方法在材料物理性质的研究中也得到了广泛的讨论，包括电荷迁移率、光伏特性、气体吸附能力、锂离子插层等。

疲劳损伤是钢结构最重要的损伤形式之一，也是钢结构的主要破坏形式。然而，目前对疲劳强度的形成原因和破坏机制还没有完全了解。众所周知，影响疲劳强度测定的不仅是应力，还有非常复杂的物理和化学因素。在以往的研究中，研究了两种类型的疲劳寿命预测方法。第一种方法包括传统的 *S-N* 曲线，其中恒幅应力范围（*S*）与破坏循环次数（*N*）之间的关系是使用适当的实验程序确定的。这种计算疲劳寿命的方法基于 Palmgren-Miner 规则，而不考虑加载序列。第二种方法包括断裂力学，该方法假设疲劳寿命主要由裂纹起裂、扩展和最终瞬时断裂三部分组成。然而，目前根据上述传统方法，我们仍不清楚疲劳失效背后的原理。

近年来，随着机器学习技术的快速发展，一些研究者开始基于 ML 模型检测疲劳强度。例如，研究了基于自适应神经模糊的机器学习技术在 L-PBF 不锈钢 316L 高周疲劳寿命建模中的潜在应用。随后，为了缩短所需的研究时间和新材料的开发周期，设计了基于大量实验数据、理论计算和数据分析的数据驱动评估平台的潜在路线图。

5.3.4.1 算法介绍

（1）XGBoost 和 LightGBM 算法

XGBoost（eXtreme gradient boosting）算法是一种高效、灵活、可移植的基于树模型的增强算法。其实际上是一种改进的 GBDT 算法，由许多决策树组成。它通常用于分类和回归领域。但其在某些方面不同于 GBDT 算法，主要区别在于，XGBoost 算法将损失函数展开为 Taylor 二阶级数，同时使用二阶导数，使得模型求解比 GBDT 算法更高效。该模型训练的基本过程是求解最优参数。

LightGBM（light gradient boosting machine）是由微软亚洲研究院于 2016 年提出的，且目前在工业实践中使用的一种快速高效的助推树模型。该算法通过处理大规模数据的能力来进行训练和学习。助推树的建模是模型建构的关键，需考虑所有可能的节点，并根据信息增益选择最佳特征进行分割。为了解决这一问题，提出了两种新的技术:基于梯度的单侧采样（GOSS）和专属特征捆绑（EFB）。对于 GROSS 技术，其主要思想是保留具有较大梯度的样本，因为这些样本可以在计算信息增益时起重要作用。相比之下，梯度较小的样本则按照适当的比例随机抽样。这样，在不改变数据分布和失去优化器的准确性的情况下，大大降低了模型学习的速度。关于 EFB 技术，主要思想是将相互排斥的特征捆绑在一起，以减少特征的数量，从而避免无用的零特征值的计算。

（2）灰狼优化器的超参数优化

Mirjalili 等人提出一种用于解决工程问题的新方法，称为灰狼优化器（GWO）。为了更科学地描述灰狼的等级，一个灰狼群体基本上分为四个等级：α、β、δ 和 ω。在 GWO 算法中，优化由 α、β、δ 和 ω 来调控，分为以下三个不同的步骤:狩猎或搜索猎物、包围猎物和攻击猎物。与遗传算法、粒子群算法、蚁群算法、人工蜂群算法等智能优化算法相比，GWO 算法具有如更少的参数等许多明显的优势。这种受启发的灰狼策略也更加简单、灵活、可扩展，能够搜索可实现调控的因素以达到适当的平衡。

（3）基于改进套袋法的混合模型

Bagging 方法的关键目标是通过自举抽样，建立不同的基础学习器。这样可以生成 t 个包含 m 个训练样本的样本集，并根据每个样本集训练一个基础学习器。此外，为了避免过拟合，也会同时随机生成一个不包含训练数据集样本的独立数据集，并对 ML 模型的性能进行评估。具体过程为：①利用评价数据集计算基础学习器的 MSE；②这些基础学习器的权重是基于 ML 模型的准确性获得的，并且这些权重的和等于 1（$\alpha+\beta=1$），其中 α 和 β 分别代表 XGBoost 和 LightGBM 的权重；③通过非线性加权概念建立混合模型，最终集成模型可表示为：$f(x)=\alpha*\varphi_1(x)+\beta*\varphi_2(x)$，其中 $\varphi_1(x)$ 和 $\varphi_2(x)$ 分别代表 XGBoost 和 LightGBM 的预测。

5.3.4.2 实证分析结果及与其他模型的比较

本算例的疲劳强度数据集是由日本国立材料科学研究所（NIMS）建立的，该数据集包括由碳钢和低合金钢、弹簧钢和渗碳钢组成的 436 个样品。数据集的特征可分为：化学成分；上游加工细节；以及热处理条件这三种类型。其中，合金成分是决定材料结构和性能的基本元素。数据集中的 9 种合金成分，如 C、Si、Mn 等元素，对钢的疲劳强度非常重要。其他不重要的数据就没有统计在数据集中。同时，不同的热处理条件会产生不同的显微组织，影响疲劳强度。此外，在上游加工过程中，夹杂物的形状、大小、数量和分布也会影响疲劳强度。

在本算例的研究中，数据的力学性质包括室温条件下 107 次循环的旋转弯曲疲劳强度，是工业公认的三种使用中发生机械结构失效的重要类型。这 25 个特性和目标属性的细节如表 5.34 所示。

表 5.34　数据集特征

	缩写	细节
化学成分	C	%碳
	Si	%硅
	Mn	%锰
	P	%磷
	S	%硫
	Ni	%镍
	Cr	%铬
	Cu	%铜
	Mo	%钼
热处理条件	NT	正火温度
	THT	淬火温度
	THt	淬火时间
	THQCr	淬火冷却速率
	CT	渗碳温度

续表

	缩写	细节
热处理条件	Ct	渗碳时间
	DT	扩散温度
	Dt	扩散时间
	QmT	淬火介质温度
	TT	回火温度
	Tt	回火时间
	TCr	回火冷却速率
逆流处理细节	RedRatio	还原比（钢锭与棒材）
	dA	塑性变形夹杂物面积比例
	dB	出现夹杂物面积比例不连续的数组
	dC	孤立包裹体面积比例
	Fatigue	旋转弯曲疲劳强度（10^7 循环）

5.3.4.3 模型验证和比较过程

这项研究中，数据集被分为两部分：80%的数据集用于训练，20%用于测试。在不失一般性的前提下，将混合模型的精度与以往相关研究中其他模型的精度进行比较。为了评价模型的性能，本研究使用三个常用的统计指标来评价模型。这些包括解释方差（R^2），平均绝对误差（MAE）和均方根误差（RMSE）。因此，通过假设 $y_1, y_2, \ldots y_n$ 是实际值；$\tilde{y}_1, \tilde{y}_2, \ldots \tilde{y}_n$ 为预测值，$\overline{y}$ 为 y_i 的均值，三个公式定义如下：

$$R^2 = \frac{\sum_{i=1}^{n}(\hat{y}^{(i)} - \overline{y})^2}{\sum_{i=1}^{n}(y^{(i)} - \overline{y})^2} \tag{5.49}$$

$$\text{MAE} = \frac{1}{n}\sum_{i=1}^{n}|\hat{y}^{(i)} - y| \tag{5.50}$$

$$\text{RMSE} = \sqrt{\frac{1}{n}(\hat{y}^{(i)} - y)^2} \tag{5.51}$$

在本算例的实验研究中，使用 Python 中的 Scikit-learn 库来实现 RF、SVM、GD。此外，XGBoost 和 LightGBM 是分别使用 XGBoost 和 LightGBM 库在 Python 中实现的。此外，利用 GWO 进行超参数优化，以确定基于最小 MAE 的最佳模型，详见表 5.35。

表 5.35 调优的超参数、搜索范围和最优值

算法	参数	区间	最优解
XGBoost	估计值	[100,5000]	914
	预计时间	[0,1]	0.02
	最大极限	[1,1000]	258
	最小子重量	[1,1000]	0.25
	子样本	[0,1]	0.22
	出口样本数	[0,1]	0.99

续表

算法	参数	区间	最优解
LightGBM	数字类型	[3,100]	32
	学习率	[0,1]	0.07
	最大极限	[1,100]	45
	特征分数	[0,1]	0.47
	套袋分数	[0,1]	0.023
	估计值	[100,5000]	613

在本算例的研究中，在保证通用性的前提下，将所提出的混合模型与其他机器学习模型进行比较，如图 5.25 所示。结果表明，一些比较模型（KNN, RandomTree, DT, SVM 和 LR）获得的结果的准确性都相对较低，约为 0.97。然而，基于增强的集成模型，如 GBDT、LightGBM 和 Xgboost，其 R^2 值超过 0.98，表现明显优于其他模型。特别是混合模型取得了良好的预测效果，模型数据：R^2=0.989，MAE=13.98，RMSE=19.15。因此，为了进一步证明所提模型的有效性，将混合模型对散点图的预测与现有的最佳模型进行了比较，如图 5.26 所示。结果表明，混合模型具有较好的预测能力。

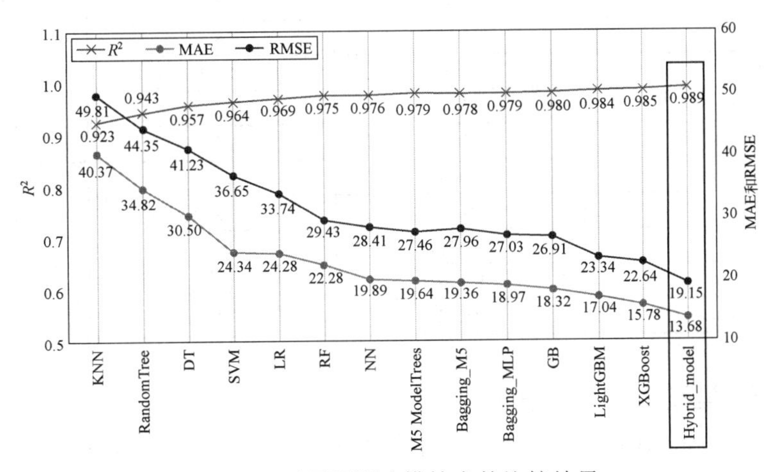

图 5.25　不同预测建模技术的比较结果

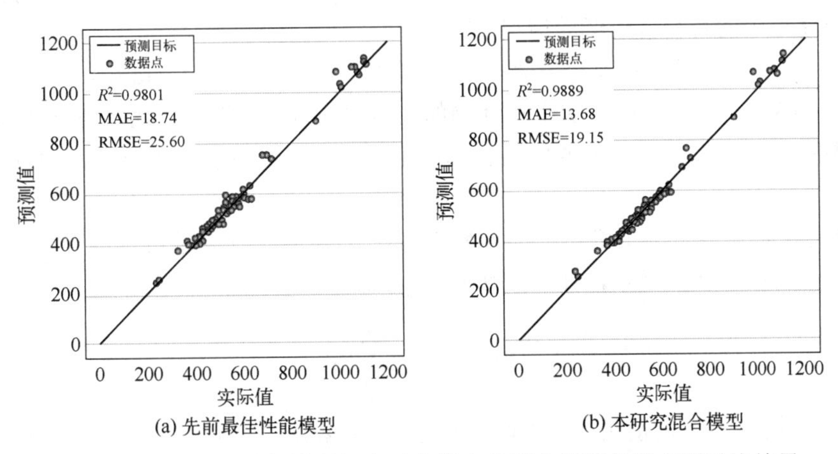

(a) 先前最佳性能模型　　(b) 本研究混合模型

图 5.26　先前最佳性能模型与本研究提出的混合模型的散点图对比结果

根据结果可知，当预测误差减少时，混合模型的训练时间就会有所增加，这是因为其结合了两个 ML 模型。疲劳强度预测的精度水平对评价钢的疲劳性能是至关重要，这是目前公认的。此外，材料疲劳强度的微小变化可能对机械部件的疲劳性能产生重大影响。

根据实际需求的分析结果可知，在不牺牲训练过程效率的前提下，适当提高预测精度是可行和有用的。对比可知本算例提出的混合模型总体性能良好，结果表明，该方法对钢的疲劳强度有较好的预测精度。

为了验证模型的性能并避免过拟合，使用了十字交叉验证。所有模型经过十字交叉验证的结果与前期结果一致，如表 5.36 所示。因此，可以发现这些模型都没有过拟合，混合模型的拟合效果更好。

表 5.36　通过十字交叉验证对不同模型进行比较

算法	R^2	RMSE	MAE
KNN	90.99	55.65	47.86
RandomTree	93.37	47.87	34.42
DT	95.89	37.77	27.04
SVM	95.94	37.63	24.28
LR	96.91	33.74	24.23
RF	97.85	28.16	21.50
NN	97.63	28.41	19.89
M5_ModelTrees	97.87	27.46	19.64
Bagging_M5	97.81	27.96	19.63
Bagging_MLP	97.91	27.03	18.97
GB	98.03	26.91	18.32
XGBoost	98.20	19.65	14.25
LightGBM	98.23	19.62	16.07
Hybrid_model	98.67	17.21	12.56

5.3.4.4　关于模型和 SHAP 方法的原理

XGBoost 和 LightGBM 都支持传统的特征选择方法（如增益和分割计数），但其数值是不一致的，并且不能针对每个预测过程进行个性化调整，会出现在一个模型中具有高值的特征而在另一个模型中的特征值较低的情况。

因此，为了了解其形成原因和失效机制，有必要对其进行基于 Lundberg 等提出的 Shapley 加性解释（SHAP），采用其他方法来解释钢的疲劳损伤现象。综上所述，基于博弈论，SHAP 为预测模型赋予每个特征一个重要值，有效应用于在复杂模型中追求准确性和可解释性之间建立平衡。

SHAP 方法的主要目标是确定一个近似模型 g，以取代无法直接解释的黑盒模型 f。其中：模型 g 是二元特征的线性函数，如下式所示：

$$g(z') = \Phi_0 + \sum_{i=1}^{M} \Phi_i z_i' \tag{5.52}$$

其中 $z' \in \{0,1\}^M$，表示正在观测的特征值 $z_i' = 1$ 和未知的特征值 $z_i' = 0$：M 是输入特征的个数：i 表示特征对模型的贡献值。

SHAP 是一种附加特征归因方法，其中模型的输出被定义为归属于每个输入变量的真实值之和，加权特征值的特点是：局部准确性、缺失性和一致性，是输入特征影响模型输出的唯一途径。为了有效地计算 SHAP 值，将条件的函数子集 S，即所有特征的子集的期望值定义为：$E[f(x)|x_S]$。每个特征值的最终权值由所有可能的条件期望加权得到，如下式所示：

$$\Phi_i = \sum_{S \subseteq N\{i\}} \frac{|S|!(M-|S|-1)!}{M!}[f_x(S \cup \{i\}) - f_x(S)] \tag{5.53}$$

其中，S 表示非零 z'值的集合；N 是所有特征的集合。

5.3.4.5 基于单个样本的局部特征归因

图 5.27 显示了 25 个特征对疲劳强度影响的范围和分布。利用个性化的特征归因证明了基于单个样本的每个特征的重要性的影响。y 轴表示所有的特征，这些特征是根据它们的整体影响 $\sum_{j=1}^{N}|\Phi_i^{(j)}|$ 进行排序的，其 x 轴为 SHAP 值 $\Phi_i^{(j)}$。每个点表示一个样本，可以从颜色特征判断出重要性值，从蓝色到红色，代表从低到高。某一特征的 SHAP 值越高，则该特征

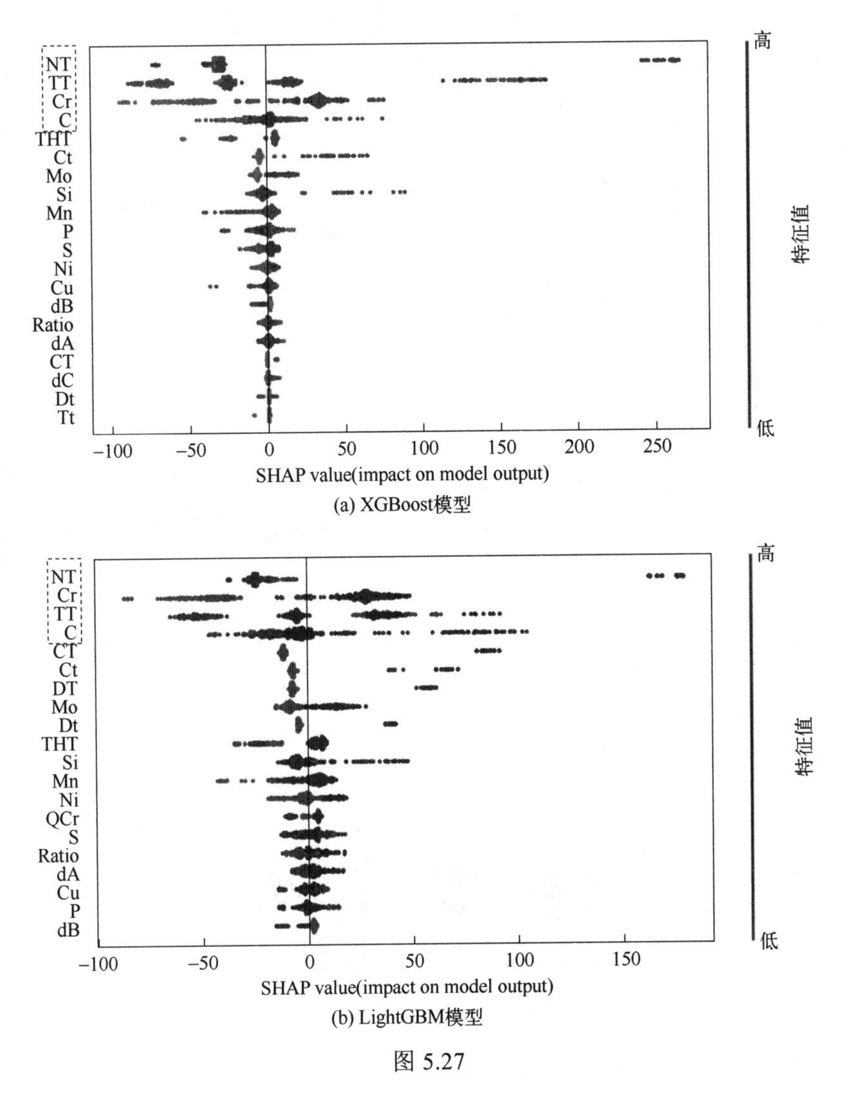

(a) XGBoost模型

(b) LightGBM模型

图 5.27

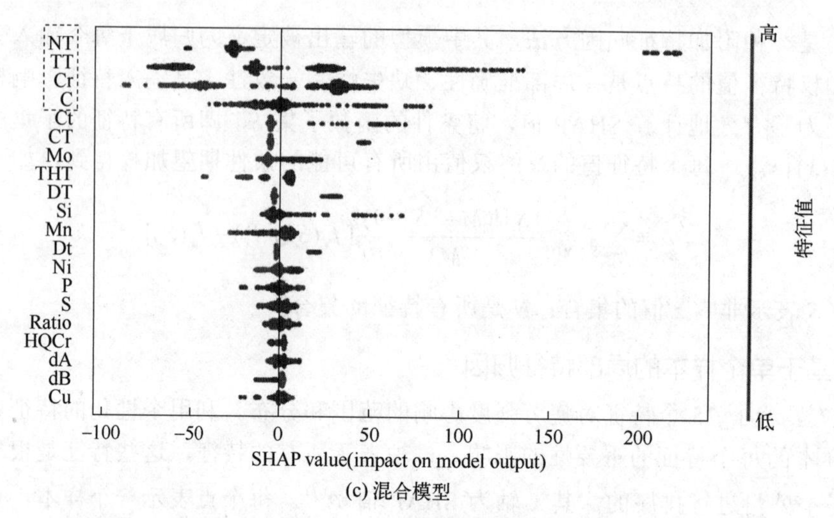

(c) 混合模型

图 5.27　基于不同模型的 25 个疲劳强度相关特征的 SHAP 汇总图

对钢的疲劳强度越重要。通过观察可知，两个单独模型和混合模型有相似的预测趋势和预测结果，但仍有一些区别。从图 5.27（a）和图 5.27（b）中可以看出，XGBoost 模型和 LightGBM 模型都归类出四个重要的疲劳强度因素，即：正火温度（NT），回火温度（TT），铬（Cr），碳（C）。同样，混合模型得出的前四个特征为：回火温度（NT），铬（Cr），回火时间（TT），碳（C），与其他两种型号略有不同。

图 5.28 展示了整个数据集的 XGBoost、LightGBM 和混合模型排名前四的特征的分布和密度，可以看到，所有模型的特征 SHAP 值的平均值几乎相同，而排名前 4 位的特征 SHAP 值

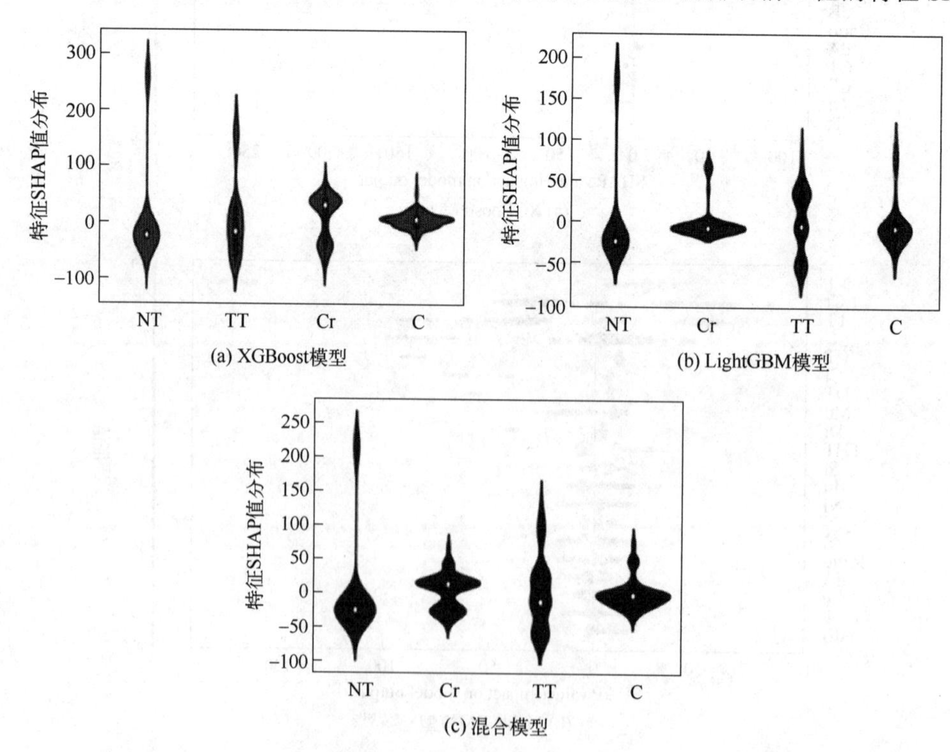

图 5.28　基于不同模型，排名前四的特征 SHAP 值的分布情况

主要集中在一定范围内，每个特征都有积极和消极的贡献。此外，图 5.28（c）给出了基于混合模型排名前四的特征 SHAP 值的密度。结果表明，正火时间（NT）分布较集中，回火时间（TT）分布较均匀。另外两个特征，铬（Cr）和碳（C），相对分散，因为这两个变量有明显的离散值。这些结果为全局特征重要性值的确定奠定了坚实的基础，并为模型解释提供了充分的信息。

5.3.4.6 基于所有样本的全局特征重要性评级

尽管使用 SHAP 值，个性化特征属性可以解释部分加工参数和成分，是如何影响钢的疲劳强度，但研究也发现一些 SHAP 值的非零特征可能对疲劳强度没有显著贡献。因此，在进一步研究中，对每个特征的 SHAP 值的绝对值总取平均值，用于疲劳强度的预测。如图 5.29（a）和图 5.29（b）所示，可以看出，由于算法原理的差异，两个模型对数据训练所得到的特征权重评分略有不同。

基于上述模型，分别计算了混合模型中各特征的 SHAP 值的平均值，如图 5.29（c）所示。不难看出，混合模型的结果使疲劳强度的所有特征的排名更加有效和可靠。在预测疲劳强度的所有因素中，确定正火温度（NT）和回火温度（TT）这两个工艺参数是比较重要的。其次是铬（Cr）和碳（C）。对比全局与局部，可知主要特征属性是一致的。

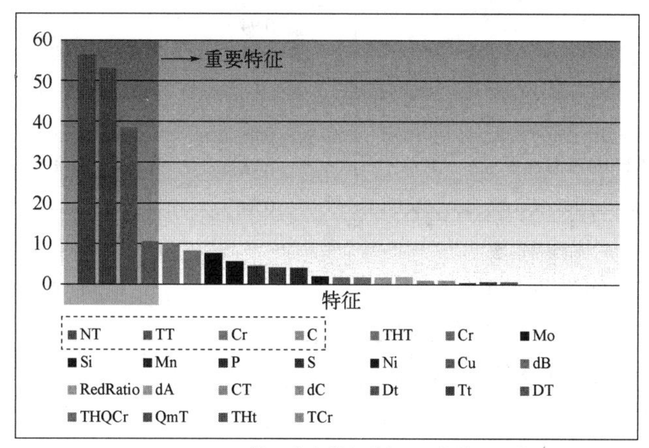

(a) XGBoost模型中各特征的SHAP值的平均值

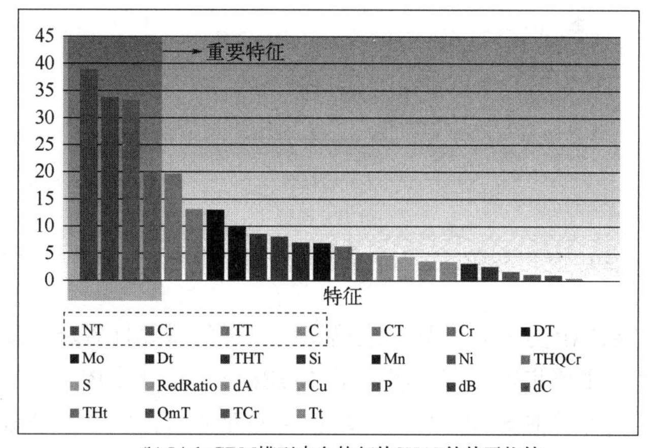

(b) LightGBM模型中各特征的SHAP值的平均值

图 5.29

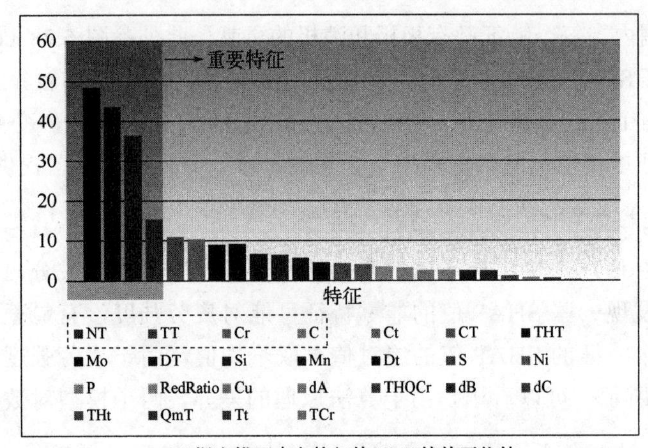

(c) 混合模型中各特征的SHAP值的平均值

图 5.29 在预测疲劳强度时，输入特征的重要性排序

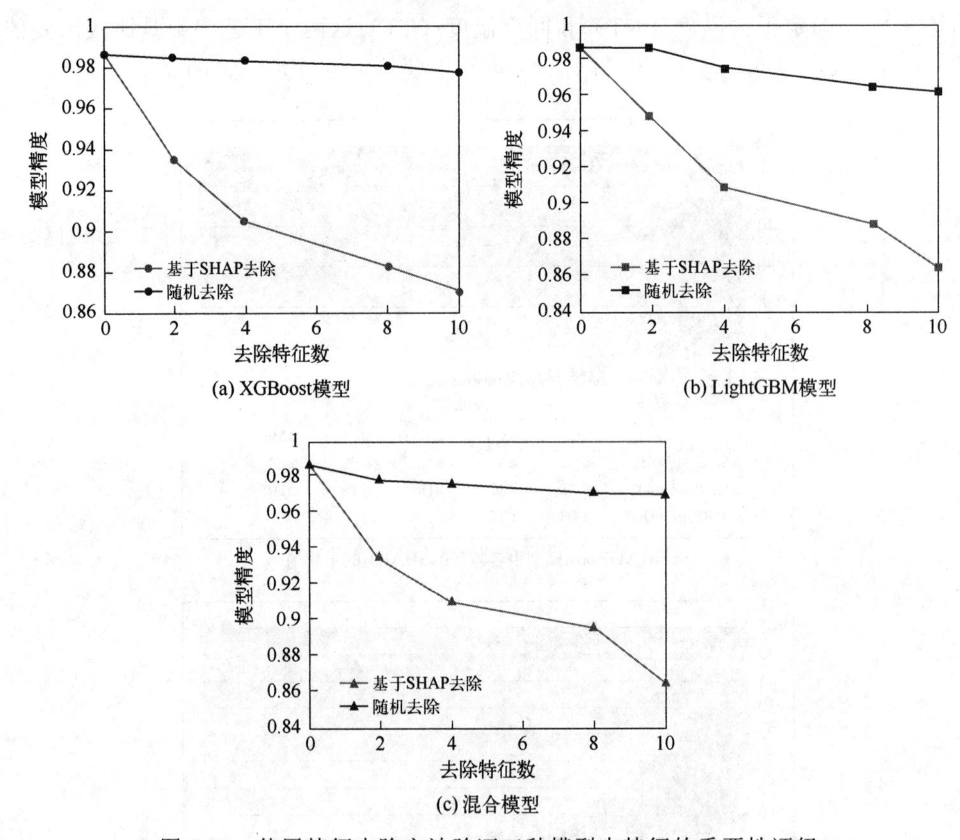

图 5.30 使用特征去除方法验证三种模型中特征的重要性评级

为了进一步确定 SHAP 方法是否能够准确识别特征的重要性等级，我们采用特征消除法来确认结果的合理性。主要步骤如下：①基于 XGBoost、LightGBM 和混合模型计算整个数据集的 SHAP 值；②计算绝对 SHAP 值的平均值，并对各特征的重要性进行排序；③根据特征的重要程度，依次剔除部分特征已减少的特征集，重新生成 ML 模型。图 5.30 描述了 ML 模型的下降趋势。由图 5.30 可知，通过随机去除 2、4、8 和 10 个特征，模型的精度基本上

保持不变。但去除特征后，模型的性能明显下降。由此证实，SHAP 值为使用不同类型的 ML 模型预测疲劳强度的特征重要性提供了定量度量。

5.3.4.7 总结

本算例对影响钢疲劳强度所选因素的 25 个预测特征的重要性进行了排序，结论表明：对于所选钢材数据集，影响较大的特征是正火温度（NT），其次是回火温度（TT），而 dC（孤立夹杂物的面积比例）和 TCr（回火冷却速率）是两个最不显著的特征。对于局部可解释性问题，单个样本的正负贡献可以解释为:具有积极影响的特征表明：增加多个特征有助于提高疲劳强度，反之亦然。SHAP 值还表明了模型输出的变化，以及每个特征值对疲劳强度的影响量。此外，为了解释疲劳强度，用 XGBoost 的 ML 模型，基于钢材数据集的 25 个特征来预测疲劳强度，并由结果揭示了疲劳失效的各项性质，以及疲劳强度与化学成分和加工条件之间的关系。这使从全局上理解钢的疲劳破坏更有解释依据，给特征重要性评定的等级，代表了该疲劳强度对预测精度的影响。

关于本算例运用算法：基于改进的套袋法，建立了 XGBoost 与 LightGBM 相结合的混合模型，并由此来预测钢的疲劳强度。此外，采用灰狼算法对超参数进行优化，使模型参数调整更加方便高效，从而提高了 ML 模型的准确性和泛化能力。此外，本研究还引入了 SHAP 模型来解释疲劳强度的预测结果。具体流程为：①基于 XGBoost、LightGBM 和混合模型的整体结果，通过应用 SHAP 值对局部和全局特征重要性进行排序；②通过 SHAP 值的可视化显示和分析正、负特征贡献。综上所述，本算例内容对零件的合理结构设计，以及材料的正确选择和各种冷热加工工艺的合理制定提供较为可靠的依据，从而保证了机械零件的高疲劳性能。但本研究也有局限之处，即，虽然能通过机器学习及算法训练等，对钢材疲劳强度的理解方面有一些突破，且对未来工业钢铁以及其他材料的生产提供有用的指导信息，但疲劳失效问题还不能完全解释，因此，复杂条件下钢的疲劳强度仍有进一步探索的空间，今后可将研究重点关注于将结合实际工程中钢的加载情况，进一步研究多变量耦合对疲劳强度的影响。

参考文献

[1] 王素芬. 模糊系统与神经网络结合的现状[J]. 网络与信息, 2007(05): 69.
[2] 刘增良. 模糊技术与应用选篇(1)(2). 北京: 北京航空航天大学出版社, 1997.
[3] 庄镇泉, 章劲松. 神经网络与智能信息处理[J]. 中国科学技术大学, 2000.
[4] 薛小庆, 高鹏. 自适应神经模糊系统及其 MATLAB 实现[J]. 城市建设理论研究（电子版), 2013(1): 250.
[5] 张小娟. 自适应神经模糊推理系统(ANFIS)及其仿真[J]. 电子设计工程, 2012(05): 11-13.
[6] 秦永祥. 基于自适应神经模糊系统的船舶航向控制[D]. 大连海事大学, 2007.
[7] 杨帆, 吴耀武, 熊信银, 等. 基于自适应神经模糊系统的电力系统短期负荷预测. 华中电力, 2006, 4.
[8] 赵铁成, 徐伟勇. 基于自适应神经模糊系统模型的锅炉汽包应力在线计算与监测. 上海交通大学学报, 2000.
[9] 夏琳琳, 苗贵娟, 初妍, 等. 基于自适应神经模糊系统的足球机器人射门点的确定. 智能系统学报, 2013, 8(2).
[10] 张海涛, 王辉, 张万磊. 基于自适应神经模糊系统控制的船舶自动舵. 物流工程与管理, 2010, 32(04).
[11] 冉茂鹏, 王青, 莫华东, 等. 基于自适应神经模糊系统的高超声速飞行器再入预测制导. 兵工学报, 2014, 35(12).
[12] 陈敦军, 熊爱明, 薛善坤, 等. 模糊神经网络技术在材料加工领域中的应用[J]. 中国机械工程, 2002(11): 87-90, 6.
[13] 胡明玉, 唐明述. 模糊神经网络在高强混凝土强度预测与配合比设计中的应用[J]. 计算机与应用学, 2001(Z1): 423-428.
[14] 王倩, 蒋林华, 张京丰, 等. 模糊神经网络在粉煤灰混凝土强度预测中的应用[J]. 四川建筑科学研究, 2006(06):

173-176.

[15] 徐菁，冯启民，杨松森. 自适应模糊神经推理系统在混凝土强度评定中的应用[J]. 中国海洋大学学报(自然科学版), 2006(03): 497-500.

[16] GuillaumeS. Designing fuzzy inference systems from data: Aninter-pretability orientedreview[J]. IEEE- Transon Fuzzy Systems, 2001, 9(3): 426-443.

[17] MengQingchun, YinBo, XiongJianshe, et al. Intelligent learning technique based on fuzzy logic for multi-robot path planning[J]. Journal of Harbin Institute of Technology, 2001, 8(3): 222-227.

[18] 杨伟，倪黔东，吴军基. BP 神经网络权值初始值与收敛性问题研究[J]. 电力系统及其自动化学报, 2002, 14(1): 20-22.

[19] TakagiT, SugenoM. Fuzzy identification of system sand its application stomodeling and control[J]. IEEET rans. on SMC, 1985, 35(1): 116-132.

[20] Jang JR. Anfis: adaptive-network based fuzzy inference system[J]. IEEE Transon Systems, Manand Cybernetics, 1993, 23(3): 665-685.

[21] 从爽. 神经网络、模糊系统及其在运动控制中的应用[M]. 合肥：中国科学技术大学出版社, 2002: 196.

[22] 曹国强，徐堃. 自适应神经模糊推理系统在脉冲电解加工中的应用研究[J]. 机械工程师, 2016(01): 67-69.

[23] 崔宏志. 应用灰色系统—神经网络综合法进行混凝土裂缝预测与控制[D]. 西安建筑科技大学, 2002.

[24] 余志武，薛凯，丁发兴. 灰色神经网络在混凝土结构徐变预测中的应用[J]. 铁道科学与工程学报, 2009, 6(02): 12-16.

[25] YU Zhiwu, LIU Xiaojie. Time-dependent analysis of self-compacting concrete beams[C]//Proceedings of the 1st IntlSymposiumon Design, Performance and Use of Self- Consolidating Concrete. China, 2005: 375-381.

[26] 刘小洁，余志武. 自密实混凝土梁长期变形的灰色动态拓广模型预测[J]. 铁道科学与工程学报, 2006, 3(5): 36-40.

[27] 解雪，陈军锋，郑秀清，等. 基于灰色关联分析-BP 神经网络冻融土壤蒸发预报模型[J]. 节水灌溉, 2019(04): 22-26.

[28] AnctilF，MichelC，PerrinC，et al. A soil moisture index as an auxiliary ANN input for stream flow forecasting[J]. JournalofHydrology，2004，286(1): 155-167.

[29] 郑重，马富裕，李江全，等. 基于 BP 神经网络的农田蒸散量预报模型[J]. 水利学报, 2008, 39(2): 230-234.

[30] 范爱武，刘伟，龙妍. 基于 BP 网络的土壤水分预报研究[J]. 华中科技大学学报(自然科学版), 2002, 30(5): 85-87.

[31] 于国强，李占斌，张霞，等. 土壤水盐动态的 BP 神经网络模型及灰色关联分析[J]. 农业工程学报, 2009, 25(11): 74-79.

[32] 王宏宇，马娟娟，孙西欢，等. 基于 BP 神经网络的土壤水热动态预测模型研究[J]. 节水灌溉, 2017(7): 11-15.

[33] 姚荣江，杨劲松，邹平，等. 区域土壤水盐空间分布信息的 BP 神经网络模型研究[J]. 土壤学报, 2009, 46(5): 788-794.

[34] 屈忠义，陈亚新，杨靖宇. 人工神经网络在冻土水盐空间变异与条件模拟中的应用比较[J]. 农业工程学报, 2007, 23(7): 48-53.

[35] 尚松浩，毛晓敏. 基于 BP 神经网络的土壤冻结温度及未冻水含量预测模型[J]. 冰川冻土, 2001, 23(4): 414-418.

[36] 李天霄. 北方季节性冻土区农田土壤水分运动规律研究[D]. 哈尔滨：东北农业大学, 2010.

[37] 张秀华，杨洪勇，宋艳梅. 基于灰色关联分析和 BP 神经网络的数字资源服务绩效评价研究[J]. 情报学报, 2010, 29(3): 468-473.

[38] FengH, ChenJ, ZhengX, et al. Effect of Sand Mulches of Different Particle Sizes on Soil Evapor ation during the Freeze-Thaw Period[J]. Water, 2018, 10(5).

[39] ShiJ, DingZ, LeeWJ, et al. Hybrid Forecasting Model for Very-Short Term Wind Power Forecasting Based on Grey Relational Analysis and Wind Speed Distribution Feature[J]. IEEE Transactionson Smart Grid, 2014, 5(1): 521-526.

[40] 陈军锋，郑秀清，秦作栋，等. 冻融期秸秆覆盖量对土壤剖面水热时空变化的影响[J]. 农业工程学报, 2013, 29(20): 102-110.

[41] 刘东，李帅，付强，等. 基于 KHA 优化 BP 神经网络的地下水水质综合评价方法[J]. 农业机械学报, 2018, 49(9): 275-284.

[42] 张小莲，郝思鹏，李军，等. 基于灰色关联度的风机 MPPT 控制影响因素分析[J]. 电网技术, 2015, 39(2): 445-449.

[43] 李彦斌，于心怡，王致杰. 采用灰色关联度与 TOPSIS 法的光伏发电项目风险评价研究[J]. 电网技术, 2013, 37(6): 1514-1519.

[44] 郝彬彬，李冲，王春红. 灰色关联度在矿井突水水源判别中的应用[J]. 中国煤炭, 2010, 36(6): 20-22.

[45] 徐宗学. 水文模型[M]. 北京：科学出版社, 2009.

[46] 蒋择中. 灰色理论在高层建筑沉降监测中的应用[J]. 建筑技术开发, 2003, 30(8): 41-43.

[47] 盛振中. 基于灰色系统理论的建筑沉降预测方法及其实证分析[J]. 北方工业大学学报, 2006, 18(1): 91-94.

[48] Mitra, A. Jute Fiber Gradation by Grey Fuzzy Logic Approach. Journal of Natural Fibers, 2020, 1-11.

[49] Zhou X, Fang C, Chen J, et al. Correlation of Raw Materials and Waterborne Polyurethane Properties by Sequence Similarity Analysis[J]. 2016.

[50] Liu X F, Peng J H, Zhang J X. Influencing factors of efflorescence degree of cement-based decorative mortar[J]. Iop Conference, 2019, 479(1): 012068.

[51] Krishnamoorthy A, Boopathy S R, Palanikumar K, et al. Application of grey fuzzy logic for the optimization of drilling parameters for CFRP composites with multiple performance characteristics[J]. Measurement, 2012, 45(5): 1286-1296.

[52] Yan F, Song K, Liu Y, et al. Predictions and mechanism analyses of the fatigue strength of steel based on machine learning[J].Journal of Materials Science, 2020, 55(31).

6 其他材料体系建模方法

6.1 蒙特卡罗方法

6.1.1 蒙特卡罗方法的基本思想

蒙特卡罗是一种数值计算方法，其解决问题的思路是先建立所求解的概率模型，使所求问题的解正好是所建概率模型的数学期望或其他特征量，然后多次模拟，统计出某事件发生的概率，求出要估计的参数。1777 年，法国数学家布丰（Georges Louis Leclere de Buffon，1707—1788）发现了随机投针概率与圆周率 π 之间的关系，提供了早期随机试验的范例，即通过实际“试验”的方法得到某种事件出现的概率，再进行统计平均以求得近似值。但真正要实现随机抽样是很困难的甚至是几乎不可能的。随着电子计算机的出现和发展才使得这种统计试验方法成为可能。

6.1.2 蒙特卡罗方法的原理

蒙特卡罗方法是一种随机抽样的方法，基于统计学分析原理，与一般的数值计算方法具有本质区别，属于试验数学的一个分支。实现蒙特卡罗法的关键步骤是随机数的产生。一般情况下，现实生活中不存在完全随机的随机数。早期随机数只能通过物理试验和调查实验等手段获得。对于很多工程问题，需要的随机数数量是庞大的，采用简单的物理实验等方法以获得随机数是不适宜的，由此导致蒙特卡罗方法在早期的应用受到限制。另一种获得随机数的方式是数学方法，即采用“随机数发生器”，数学方式产生的随机数称之为“伪随机数”。“随机数发生器”可以简单地由计算机和算法模拟。

蒙特卡罗方法的随机性特点要求使用大量的无关随机数。随着计算机技术进步，可实现大量运用随机抽样，蒙特卡罗方法得以迅速发展。蒙特卡罗方法的正确性是基于概率论的中心极限定理。

蒙特卡罗模型的建立可分为以下三步：一，将所研究的物理问题演变为类似的概率或统计模型；二，通过数值随机抽样实验对概率模型进行求解，其中包括大量的算术运算和逻辑操作；三，用统计方法对得到的结果进行分析处理。

按照从随机数分布中选择用于数值积分实验的随机数的方式不同，蒙特卡罗方法可分为简单抽样和重要抽样。简单抽样选择分布均匀随机数，而重要抽样选用分布与研究问题相适应的随机数。所以使用重要抽样时在被积函数取大值的区域采用大的权重因数，在被积函数取小值的区域则采用小的权重因数。

蒙特卡罗方法的主要应用可大致分为两大类问题，一是建立一个概率模型，使求解问题与概率模型相联系，再通过随机试验求得概率模型统计特征值作为求解问题近似解，二是用蒙特卡罗法模拟求解问题的随机情况，如事先知道某个空间域问题的概率分布，可根据概率分布进行随机采样并以采样点近似代表空间域，将连续问题转化为离散问题，并大幅减小计算量。

6.1.3 随机变量与抽样方法

6.1.3.1 随机数

一般的，如果用 $x_1,x_2,\ldots,x_n$ 代表随机变量，这些随机变量如果按照顺序出现，就形成了随机序列。这种随机序列具备两种关键的特点：其一，序列中的每个变量都是随机的；其二，序列本身就是随机的。其中的每一个变量为随机数。而伪随机数是计算机按照一定算法模拟产生的随机数。伪随机数其实是有规律的。只不过这个规律周期比较长，但还是可以预测的，因此只能近似地具备随机数性质。通过检验伪随机数是否具有良好的均匀性和独立性，以及计算机生成是否快速，占用内存多少，实现是否简单，可以判断某种伪随机数生成方法的好坏。由蒙特卡罗法的基本原理可知，随机数的产生是使用蒙特卡罗法的关键与基础工具。显然，蒙特卡罗预测的可靠性依赖于所采用随机数的“随机性”。这里介绍几种常见的随机数生成方式：

（1）正态分布随机数生成

随机变量 X 概率函数为：

$$f(\lambda;\mu,\sigma)=\frac{1}{\sigma\sqrt{2\pi}}\mathrm{e}^{-\frac{(x-\mu)^2}{2\sigma^2}} \tag{6.1}$$

其中 $-\infty<x<\infty$，μ 和 $\sigma>0$ 分别为该随机变量的均值和方差，则称该随机变量服从正态分布，记为 $X\sim N(\mu,\sigma^2)$。当 $\mu=0$ 和 $\sigma=1$ 时，该随机变量服从标准正态分布。

正态分布随机数由中心极限定理推导，给定 m 个独立的随机变量 UK，构造和式：$z=u^1+\ldots+u^m$。若 m 很大，则随机变量近似为正态分布。若 u_i^k 是 m 个相互独立的随机数序列，则它们的和 $z_i=u_i^1+\ldots+u_i^m$ 为近似正态分布的随机数序列。

（2）对数正态分布随机数生成

由于数据特性需要对时间序列数据进行对数转化，产生对数正态分布的随机数。若随机变量的自然对数 $y=\lg(X)$ 服从正态分布 $N(\mu,\sigma^2)$，其中 X 为正数，则随机变量服从对数正态分布，记为 $X\sim\lg N(\mu,\sigma^2)$，概率密度函数写作：

$$f(x;\mu,\sigma^2)=\frac{1}{x\sigma\sqrt{2\pi}}\mathrm{e}^{-\frac{(\ln x-\mu)^2}{2\sigma^2}} \tag{6.2}$$

其中 $x>0$，其均值和方差分别为：

$$E(X) = EXP\left(\mu + \frac{\sigma^2}{2}\right) \tag{6.3}$$

$$\mathrm{Var}(X) = EXP(2\mu + \sigma^2)[EXP(\sigma^2) - 1] \tag{6.4}$$

对数正态分布相对于正态分布相比为右偏。

（3）分布随机数生成

假设 X 服从标准正态分布 $N(0,1)$，Y 服从 $X^2(n)$分布，那么 $Z = \frac{X}{\sqrt{Y/N}}$ 的分布称为自由度为 n 的 t 分布，记为 $Z \sim t(n)$。

$t(n)$的概率密度函数为

$$f(t) = \frac{\Gamma\left(\frac{n+1}{2}\right)}{\sqrt{n\pi}\,\Gamma\left(\frac{n}{2}\right)}\left(1 + \frac{t^2}{n}\right)^{-\frac{n+1}{2}} \tag{6.5}$$

（4）泊松分布随机数生成

若随机变量取各值的概率为 $P\{x = k\} = \mathrm{e}^{-\lambda}\frac{\lambda^k}{k!}$ $(k=0,1,2,\cdots,\infty)$，则随机变量为泊松分布。

在数字计算机上可以产生随机数。亦即通过对所产生的超过计算机存储器储存单元字长的整数，采取舍去该整数之前数位或对该整数取中间数位的办法加以实现。由数字计算机产生的随机数并不是真正随机的，因为产生这些数的方式是完全确定的。这些由代数算法简单地模拟出的随机数，可以具有较大的周期性，正因为如此，由计算机算法产生的随机数通常被称为伪随机数。因为伪随机数可借助计算机程序来产生，所以伪随机数的产生效率高，适合用于蒙特卡罗法。

① [0,1]上的均匀伪随机数　[0,1]上均匀的随机数是基础的随机数，[0,1]上非均匀的随机数是在均匀随机数经过运算得到的，其质量也决定于均匀随机数。线性同余伪随机数生成器（LCG）是目前应用广泛的随机数生成器，基本算法为：

$$\begin{cases} x_1 = ax_0 + b & \mathrm{mod(m)} \\ x_n = ax_{n-1} + b & \mathrm{mod(m)} \\ u_n = x_n / m & n = 1,2,\ldots \\ x_0\text{为任意非负整数} \end{cases} \tag{6.6}$$

② 威布尔分布伪随机数　若可求得某分布函数的反函数，那么可在得到[0,1]区间上的均匀随机数后通过反函数变化来构建该分布的伪随机数，这是一种便捷高效的生成方式。设随机变量 X 的分布函数为 $F(°)$，且 F 连续，则 $U=F(X)$为随机变量，其分布为(0,1)上的均匀分布。因此产生具有给定分布函数 $F(°)$的非均匀随机数 X 的算法为：

$$X = F^{-1}(U), U \sim U[0,1] \tag{6.7}$$

其中 $U[0,1]$是[0,1]上的均匀分布，F^{-1} 为 F 的反函数。若已有[0,1]区间上的均匀随机数 a，则威布尔分布的反函数变换公式为：

$$T = \eta \left[\ln\left(\frac{1}{1-a} \right) \right]^{\frac{1}{\beta}} \tag{6.8}$$

式中，T 为服从威布尔分布的随机故障时间。

③ 逆高斯分布伪随机数　若不可求得某分布函数的反函数，则无法通过反函数变化来构建该分布的伪随机数。此时可通过一定的变量代换，先利用反函数变化生成简单分布的随机数，再根据变量代换关系生成复杂分布的伪随机数。在逆高斯分布中，若 $Y \sim IG(\mu,k)$（参数为 μ,k 的逆高斯分布）则有：

$$V = \frac{k(Y-\mu)^2}{Y\mu^2} V \sim \chi^2(1) \tag{6.9}$$

其中，$\chi^2(1)$ 为自由度为 1 的卡方分布。

可以先生成服从标准正态分布的随机数，再平方生成服从自由度为 1 的卡方分布随机数 V，进而得到逆高斯分布的随机数 。

关于更多伪随机数的产生、使用及其可移植性等方面更为详细的评述，可参阅下列作者的著作：Lehmer（1951），Hammersley and Hands comb（1964），Kinder man and Monahan（1977），Schrage（1979），Binder and Stauffer（1987），Binder（1991），Leva（1992），Press and Teukolsky（1992），Chen and Yang（1994），and Knuth（1997）。

6.1.3.2　随机抽样

伪随机数是由单位矩形分布总体中产生的简单子样，因此，随机产生随机数属于抽样问题，是随机抽样问题中的一种特殊情况。这里在假设随机数已知的情况下，讨论对任意给定分布的随机抽样问题，因此可以确定所用的数学方法。若随机数序列满足均匀且相互独立的要求，则由它而产生的任何分布的简单子样严格均满足均匀且相互独立的要求。

随机抽样要考虑两方面的主要问题，一是对系统的抽样要避免以偏置系统的方式，产生的随机数序列均匀性和独立性要好，二是产生随机数的成本不能过高，即耗时不能过长。例如，物理方法产生随机数虽然具有均匀性和独立性都好的优点，但成本过高而不常被人们所使用。随机抽样产生的随机数序列 $X_1,X_2,\ldots,X_n$ 的相互独立性和是否具有相同分布与此不同，只取决于所用随机数的独立性和均匀性如何，不取决于随机抽样方法本身。已知分布的随机抽样主要目的是在计算机上使用，对于某种随机抽样方法，不论运算过程是否复杂，只要节省运算耗时即为一种好的方法。故随机抽样的费用是讨论随机抽样方法时主要考虑的问题。

由已知分布的总体中产生简单子样即已知分布的随机抽样。设 $F(x)$ 为已知分布，$X_1,X_2,\ldots,X_n$ 为总体 $F(x)$ 中产生的容量为 N 的简单子样。按照简单子样的定义，随机变数序列 $X_1,X_2,\ldots,X_n$ 相互独立，具有相同的 $F(x)$ 分布。为方便起见，在后面将把由已知分布的随机抽样简称为随机抽样，并用 X 表示由已知分布 $F(x)$ 所产生的简单子样 $X_1,X_2,\ldots,X_v$ 中的个体。对于连续型分布常用分布密度函数 $f(x)$ 表示总体的已知分布，这时用 X_1 表示由已知分布 $f(x)$ 所产生的简单子样 $X_1,X_2,\ldots,X_n$ 中的个体。

6.1.4　蒙特卡罗方法的解题步骤及其优点

在应用蒙特卡罗方法解决实际问题的过程中，大体有如下几个内容：

① 对所求解的问题建立简单而又便于实现的概率统计模型，使所求的解恰是所建立模型的概率分布或数学期望。如果没有可直接引用的理论分布，就要根据历史统计资料或主观预测判断来估计研究对象的一个初始概率分布。

② 根据概率统计模型的特点和计算实践的需要，尽量地改进模型，以便减方差和降低机时，提高计算效率。

③ 建立对随机变量的抽样方法，其中包括产生伪随机数的方法和对所遇到分布产生随机变量的抽样方法。对模型进行随机抽样，即产生随机变量。为了模拟风险因素的随机变化，随机数的产生非常重要。通常随机数的产生有两种方法，首选可以通过现有的随机数表获取，也可以利用计算机按一定的随机数发生程序计算产生，如利用 EXCEL 的 RANDQ 函数就可以制造出。利用计算机还有两种方法，一是用物理方法产生真随机数，二是用数学方法产生伪随机数，但是通过一系列的统计检验，我们还是可以把它当作真正的随机数来应用。

④ 给出获得所求解的统计估计值及其方差与标准误差的方法。

蒙特卡罗方法是独具风格的一种计算方法，其优点可以归纳如下：

① 蒙特卡罗方法及其程序结构简单。采用蒙特卡罗方法只需对总体进行大量的重复抽样再求取平均值即可得到结果，非常便于理解和使用。其计算机实现的程序结构也很简单。

② 收敛速度与问题维数无关。蒙特卡罗方法的收敛是概率意义下的收敛，指出了误差的概率化边界。另外无论问题维数如何，它的收敛速度都是 $0(n^{-1/2})$，尽管在一维情形下，这个速度看起来很慢，但在高维情形下，却往往优于其他的数值计算方法。比如同是计算积分，梯形公式的收敛速度是 $0(n-1/4)$。当 $d>4$ 时，蒙特卡罗方法比较占优。

③ 蒙特卡罗方法的适用性非常强。蒙特卡罗方法在解题时受问题条件的限制较小，而其他数值方法受条件限制影响较大

6.1.5 蒙特卡罗方法的精度分析

蒙特卡罗方法是以随机变量抽样的统计估值去推断概率分布的，由于抽样不是总体，对其统计量的判断与真实值存在一定的误差。有些问题（比如积分问题），我们直接利用其统计量获得问题的解；有些问题则需要获得目标的概率分布。这些问题直接或间接与统计量存在关系。

设有随机变量 X，其抽样值为 $x_1,x_2,x_3,\ldots$，利用随机投点方法对期望 $E(X)$进行精度分析。

假设利用随机投点方法进行 n 次试验，当 n 充分大时，根据大数定理，随机变量 k/n 作为期望值 $E(X)$的近似估值，即

$$E(X) \approx \overline{p} = \frac{k}{n} \tag{6.10}$$

其中，k 是 n 次试验成功的次数。若每次投点试验的成功概率为 p，并用

$$X_i = \begin{cases} 1，\text{表示试验成功} \\ 0，\text{表示试验失败} \end{cases} \tag{6.11}$$

则一次试验成功的均值与方差为

$$E(X_i) = p \tag{6.12}$$

$$Var(X_i) = p(1-p) \tag{6.13}$$

若进行 n 次试验，其中 k 次，则 k 具有参数为（n,p）的二项分布。此时，随机变量 k 的估值为 $\overline{p}=k/n$。由此，可得随机变量 $\overline{p}$ 的均值，方差和标准差满足

$$E(\overline{p})=E\left(\frac{k}{n}\right)=\frac{1}{n}E(k)=p \tag{6.14}$$

$$Var(\overline{p})=\frac{p(1-p)}{n} \tag{6.15}$$

$$S=\sqrt{Var(\overline{p})}\approx\sqrt{\frac{p(1-p)}{n}} \tag{6.16}$$

当 p=0.5 时，标准差达到最大。

取置信度为 α，精度为 ε，我们分析当试验次数 n 取多大时，不等式 $|\overline{p}-p|<\varepsilon$ 的概率不小于 1−α，即

$$p\{|\overline{p}-p|<\varepsilon\}=1-\alpha \tag{6.17}$$

例如，假设 α 取 0.1，ε 取 0.01，则在 100 次试验中，估值 $\overline{p}$ 与实际真值 p 之差，大约有 90 次不超过 1%的误差。

根据中心极限定理，当 n 足够大时，$\overline{p}$ 近似认为标准正态分布，即 $\overline{p}$ 趋近于 $N(0,1)$的正态分布，因此有

$$p\left\{\frac{|\overline{p}-p|}{S}<Z_{\alpha/2}\right\}=1-\alpha \tag{6.18}$$

其中，$Z_{\alpha/2}$ 指的是正态分布上的 $\alpha/2$ 分位点。

要达到 ε 的模拟精度，则试验次数 n 满足

$$n\geqslant\frac{p(1-p)}{\varepsilon^2}Z_{\alpha/2}^2 \tag{6.19}$$

根据以上分析可将蒙特卡罗法精度特点如下：

① 蒙特卡罗方法的估值精度具有概率性质。它只能表明精度以近于 1 的概率不超过 ε，并不能断言其精度一定小于 ε。当模拟次数不足时，其估值精度具有偶然性质。

② 蒙特卡罗方法的估值精度 ε 与试验次数 n 的平方根成反比，若精度提高 100 倍，则需要试验次数提高 10000 倍，收敛速度不快。

③ 当估值精度一定时，试验次数 n 与方差成正比，降低方差可以达到加速蒙特卡罗方法收敛的目的。另外，由于一般使用的随机数都是“伪随机数”，计算机产生的“伪随机数”与实际的随机数具有一定的误差。

6.1.6 蒙特卡罗方法在材料科学中的应用

6.1.6.1 蒙特卡罗法对血清淀粉酶活性不确定度的评估

韩宁等针对血清淀粉酶（AMY）的不确定度进行评估，将血清 AMY 催化活性浓度作为参考值，分别采用蒙特卡罗法（MCM）与不确定度评定方式（GUF）对各成分进行测量，对血清淀粉酶活性不确定度进行评估。对血清淀粉酶进行测试，根据其信息特征可以确定测量

值的非负参数，并且可以提高医疗化验结果的准确程度。因此，现有的众多专家学者都将研究重点放到化验体系与流程中，这样可以显著减轻患者的医疗负担，而且可以避免重复检查，而不确定度则是促进检测结果准确的重要参考依据。但是，当前对不确定度的评估方法与分类尚未形成统一标准，常见的评估方法主要有自助法、蒙特卡罗法和以测定不确定度表达指南为框架的不确定度评定法。

采用蒙特卡罗法对血清淀粉酶进行测定，首先要定义输出点 *Y*，也就是需要测量的特定数值，同时还要明确与 *Y* 值相关的数量，并采用相应的坐标模型，利用试验数据信息进行正态分布，最后选择蒙特卡罗法对试验样本进行测定，也就是样本量中号。根据不同样本中的输出量测定不同中号值，并且随机对抽取试验的样本结果进行总结分析，针对中号值进行平均计算，将多个 *M* 值严格按照顺序进行排序，根据这些排序的模型量得到蒙特卡罗法输出量对应的概率密度函数（PDF）值。

在处理试验报告结果时，也要根据不同 *Y* 值对应的输出量的 PDF 进行计算，具体可以采用不确定度测量方式对输出量进行确认，取得相关的约定包含概率，运用自适应蒙特卡罗法方式获得相对稳定的标准数与输出量。针对不确定度测量法与蒙特卡罗法所取得的结果进行分析，明确彼此之间的约定数值容差是否一致，最后针对数值容差进行计算，如果结果小于数值容差，则表示蒙特卡罗法可以通过确认，反之结果大于数值容差，则表示蒙特卡罗法不能通过确认。因此，在具体试验中需要针对不同浓度样本分别开展多次试验。

试验结果：本研究中针对样本 A 与样本 B 的方案进行试验分析，分别对 2 种方案重复测量 3 次，对 4 次的变化情况进行记录，最终进行对比分析，这样可以使对比分析结果更加准确，试验数据详见表 6.1。根据输出量估计值、标准差以及 95%置信区间上下限值的 2 倍标准差均小于数值容差，说明蒙特卡罗法测量查询结果已达统计意义上的稳定，则蒙特卡罗法评估 AMY 活性浓度不确定度结果为抽样 10 次时对应的输出量估计值、标准差与 95%置信区间下限。

表 6.1　蒙特卡罗法试验数据

试验样本	试验次数	第 1 次	第 2 次	第 3 次	均值	总均值	标准差	变异系数
样本 A	1d	85.23	87.10	85.69	86.01	85.945	0.1814	0.20%
	2d	86.68	85.80	86.73	86.40			
	3d	85.40	85.11	86.42	85.64			
	4d	85.77	85.77	86.31	85.73			
样本 B	1d	225.20	224.70	224.80	224.90	225.763	0.5140	0.22%
	2d	225.90	225.48	225.60	225.66			
	3d	226.80	227.80	226.66	227.09			
	4d	224.20	225.80	225.00	225.00			

根据上述试验结果，能够得出蒙特卡罗法比不确定度测定方法更加适用于不确定度的评估，具体优势如下：

① 可以准确分析出各种不确定度的数值。

② 在应用不确定度测定公式时，可以降低偏导数的计算缺陷。

③ 有利于输出量 PDF 值的正态分布计算。

但也能够发现蒙特卡罗法存在以下缺陷：

① 收敛速度较慢。

② 试验结果附带一定的概率性。

③ 虽然可以对普遍临床项目进行相对准确的测试与试验，但在处理特殊临床项目时仍要深入研究。蒙特卡罗法虽然克服了不确定度测量方式的正态分布模型，但是在不确定度评定方式适用时，仍然可以首先使用不确定度评定方式。

6.1.6.2 基于蒙特卡罗法的轨道交通建设用混凝土受冻服役寿命分析

对于北方地区而言，由冻融循环造成的冻害是混凝土服役期间的主要耐久性问题之一。陆晨浩等采用蒙特卡罗法，分析了水胶比、含气量和粉煤灰掺量等主要参数对轨道交通混凝土受冻服役寿命的影响规律。采用单参数分析方法对轨道交通混凝土进行受冻服役寿命预测及规律分析，采用蒙特卡罗法生成随机数进行模拟，得到自然冻融环境下混凝土质量损失率不超过 5%时的最大冻融循环次数，其与典型地区的年平均冻融循环次数的比值即为轨道交通混凝土的受冻服役寿命。

（1）水胶比对混凝土受冻服役寿命的影响

以 A（混凝土含气量）为 5%、f（粉煤灰掺量）为 25%，φ（混凝土水胶比）服从 $N(0.3600,0.0244)$ 的配合比对混凝土的受冻服役寿命进行模拟，得到 φ 对轨道交通混凝土受冻服役寿命的影响规律，如图 6.1 所示。

由图 6.1 可知，当 φ 从 0.35 增大到 0.40 时，东北、西北地区轨道交通混凝土的受冻服役寿命从 120 年降低至 75 年，降幅为 37.5%；华北地区则从 210 年降至 120 年，降幅达 42.9%。由此可见，当 A 和 f 不变时，各地区轨道交通混凝土的受冻服役寿命随 φ 的增大而明显减小。这主要是因为随着 φ 的增大，外加剂对混凝土的增密效应不明显，混凝土的孔隙比增大，造成受冻服役寿命的降低。

（2）含气量对混凝土受冻服役寿命的影响

以 φ 为 0.36、f 为 25%、A 服从 $N(5.0000,0.6080)$ 的配合比对混凝土进行模拟计算，得到 A 对轨道交通混凝土受冻服役寿命的影响规律，如图 6.2 所示。

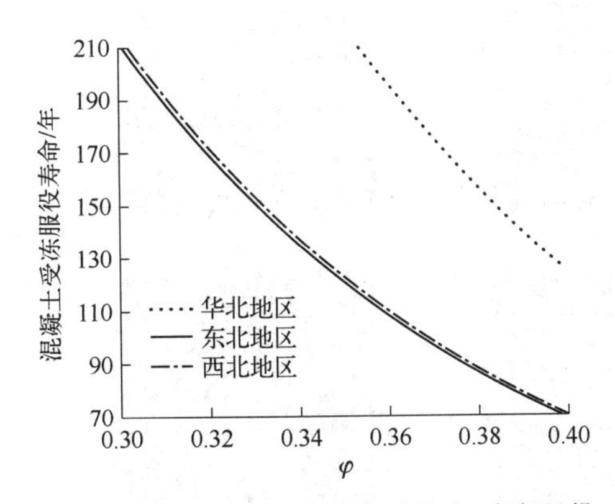

图 6.1 轨道交通混凝土水胶比与受冻服役寿命间的关系

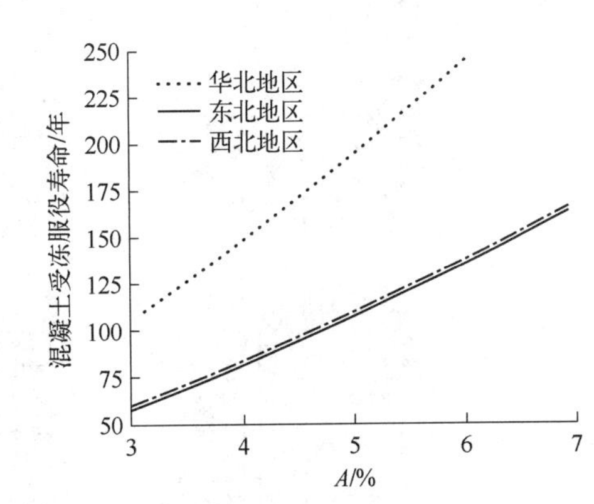

图 6.2 轨道交通混凝土含气量与受冻服役寿命间的关系

由图 6.2 可知，当 A 从 4%增大至 6%时，东北、西北地区轨道交通混凝土的受冻服役寿命从 80 年增大到 125 年，增幅为 56.2%，华北地区则从 130 年增大至 230 年，增幅达 76.9%。

由此可见，当 φ 和 f 不变时，各地区混凝土的受冻服役寿命随 A 的增大而增大。但该规律仅在 A 处于3.5%～6.5%的范围内时较为显著，因为 A 较小时，混凝土的和易性差、易开裂、抗冻性差；A 过大又会造成孔洞太多，导致混凝土不密实。

（3）粉煤灰掺量对混凝土受冻服役寿命的影响

以 φ 为 0.36、A 为 5%、f 服从 $N(25.0000,3.0500)$ 的配合比对混凝土进行模拟计算，得到 f 对轨道交通混凝土受冻服役寿命的影响规律，如图 6.3 所示。

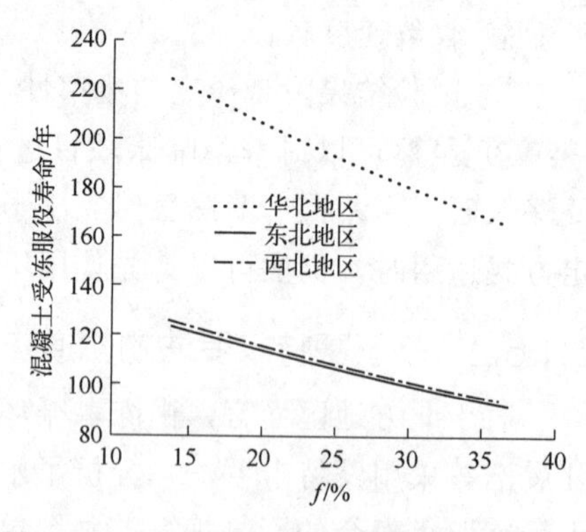

图 6.3　轨道交通混凝土粉煤灰掺量与受冻服役寿命间的关系

由图 6.3 可知，当 f 处于 20%～30%时，东北、西北地区轨道交通混凝土的受冻服役寿命在 105～115 年范围内变化，变化幅度仅为8.6%;华北地区则在175～205年范围内变化，变化幅度为14.6%。因此，当 φ 和 A 不变时，各地区混凝土的受冻服役寿命随 f 的增多呈下降趋势，但相较于 A 和 φ，f 对受冻服役寿命的影响不大。

6.1.6.3　基于蒙特卡罗方法的纳米线气-液-固生长机制研究

蒙特卡罗方法是一种基于概率统计理论的数值计算方法，在粒子输运计算、量子热力学计算、空气动力学计算等计算物理学领域得到了广泛应用。曹霞等基于蒙特卡罗方法，从概率统计的角度研究纳米线（NWs）气-液-固（VLS）生长机制，模拟了不同标准差情形下，催化剂液滴在基底上的分布情况以及 NWs 生长角度概率密度，探究了 NWs 长度与催化剂薄膜厚度之间的关系。

基于蒙特卡罗方法随机生成的催化剂液滴在基底上的分布如图 6.4 所示。其中，黑色交叉点为网格的中心位置，随机生成的催化剂液滴则由黑点表示，点的大小代表了催化剂液滴

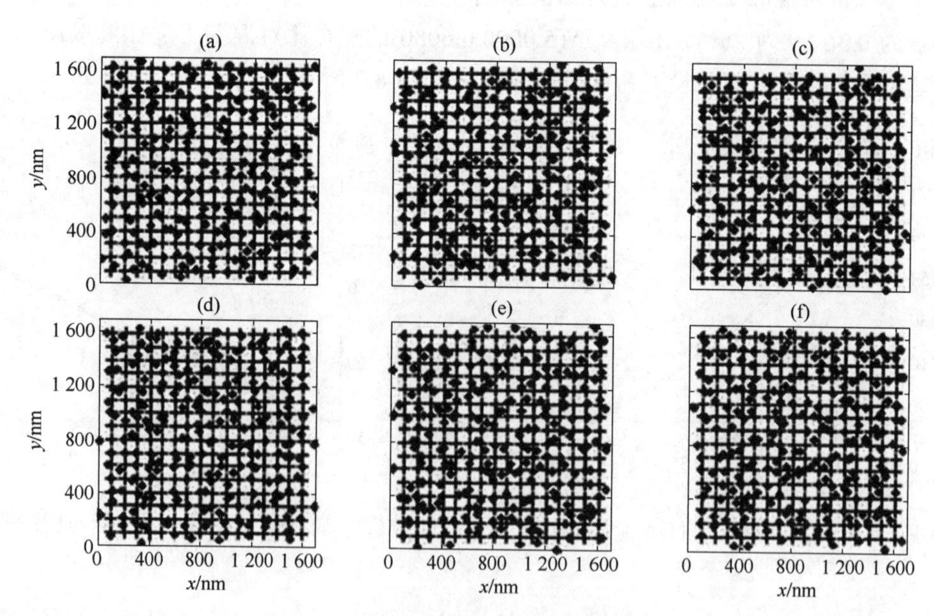

图 6.4　催化剂液滴在基底上的分布图

（a）～（f）对应的正态分布标准差分别为 25nm，30nm，35nm，40nm，45nm 和 50nm

的大小。图 6.4（a）～（f）对应的正态分布标准差分别为 25nm，30nm，35nm，40nm，45nm 和 50nm。原则上，这个标准差主要由管内温度和真空度、载流气流速，以及基底和催化剂材料等复杂因素共同决定，因此，利用第一性原理进行模拟非常困难。可以看出，标准差较小时，液滴更倾向于分布在各个网格节点附近，总体上均匀性较好。随着标准差的增加，催化剂液滴在基底上的分布会变得杂乱无章。

选取标准差为 25nm 的基底为代表，模拟了催化剂液滴的形貌以及在基底表面的分布图（图 6.5）。图 6.5（a）为不同质量的催化剂液滴切面图，从图中可以看出，液滴的形状并非按照其质量等比例放大或缩小，质量较小的液滴接触角较小，整体更接近球形，而质量较大的液滴则具有较大的接触角和接触半径，整体也呈现更为扁平的形状，这主要是由于重力作用导致的。

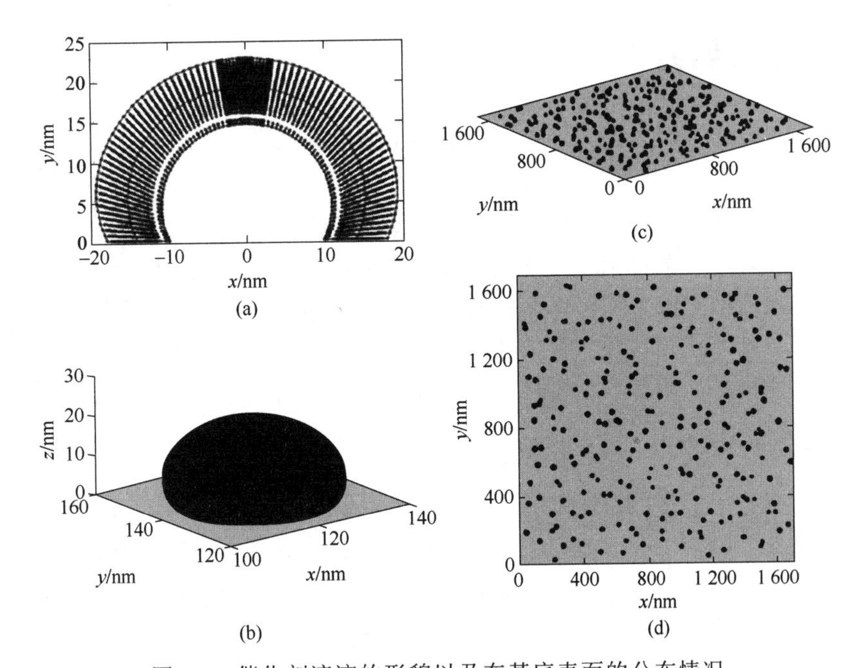

图 6.5 催化剂液滴的形貌以及在基底表面的分布情况

（a）不同质量的催化剂液滴切面图；（b）催化剂液滴的三维形貌图（对应图（a）中黑点所示的液滴）；（c）（d）催化剂液滴在基底表面分布的鸟瞰图和俯视图

在获得关于催化剂液滴形貌的相关结果后，计算了不同形状的液滴所生长的 NWs 的最可几生长角度，也计算了它们生长角度概率密度的平均值，并模拟了 NWs 在基底上生长的效果图（图 6.6）。可以看出绝大部分催化剂液滴的最可几生长角度都在 85°～87.7°，非常接近垂直生长的状态。由于研究采用的模拟方法是基于随机性的（没有考虑晶体外延生长等复杂因素），这样具有高度确定性的结果无疑是十分有趣的，也能够在一定程度上解释 NWs 之所以能够定向生长的原因。

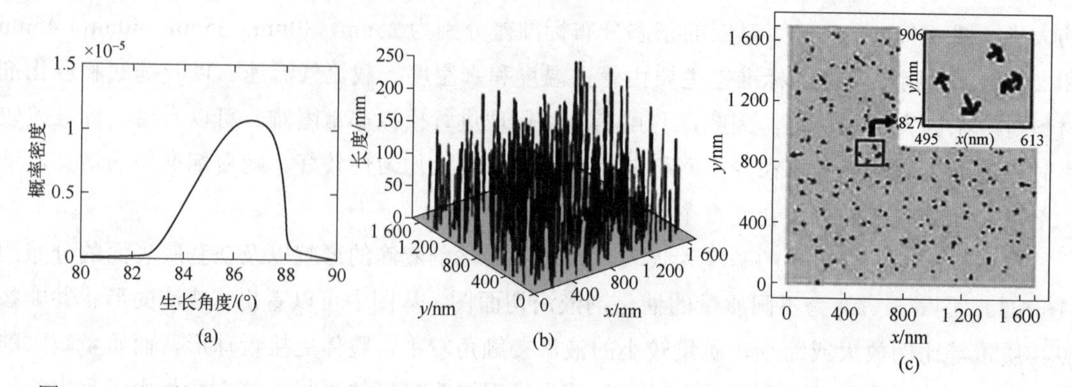

图 6.6 不同接触半径下 NWs 生长角度的概率密度（a）、NWs 在基底上生长的鸟瞰图（b）和俯视图（c）（图中箭头为 NWs 生长方向）

6.2 分子动力学方法

在材料研究中，分子动力学方法是所有建模和模拟中最常用的技术之一，它给出在原子尺度下有关材料结构和动力学的信息。分子动力学的基本理念很简单：计算作用于原子上的力，解牛顿方程以确定它们是如何移动的。分子动力学方法是材料性质研究中最早以计算机技术为基础的方法之一，其历史可以追溯到 20 世纪 50 年代关于液体性质研究的开拓性工作（Alder and Wainwright，1957，1959）。此后，分子动力学方法得到了广泛应用，它已经与蒙特卡罗法一起成为计算机模拟的重要方法。本节简要对分子动力学方法的基本思想、原理、模型和在材料科学中的应用等方面进行介绍。

6.2.1 分子动力学方法的基本思想

在原子层次上对于多体问题的求解，除了各种蒙特卡罗算法，第二类重要的模拟方法就是分子动力学方法。蒙特卡罗方法作为一种统计学的概率性方法，可以深入到相空间研究随机行为；分子动力学与蒙特卡罗方法的主要区别在于，它是一种确定性方法，通过跟踪每个粒子的个体运动确定其运动方程。经典的蒙特卡罗算法局限于平衡热力学量的计算，不能预测纳米尺度的材料动力学特性。而分子动力学得到的系统平均预测，其有效性将因为统计学和系统的各种假设而受到限制。通过求解所有粒子的运动方程，分子动力学方法可模拟粒子的运动路径相关的基本过程。这种问题的严格处理需要建立并求解所有原子的薛定谔方程，其方程包括荷电部分（原子核、电子）之间的相互作用及其动能。

分子动力学假定原子的运动服从某种确定的描述，可以应用牛顿运动方程、拉格朗日方程或哈密顿方程来确定这种描述，即原子的运动和确定的轨迹联系在一起。若不考虑粒子之间相互作用，在处理粒子或团簇时可单独对牛顿运动方程进行积分求解。但粒子与粒子之间实际上是相互作用的，分子动力学模拟中须先确定最基本的模拟范畴，即必须设定原子或分子之间的相互作用（势函数）和相关的系综（作用对象和条件），然后对给定的牛顿运动方程、拉格朗日方程或哈密顿方程进行时间的迭代，在达到指定的收敛条件后得到最终的粒子坐标位置，然后由统计物理学原理得出该系统相应的宏观动态、静态特性。图 6.7 所示是分子动力学的基本思想。

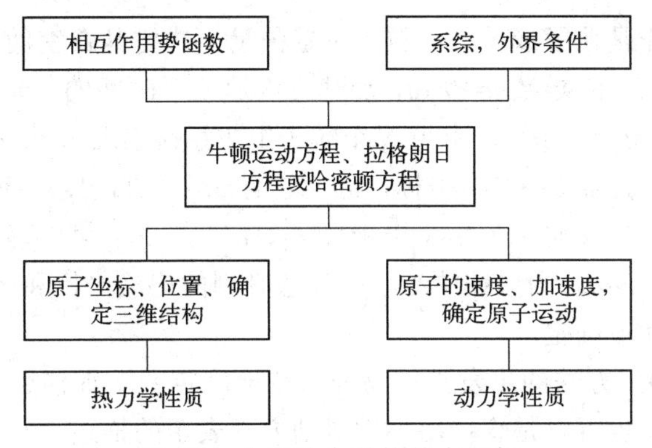

图 6.7　分子动力学的基本思想

分子动力学方法将每个原子粗粒化（coarse-graining）为一个刚性球体，并以经验势函数来描述原子间的相互作用，故分子动力学方法可用于更大规模的计算。分子动力学模拟的基本思想是经典力学定律和热力学第二定律，分子动力学计算体系中粒子的运动遵循牛顿方程：

$$F_i(t) = m_i a_i(t) \tag{6.20}$$

其中，$F_i(t)$为粒子所受的力；m_i为粒子质量；$a_i(t)$为粒子的加速度。

由 N 个粒子组成的系统的总能量 U 等于各个粒子的动能 U_K 与势能 U_P 的总和。粒子动能可由速度 v_i 得出，粒子势能可以表示为与各粒子位置 r_i 关联的函数，即：

$$U = U_K + U_P = \sum_{i=1}^{N} \frac{1}{2} m_i v_i^2 + U_P(r_1, r_2, \ldots, r_N) \tag{6.21}$$

系统中粒子所受的力 $F_i(t)$可以直接用势能函数对坐标 r_i 一阶求导，即：

$$F_i(t) = -\frac{\partial U}{\partial r_i} \tag{6.22}$$

将该式代入式（6.21），并对时间积分可得到粒子 i 在时间Δt 后的位置与速度：

$$r_i(\Delta t) = r_i + v_i t + \frac{1}{2} a_i (\Delta t)^2 \tag{6.23}$$

$$v_i(\Delta t) = v_i + a_i \Delta t \tag{6.24}$$

因此，若原子的初始坐标和初始速度已给出，则以后任意时刻的坐标和速度都可以确定，按此方式计算可以得出粒子在每一时刻的位置和速度信息，整合后可得到粒子整个运行过程中的坐标和速度，即轨迹，并进一步得到系统的宏观力学性质和物理参量 随时间的变化规律。

分子动力学的研究对象大都是由低速运动的粒子组成的系统，不存在相对论效应。对于所讨论的系统的全部自由度都必须明确考虑，不允许存在随机性因素。系统的所有粒子服从经典力学的运动规律，其动力学方程就是从经典力学的拉格朗日(Lagrange)方程和哈密顿(Hamilton)方程导出的。

6.2.2　分子动力学原理

粒子或称为质点是力学的基本概念。在空间描述任何物体的运动时，若其自身大小可以忽略，则可以将其看作是粒子或质点。粒子位置矢量 r 决定其在空间坐标系中的位置，其速度为位置矢量对时间的一阶导数 $u=\mathrm{d}r/\mathrm{d}t$，加速度为速度对时间的一阶导数，也为位置矢量对时间的二阶导数 $a=\mathrm{d}u/\mathrm{d}t=\mathrm{d}^2r/\mathrm{d}t^2$。一个由 N 个粒子组成系统需要 N 个矢量 $r_1,r_2,\ldots,r_N$ 描述其位置。在笛卡儿坐标系中，需要 $3N$ 个坐标，因此它有 $3N$ 个自由度。而坐标系可以自由选择，设系统有 s 个自由度，广义坐标为用 s 个坐标 q_1、q_2、…、q_s 可以确定其空间位置，相应的广义速度为 v_1、v_2、…、v_s。当系统的粒子在任意时刻的广义坐标和广义速度都可以确定时，其加速度也可以唯一地被确定。

分子动力学（MD）方法的出发点是物理系统地确定的微观描述。其描述可以是哈密顿描述或拉格朗日描述，也可以是直接用牛顿运动方程表示的描述。在前两种情况下，运动方程必须应用熟知的表述形式导出。达朗伯（d'Alembert）平衡力系原理、伯努利（Bernoulli）虚功原理、达朗伯-拉格朗日方程、最小作用量原理及哈密顿原理等力学原理可以作为最高原理，从最高原理可以导出第一类、第二类拉格朗日方程及哈密顿方程，从而导出物体的运动方程。

MD 方法的具体做法是在计算机上求运动方程的数值解。为此，需要通过适当的格式对方程进行近似，使之适于在计算机上求数值解。其实质是计算一组分子的相空间轨道，其中每个分子各自都服从经典运动定律。它包括的不只是点粒子系统，也包括具有内部结构的粒子组成的系统。普遍采用的数学方法并不限于只用来解确定性运动方程，也可以用来模拟含有随机力的运动方程。

分子动力学主要用来处理下述形式的方程：

$$\frac{\mathrm{d}u(t)}{\mathrm{d}t}=K\{u(t):t\} \tag{6.25}$$

其中，u 为未知变量，可以是速度、角度或位置；K 为已知算符。变量 t 通常为时间。对方程不作确定性的解释，而是允许 $u(t)$是一个随机变量。例如，研究布朗粒子的运动时，取朗之万方程的形式，即

$$\frac{\mathrm{d}v(t)}{\mathrm{d}t}=-\beta v(t)+R(t) \tag{6.26}$$

由于变化力 $R(t)$是随机变量，所以随机微分方程（SDE）的解 $v(t)$也将是一个随机函数。

方程（6.26）可以包括如下的 4 种类型：

① K 不包括随机元素，并且初始条件精确已知。

② K 不包括随机元素，但初始条件是随机的。

③ K 包括随机力函数。

④ K 包括随机系数。

对于类别（1）和（2），方程的求解归结为积分。对于类型（3）的问题，必须特别小心，因为解的性质取决于概率性的宗量。为简单起见，假定所讨论的是单原子系统，从而使得分子相互作用与分子的取向无关。此外，还假设分子的相互作用总是成对出现的、相加的中心力。一般说来，系统由哈密顿量描述：

$$H=\frac{1}{2}\sum_i\frac{p_i^2}{m_i}+\sum_{i<j}u(r_{ij}) \tag{6.27}$$

式中，r_{ij}是粒子 i 和粒子 j 之间的距离。位形部分内能写作

$$U(r)=\sum_{i<j}u(r_{ij}) \tag{6.28}$$

假设系统由 N 个粒子构成，仅研究大块物质在给定密度下的性质，故需引入一个体积即分子动力学元胞以维持恒定的密度。若系统为热力学平衡状态，则不需要考虑这个体积的形状，对所占体积足够大的气态或液态也适用，但元胞的形状选择对于晶态物质是有影响的。

分子间相互作用从根本上决定材料的性质，可用势函数来表示这种相互作用。Liu 等人利用力匹配法（force-matching method）得到的 EAM 势函数。利用第一性原理计算得出每个原子所受合力，再将晶格常数、内聚能、空位形成能、弹性常数及其它相关的晶体性质参数进行拟合。该势已经广泛运用于研究密排六方金属塑性变形机制，相关结果表明此势可以描述镁中位错滑移和孪生等塑性机制和行为，并与其他研究结果相符。在 EAM 势中，系统的总能量 E 可以写为：

$$E=\sum_{i}E_i \tag{6.29}$$

$$E_i=\frac{1}{2}\sum_{j(\neq i)}V_{ij}(r_{ij})+F_i(n_i) \tag{6.30}$$

式中，$\frac{1}{2}\sum_{j(\neq i)}V_{ij}(r_{ij})$是原子间对势；$F_i(n_i)$是嵌入能量函数；$n_i$是原子 i 处由于周围原子而产生的总“原子密度”：

$$n_i=\sum_{j(\neq i)}\rho_j(r_{ij}) \tag{6.31}$$

式中，$\rho_j(r_{ij})$是孤立原子周围的“原子密度”。对于原子类型为 A 和 B 的二元合金，EAM 势函数包含$V_{AA}(r)$、$V_{AB}(r)$、$V_{BB}(r)$、$\rho_A(r)$、$\rho_B(r)$、$F_A(n)$和$F_B(n)$。

6.2.3 分子动力学模拟的基本方法

在计算精确性上分子动力学模拟比不上从头计算法和密度泛函法，但是计算程序更简单且计算成本低，应用逐渐广泛，以下将对分子动力学模拟的基本方法进行简要介绍。

6.2.3.1 初始条件和边界条件

分子动力学模拟的初始条件包括体系内各个粒子的初始位置和初始速度数据。模拟系统的初始状态为各粒子的初始位置，其数据由实验或比较模型数据得出。晶体的初始结构较容易获得，而得到液态体系的初始状态需采用晶格结构升温等一些额外方式。模拟体系中各个粒子的初始速度与模拟体系的温度有关，服从 Maxwell-Boltzmann 分布：

$$v_{x,y,z}=\sqrt{\frac{m}{2\pi k_{\mathrm{B}}T_0}}\mathrm{e}^{-\frac{mv_{x,y,z}^2}{2k_BT_0}} \tag{6.32}$$

其中，k_{B}为玻尔兹曼常数；m 为粒子摩尔质量；T_0则代表模拟体系的初始温度。已知初始位置和初始速度，通过牛顿运动方程求解粒子在每个时间点的新的位置和速度，从而得到粒子在模拟体系中的运动轨迹。分子动力学模拟中最常用的边界条件是周期性边界条件，粒

子在模拟体系的三维空间内通过镜像的方式周期性地出现，可以保证模拟体系粒子数量与密度的恒定从而削弱了边界效应。

6.2.3.2 相互作用势能和截断半径

分子动力学模拟中的粒子之间的相互作用可由经验势能函数来计算。经验势能函数是以粒子坐标来描述能量体系的数学表达式。适宜的势能函数可以精确描述分子间相互作用，并模拟体系的动力学性质，因此势能函数直接影响模拟结果的准确性。有机分子系统的总势能 E 项可分为分子内 E_{in} 和分子间 E_{inter} 两部分：

$$E = E_{\text{in}} + E_{\text{inter}} \tag{6.33}$$

分子内相互作用的分子内势能 E_{in} 可分为四个部分：

$$E_{\text{in}} = E^{\text{b}} + E^{\text{ang}} + E^{\text{dih}} + E^{\text{imp}} \tag{6.34}$$

式中，E^{b}、E^{ang}、E^{dih} 和 E^{imp} 分别表示键拉伸相互作用、角弯曲相互作用、扭转二面角相互作用和非正常二面角相互作用。分子间势能 E_{inter} 包括范德华相互作用（van der Waals，vdW）和库仑（Coulomb，Cl）相互作用：

$$E_{\text{inter}} = E^{\text{vdw}} + E^{\text{Cl}} = \varepsilon\left[\left(\frac{\sigma}{r_{ij}}\right)^{12} - \left(\frac{\sigma}{r_{ij}}\right)^{6}\right] + C\frac{q_i \cdot q_j}{r_{ij}} \tag{6.35}$$

式中，ε 为势阱深度；σ 为粒子间电位为零的有限距离；r_{ij} 为粒子 i 和 j 之间的距离；C 为能量转换常数，取为 1389.35456kJ/mol；q_i 和 q_j 表示两个粒子上的电荷。势能函数是影响模拟结果的重要因素，好的势能函数可以对分子间作用和体系的性质进行准确描述。

需要特别指出，在多尺度建模中，每一个物理层次都建立在更基本的物理层次之上。若需要考虑原子内部的相互作用，例如离子和电子之间的相互作用，则还需要借助从头计算分子动力学方法和密度泛函方法。

6.2.3.3 控制方程

分子动力学模拟中，在选定适宜的初始条件、边界条件和势能函数后，需进一步求解牛顿方程。利用统计力学分析模拟结果可建立单个粒子的微观力学与宏观特性间的联系。若模拟体系具有 N 个粒子，势能为 E，则时间间隔 t 内牛顿运动方程为：

$$m\frac{\mathrm{d}^2 x_i}{\mathrm{d}t^2} = -\nabla \cdot E(x_i),\ i = 1,2,\ldots,N \tag{6.36}$$

其中，r 为空间中每个粒子的坐标。为描述粒子的运动过程，需在每个时间点解牛顿方程，确定粒子的位置。Verlet 算法以 $t+\Delta t$ 时刻粒子 i 的位置 x 的泰勒级数展开为起点：

$$x_i(t+\Delta t) = x_i(t) + \frac{\mathrm{d}x_i(t)}{\mathrm{d}t}\Delta t + \frac{1}{2}\frac{\mathrm{d}^2 x_i(t)}{\mathrm{d}t^2}\Delta t^2 + \frac{1}{6}\frac{\mathrm{d}^3 x_i(t)}{\mathrm{d}t^3}\Delta t^3 + o(\Delta t^4) \tag{6.37}$$

其中，Δt 为时间步长；$o(\Delta t^4)$表示 Δt 中的 4 阶或更高阶项。而粒子在时间步长 t-Δt 处的位置方程为：

$$x_i(t-\Delta t) = x_i(t) - \frac{\mathrm{d}x_i(t)}{\mathrm{d}t}\Delta t + \frac{1}{2}\frac{\mathrm{d}^2 x_i(t)}{\mathrm{d}t^2}\Delta t^2 - \frac{1}{6}\frac{\mathrm{d}^3 x_i(t)}{\mathrm{d}t^3}\Delta t^3 + o(\Delta t^4) \tag{6.38}$$

两式之和为：

$$x_i(t+\Delta t)=2x_i(t)-x_i(t-\Delta t)+\frac{\mathrm{d}^2x_i(t)}{\mathrm{d}t^2}\Delta t^2=2x_i(t)-x_i(t-\Delta t)+\frac{F_i(t)}{m_i}\Delta t^2 \tag{6.39}$$

其中，F 是粒子 i 上的力，也是粒子位置的函数。粒子 i 的速度 v 表示为：

$$v_i(t+\Delta t)=\frac{x_i(t+\Delta t)-x_i(t-\Delta t)}{2\Delta t} \tag{6.40}$$

6.2.3.4 系综选择

系综是指在一定的宏观条件下，大量性质和结构完全相同的、处于各种运动状态的、各自独立的系统集合。分子动力学的研究对象是多粒子体系，需要保证统计物理的规律成立，但因计算机 CPU、内存和计算速度的限制，系统的粒子数目不能过多，因此计算机模拟的多粒子体系用统计物理的规律来描述。微观运动状态在相空间中构成一个连续的区域，与微观量相对应的宏观量是在一定的宏观条件下所有可能的运动状态的平均值。对于任意的微观量 $A(p,r)$的宏观平均可表示为：

$$\overline{A}=\frac{\int A(p,r)\rho(p,r,t)d^{3N}rd^{3N}p}{\int\rho(p,r)d^{3N}rd^{3N}p} \tag{6.41}$$

式中，N 为系统的粒子总数；r 和 p 为粒子坐标和动量；p 为权重因子。平衡分子动力学模拟总是在一定的系综下进行。根据研究对象的特性，常用的系综有微正则系综（NVE）、正则系综（NVT）、等温等压系综（NPT）、等焓等压系综（NPH）和巨正则系综（PVT）等。

6.2.4 分子动力学方法在材料科学中的应用

分子动力学由于具有独特的优势，成为所有建模和模拟中最常用的技术之一，可在原子尺度下给出有关材料结构和动力学的信息，可应用到几乎所有类型的材料，对各种现象在某种程度上都具有一定的适用性。此处列举一些应用的例子。

（1）结构和热力学性质

分子动力学的最早应用是在 1957 年，基于硬球系统研究液体的结构和热力学性质（Alder and Wainwright，1957）。自此以后，应用分子动力学来确定材料的结构和热力学性质已经日益普遍，既有晶体材料，也有非晶体块体材料，文献之多，若要将它们都列出来是不现实的。鉴于分子动力学在尺度上的限制，它在纳米级材料中的应用已经变得非常普遍。这些研究的部分结果的综述以及与实验结果的详细比较，可以在相关文献(Balto and Ferrando，2005) 中找到。

（2）极端条件应用

模拟经常用来描述处于极端条件下的材料，如高压或高温，在这样的条件下进行实验可能是困难的或者是不可能的。分子动力学的模拟方法已经回答了许多极端条件下的相关问题。模拟能够提供有关材料状态方程”的信息和各种结晶相在不同的条件下的稳定性，并且可以利用这些信息绘制出相图。许多这方面的模拟被应用于地质领域，便于人们更好地理解地球内部的动力学性质。例如，计算在高压下二氧化硅的状态方程（Belo nosh ko，1994），利用从头计算的方法计算硅酸锰和硅酸钙的相稳定性（Tsuchiya T and Tsuchiya J，2011），计算高压下碱金属卤化物的相图（Rodrigues and Fernandes，2007）等。

（3）缺陷结构、性质和动态特性

模拟能够揭示缺陷（如空位、间隙、位错、晶界、表面）的结构、性质以及动态特性，而这些都不能很容易地利用实验解决。关键的问题可能包括原子的排列和纯金属与合金两种系统的缺陷能量学性质。缺陷动态分析是非常重要的，有些时候相当适合于利用分子动力学进行计算，无论是扩散的细节（这在固体中基本上总会涉及缺陷）、微观组织的演变（如晶粒生长）、缺陷之间的相互作用（如有晶界的位错），还是许多其他现象。如上所述，纳米级系统非常适合分子动力学的应用，很多计算已经在这个尺度上进行，Meyers 等（2006）对其中的一些工作进行了综述。

利用分子动力学研究体缺陷的结构已经有数十年的历史（Bihop'etal，1982）。位错结构及相互作用也得到了很好的研究，如对符号相反的螺型位错之间短程动态相互作用的调查工作（Swaminarayan, et al，1998）。其他应用包括（Upmanyu 等，1999）介绍的金属中晶界迁移的研究。Terentyev 等(2012) 研究了来自裂纹的全部或部分位错的释放。常规的分子动力学被用来确定密排六方结构和体心立方结构锆的扩散系数，结果发现，在密排六方结构中扩散由间隙扩散主导，而在体心立方结构中扩散由空位和间隙扩散两种方式共同主导（Mendele v and Bok stein，2010）。加速动力学技术还被用来对尖晶石结构的缺陷动态特性进行研究，如 Uberuaga 等（2007）所述。有许多团队进行了纳米级晶体的晶粒生长研究，包括 Yama kov 等（2002）的工作。这些只是几个例子。

（4）沉积

适合于采用分子动力学研究的一种重要材料的加工方法就是沉积。利用标准的分子动力学方法已经对许多沉积过程进行了模拟。在多晶镍薄膜生长过程中，应力和微观组织演变的研究就是一个例子（Pao etal，2009）。着眼于这种过程的模拟必须谨慎，因为在许多已发表的研究论文中，模拟的沉积速率远远超过任何在实验室中可能实现的速率。

6.3 元胞自动机方法

元胞自动机（cellular automata，简称 CA），也称为细胞自动机、点格自动机、分子自动机或单元自动机，是一种建立在离散的时间和空间上的动力系统。散布在规则格网（lattice grid）中的每一元胞（cell）取有限的离散状态，遵循同样的作用规则，依据确定的局部规则作同步更新。大量元胞通过简单的相互作用而构成动态系统的演化。元胞自动机是一种对具有局域连通性的格点，应用局部（有时为中等范围）确定性或概率性的转换规则来描述在离散空间和时间上复杂系统演化规律的同步算法。

元胞自动机的概念可以追溯到 vonNeumann 和 Ulam 在 20 世纪 40 年代的工作。vonNeumann 当时正在寻求证明，像生命（生存、繁衍、进化）这样的复杂现象可以简化成许多动态特性一致、非常简单的、能够相互作用和维持它们等价性的基本实体（primitiveentty）（ChopardandDroz，1998）。他采用完全离散的方法，认为空间、时间和动力学变量全都是离散的。这些努力的结果就是元胞自动机理论，其空间由被赋予有限个状态的元胞（cell）构成。这些状态遵循离散的时间步并按照某些规则演变，这些规则取决于前一个时间步的元胞状态（还可能包括其近邻）。这些元胞同时移动到新的状态。

元胞自动机可用于很多现象的研究，包括通信、信息传递、计算、构造、生长、复制、竞争与进化等。同时，它为动力学系统理论中有关秩序、紊动、混沌、非对称、分形等系统整体行为与复杂现象的研究提供了一个有效的模型工具。因此，元胞自动机广泛应用到社会、经济、军事和科学研究的各个领域中，涉及社会学、生物学、生态学、信息科学、计算机科学、数学、物理学、化学、地理、环境、军事学等。

6.3.1 元胞自动机的基本原理

元胞自动机与一般的动力学模型不同，并不由严格定义的物理方程或函数确定，而是由一系列模型构造的规则构成。凡是满足这些规则的模型都可以算作是元胞自动机模型。因此，元胞自动机是一类模型的总称，或者说是一个方法框架，特点为时间、空间、状态都是离散的，每个变量只取有限多个状态，且其状态改变的规则在时间和空间上都是局部的。

元胞自动机的主要特征是时间和空间离散，核心思想体现在演化规则设计上，主要优势为建模仿真的灵活性，因此在各个领域得到推广和应用。元胞自动机模型有四个基本要素：元胞、元胞空间、邻域和演化规则。元胞是元胞自动机最基本的组成单位，分布在离散的欧几里得空间格点上。每个元胞在每个离散时刻有其自己的状态。例如，在道路交通流中，元胞状态可对应于车辆速度，而在传播动力学中可对应于个体的感染状态。元胞空间指在空间网格分布的元胞组成的集合，可以是一维或多维。元胞空间划分方式取决于系统结构和所研究的具体问题。邻域与演化规则：元胞自动机中每个元胞的状态更新需要考虑其周围元胞的状态，一般把这些周围元胞称为邻域。演化规则是元胞自动机模型的核心，指元胞下一时刻的状态怎样根据当前时刻的自身状态和邻域状态进行变化。利用元胞自动机对复杂系统动力学进行建模，关键在于演化规则的设计是否合理，是否能反映系统的本质特征。

空间变量可以代表实空间、动量空间或波矢空间。其晶格定义为具有固定数目的点，这些点可以看作是有限差分场中的结点。晶格一般是规则晶格，但其维数及大小可以是任意的。它表述系统由基础实体（elementary entities）形成的构象。这些基础实体与所用模型密切相关，它们可以是任意大小的连续体型体积单元、原子颗粒、晶格缺陷或生物界中的动物等。这些构成系统的基础实体可以由广义态变量（诸如无量纲数、粒子密度、晶格缺陷密度、粒子速度、颜色、血压或动物种类等）进行量化表述。在每一个独立的格座上，这些态变量的实际取值都是确定的。并且认为，每一个结点代表有限个可能的离散状态中的一个状态。

近年来，通过对 Wolfram（1986）创立的经典元胞自动机（CCA）方法的合理拓展，人们已经建立起一批更广义的元胞自动机（GCA）方法。后者作为元胞自动机方法的变种，它比原来的方法有更强的适应性，尤其是在计算材料学中的一些特殊应用方面优点突出。广义微结构元胞自动机可以采用元胞或格座的离散空间格栅，这时的空间既可以是实空间，也可以是动量空间或波矢空间。然而，在空间上通常被认为是均匀的，即所有格座都是等价的，并被排布在规则晶格上，其中的变换规则在各处都是一样的。同时，像常规自动机那样假定它们是有限个可能状态中的一个，并对所有元胞状态同步更新。此外，与常规自动机不同的是，格座变换既可以按照确定性定律，也可以按照概率性定律。因而，广义微结构元胞自动机在计算材料学中的发展迅速。

由于以上特点，元胞自动机方法为模拟动力学系统的演化提供了一种直接的手段，这些动力学系统包含有大量基于短程相互作用或长程相互作用的相似组元。对于一个简单的物理系统，时间是其唯一个独立变量（自变量）。这种直接方法就相当于利用有限差分近似法对复杂的偏微分方程组求离散解。

元胞自动机方法对“基础实体”类型和选用的变换规则没有任何限制。它们可以对不同的处理状况进行描述，诸如：简单有限差分模拟中态变量值的分布，混合算法的色问题，在任何变换条件下的模糊集合元素，以及元胞的初级生长与衰减过程等。

一种自动机是由立方晶格组成的，其中每个点具有一种颜色，并能按照下述简单的变换规则进行转换：“如果某点有超过 50%的近邻格点（座）是蓝色，则该点就由原色变成红色”；或者“当有超过 75%的近邻格点是红色时，那么所考察格点的颜色也转换为红色”。若要描述学校里孩子们之间的相互传染情况，可以通过一个规则，即以“如果一个教室里有 50%的孩子得病，则该教室里其他所有孩子就被感染”定义一个元胞自动机。为了使上述简单唯象模型变得更加合理、真实、可信，应该增加更多的变换规则。可对上面的例子补充这样的规则：“经过一定数目的时间步之后，受感染的孩子已康复”或“每个孩子只能被感染一次”等。

用于计算高次多项式系数或裴波那契数（Fibonaccy numbers）的帕斯卡三角形，可以作为一维元胞自动机。其中规则三角晶格各个格座对应的值，可通过在其上方的两个数之和给出（见图 6.8）。在这种情况下，自动机的“基础实体”是一些无量纲的整数，其变换定律是求和法则。

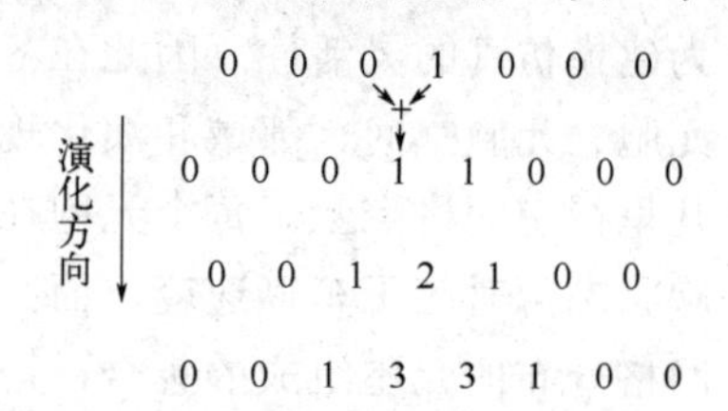

图 6.8 被当作一维元胞自动机的帕斯卡（Pascal）三角形示意图（其变换规则如图中箭头所示）

在计算材料学领域，元胞自动机的变换规则一般存在于有限差分、有限元以及关于时间和 2 个或 3 个空间坐标的偏微分耦合方程组的蒙特卡罗近似之中。此外，局域亦描述近邻格座之间的思程相互作用，而整体变换规则能够处理长程相互作用。通常，根据各个态变量的取值可以给出相应格座的状态。

上述例子表明元胞自由机并不简单地等同于普通模拟方法，例如各种有限差分法、有限元法、伊辛（Ising）法、波茨（potts）方法等，而具有更加广泛的适用性和多功能的特点。元胞自动机通常被认为是离散计算方法的普遍化推广.这种灵活适用性是基于这样一个事实：除了采用简明的数学表达式作为变量和变换规则之外，自动机也能够实际地包括任何元素或规则。

元胞自动机是冯·诺伊曼（Von Neumann）和乌拉姆（Ulam）在对自重复图灵（Turing）自动机和粒子数演化问题的模拟时引入的。他们开创性地第一次在元胞空间表示这些方法。其他研究者使用了像棋盘格形自动机（tesselatin automata）、均匀结构、棋盘格形结构以及重复排列等概念和术语。此后，主要应用于描述流体非线性动力学特性和反应-扩散系统。

最近数十年，元胞自动机才成为预测微结构演化的重要技术和方法。在这方面，人们已经处理描述了一系列不同的问题。比如说，初次静态再结晶、凝固过程中的枝晶粒结构的形成、位错扭结的形成、烧结、两相晶粒结构的径向生长等。

人们对元胞自动机的兴趣源自于依据非常简单的规则推演出复杂的行为。在 20 世纪 80 年代，有许多研究者致力于研究这种复杂性，有一些报道指出元胞自动机提供了在几乎所有方面科学探索的一种全新方式（Wolfram，2002）。在材料研究中，经常会面临非常复杂的行为，对于其物理的机理，无法准确知晓或者不能直接进行模拟，而采用元胞自动机可以用非常简单的规则和计算来模拟这样的复杂行为，进而得到与已知材料现象非常相似的行为。然而，虽然比较容易找出一个所关注现象相似的元胞自动机，但是验证模型是否正确地捕获到物理和化学的根本过程却并不是那么容易。

6.3.2 元胞自动机的分类

若一个结点的状态可由其邻近格点的变量值求和简单地确定，那么这种模型被称为总和元胞自动机（totalistic cellular automata）。若其结点的状态由自身及其邻近格点相应变量的和共同确定，这样的模型就是所谓的外总和（outer totalistic）元胞自动机。S. Wolfrarm 详细分析研究了一维元胞自动机的演化行为，并在大量的计算机实验的基础上，将所有元胞自动机基于动力学行为的差异分为四类：

① 平稳型。自任何初始状态开始，元胞空间经过一定时间运行后趋于一个空间平稳的构形。这里空间平稳即指每一个元胞处于固定状态，不随时间变化而变化。

② 周期型。经过一定时间运行后，元胞空间趋于一系列简单的固定结构（stable patern）或周期结构（perlodical pattern），呈现局部和整体的排列次序。这些结构可看作是一种滤波器（filter），故可应用到图像处理的研究中。

③ 混沌型。自任何初始状态开始，经过一定时间运行后，元胞自动机呈现出混沌的非周期行为，与初始结构的统计特征大致相同。所生成的结构的统计特征不再变化，通常表现为自相似的分形特征，是最常用的一种元胞自动机。

④ 复杂型。出现稳定的、周期性的、复杂的局部结构，或者说是局部的混沌，表现出高度的不可逆性。

6.3.3 概率性元胞自动机方法

传统元胞自动机是确定性的，一个时间步位形完全由前一个时间步的环境确定。在概率性的元胞自动机中，从一个位形到另一个位形所依赖的确定性规则被状态变化的概率规则所取代。在材料研究中应用概率性元胞自动机的例子是很常见的。

为了避免在讨论非确定性元胞自动机时发生混淆，应该清楚地标明在算法中出现的统计元素。有两种基本方式可将确定性元胞自动机变为非确定性的。第一种方法就是随机地选择所研究的晶格格点，而不是系统化地按顺序选择，但是要使用确定性变换规则；第二种方法就是用概率性变换代替确定性变换，但要系统地研究所有格点。第一类自动机的基本建立过程类似于波茨模型。此处着重讨论第二种方法，并将之归为概率性或随机性元胞自动机。

在基本过程和要素方面，概率性元胞自动机非常相似于普通的元胞自动机，只是转变规则由确定性的换成了随机性的。

下面给出一个例子来解释概率元胞自动机的原理。设有 N 个格点组成一个一维链，其中每个格点有 k 个可能的状态 S_v=0,1,2,…,k−1。从而整个链共有 k^N 个不同的排列方式。下面，由（$S_1,S_2,\ldots,S_v$）描述的某给定晶格状态用下式整数标记：

$$i=\sum_{v=1}^{N} S_v k^{v-1} \quad (6.42)$$

在概率性元胞自动机中，现假设每个状态 i 的存在概率为 p_i。这个概率是时间的函数，即有 $p_i(t)$，并按照其转变概率 T，以离散时间步 t=0,1,2,…的方式变换发展。如果只考虑靠近的时间步（t−1），这一规则可用下式给出：

$$p_i(t)=\sum_{j=0}^{k^N-1}T_{ij}p_j(t-1) \tag{6.43}$$

因此，如果系统在前一个时间处于 j 状态的话，转移概率 T，就表示得到链配置组态 i 的概率。

因为所考虑的是离散型元胞自动机方法，所以转移矩阵 T，是由局部规则决定的，亦即

$$\mathrm{T}_{ij}=\prod_{v=1}^{N}p(\mathrm{S}_v^i\,|\,\mathrm{S}_{v-1}^j,\mathrm{S}_v^j,\mathrm{S}_{v+1}^j) \tag{6.44}$$

式中，S_v^j 和 S_v^i 分别表示状态 j 和 i 的格点变量。因此，变量 S_v^j 的转换只与其最近邻及其自己的状态有关。很容易直接把这一思想由 Von Neumann 推广到 Moore 近邻。由 k 个 k^3 阶矩阵 p 可完全决定时间演化。

在概率元胞自动机中，总和型或分离型变换规则均可以使用。虽然概率性元胞自动机与 Metropolis 蒙特卡罗算法之间具有一定的相似性，但二者之间仍有差异性。这种差别主要表现在两个方面：第一，蒙特卡罗方法每个时间步只更新一个格点，而概率元胞自动机像大多数自动机一样，每次要全部一起更新；第二，总体上说，元胞自动机都没有本征的长度或时间标度。

虽然大多数元胞自动机，尤其是它们的概率性变体（派生的）方法经常被用于处理在微观层次上的模拟问题，但是其标定参数主要是由构成物理模型的基础来决定，而并非由所采用的元胞自动机算法来决定。

6.3.4 晶格气元胞自动机方法

使用晶格气元胞自动机，通常可以在考虑统计涨落的情况下对反应-扩散这类现象进行时间-空间离散化模拟处理。尽管这些概率性自动机通常用于微观体系的模拟，但是正像属于自动机类的所有模型那样，它们的使用并不仅限于在微观层次上的应用。如果能找到合适的元胞自动机变换规则，它们还可以用于介观或宏观系统的模拟。当用于微观层次时，晶格气元胞自动机模拟能够提供关于反应-扩散系统的拓扑结构演化的基本信息，但所需的计算工作量比诸如分子动力学方法小得多。

晶格气元胞自动机，最早是由 Hardy 等人在进行复杂反应-扩散系统的时间关联函数及长期特性行为模拟时提出的。目前，在微结构模拟中，使用晶格气元胞自动机的趋势日渐增强，尤其在扩散系数预测和类纳维-斯托克斯(Navier-Stokes)问题的求解等方面，其应用更为普遍。

Frisch 等（1986）证明了可以从微观动力学推导出纳维-斯托克斯方程，其做法是将同种粒子被限制在规则格子上移动，具有离散时间步，并且只有几个允许的速度，对它们的碰撞和传播设置一组人工规则。这种方法被称为格子气方法，是一个简单的元胞自动机。他们的系统中的自由度数量很少，但是与粒子在格子上移动相比，空间尺度要大得多，并且在时间上要远远长于其模拟的时间步长，其简单规则渐近地模拟了不可压缩的纳维-斯托克斯方程。

格子气方法的规则如下：

① 粒子在三角形格子上。

② 每个粒子都以单位速度移动，移动方向由相邻位点的方向给定。

③ 在任何时候，具有相同速度的一个粒子只能占据一个位点。

④ 格子气体的每个时间步包括两个步骤。

a. 每个粒子按照由其速度给定的方向跳跃到一个相邻位点。

b. 如果发生粒子碰撞，那么它们的速度按照图6.9所示的特定规则改变。观察图6.9所示规则表中顶部的情况。两个粒子进入时直接碰撞。相撞后，它们以50%的概率沿着一条对角线离开，以50%的概率沿着另一条对角线离开。其他碰撞规则的解释方式也相同。Rothman和Zaleski（1994）给出了这些规则的数学表达式，并证明，在这些碰撞中质量和动量都得到保持，这些简单的规则和几何形状渐进地生成了纳维-斯托克斯方程。

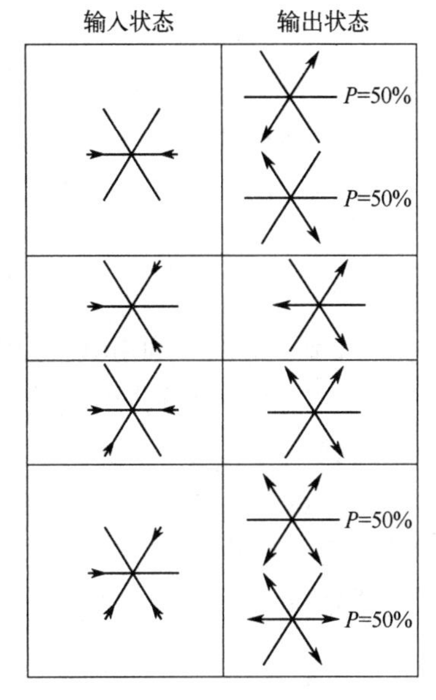

图6.9 格子气方法模型中的碰撞规则（粒子到达某一个点的状态示于左侧，离开该点的状态与速度示于右侧。在两种情况下，有两种可能的输出状态，它们的概率是相同的）

虽然格子气模型比较成功，但也存在一些不足。近年来，人们提出了各种改进型晶格气元胞自动机方法，例如晶格玻尔兹曼方法、使用不同速度幅值的温度相关性晶格气自动机、在运动之前考虑近邻粒子特性的各种多相模型等。在格子玻尔兹曼方法中，在格子上移动的单个粒子被替换为单个粒子的分布函数$f(<n>)$，其中<>表示局部系综平均，n_i为位点i的占据数（occupation number）。n_i实际上并不是一个单一的数字，而是由6个数字组成的数字组，表示在6种可能的方向上是否存在具有速度不为零的粒子。

格子气方法和其他改进晶格气元胞自动法方法都非常强大，能以简单的规则生成与纳维-斯托克斯方程相同的结果，为模拟非常复杂几何形状中的流动提供了新的机会，被广泛地用于多孔介质中流动的模拟。

6.3.5 非平衡现象的模拟

6.3.5.1 热力学非平衡模拟

一系列非平衡转变现象和微结构瞬态问题会在金属的热变形过程中出现，诸如再结晶、连续与非连续型晶粒生长、三次再结晶和不连续沉淀等。按照微结构的观点，这些转变现象都是由于大角晶界的运动引起的。由于吉布斯自由能存在梯度，原子或原子团将从一个晶粒跃迁转移到其邻近晶粒，根据这一思想，对同相界面的运动可以进行唯象地描述。其净驱动压强为：

$$p = \frac{\mathrm{d}G}{\mathrm{d}V} \tag{6.45}$$

式中，G为吉布斯自由能；V为作用的体积。在实际材料中，各种贡献都将影响到局域自由能的值。

在冷加工金属中，由于位错密度 ρ 增加后对所储存的弹性能的贡献占其对驱动压强贡献中的最大份额。这个贡献 $p(\rho)$应用经典统计态变量方法可表示为：

$$p(\rho) \approx \frac{1}{2}\Delta\rho\mu b^2 \tag{6.46}$$

式中，$\Delta\rho$ 是界面两边的位错密度差；μ 为各向同性极限下的体剪切模量；b 表示柏氏矢量的大小。存在于元胞壁的位错（ρ_w）和元胞内的位错（ρ_i）的贡献有时会分别表述。同时，后者 ρ_i 的贡献可直接写入公式，而前者 ρ_w 只能用亚晶粒尺寸 D 和亚晶粒壁的界面能 γ_{sub} 表达，即有：

$$p(\rho_i, \rho_w) \approx \frac{1}{2}\Delta\rho_i\mu b^2 + \frac{\alpha\gamma_{\text{sub}}}{D} \tag{6.47}$$

式中，a 是常数，利用Read-Shockley 方程，亚晶粒壁的贡献可以作为取向偏差角度的函数计算出来。尽管这种方法比式（6.46）给出的情况更详细一些，但它仍然忽略了内部长程应力的贡献。

第二项贡献通常是由作用于各晶粒上的拉普拉斯压强或毛细压强引起的。这将产生一种增加总界面面积的倾向，对于球状晶粒可以用界面的局部曲率表示这一贡献。对于常见的晶粒粒度分布和球形晶粒，可以假定有下式成立：

$$p(\gamma) = \frac{\alpha\gamma}{R} \tag{6.48}$$

式中，α 为 2～3 阶的常数；γ 为界面能；$1/R$ 为曲率。对于薄膜，还有来自表面能梯度的贡献，即：

$$p(\gamma_s) = \frac{2(\gamma_1 - \gamma_2)B\mathrm{d}x}{hB\mathrm{d}x} = \frac{2\Delta\gamma B}{h} \tag{6.49}$$

式中，B 表示薄膜宽度；h 为膜厚；$\Delta\gamma$ 代表表面能变化量。在过饱和态，对驱动压强还有一项化学贡献。其对应的转变称为非连续沉淀。对于较小的浓度，这一化学驱动力就等于：

$$p(c) = \frac{k_{\text{B}}}{\Omega}(T_0 - T_1)c_0 \ln c_0 \tag{6.50}$$

式中，k_{B} 为玻耳兹曼常数；Ω 为原子体积；T_1 为实验中的实际温度；T_0 为相应于 T_1 时过饱和浓度的平衡温度；c_0 为浓度。在总的驱动压强中，还要考虑冷加工或硬化金属间化合物中由于损失长程有序而产生的贡献。更进一步还应当考虑来自于磁性、弹性及温度场等梯度的贡献，但是这类贡献在实际应用中意义不大。可能的反驱动力主要来自以下几个方面：杂质阻力以及在有序化合金中大角晶界运动在远处产生畸的结构。

6.3.5.2 动力学非平衡模拟

为使原级再结晶（亦称为初次再结晶）能够启动，要在热力学、力学和动力学方面有一定的不稳定性。第一类不稳定性是成核，第二类是有净驱力，第三类就是大角晶界的运动。

热力学的均匀过程在初次再结晶过程中不发生成核。这就是说，由于局域弹性减少而使晶粒得到的自由能，不能有效地补偿在核周围形成新的大角晶界所需要的表面能。由此可见，在再结晶过程中，主要是非均匀成核。可能成核的格点所处的区域应该具有非常高的位错密度和较小的子晶粒尺寸，以及具有较大的局域晶格取向偏差。例如：剪切带、微带、迁移带、存在大角晶界、在沉淀周围的形变区等。

在原级再结晶过程中，沿垂直于新形成晶界的方向上，其净驱动力分量的临界值通常是能够被满足的。如果所考虑的驱动力是比较小的情况，诸如在二次和三次再结晶或结晶长大中所遇到的情况，其过程中固有的驱动压强则可以通过诸如杂质和沉淀物引起的反驱动力给予补偿。

在原级再结晶的早期阶段，通过变形基体形成的具有大角晶界的核，有一个反映非相干界面的运动学自由度。根据原子和原子团簇在上述一个或多个驱动力作用下通过界面的简单物理图像，可以描述大角晶界的运动。如采用垂直通过均匀晶界的各向同性单原子扩散过程，则用于描述界面运动的对称速率方程可以写为：

$$\dot{x}=v_D\lambda_{gb}nc\left\{\exp\left(-\frac{\Delta G-\Delta G_t/2}{k_B T}\right)-\exp\left(-\frac{\Delta G+\Delta G_t/2}{k_B T}\right)\right\} \tag{6.51}$$

式中，$\dot{x}$ 表示界面速度；v_D 是德拜频率；λ_{gb} 表示通过界面时的跳变宽度；c 表示平面内自扩散截体缺陷的固有浓度（如晶界空位或源的重组）；n 表示晶界片的法向矢量；ΔG 是与转变有关的吉布斯能；k_B 为玻耳兹曼常数；T 为热力学温度。德拜频率的量级为 $10^{13}\sim10^{14}s^{-1}$，跳变宽度具有柏氏矢量的大小。将焓、熵及驱动压强代入式（6.51），则有

$$\dot{x}=v_D\lambda_{gb}n\exp\left(\frac{\Delta S^f}{k_B}\right)\exp\left(-\frac{\Delta H^f}{k_B T}\right)\cdot\left\{\exp\left(-\frac{\Delta H^m-T\Delta S^m-(p/2)\Omega}{k_B T}\right)-\exp\left(-\frac{\Delta H^m-T\Delta S^m+(p/2)\Omega}{k_B T}\right)\right\} \tag{6.52}$$

式中，p 为驱动力（如储存的弹性能或界面曲率）；Ω 为原子体积；ΔS^m 表示形成熵；ΔH^m 表示形成焓；ΔS^f 表示运动熵；ΔH^f 表示运动焓。这里 b 为柏氏矢量的大小。ΔS^m 主要是振动熵，而 ΔS^f 包含有组态和振动两者的贡献，则式（6.52）变为：

$$\dot{x}=v_D bn\exp\left(\frac{\Delta S^f+\Delta S^m}{k_B}\right)\sin\left(\frac{p\Omega}{k_B T}\right)\exp\left(-\frac{\Delta H^f+\Delta H^m}{k_B T}\right) \tag{6.53}$$

考虑到双曲函数是个小量，则式（6.53）采取线性近似可得到

$$\dot{x}=v_D bn\exp\left(\frac{\Delta S^f+\Delta S^m}{k_B}\right)\frac{p\Omega}{k_B T}\exp\left(-\frac{\Delta H^f+\Delta H^m}{k_B T}\right) \tag{6.54}$$

为了方便相互比较，此处给出用于晶界迁移率实验数据阿伦乌斯（Arrhenius）分析的著名唯象表达式

$$\dot{x}=n\cdot m\cdot p=nm_0\exp\left(-\frac{Q_{gb}}{k_B T}\right)p \tag{6.55}$$

式中，m 表示迁移率；Q_{gb} 表示晶界运动的激活能。比较式（6.54）和式（6.55）两式中

的系数，则有

$$\begin{cases} m_0 = \dfrac{v_0 b\Omega}{k_B T}\exp\left(\dfrac{\Delta S^f + \Delta S^m}{k_B}\right) \\ Q_{gb} = \Delta H^f + \Delta H^m \end{cases} \tag{6.56}$$

式（6.51）～式（6.56）给出了关于晶界运动的经典动力学图像。

在退火过程中，初次再结晶是其要达到的状态与某一定范围的复原倾向相互竞争的结果。在原级再结晶的初级阶段，局域复原过程促进了晶核的形成。而且，在其最后阶段，位错湮灭及重新排列将引起所储存能量的不断降低，从而使局域驱动力明显减小，最终导致再结晶速度减慢。若假设复原速率 p 与所储存的位错密度 ρ 成比例关系，则由此可得到一个简单的指数定律，亦即

$$\rho(t) = \rho_0 \exp\left(-\frac{t}{\tau}\right) \tag{6.57}$$

式中，$\rho(t)$ 是作为时间 t 的函数的位错密度；ρ_0 表示形变后的位错密度；t 为弛豫时间。

6.3.5.3 确定性元胞自动机解法

假定成核和新结晶晶粒长大所需驱动力均来源于局域位错密度的梯度，并且当有碰撞时生长终止。对于复原合成核，元胞自动机允许引入任意的条件。起始数据应包括格栅几何参数和态变量取值等信息，例如，温度、成核概率、晶界迁移率、位错密度和晶体取向。这些数据必须以三维基体的角度提供。也就是说，这些数据能够描述作为空间函数的初始微结构的主要特征。为降低对计算机存储器的要求，可以指定所研究的晶粒数，并且每个元胞所储存的晶粒数只能是这个指定的数目。

在模拟静态原级再结晶时，设元胞自动机主循环从时间 t_0 启动。按照原级再结晶的物理过程，可以将其分为在每个时间步 t_i 均是顺序发生的三个主要路线，亦即所谓的复原、成核和晶核生长。

在复原阶段，与驱动力相联系并对成核速度有潜在影响的位错密度，可以按照式（6.57）所给出的动力学描述进一步简化。在简单的有限差分公式中，可以计算出 f<1 的因子，这个因子 f 与弛豫时间 t、温度 T 和时间 t 有关。这时，在时间的位错密度就可以表示为：

$$p(x_1, x_2, x_3, t_i, T, \tau, \varphi_1, \phi, \tau_2) = f_\rho(T, \tau, t_i)\rho(x_1, x_2, x_3, t_0, T, \tau, \varphi_1, \phi, \varphi_2) \tag{6.58}$$

在更为复杂的方法中，函数 f 还将依赖于局域取向（$\varphi_1, \phi, \varphi_2$），也就是把普通的复原转换为取向相关的复原。

在成核阶段，各元胞或元胞团簇应由变形态转变为再结晶状态。在成核阶段之后，晶核晶粒应添加到晶粒表中，一般假定其形状为球形。所有属于这个球表面的元胞都要增补到表面清单表格中。球内部的元胞被记做属于再结晶的。在生长阶段，对于每个晶粒可执行一个循环，这个循环就是遍及所有属于目标晶粒表面的元胞。在这个循环中，可以确定表面元胞与其非再结晶近邻元胞两者结晶取向之间的偏差。在原级晶界的情况下，局域驱动力取决于非再结晶元胞的实际位错密度 ρ。驱动力和迁移率决定着晶界运动的速度；晶界速度即是指在单个时间增量内的生长量（以元胞直径为单位）。

6.3.5.4 概率性元胞自动机解法

由式（6.54）和式（6.55）给出的微分方程类型，可直接用作宏观动力学元胞自动机的变换规则。与上面描述的确定性方法不同，在概率性元胞自动机方法中，通过采用权重随机抽样方案把确定性积分用统计积分代替，为此，必须把式（6.54）或式（6.55）分解成确定性部分 $\dot{x}$ 和概率性部分 w，即有：

$$\dot{x} = \dot{x}_0$$

$$w = n\frac{k_B T m_0}{\Omega}\frac{p\Omega}{k_B T}\exp\left(-\frac{\Delta Q_{gb}}{k_B T}\right) \quad (6.59)$$

式中，$\dot{x}$ 为晶界速度，并且

$$\dot{x} = n\frac{k_B \mathrm{T} m_0}{\Omega}$$

$$w = \frac{p\Omega}{k_B T}\exp\left(-\frac{\Delta Q_{gb}}{k_B T}\right) \quad (6.60)$$

模拟应是在空间网格上进行，其给定标度 λ_m 大于原子尺度（λ_m 与位错元胞尺寸有关）。如果有转变现象发生，则晶粒将按 λ_m^3 生长（或收缩），而不是 b^3，为了校正标定尺度，把式（6.59）改写为：

$$\begin{cases} \dot{x} = \dot{x}w = n(\lambda_m v)w \\ v = \dfrac{k_B T m_0}{\Omega\lambda_m} \end{cases} \quad (6.61)$$

而且，根据 λ_m 及时间标度（$1/v$）可知，对统计积分施加这样一个频率是不合适的。因此，有必要利用冲击频率 v_0 把上述方程归一化，得：

$$\dot{x} = \dot{x}_0 w = n\lambda_m v_0\left(\frac{v}{v_0}\right)w = \widehat{x_0}\left(\frac{v}{v_0}\right)w = \widehat{x_0}\hat{w} \quad (6.62)$$

其中，

$$\widehat{x_0} = n\lambda_m v_0 \text{ 和 } \hat{w} = \left(\frac{v}{v_0}\right)\frac{p\Omega}{k_B T}\exp\left(-\frac{\Delta Q_{gb}}{k_B T}\right) = \frac{m_0 p}{\lambda_m v_0}\exp\left(-\frac{\Delta Q_{gb}}{k_B T}\right) \quad (6.63)$$

式中，$\widehat{x_0}$ 由网格大小及选取的冲击频率决定；$\hat{w}$ 由温度及实验输入数据决定。

6.3.6 元胞自动机方法在材料科学中的应用

元胞自动机在材料科学中有许多其他的应用。这里列举一些例子以展示其应用领域的宽广，这些例子仅是元胞自动机在材料方面众多应用的一部分，主要专注于材料微观组织的演变，此外，利用元胞自动机建模还可用于范围很广泛的其他现象。

（1）晶粒生长

晶粒生长已经是元胞自动机模拟的重点，许多新的和有趣的变体已被提出，这里只提及少数。利用一组简单的规则和 von Neumann 环境模拟曲率驱动的晶粒生长是元胞自动机在材

料研究中的早期例子之一（Liu et al.，1996）。之后，各种各样的替代方法被提出，如 expector 元胞自动机（其中格子上的元胞代表在空间上的位置，自动机是占据的那些元胞的实体）（Basanta et al.，2003）、frontal 元胞自动机，除其他方面的差异外，在每个时间步上仅考虑位于晶界上的元胞（Svyetlichnyy，2010）。有一种基于能量的元胞自动机被用于模拟合金的晶粒生长（Almohaisen and Abbod，2010）。

（2）再结晶

再结晶模拟仍然是元胞自动机建模的共同目标。例如，Kroc（2002）构建了一个模型，它以近似的方式，在再结晶的动态过程中模拟位错密度的演化。在每一步上，位错密度的变化是根据简单速率方程计算的，再结晶由位错密度的变化驱动，因而也就是相邻晶粒之间的应变能量驱动的。其他应用还包括 Hesselbarth 和 Gobel 模型的拓展（Goetz and Seetharaman，1998），用来建造动态再结晶模型和钢的再结晶三维模型（Bos et al.，2010）。

（3）凝固

除了上面提到的 CAFE 模型外（Rappaz and Gandin，1993；Gandin and Rappaz，1994），元胞自动机方法已经在凝固研究上应用于许多其他的方面。其中最有趣的一个应用是将波茨模型与格子气方法（Duff and Peters，2009）结合起来，如同格子气模型那样，有溶质和溶剂粒子，又像波茨模型那样，相互作用取决于最近邻的相对取向，这样能够将复杂的晶核形成路径包含进来。

（4）表面演化

许多元胞自动机已经应用在表面演化中。例如，元胞自动机方法模拟惰性气体单层沉积的演化过程，忽略了表面扩散，扩散的因素包括表面通量、脱附过程、吸附过程。利用单层原子和表面原子之间的相互作用能量，它是基于原子的随机过程方法（Zacate et al.，1999）。另一种完全不同的方法是研究沉积与蚀刻，它的控制规则不是基于物理模型控制，而是一组严格取决于局部环境粒子数的概率。在这个二维概率元胞自动机中，调整转换概率，以便与实验相匹配（Gurney et al.，1999）。

（5）腐蚀

Lishchuk 等（2011）与 Taleb 和 Stafiej（2011）分别建立了腐蚀的元胞自动机模型，其中，Taleb 和 Stafiej 着重于腐蚀前沿的传播，以抽象方式处理化学问题，而 Lishchuk 等在如何处理特定的化学反应上研究得更详细，强调晶粒间腐蚀在材料中的传播。这些模型有类似的意图，但细节有很大的不同，呈现出元胞自动机模型固有的极大灵活性。

6.4 有限元法

6.4.1 有限元法概述

许多流场分布和质量传输等实际应用问题，如结构力学中变形和应力、能量传输中的热量分布、电磁学分析以及流动现象，需要在已知条件下求解控制方程，该方程大多为微分方程，需要补充的条件有初始量和边界量等。对于实际遇到的工程问题，其涉及的模型比较复杂，并且常常涉及到非线性问题，很难简单地通过解析法求解微分方程的精确计算。目前，借助有限元分析方法，通过计算机辅助计算来获得相应的结果可以较好地解决此类问题。有限元法借助完善的计算机技术，已经可以解决绝大部分工程技术所涵盖的问题，并发展成为了一种高效且实用的数值分析方法，成为工程运用及科学研究的主要方法之一。

有限元方法在变分方法中用剖分的插值给出子空间V_{Ω}，把求解区域离散成有限个单元体，并且将连续的空间划分成相连的网格区域，每个网区域均由节点相连，并且选择适当的定场函数，其在节点处的值是未知量。由于单元（子域）可以被分割成各种形状和大小不同的尺寸，所以它能很好地适应复杂的几何形状、复杂的材料特征和复杂的边界条件，再加上它由成熟的大型软件系统支持，使其已成为一种非常受欢迎的应用极广的数值计算方法。

目前，有限元法已被应用于固体力学、热传导、电磁学、声学、生物力学等各个领域，能求解各类单元构成的弹性（线性和非线性）、弹塑性或塑性问题（包括静力和动力问题）；能求解各类场分布问题（流体场、温度场、电磁场等的稳态和瞬态问题）；能求解水流管路、电路、润滑、噪声以及固体、流体、温度相互作用的问题。

6.4.2 有限元法的基本原理

有限元法的基本原理为，将连续求解域离散为一组有限个单元的组合体，这样的组合体能近似地模拟或逼近求解区域。有限元法作为一种数值分析法的另一重要步骤是利用在每一单元内设置一定的关联函数，用关联函数表示物理量在连续网格中的分布规律。同时将变分原理跟关联函数结合，联立控制方程，从而将一个连续分布的无穷多自由度问题转变为离散的有限自由度问题。计算到结果后，使用设定的关联函数将求解结果整合到整个区域中，从而得到了连续场中的结果。显然，随着单元数目的增加，以及单元尺寸的缩小，解的近似程度将不断改进，如果单元是满足收敛性要求的，其近似解最后将收敛于精确解。

有限元技术通过采用多项式内插函数可以获得边值及初值问题的近似解。与解析方法不同，有限元技术还可以应用于求解具有复杂形状的问题。有限元方法的基本特征就是对所考察区域的离散化处理，也就是把任意几何形状的区域分解成具有相对简单形状并相互连接的单元。

将连续的求解域离散为一组单元的组合体，用在每个单元内假设的近似函数来分片的表示求解域上待求的未知场函数，近似函数通常由未知场函数及其导数在单元各节点的数值插值函数来表达。这种在每个元胞内插入变量的近似，就相当于对整个考察区域进行的分段地多项式求解。对于弹性和大形变塑性的情况，材料响应通常是用态变量取值的变化来表征。多项式通常也作为形状函数，通过函数值的改变来更新有限元素的形状类型。与这种网格更新相联系的坐标变换，例如在模拟大应变塑性变形过程时，通常被当作一个“成功”有限元解法的最重要的组成部分。这一问题对介观和宏观尺度上的模拟来说，具有特别的重要性。

有限元方法有时包含有某些附加的准则和条件，以导出在力学上相容的有关位移的控制方程，它们一般是由满足力平衡条件给出。在固态形变的场合，通常是通过把位移场变量引入拟设多项式，并对相应能量泛函求极小而获得。

对称性破缺是指在确定性系统、空间坐标与时间之间存在着本质的差异。在空间上是各向同性的，而时间总是在同一个方向上流逝，即为不可逆的。针对这一定性差别，在孤立系统中，其时间相关问题不同于空间相关的情况，不能按边值问题处理，而是初值问题。因此，时间相关的初值模拟的基本特点就是在控制方程中含有对时间的导数和对起始时间初始条件的描述。这种含时微分方程的典型例子包括：牛顿运动方程、波动方程、热方程和扩散方程。

因为对这些方程利用解析积分方法求解非常繁琐，有时甚至不可能得到严格解，所以使用数值近似方法通常是必不可少的。针对在大尺度材料模拟中的应用，有限差分算法通常是用于求解热流及其体扩散问题。进而言之，它们也是在分子动力学和位错动力学领域对其运动方程进行时间积分求解的标准方法。

6.4.3 有限元模拟中的平衡方程

在材料动力学中，由材料对外部和内部载荷的响应特性来确定具体采用微分运动方程的“强读式”、虚功原理的“弱读式”和“最小机械能”确定的稳定平衡中的哪一种进行合理描述。最简单直接的推导满足有限元算法要求的位移型方程的方法就是广义虚功原理。这一虚功是作用在固体上的力（或力矩）在任意小的虚位移内所做的功，其中服从连续性和位移边界约束条件。对于最广义的情况，这一原理可以表达为：

$$\delta\hat{W}=\oiiint_V \sigma_{ij}\delta\hat{\varepsilon}_{ij}\mathrm{d}V=\oiiint_V P_j\delta\hat{u}_j\mathrm{d}V+\oiint_S T_j\delta\hat{u}_j\mathrm{d}S+F_j\delta\hat{u}_j \tag{6.64}$$

式中，$\delta\hat{W}$ 是由应力 σ 作用引起虚位移 $\delta\hat{\varepsilon}$ 时所产生的虚功。这个功等于三个力即体力 P、牵引力 T 和点力 F 作用下由于产生虚位移 $\delta\hat{u}$ 所做的虚功之和。S 为包围体积 V 的表面积。

然而，在有限元方法中，要把所研究的物体分解成 n（n 为足够大的整数）个具有简单形状的体积元，并且这些体积元在结点处相互连结。因此，在满足平衡和相容性条件下，式（6.64）适用于每一个独立的段。在每一个有限元内，其位移的过程，可以由内插多项式插入具有式（6.64）形式的所有 n 个方程来近似。也就是遍及每个有限段分别计算体积分和面积分，然后对所有有限元进行求和。假如点力只在结点有效，则式（6.64）可以改写为：

$$\sum_n\oiiint_V \sigma_{ij}\delta\hat{\varepsilon}_{ij}\mathrm{d}V=\sum_n\oiiint_V P_j\delta\hat{u}_j\mathrm{d}V+\sum_n\oiint_S T_j\delta\hat{u}_j\mathrm{d}S+\sum_n F_j\delta\hat{u}_j \tag{6.65}$$

式中，S 为包围各个有限元体积 V 所对应的表面积。

6.4.4 有限元法的解题步骤

有限元法求解过程大致如下：首先是借助变分原理或加权余量将控制方程转变成有限元的出发方程，再将区域剖分成若干单元，即有限元，经单元分析得到单元的特征方程，再经总体合成得到总体有限元特征方程。最后在一定的边界条件下求解这个代数方程组，得到问题的最终解。步骤如下：

（1）结构理想化

理想化的目的是将真实结构简化为力学模型。为此必须引入一些假设，例如用平面代替曲面、用等厚度代替变厚度、用无锥度代替有锥度等几何形状的理想化。再如用铰接固接及弹性支撑来近似结构内部的连接或边界约束。此外，对载荷进行某些变化。经上述简化得到理想化模型，计算中就是使用该理想化模型。

（2）建立有限元出发方程

这是有限元求解数学物理问题的出发点，有限元出发方程的建立有两条途径：一是变分方法，这是通过建立与微分方程等价的泛函极值问题来建立有限元出发方程，在很多情况下微分方程不能满足变分原理的条件，无法建立与微分方程相适应的泛函，因此用变分方法建立有限元出发方程受到一定的限制；另一条途径是伽辽金法，它是通过微分方程余量加权来建立有限元出发方程，这是经常使用的方法，特别在变分方法失败的情况下，伽辽金方法常会收到好的效果。

（3）区域的剖分

区域的剖分是将研究的区域剖分成互不重叠又相互连续的小区域，这些小区域称为单元，或称有限元。在区域剖分时不仅有了单元，而且还生成了节点，有限元的求解就表示将整个区域上的连续解转变成在节点上的离散解。

区域的剖分具有很大的灵活性，对于同一区域可以采用不同的剖分。对于一维问题，通常剖分成线段单元；对于二维问题，可剖分成三角形单元、四边形单元；对于三维问题，可以剖分成四面体单元、六面体单元等。对于每一个单元，可以根据需要增加若干节点。

（4）插值函数的确定

单元中的近似函数通常表示成单元的插值函数的线性组合

$$u^{(e)} = u_i^{(e)} \phi_i^{(e)} \tag{6.66}$$

式中，$u^{(e)}$是单元中的近似函数；$u_i^{(e)}$是单元中 i 节点的函数值；$\phi_i^{(e)}$是单元中 i 节点的插值函数。

（5）单元分析与总体合成

单元分析就是将单元的近似函数代入单元中的有限元方程而得到单元特征式的过程，该单元特征式含有单元节点未知数。

单元特征式不能独立求解，因为每一个单元都与区域上的其他单元有联系，因此必须将所有单元特征式按照一定的规律累加起来形成总体有限单元特征方程，这就是总体合成。

由总体合成形成的总体有限元特征方程，还需要进行边界条件处理，然后才进行求解。

6.4.5 有限元法在材料科学中的应用

6.4.5.1 基于有限元分析的 Nb_3Sn 磁体失超传播速度研究

超导磁体在运行过程中由于受到扰动而发生失超，失超释放的能量导致超导磁体产生局部温升，导致磁体内部结构被破坏甚至整个磁体被烧毁。为保证超导磁体的安全可靠运行，要准确快速地检测出失超情况，并采取相应的保护措施。张静等从失超传播过程中存在电场、磁场和温度场多物理场耦合的特点出发，提出了一种基于有限元 COMSOL 软件的多物理场耦合有限元分析的失超传播速度研究方法，得到 Nb_3Sn 超导磁体失超传播速度随电场、温度和磁感应强度的变化规律。

对于超导材料，其超导态和正常态由一个三维临界曲面决定，当温度、磁场和电流中的任意一个参数值超过其临界值时，超导磁体就从超导态变为了正常态。Nb_3Sn 超导材料的部分特性参数如表 6.2 所示。

表 6.2 Nb_3Sn 超导磁体的材料参数

材料	线规（裸）	Cu/Non Cu	10 T/4.2 K	12 T/4.2 K	14 T/4.2 K
Nb_3Sn	0.96	1	760A	510A	310A

（1）失超传播速度模型

绝热磁体一般不考虑外界扰动和外部冷却因素，因此，超导磁体在绝热条件下，任意位置处的热平衡方程为：

$$C\frac{\partial T}{\partial t}=\nabla\cdot(k\nabla T)+Q \tag{6.67}$$

其中，k 和 C 分别为复合热导率和复合热容，它们都是温度的函数；Q 是复合焦耳热，它是温度与磁场的函数。由公式（6.67）可以看出，热传导过程受热导率、热容和电导率的影响，因此，在仿真中要设置随温度变化的热导率、热容和电导率参数值。

对失超传播模型作出以下假设：

① 电流保持恒定，磁场保持恒定且均匀；

② 铜超比为 1，Nb_3Sn 的热导率、电阻率和比热容都是温度的函数；

③ 整个线圈是热绝缘的；

④ 不考虑应变的影响；

⑤ 超导状态下的电导率假定为 1.0×10^{10}S/m 的有限值。

根据表 6.2 中的参数，使用 COMSOL 软件建立螺线管型 Nb_3Sn 超导磁体的二维轴对称失超模型，模型由 11 层、每层 9 匝铜超比为 1 的 Nb_3Sn 线材组成，线与线之间的绝缘厚度为 0.04mm，如图 6.10 所示，图 6.10 中的带箭头实线表示失超传播的方向。

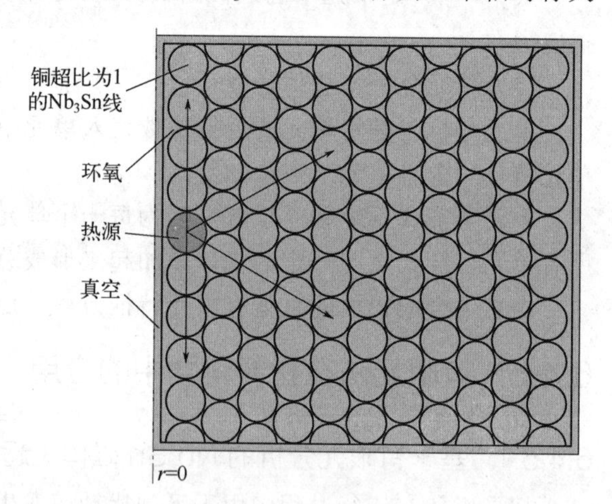

图 6.10　Nb_3Sn 二维轴对称失超模型

给线圈通入恒定电流 I_{coil}，施加均匀背场 H_o，设置随温度变化的超导材料的物性参数，加载运行温度，设置环氧下浸渍与真空绝热环境。图 6.10 中圆圈部分为加热源的位置，使得该位置处的初始温度高于临界温度，作为失超起始点。

通过测量不同温度下，铜超比为 1 的 Nb_3Sn 线材的不同电导率值，拟合电导率 σ 随温度 T 变化的函数关系为：

$$\sigma=2\times10^5\times T^2-6\times10^5\times T+1.0806\times10^9 \tag{6.68}$$

将 T_{cs}=9.91K 代入式（6.68）计算得到电导率：$\sigma=1.094\times10^9$ S/m。

通过以上计算分析，可以得到超导磁体在不同磁感应强度、不同运行电流下，临界温度及其对应的电导率。

利用 COMSOL 软件中的二维截点模块，任取一个点，观察该位置处电压随时间的变化关系图。通过计算运行电流与分流温度下电导率的比值，得到电压值，进而得到该电压值所对应的失超传播时间。

失超传播速度的计算公式为：

$$v=\frac{2rn}{\Delta t} \tag{6.69}$$

式中，r 为 Nb_3Sn 线材半径，本研究中 r=0.48mm；n 为线圈匝数；Δt 为失超传播所用的时间间隔。

（2）电流和磁场对失超传播速度的影响

在同一磁场下，通过改变 Nb_3Sn 磁体的运行电流，得到失超传播速度随运行电流的变化规律；在同一运行电流下，通过改变 Nb_3Sn 磁体的磁场强度，得到失超传播速度随磁场的变化规律；还可以得到不同磁场下，失超传播速度随运行电流的变化规律；不同运行电流下，失超传播速度随磁场的变化规律。

在探索电场影响因素的同时，通过改变磁场强度，得到不同磁场强度下，失超传播速度随运行电流的变化曲线，如图 6.11 所示，可以看出，在同一磁场下，失超传播速度随 Nb_3Sn 超导磁体运行电流的增大而增大，它们之间呈线性增长关系。在磁场强度不变时，分流温度与运行电流是线性函数关系，而在仿真过程中，失超传播速度取决于分流温度的大小，因此，认为失超传播速度与运行电流呈线性增长关系。通过改变运行电流，得到不同运行电流下，失超传播速度随磁场强度的变化曲线，如图 6.12 所示。

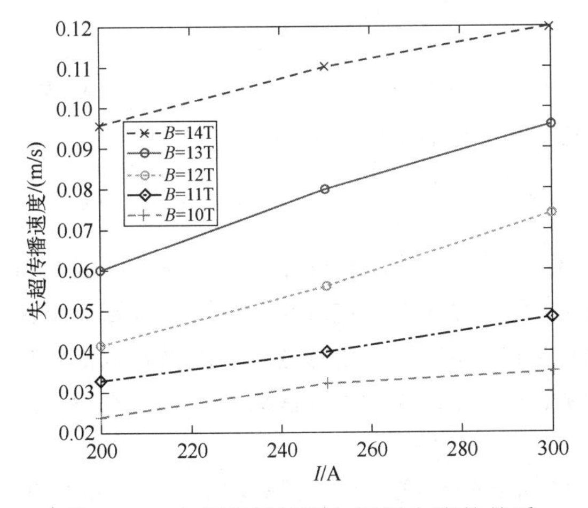

图 6.11 失超传播速度与运行电流的关系

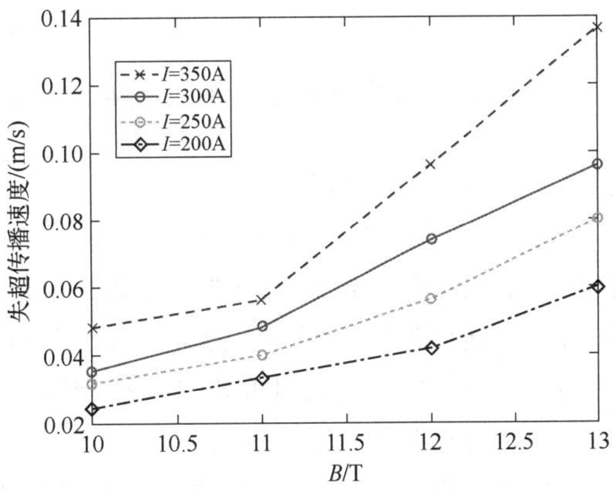

图 6.12 失超传播速度与磁场强度的关系

6.4.5.2 基于有限元分析的石墨基柔性接地体冲击接地特性研究

张国锋等针对新型柔性石墨接地材料的接地特性研究仍不够完善而沿用金属接地体的设计的问题，在考虑土壤非线性火花效应的前提下，建立了接地体有限元分析模型，通过试验验证仿真模型准确性后，比较研究了石墨基柔性接地体与钢接地体之间冲击接地特性差异。

（1）有限元分析模型

为了简化模型，同时保证主要影响因素的等价性，使用垂直接地体作为研究对象，将其从 3D 模型转变为 2D 轴对称模型进行研究，这在一定程度上可以降低模型计算量，同时提高模型的收敛性。

① 散流过程数学模型。在雷电流经接地体向土壤中散流过程中，雷电流携带的电荷具有宏观运动特征，在土壤中产生时变电磁场。在该过程中接地体及土壤内的电磁场可以用 Maxwell 方程组进行描述，即：

$$\nabla \times H = J_C + \frac{\partial D}{\partial t} \tag{6.70}$$

$$\nabla \times E = -\frac{\partial B}{\partial t} \tag{6.71}$$

$$\nabla \cdot B = 0 \tag{6.72}$$

$$\nabla \cdot D = \rho \tag{6.73}$$

除了特殊土壤内部可能含有铁磁性矿物外，绝大部分土壤相对磁导率接近 1，因此可以忽略在土壤内部出现的感应涡流现象，将土壤内的时变电磁场转化为电准静态场研究。此时式（6.71）转变为

$$\nabla \times E \approx 0 \tag{6.74}$$

将时变电磁场转化为电准静态场可以在不影响计算准确度的情况下，尽量降低计算难度。

② 边界条件。边界条件设计应当满足如下方程：

无穷远处边界处电位为 0，即

$$\Phi = 0,\ r \to \infty \tag{6.75}$$

地表面的法向电流密度为 0，即

$$n \cdot J = 0 \tag{6.76}$$

雷电流注入点满足电流连续，即注入的雷电流等于截面电流密度积分，即

$$I = \int_S J \cdot \mathrm{d}s \tag{6.77}$$

③ 无限元域处。考虑到有限元法仅适用于有界闭域，且计算机存在空间限制，因此需要对分析域进行一定简化处理，本研究采用空间变化法对无穷远进行等效处理，依据重要性将散流区域划为分析域以及无限元域，分析域依据重点研究范围进行选取，无限元域则依据空间变化方程，改变尺寸和电气参数使其等效为无穷散流空间。大致区域划分见图 6.13。

（2）仿真模型的试验验证

文献对土壤非线性火花效应进行了较为详尽的试验研究分析，试验将长度为 1m 的钢垂直接地体埋藏在电阻率为 43.5Ω·m 的土壤中，施加不同幅值的雷电流。参考试验条件搭建有限元模型，仿真中钢接地体相对磁导率为 629，电导率为 4×10^6S/m，相对介电常数为 1。将所得有限元仿真接地电阻数据与文献中试验获得接地电阻数据进行比对，其结果见图 6.14。

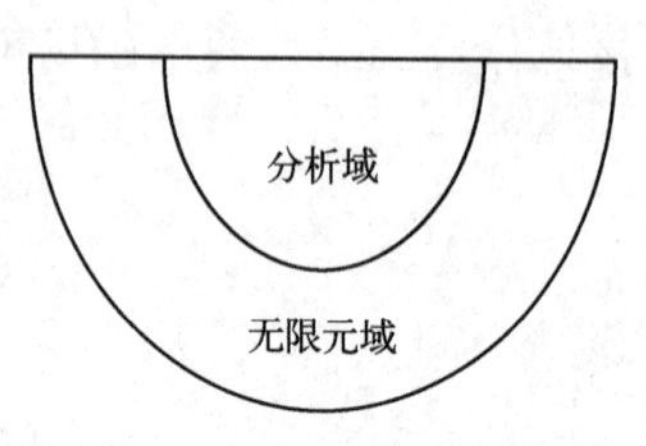

图 6.13　分析域及无限元域

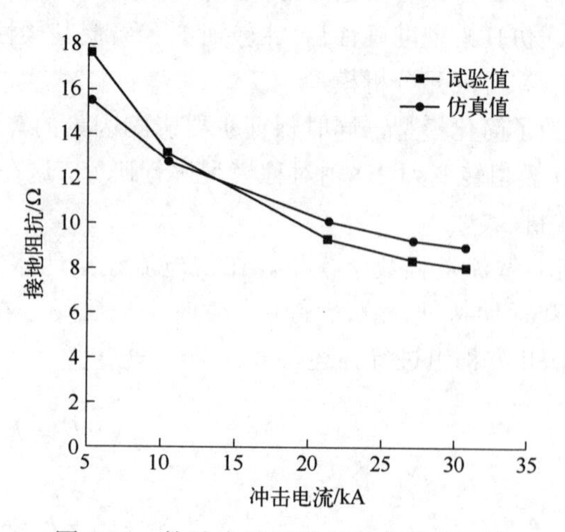

图 6.14　接地电阻试验值与仿真值比较

由图 6.14 可知，仿真结果与文献试验数据趋势基本一致，因此仿真模型具有一定可靠性。此时仿真中误差主要来源为接触电阻，考虑到接地体在高电阻率土壤中接地电阻相对较大，此时接触电阻占比相对小，因此在仿真中可以忽略接触电阻的影响。仿真结果表明：在雷电流作用下，土壤内部局部会发生火花放电，大幅降低土壤电阻率，这对于降低冲击接地电阻起到积极作用。当雷电流幅值继续提高时，火花效应呈现饱和，冲击接地电阻降低趋势也逐渐接近饱和。

由此，通过有限元仿真软件，在考虑雷电散流过程中土壤非线性火花效应的前提下，仿真研究了石墨基柔性接地体冲击接地特性，仿真设置有限元模型与试验结果吻合程度较好，一定程度上验证了有限元仿真模型的准确性，确定了火花效应模型设计的合理性。

参考文献

[1] 凌明祥, 等, 含相关性的测量不确定度拟蒙特卡罗评定方法. 仪器仪表学报, 2014, 35(06): 1385-1393.

[2] 李莉, 王香. 计算材料学[M]. 哈尔滨: 哈尔滨工业大学出版社, 2017.

[3] 林钦鸿. 基于蒙特卡罗法的镜头结构公差分析[D]. 中国科学院大学, 2013.

[4] [德]罗伯 D.. 计算材料学[M]. 项金钟, 吴兴惠, 译. 北京: 化学工业出版社, 2002.

[5] 刘振, 张梅. 常见几种分布随机数产生原理及实现途径. 中阿科技论坛(中英文), 2020(11): 95-97.

[6] 帕普里斯 A. 概率、随机变量与随机过程. 保铮, 冯大政, 小鹏郎, 译. 西安: 西安交通大学出版社, 2012.

[7] Glasserman, 等. 金融工程中的蒙特卡罗方法. 北京: 高等教育出版社, 2013.

[8] 郭庆, 徐甘生, 赵洪利. 基于蒙特卡罗发动机竞争失效的下发仿真模型. 航空动力学报, 2019, 34(03): 616-626.

[9] 张国志, 杨振海. 随机数生成. 数理统计与管理, 2006, 2(25): 244-252.

[10] 王淑华. 逆高斯分布输入下的 Integrate-and-Fire 模型. 长沙: 湖南师范大学, 2008.

[11] 潘小飞. 基于随机抽样统计的小电流接地系统故障选线方法研究. 天津: 天津大学, 2009.

[12] 韩宁.蒙特卡罗法对血清淀粉酶活性不确定度的评估[J]. 质量安全与检验检测, 2020, 30(5): 85-86.

[13] 陆晨浩, 等. 基于蒙特卡罗法的轨道交通建设用混凝土受冻服役寿命分析. 城市轨道交通研究, 2020, 23(03): 38-40, 44.

[14] 曹霞等. 基于蒙特卡罗方法的纳米线气-液-固生长机制研究. 湘潭大学学报（自然科学学报）, 2021, 43(2): 47-54.

[15] 理查德 • 莱萨. 计算材料科学导论　原理与应用. 姚曼, 等译. 北京: 科学出版社, 2020.

[16] 坚增运. 计算材料学. 北京: 化学工业出版社, 2012.

[17] 周志敏, 孙本哲. 计算材料科学数理模型及计算机模拟. 北京: 科学出版社, 2013.

[18] 侯晓伟. 纳米孪晶及纳米晶镁塑性变形机制的分子动力学研究. 北京: 北京交通大学, 2021: 120.

[19] Liu, X, et al. Anisotropic surface segregation in Al-Mg alloys. Surface science, 1997. 373(2): 357-370.

[20] 冯飙. 面向中温储热的多元醇相变材料热物性的分子动力学模拟与实验研究. 杭州: 浙江大学, 2021.

[21] 陈杰, 网络交通仿真及其在导航策略和病毒传播方面的应用[D]. 合肥: 中国科学技术大学, 2021.

[22] 等贾斌. 基于元胞自动机的交通系统建模与模拟. 北京: 科学出版社, 2007.

[23] 张维东. 基于有限元法的列车盘式制动器制动噪声的发生趋势研究[D]. 兰州: 兰州交通大学, 2021.

[24] 张静, 陈顺中, 张子立, 等. 基于有限元分析的 Nb_3Sn 磁体失超传播速度研究[J]. 低温与超导, 2021, 49(10): 24-27, 45.

[25] 张国锋, 等. 基于有限元分析的石墨基柔性接地体冲击接地特性研究. 电瓷避雷器, 2021(05): 128-134.

[26] Visacro S, Soares A. HEM: A Model for Simulation of Lightning-Related Engineering Problems. IEEE Transactions on Power Delivery, 2005. 20(2): 1206-1208.

[27] 曾嵘, 何金良. 电力系统接地技术. 北京: 科学出版社, 2007.

[28] A G, et al. Non-linear behaviour of ground electrodes under lightningsurgecurrents：computermodel- lingandcom-paris on with experimental results. IEEE Transactions on Magnetics, 1992, 28(2): 1442- 1445.